建筑类专业优秀毕业设计(论文)系列丛书

给水排水与环境工程

北京建筑工程学院　主编

中国建筑工业出版社

图书在版编目(CIP)数据

给水排水与环境工程/北京建筑工程学院主编. —北京：中国建筑工业出版社，2010.9
建筑类专业优秀毕业设计(论文)系列丛书
ISBN 978-7-112-12309-4

Ⅰ. ①给… Ⅱ. ①北… Ⅲ. ①给水工程—毕业设计—高等学校—教学参考资料②排水工程—毕业设计—高等学校—教学参考资料③环境工程—毕业设计—高等学校—教学参考资料 Ⅳ. ①TU991②X5

中国版本图书馆CIP数据核字（2010）第160974号

责任编辑：王 磊 蔡华民
责任设计：李志立
责任校对：姜小莲 赵 颖

建筑类专业优秀毕业设计(论文)系列丛书
给水排水与环境工程
北京建筑工程学院 主编
*
中国建筑工业出版社出版、发行(北京西郊百万庄)
各地新华书店、建筑书店经销
北京天成排版公司制版
北京云浩印刷有限责任公司印刷
*
开本：787×1092毫米 1/16 印张：24¾ 字数：612千字
2011年5月第一版 2011年5月第一次印刷
定价：**58.00**元
ISBN 978-7-112-12309-4
(19591)

本书编委会

前 言

我院“给水排水与环境工程”专业1994年参加全国高等学校给水排水工程专业毕业设计评估，取得了A级的优秀成绩。2005年，顺利通过全国高等学校给水排水工程专业教育评估。

本科生的毕业设计，是对本科阶段所学知识的一次总复习，是走上工作岗位之前对专业知识的一次大练兵。在毕业设计过程中，学生将在指导老师的指导下，对本科阶段所学的专业知识有一个综合、系统的应用。

本书的编写得到了北京建筑工程学院和中工国城科技(北京)有限公司的支持，并组织人员对优秀毕业设计进行优选和精编。本书所收录的毕业设计，都是在本专业近几年的优秀毕业设计中优选出来的，是学生在指导老师的指导下，结合实际工程或实际科研项目做出的，具有较高的专业水平。本书所收录的优秀毕业设计包括：兰州新民花园商住楼给水排水工程设计、华北地区某市新建污水处理厂设计、北京某住宅楼给水排水工程设计、榆次西区污水处理厂设计、惠州石湾镇供水厂设计、同层排水技术降噪性能试验研究、我国南、北方城市雨水利用不同特点的比较研究、景观休闲水体湿地设计和基于马尾藻的生物吸附剂的固定及其对重金属铜的吸附效能研究。

希望本书能为即将或正在进行毕业设计的同学们提供指导和帮助，同时也能为指导毕业设计的老师们提供思路和参考。

编者

2010年5月

目　录

1　兰州新民花园商住楼给水排水工程设计

刘子丹（给水排水与环境工程，2005届）

指导老师：吴俊奇

简　介

该楼位于兰州省平凉市中心区，建筑总面积31900m^2，自然层总数17层，总高度49.15m，包括地下1层。其中地下1层为机房，车库。标高－3.90m。地上16层，1层为商业用房，层高4.20m。2层为住宅，层高3.70m，3～14层为住宅，层高3.00m，15层为跃层住宅，16层为水箱间。

根据设计原始资料和有关规范，考虑生活给水系统、生活热水系统、消防给水系统、排水系统的设计方案，并进行比较，确定最佳设计方案。

1.1 概述

1.1.1 工程概况

该楼位于兰州省平凉市中心区，建筑总面积 31900m²，自然层总数 17 层，总高度 49.15m，包括地下 1 层。其中地下 1 层为机房，车库。标高－3.90m。地上 16 层，1 层为商业用房，层高 4.20m。2 层为住宅，层高 3.70m，3～14 层为住宅，层高 3.00m，15 层为跃层住宅，16 层为水箱间。

每户浴室、厕所和厨房内的卫生设备布置情况见首层和标准层平面图，浴缸、洗脸盆均设冷热水龙头，要求定时供应热水。锅炉房位于新民街东侧，设有蒸汽锅炉，可提供压力为 400kPa 的蒸汽。

该楼为钢筋混凝图结构，抗震烈度八度，耐火等级二级。

1.1.2 原始资料

室内地面标高±0.00m，室外地面标高－0.45m，室外给水管管径 200mm(单向)，在西兰街下有一个引入口，给水管埋深－1.50m。

市政管网所能提供的最小压力为 280kPa。

室外排水管管径 300mm，位于新民街下距 J 轴线以上 10m，允许污水接入的检查井井底标高为－3.00m。

室外雨水管管径 500mm，位于西寺街下距 A 轴线以下 9m，允许接入的检查井井底标高为－3.00m。

1.1.3 设计任务

完成该楼的给水排水工程(包括生活给水、生活排水、生活热水、消防给水、雨水排水系统)的扩大初步设计和部分施工图设计。

1.2 生活给水系统

1.2.1 生活给水系统组成

该建筑生活给水系统由引入管、水表节点、生压和贮水设备——水泵和贮水池、管网(干管、立管、支管)、给水附件组成。

1.2.2 给水方式的选择

1. 生活用水的供水方式

(1) 城市管网(自备水源)┬─小区管网——建筑物
　　　　　　　　　　　　└─建筑物

(2) 城市管网——小区升压——建筑物

(3) 城市管网——小区管网——建筑物升压
　　　　　　└建筑物升压

该系统属于第三种供水方式：城市管网——建筑物升压

2. 生活给水系统的选择

(1) 根据《建筑给水排水设计规范》GB 50015—2003 的要求：高层建筑生活给水系统应竖向分区，竖向分区应符合下列要求：

1) 各分区最低卫生器具配水点处的静水压力不宜大于 0.45MPa，特殊情况下不宜大于 0.55MPa；

2) 水压大于 0.35MPa 的入户管(或配水横管)，宜设减压或调压措施；

3) 各分区最不利配水点的水压，应满足用水水压要求。

(2) 对于高层建筑，市政外网所提供的压力不能满足建筑物所需水压的需求，因此应选用分区加压给水方式，即低区部分(一般为裙房)直接由城市管网供水，高区部分(一般为客房、办公等)由水泵加压供水。就目前我国城市给水状况而言，水压一般可满足建筑4～5 层的生活用水要求，高区部分尚有 11～12 层。

高于 100m 的建筑应选用串联分区的供水方式，对于此建筑，高度 49.15m，因此应选用并联分区给水方式。

高区部分可以采取的分区方式有：高位水箱给水方式、变频调速水泵给水方式或气压罐给水方式。

高位水箱供水方式系统简单，设备费用少，占地面积小，管理维护方便。但却增加了建筑负荷，增加日常管理的难度，容易引起生活用水受到二次污染。

无水箱给水方式系统相对复杂、造价高，在运行时水泵也无法保证长时间在高效区运行，相对增加了动耗，但其减少了中间贮水设施，因此减少了二次污染的可能。

在现阶段，人们越来越重视水质污染的时候，因此应选用无高位水箱给水方式。

(3) 无水箱给水方式比较，见表 1-1。

无水箱的供水方式比较 **表 1-1**

	外网直接供水	水泵升压直接供水			水泵升压减压阀分区供水	泵、气压罐联合供水
		不分区供水	分区并联供水	分区串联供水		
供水方式	与外部管网直接相连，利用外网水压直接供水	由泵直接从外网抽水或通过调节池抽水升压供水	分区供水，各区设泵，直接从外网抽水或通过调节池抽水升压供水	分区供水，用泵直接从外网抽水或通过调节池抽水。各区自成系统	用泵直接从外网抽水或通过调节池抽水升压供水，而下区采用减压阀减压供水	由泵直接从外网抽水或通过调节池抽水，平时气压罐维持管网压力
适用范围	一般适用于单层和多层建筑，高层建筑中下面几层，外网能满足要求的各用水点	一般适用于多层建筑	一般适用于高度不足 100m 的高层建筑	有较强的维护管理能力，一般适用于高度超过 100m 的高层建筑	有较强的维护管理能力，一般适用于高度不超过 100m 的高层建筑	一般适用于多层建筑

续表

	外网直接供水	水泵升压直接供水			水泵升压减压阀分区供水	泵、气压罐联合供水
		不分区供水	分区并联供水	分区串联供水		
备注	本方案供水系统简单，充分利用外网水压，水质较好，故设计中优先考虑。外网压力过高，某些点超过允许值时，应采取减压措施		高区泵扬程高，输水管材质及接口要求比较高。事故只涉及一个区，不会造成全楼停水	事故只涉及一个区，不会造成全楼停水。管材及接口无需耐高压	由于采用减压阀分区，减压阀必须有备用，当减压出现故障管网超压时，应有报警措施。当水泵出事故时，则造成全楼停水，能量浪费	由于能耗大，耗钢量大，一般不宜用于供水规模大的场所
	1. 采用泵提升方案时，当外网水压不足但流量能满足要求，并允许泵直接从外网抽水时，可直接从外网抽水；若不允许直接从外网抽水，则设调节池；外网流量、压力均不足，或楼内不允许停水，且只有一条进水管，也需设调节池； 2. 用水均匀，流量变化不大，采用普通泵；当用水不均匀，流量变化大，采用变频泵供水，或泵一气压罐联合供水方式					

因此该建筑应选用变频水泵直接升压并联给水方式，为使在夜间用水量较小时减少水泵运行的动耗，因此在变频泵后串联气压罐联合给水。

为防止在下行上给系统中，低层部分用水量过大，高层部分卫生器具安装不合格，产生回流污染，因此高区部分采用上行下给系统，压力由给水泵提供。

由于受到建筑物自身限制，管井数量有限且离厨房卫生间相对较远，因此采用下行上给系统，压力由外网直接提供。但下行上给系统增加了二次污染的可能，因此应保证卫生器具安装符合规范要求。

1.2.3 管材和附件

1. 给水管材

高层综合楼室内生活给水管材推荐采用硬聚氯乙烯塑料管(PVC-U)、交联聚氯乙烯管(PEX)、聚丙烯管(PP)、聚丁烯管(PB)、铝塑复合管、钢塑复合管、涂塑钢管等，室外给水管道采用硬聚氯乙烯塑料管、聚乙烯管(PE)等，卫生间采用铜管或不锈钢管。这些管道具有卫生条件好、水力条件好、强度高、寿命长等优点，它们是镀锌钢管的代替管材。综合考虑，室内给水管材采用涂塑钢管，室外给水管材采用硬聚氯乙烯塑料管。

在此设计中，立管使用钢塑复合管，支管选用硬聚氯乙烯塑料管。

2. 给水附件

控制附件：常用的有闸阀(用于 $DN>50$mm 的管道及环网上)、截止阀(用于 $DN\leqslant 50$mm 的管道上)、球阀、蝶阀、旋塞阀、止回阀、减压阀、安全阀、浮球 N 阀等，材质一般与管材一样，即塑料、铜、不锈钢等。

配水附件：常用的有配水龙头、盥洗龙头、混合龙头、淋浴器等，材质有塑料、不锈钢、铜镀铬等。

1.2.4 管道布置和敷设

(1) 受外网条件限制，该建筑物的引入管从建筑物东侧引入。水表节点设于引入管上。室外给水管网一般是生活—消防共用系统。

(2) 充分利用外网压力；在保证供水安全的前提下，以最短的距离输水；引入管和给水干管宜靠近用水量最大或不允许间断供水的用水点；力求水力条件最佳。

(3) 为不影响建筑物的使用和美观；本设计管道沿墙、梁、柱布置，立管尽可能位于管井中，管道采用暗装，为方便使用进入卫生间后改用明装。

(4) 在技术层、吊顶中给水管道、热水管道、排水管道及电缆等交叉时，一般是电缆在上面，其次是给水管、热水管、排水管。在卫生间和厨房内，热水支管在给水支管上面。

(5) 给水管不能敷设在排水沟、烟道、风道内，不允许穿越壁柜、橱柜、大小便槽等容易被污染的设施处。

(6) 给水管道穿越墙和楼板时，应预留孔洞。穿水池、水箱处应预留买套管。

(7) 管道应采取防振隔声、防冻、防露等措施。

(8) 建筑物内不同使用性质或不同水费单价的用水系统，应在引入管后分成各自独立给水管网分表计量。

(9) 生活给水系统的引入管和排出管的管外壁的水平净距不小于 1.0m。

(10) 支管采用塑料管，埋地覆土厚度不小于 0.5m。

1.2.5 加压设备及构筑物

无副压给水设备，可以不设生活调节水池，使用生活水泵直接从市政外网抽水，不会对市政管网内压力产生过大的影响。无副压给水设备避免了二次污染，作为一种新型给水设备已经被广泛应用于很多新建小区中。

但是当建筑物用水量大于管网供水量时，因为没有水池调节溶解，外网向无副压水罐中的补水无法满足用水需求，会对管网造成较大的影响。不利于保证供水稳定。

因此在此设计中，采用的是生活水泵加调节水池的传统压力提升方法。

生活加压泵采用 2 台变频给水泵，1 备 1 用，加气压罐。地下生活水池有效容积为 30m^3。

1.2.6 生活给水系统的计算

1. 竖向分区

竖向分两区：5 层及 5 层以下为低区，6～15 层为高区。

2. 用水量标准及用水量计算

(1) 根据设计资料、建筑物性质和卫生设备完善程度，根据《建筑给水排水设计规范》(后简称《建规》)，其用水量标准及用水量见表 1-2。

住宅最高日生活用水定额及小时变化系数 **表 1-2**

住宅类别		卫生器具设置标准	用水定额 [L/(人·d)]	小时变化系数 K_h
普通住宅	Ⅰ	有大便器、洗涤盆	85～150	3.0～2.54
	Ⅱ	有大便器、洗脸盆、洗涤盆、洗衣机、热水器和淋浴设备	130～300	2.8～2.3
	Ⅲ	有大便器、洗脸盆、洗涤盆、洗衣机、集中热水供应(或家用热水机组)和淋浴设备	180～320	2.5～2.0

该建筑属于普通住宅Ⅲ类，其最高日生活用水定额 q 取 200 L/(人·d)，小时变化系数 K_h 取 2.2，并由设计资料，住宅每户人数为 4 人，共 156 户，则

最高日用水量：$Q_d=\sum\frac{qN}{1000}=200\cdot 4\cdot 156/1000=124.8\text{m}^3/\text{d}$

最大小时用水量：$Q_h=Q_d/24\cdot K_h=124.8/24\cdot 2.2=11.44\text{m}^3/\text{h}$

(2) 商场最高日用水量及最大小时用水量计算

见表 1-3。

集体宿舍、旅馆和公共建筑生活用水定额及小时变化系数　　表 1-3

建筑物名称	单位	最高日生活用水定额(L)	使用时数(h)	小时变化系数 K_h
商场员工及顾客	每 m^2 营业厅面积每日	5～8	12	1.5～1.2

取商场最高日生活用水定额 q 为 8L，商场总面积为 3003.82m²，小时变化系数取 1.5，则

最高日用水量：$Q_d=\sum\frac{qm}{1000}=8\cdot 3003.82/1000=24.03\text{m}^3/\text{d}$

最大小时用水量：$Q_h=Q_d/24\cdot K_h=24.03/12\cdot 1.5=3.0\text{m}^3/\text{h}$

(3) 该建筑最高日用水量及最大小时用水量计算

$$Q_d=124.8+24.03=148.83\text{m}^3/\text{d}$$

$$Q_h=11.44+3.0=14.44\text{m}^3/\text{h}$$

3. 设计秒流量及给水管道水力计算

(1) 商场的生活给水设计秒流量计算，见表 1-4。

根据建筑物用途而定的系数值(α)　　表 1-4

建筑物名称	α 值
办公楼、商场	1.5

1) 公式　　$q_g=0.2\alpha\sqrt{N_g}$

q_g 为计算管段设计秒流量(L/s)；N_g 为计算管段卫生器具当量总数。

2) 不同卫生器具当量数见表 1-5：

卫 生 器 具 当 量　　表 1-5

给水配件名称配件	额定流量(L/s)	当　量	连接管公称管径(mm)	最低工作压力(MPa)
洗脸盆(单阀水嘴)	0.15	0.75	15	0.05
家用洗衣机水嘴	0.2	1	15	0.05

3) 计算草图，图 1-1。

4) 水力计算表(略)

5) 选择水表

通过商场用水表的设计秒流量 $Q_B=q_{13\sim14}=1.37\text{L/s}=4.93\text{m}^3/\text{h}$，选择口径为 32mm 的旋

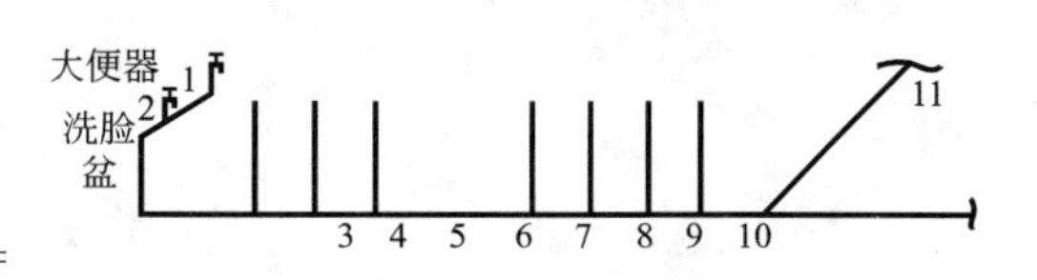

图 1-1　商场用水计算草图

翼湿式水表，型号 LXS-32C，其公称流量为 $6m^3/h>4.93m^3/h$，最大流量为 $12m^3/h$。

(2) 住宅生活给水计算

1) 设计秒流量按下式计算

最大用水时卫生器具给水当量平均出流概率：

$$U_0=\frac{q_0 m K_h}{0.2N_g T3600}$$

计算管段卫生器具给水当量同时出流概率：

$$U=\frac{1+\alpha_c(N_g-1)^{0.49}}{N_g^{0.5}}$$

计算管段设计秒流量：

$$q_g=0.2UN_g$$

2) 卫生器具各参数，见表 1-6。

卫生器具参数　　表 1-6

序号	给水配件名称配件	额定流量(L/s)	当量	连接管公称管径(mm)	最低工作压力(MPa)
1	洗涤盆、拖布盆				
	(混合水嘴)	0.14	0.7	15	0.05
	(单阀水嘴)	0.2	1	15	0.05
2	洗脸盆				
	(单阀水嘴)	0.15	0.75	15	0.05
	(混合水嘴)	0.1	0.5	15	0.05
3	淋浴器				
	(混合阀)	0.1	0.5	15	0.05～0.1
4	浴盆				
	混合水嘴(含带淋浴转换器)	0.2	1	15	0.05～0.07
5	大便器				
	(冲洗水箱浮球阀)	0.1	0.5	15	0.02
6	家用洗衣机水嘴	0.2	1	15	0.05

3) 选择计算管路

住宅入户支管 1(3、4 号卫生间)计算草图，如图 1-2。

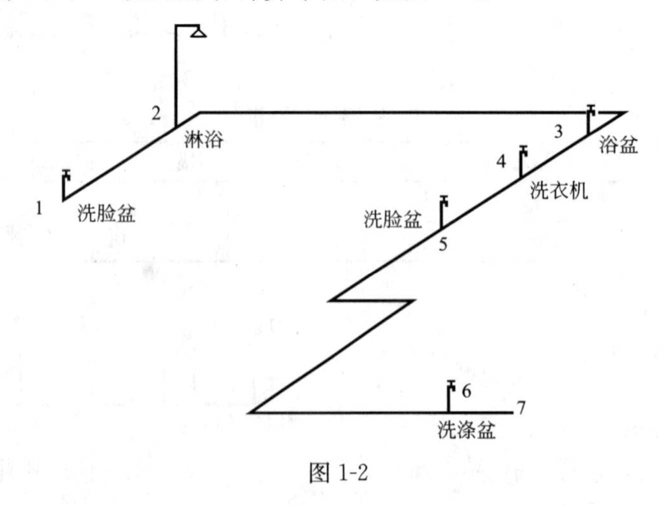

图 1-2

住宅入户支管 2(5 号卫生间)计算草图，如图 1-3。

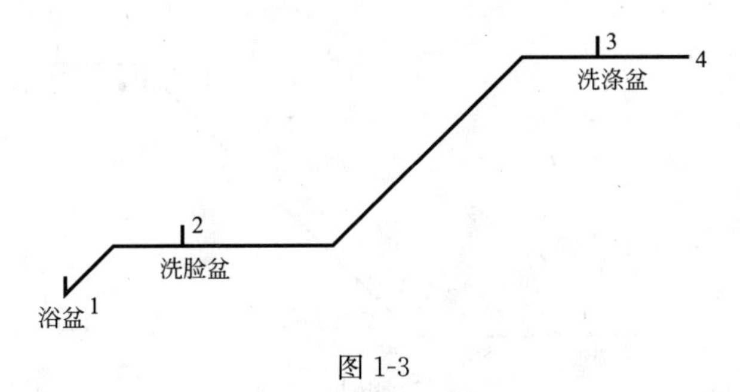

图 1-3

住宅入户支管 3(3、4 号卫生间跃层)计算草图，如图 1-4。

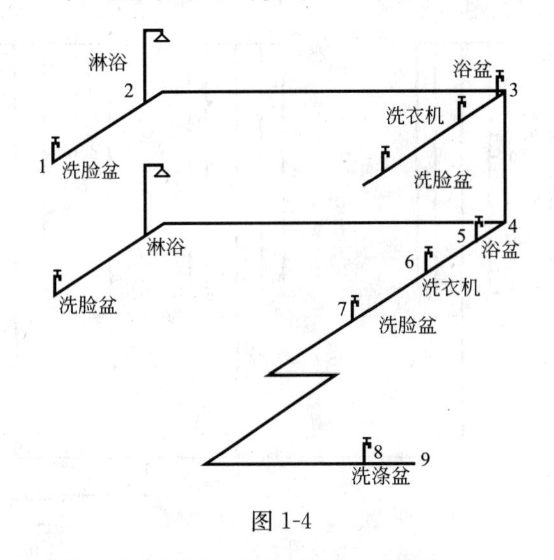

图 1-4

住宅入户支管 4(5、7 号卫生间跃层)计算草图，如图 1-5。

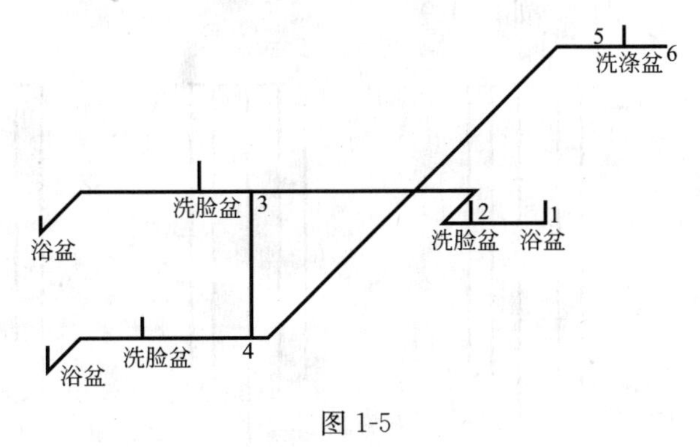

图 1-5

住宅入户支管 5(6 号卫生间跃层)计算草图，如图 1-6。

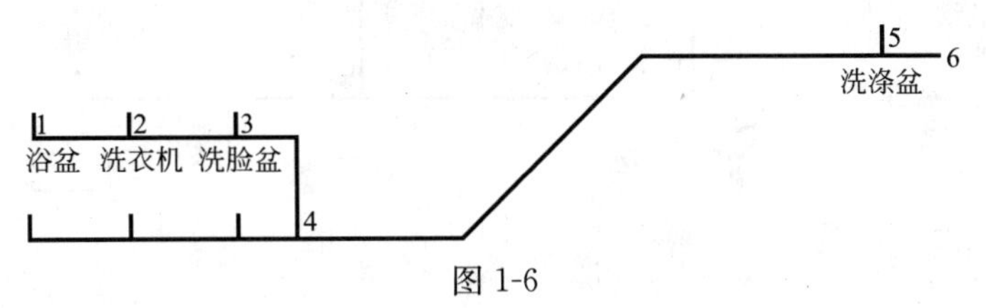

图 1-6

住宅入户支管 6(6 号卫生间)计算草图，如图 1-7。

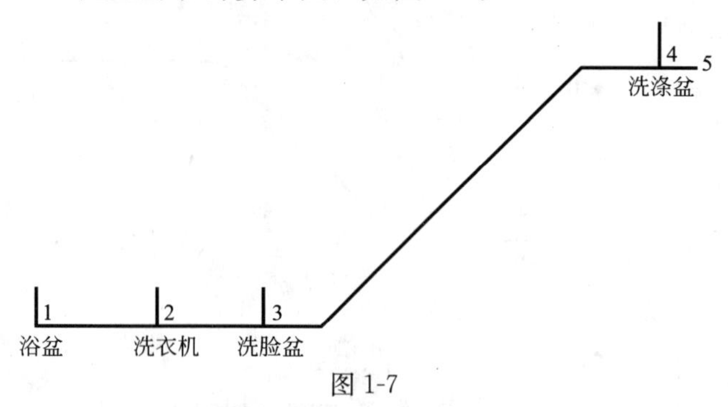

图 1-7

高区立管计算草图，如图 1-8。

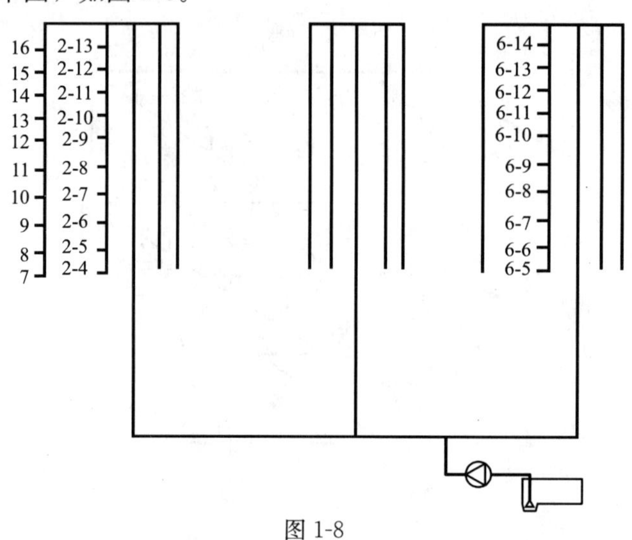

图 1-8

高区最不利管路计算草图，如图 1-9。

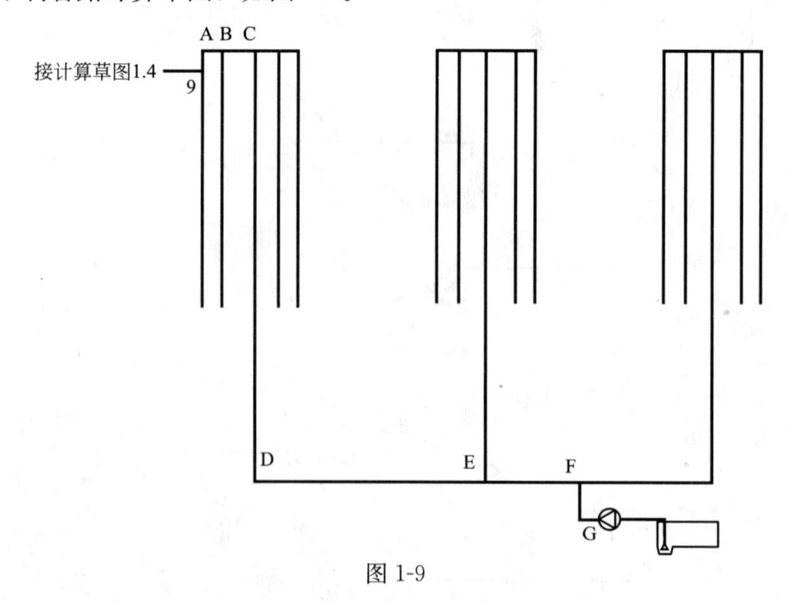

图 1-9

低区立管计算草图，如图 1-10。

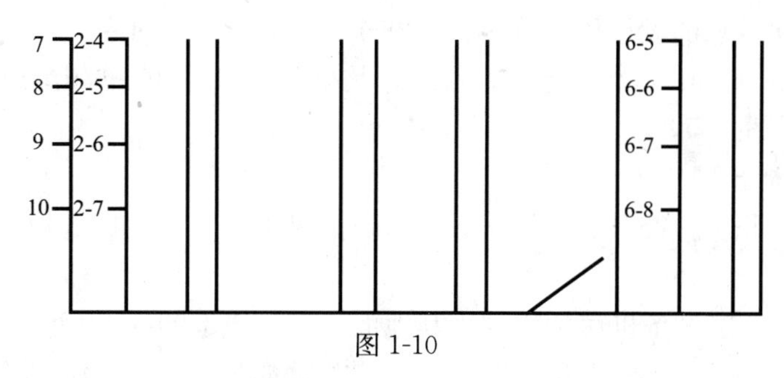

图 1-10

低区最不利管路计算草图，如图 1-11。

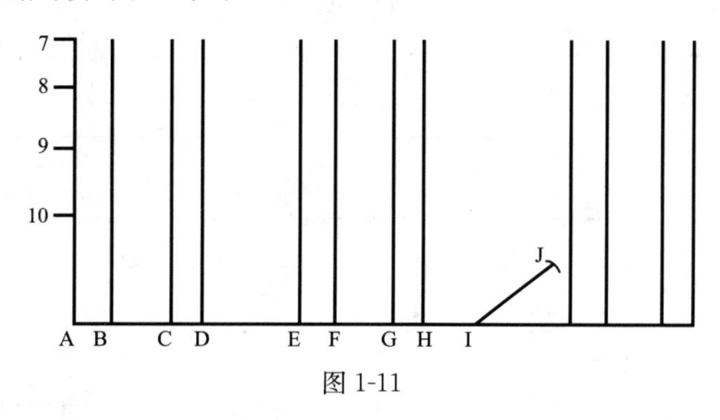

图 1-11

4）住宅生活给水管网水力计算(略)

生活给水管道的水流速度规定，见表 1-7：

不同管径流速要求 **表 1-7**

公称直径(mm)	15～20	25～40	50～70	≥80
水流速度(m/s)	≤1.0	≤1.2	≤1.5	≤1.8

5）低区住宅生活给水管网的总损失为：$H_2=H_y+H_j=26.18+30\%\cdot26.18=34.034$kPa 高区住宅生活给水管网的总损失为：$H_2=H_y+H_j=37.79+30\%\cdot37.79=49.13$kPa

4. 低区由城市给水管网直接供水的水压

$H=H_1+H_2+H_3+H_B$

$H_1=0.45+3\cdot2+3.70+4.20-(-1.5)=15.85$m

(低区最不利配水点与引入管和城市给水管网的连接点之间的标高差 m，其中 0.45 为最不利点洗脸盆安装高度)

$H_2=34.034$kPa$=3.4$m

(引入管和城市给水管网的连接点至最不利配水点的总的水头损失 mH_2O)

$H_3=5$m

(最不利配水点所需的流出水头 mH_2O)

$H_B=3$m

(设计秒流量通过水表的水头损失 mH_2O)

$H=14.35m+3.4m+5m+3m=27.25m<30m$，分区合理

5. 选择水表

住宅生活冷水的总的设计秒流量为：5.28＋2.44＝7.72L/s＝27.8m^3/h，选用型号为LXL-80N，口径为80mm的水平螺翼式水表，其公称流量为40m^3/h＞27.8m^3/h，最大流量为80m^3/h。

6. 计算贮水池容积

贮水池有效容积 $V=25\%Q_d=25\%\cdot124.8m^3/d=31.2m^3$，因此取贮水池的有效容积为32$m^3$。

充分利用地下一层设备机房的空间，其地面标高为－3.90m，一层地面标高为±0.00，贮水池顶部距离一层楼板1m，标高－1.0m，则贮水池高为2.9m，池底面积为11.03m^2。

水泵吸水管中心为－3.80m，最低生活水位为－3.90＋0.10＝－3.80m。

7. 减压阀计算，见表1-8。

表 1-8

	层数	扬程(m)	距水泵出水口标高(m)	总损失(mH_2O)	压力(MPa)
支管 1	六层	60.66	18.6	2	40.06
	七层	60.66	21.6	2	37.06
	八层	60.66	24.6	1.9	34.16
支管 2	六层	60.66	18.6	1.5	40.56
	七层	60.66	21.6	1.3	37.76
	八层	60.66	24.6	1.2	34.86
支管 6	六层	60.66	18.6	1.6	40.46
	七层	60.66	21.6	1.4	37.66
	八层	60.66	24.6	1.3	34.76

由上表可知，支管1、支管2、支管6均在7层以下减压。

8. 生活水泵的选择

水泵流量 $Q=Q_{冷}+Q_{热}=5.12+4.88=10.0L/s=36m^3/h$

水泵扬程 $H\geqslant0.01H_1+0.001H_2+H_3$

$$=0.01\cdot[0.45+3\cdot13+3.7+4.2-(-3.9)-0.5]+0.001\cdot49.13+0.05$$

$$=0.6066MPa=60.66m$$

选择型号为QBWS-W48-80-2DL的水泵，其调节罐型号为C1000×2000，其电控柜型号为QBWS-W-K-11×2

1.3 生活热水系统

1.3.1 热水系统的分类和组成

1. 按加热设备设置的方式分

(1) 设备集中设置分区供应热水系统。该楼建筑高度不到100m，可采用此种类型。

这样便于施工和管理，热媒管线较短。

(2) 设备分散设置分区供应热水系统。

2. 按加热设备设置的位置分

(1) 下置式分区供热水系统。

(2) 上置式分区供热水系统。

(3) 混合式分区供热水系统。

综合考虑，此建筑建筑顶层水箱间面积较小，地下一层设备间空间充足，可以用来设立加热间，所以采用下置式分区供热水系统。

3. 按热水供应系统是否敞开分

(1) 开式热水供应系统。

(2) 闭式热水供应系统。

此综合楼热水系统，是由热源(室外蒸汽管网)、加热设备(水加热器)、升压设备(热水循环水泵)、管网(包括第一循环管网和第二循环管网)、附件及软化水设备等设备组成。

1.3.2 热水供应系统的选择

对于高层建筑热水系统，其分区给水方式，与冷水系统一致，以满足任一配水点的冷热水平衡，同时也便于管理。但受到条件限制，因此热水系统采用串联支管减压阀分区，来保证在卫生器具出口处冷、热水水压一致。这种分区方法增加了动力消耗却减少了一次投资费用。

由于本建筑各个户型卫生间离厨房距离较大，因此入户后支管较长，如果采用立管循环方式，虽然造价和日后运行费用都将得到大大的降低，但是卫生器具出口处水温却很难得到保证。由于家庭住宅用水冷水与热水价钱相差较大，为避免给住户造成经济损失，该建筑物应该使用全循环方式或在建筑物入户支管部分加装电伴热丝来保证管道水温。电伴热丝现主要依赖于进口，其每沿米数百元的高昂价格，使其更适合于应用在宾馆饭店而不是家庭住宅。

综上考虑，本建筑物热水系统采用机械全循环方式。

1.3.3 管道布置和敷设

1. 管道布置与敷设原则

热水管道(包括蒸汽管道)布置和敷设的基本原则同冷水系统，但因为管内介质温度比冷水高，因此有其不同的要求。

(1) 管道穿越楼板、墙壁时应设套管(钢管或镀锌钢板)，套管高出楼面5～10cm。

(2) 较长的直线段上应设伸缩器。立管与横管应作乙字弯相连接。

(3) 横管应有不小于0.003的坡度，便于排气和泄气。

(4) 下列情况应设阀门：热水立管的始端、回水立管的末端、水龙头多于5个少于10个的支管始端；锅炉、水加热器的进出口、自动温度调节器、疏水器、减压阀的两侧等处。

(5) 下列情况应设止回阀：水加热器的冷水进水管上、机械循环的回水管上，混合器的冷热供水管等处。

(6) 为了减少热水系统的热损失，蒸气管、凝结水管、热水配水干管、机械循环回水干管、锅炉、水加热器等应进行保温。常用的保温材料有膨胀珍珠岩、膨胀蛭石、玻璃棉、矿渣棉、石棉制品、橡胶制品、泡沫混凝土等。

2. 管材和附件

(1) 热水管材

高层普住宅楼热水管应采用交联聚乙烯管(PEX)、聚乙烯管(PE)、改性聚丙烯管(PP-R)、聚丁烯管(PB)、铝塑复合管、钢塑复合管等，也可采用铜管或不锈钢管。

综合考虑，热水支管采用 PP-R 管；立管采用薄壁不锈钢管。

(2) 附件

热水系统附件除冷水系统所列的阀门、水龙头之外，还有热水系统所要求的附件。

1) 疏水器：设于第一循环系统凝结水管的始端或蒸汽立管最低处，常用高压疏水器，如：浮球式、脉冲式、热动力式等。

2) 自动温度调节装置：温包放于啊水加热器水出口内，感受温度变化而传导至热媒管进口上的调节阀，调节阀控制热媒量，达到自动调温得目的。常用的有直接式和间接式两种。

3) 管道伸缩器：蒸气管、凝结水管、热水管、热水回水管在较长的直线上，应设管道伸缩器，以补充管道的热伸长。设计中应尽量利用管道的转弯、横杆管与立管的乙字弯连接，作为自然补充。在空间比较大的地方(如技术层)可采用方形伸缩器，空间较小的地方(如管道井内)可采用套管伸缩器、波纹伸缩器等。

4) 自动排气阀：在闭式系统上行下给式热水管网的最高处设自动排气阀。

5) 膨胀管：在开式系统热水管网的最高处向上伸出膨胀管，超过本分区高位水箱的最高水位以上一定距离。该项目高区即是。

6) 压力膨胀罐：设于闭式热水系统热水供水的总干管上。本项目低区不设热水系统，所以不使用。

3. 立管干管连接件与同程布置

如图 1-12 所示，回水干管与立管连接部分采用特殊回水连接间。回水管头部镶入干管中，并歪向水流方向。在干管压力的作用下，形成水射器，保证循环回来的水向前流动。

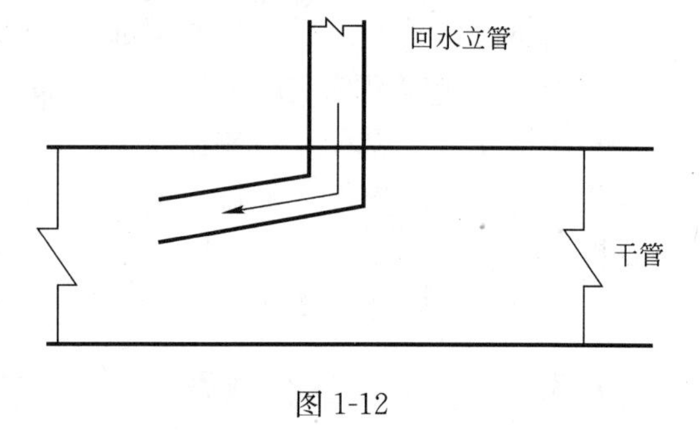

图 1-12

这样布置可以最大限度地简化并保证全循环系统的同程布置。

因为采用全循环系统，因此无法保证同程布置，为了不使系统中因为水压不平衡而形成死循环，因此在立管与干管连接处设阀门，几根立管经合水器后统一汇入干管。

1.3.4 生活热水系统的计算

1. 设计小时耗热量计算，见表 1-9、表 1-10。

表 1-9

建筑物名称	单位	最高日用水定额(L)	使用时间(h)
住宅有集中热水供应和淋浴设备	每人每日	60～100	24

建筑物最高日用水定额取 65L。

住宅热水小时变化系数 K_h 值　　表 1-10

居住人数	150	200	250	300	500	1000
K_h	4.49	4.13	3.88	3.70	3.28	2.86

（1）确定用水定额及小时变化系数

由设计资料，该建筑只供住宅热水，共计 156 户，每户 4 人，共 624 人，使用加权平均法，则小时变化系数为 3.18。

（2）全日供应热水的住宅按下式计算：

$$Q_h=\frac{K_h m q_r C(t_r-t_l)\rho_r}{86400}$$

其中 $C=4187$ [J/(kg·℃)]

$t_r=60$℃　（热水温度）

$t_l=4$℃　（冷水温度）　由《建规》表 5.1.4 取甘肃兰州地面水计算冷水温度

$\rho_r=0.984$kg/L　（热水密度）

则：$Q_h=\frac{3.18\cdot4\cdot156\cdot65\cdot4187\cdot(60-4)\cdot0.984}{86400}=344427.18\text{W}$

设计小时热水量按下式计算：

$$q_{rh}=\frac{Q_h}{1.163\cdot(t_r-t_l)\rho_r}=\frac{344427.18}{1.163\cdot(60-4)\cdot0.984}=5374.46\text{L/h}$$

2. 水加热器计算

（1）半容积式水加热器各项参数，见表 1-11、表 1-12。

半容积式水加热器主要热力性能参数　　表 1-11

	传热系数 K[W/(m²·K)]		热媒出水温度 t_{mz}(℃)
	钢盘管	铜盘管	
0.1～0.4MPa 的饱和蒸汽	 1047～1465	1163～1628 2900～3600	70～80 30～50

不同饱和蒸汽压力下热媒初温　　表 1-12

相对压力(MPa)	0.06	0.2	0.4	0.6	0.8
饱和蒸汽温度 t_{mc}(℃)	112.73	132.88	151.11	164.17	174.53

（2）水加热器的加热面积

$$F_{jr}=\frac{C_r Q_z}{\varepsilon K\Delta t_j}$$

式中　C_r——1.1～1.2，取 1.2，热水系统的热损失系数；

Q_z——344427.18W，制备热水所需的热量；

ε——0.6～0.8，取 0.6，结构影响系数。

$$\Delta t_j=\frac{t_{mc}+t_{mz}}{2}-\frac{t_l+t_r}{2}=\frac{151.11+45}{2}-\frac{4+60}{2}=66.06℃$$

式中　t_{mc}、t_{mz}——热媒的初温和终温，$t_{mc}=151.11$，$t_{mz}=45$；

t_l、t_r——被加热水的初温和终温 $t_l=4$，$t_r=60$；

K——取 1360。

则：$F_{jr}=\frac{1.2 \cdot 344427.18}{0.6 \cdot 1360 \cdot 66.06}=7.67m^2$

(3) 半容积式水加热器的加热量即热媒耗量 Q_g 按设计小时耗热量 Q_h 计算，即 344427.18W。

(4) 半容积式水加热器的贮热量，见表 1-13。

表 1-13

加热设备	以蒸汽和 95℃以上的高温水为热媒时	
	工业企业淋浴室	其他建筑物
导流型容积式水加热器	≥20minQ_h	≥30minQ_h

半容积式水加热器贮水容积的计算，见表 1-14。

贮水容积估算值按下表估算 表 1-14

建筑类别	以蒸汽或 95℃以上高温水为热媒时	
有集中热水供应的住宅 [L/(人·d)]	导流型容积式水加热器	半容积式水加热器
	5～8	3～4

则估算半容积式水加热器的贮水容积为：156·4·4=1248L

采用两座相同的水加热器，贮水容积分别为：

$$1248 \cdot 70\%=873.6L$$

选用 HRV-01-1.0(1.6/1.0)型导流型半容积式水加热器。

各项参数见 HRV-01 选用表。

3. 热水配水管网计算

(1) 设计秒流量计算公式

公式同给水管网水力计算

最大用水时卫生器具给水当量平均出流概率：

$$U_0=\frac{q_0 m K_h}{0.2 N_g T 3600}$$

计算管段卫生器具给水当量同时出流概率：

$$U=\frac{1+\alpha_c(N_g-1)^{0.49}}{N_g^{0.5}}$$

计算管段设计秒流量：

$$q_g=0.2 U N_g$$

(2) 卫生器具各参数，见表 1-15。

表 1-15

序号	给水配件名称配件	额定流量(L/s)	当量	连接管公称管径(mm)	最低工作压力(MPa)
1	洗涤盆、拖布盆(混合水嘴)	0.14	0.7	15	0.05
2	洗脸盆(混合水嘴)	0.1	0.5	15	0.05
3	淋浴器(混合阀)	0.1	0.5	15	0.05～0.1
4	浴盆混合水嘴(含带淋浴转换器)	0.2	1	15	0.05～0.07

(3) 热水配水管网水力计算，见表 1-16。

热水管网的水流速度规定　　　　**表 1-16**

公称直径(mm)	15～20	25～40	≥50
流速(m/s)	≤0.8	≤1.0	≤1.2

住宅入户支管 1(3、4 号卫生间)计算草图，如图 1-13。

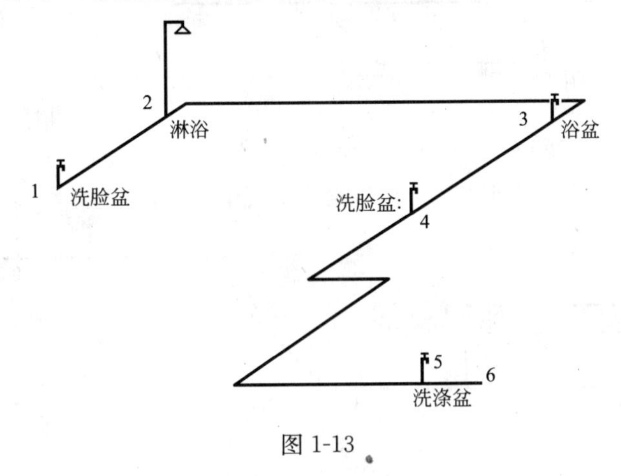

图 1-13

住宅入户支管 2(5 号卫生间)计算草图，如图 1-14。

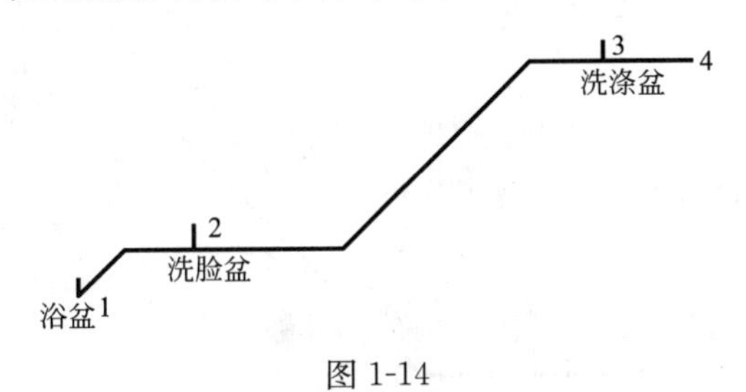

图 1-14

住宅入户支管 3(3、4 号卫生间跃层)计算草图，如图 1-15。

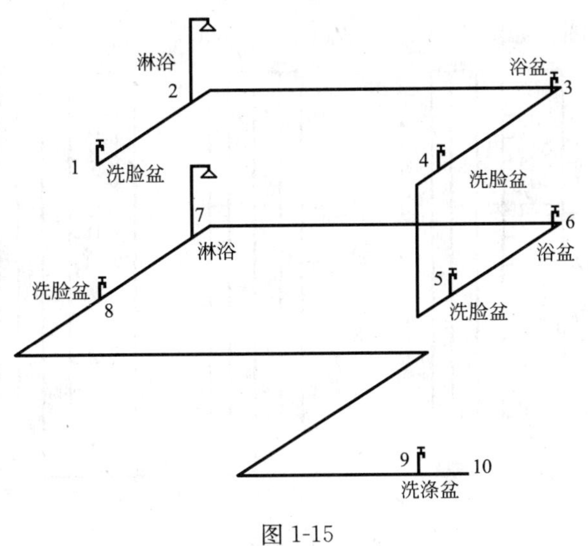

图 1-15

住宅入户支管4(5、7号卫生间跃层)计算草图，如图1-16。

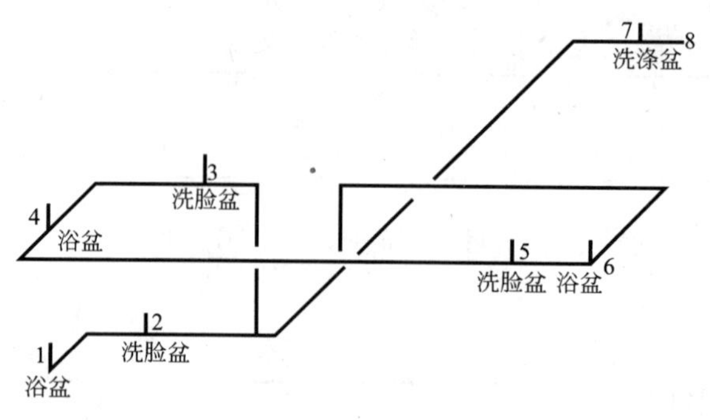

图1-16

住宅入户支管5(6号卫生间跃层)计算草图，如图1-17。

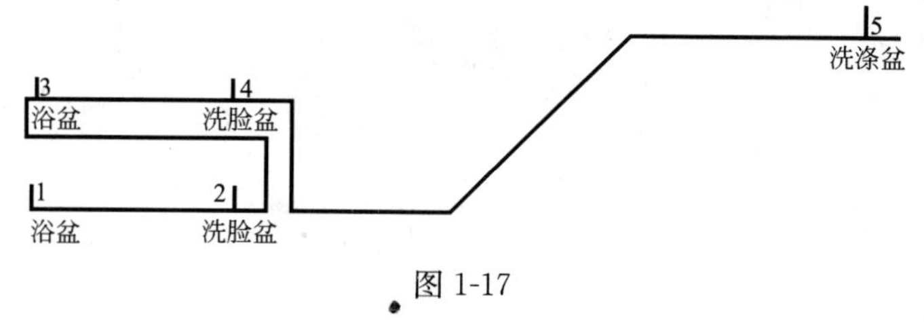

图1-17

住宅入户支管6(6号卫生间)计算草图，如图1-18。

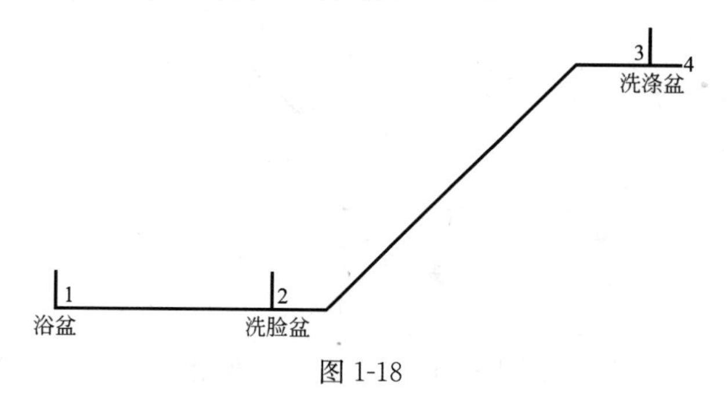

图1-18

热水立管计算草图，如图1-19。

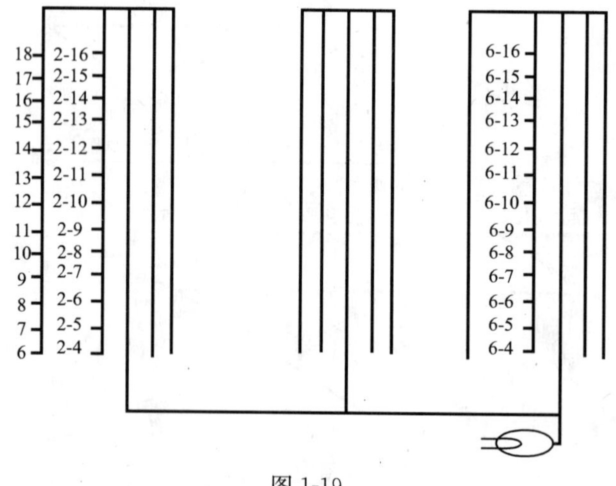

图1-19

(4) 住宅生活热水管网水力计算(略)

4. 热水循环管网计算，见图 1-20。

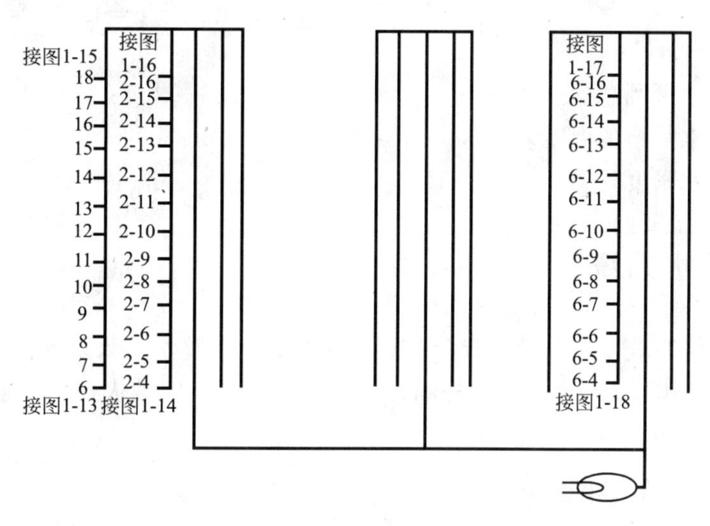

图 1-20

(1) 计算草图 1-20，选择最不利水温配水点，其水温 $t_z=60℃$，热水不需软化，水加热器出口最高水温 $t_c=70℃$，配水管网起终点温差

$$\Delta T=t_c-t_z=70-60=10℃$$

(2) 配水管网的热损失计算

1) 采用长度比温降法估算各管段终点水温

$$\Delta t=\frac{\Delta T}{L}$$

$$t_c'=t_z'+\Delta t\cdot\sum L$$

式中 $\sum L$——所计算管段终点以前的配水管网的总散热长度，(m)。

2) 计算各管段平均水温与周围空气温度之差为

$$\Delta t'=\frac{t_c'+t_z'}{2}-t_j$$

式中 $\Delta t'$——各管段平均水温与周围空气温度之差；

t_j——计算管段周围空气温度，根据资料取 20℃。

3) 计算各管段热损失为

$$Q=1.163\pi D\cdot L\cdot K(1-\eta)\left(\frac{t_c-t_z}{2}-t_j\right)$$

式中 D——管道外径；

K——无保温层是管道的传热系数，取 2.8W/(m^2·℃)；

η——保温系数，一般采用 0.6～0.8，简单保温时取 0.6，较好保温时取 0.7～0.8，无保温层时取 0。

各管段热损失之和，为配水管网总损失。

(3) 配水管网循环流量计算

管网总的循环流量的计算

全天供应热水系统的循环流量按如下公式计算

$$q_x=\frac{Q_s}{1.163\Delta t\rho}=\frac{66381.444}{1.163\cdot 10\cdot 0.984}=5707.8\text{L/h}=1.58\text{L/s}$$

式中 Q_s——配水管网总的热损失；

Δt——配水管道的温度差；

ρ——热水密度，为 0.984kg/L。

1.4 消防给水系统

建筑消防给水系统主要有消火栓消防给水系统和自动喷水灭火系统。

本建筑属二类建筑，设室内、室外消火栓给水系统。室内消火栓用水量分别为 10L/s，每根竖管最小流量 10L/s，每支水枪最小流量 5L/s。

1.4.1 消火栓给水系统

1. 消火栓给水系统分类及组成

(1) 室外消火栓给水系统

1) 分类：室外消防给水系统按压力形式可分为高压系统、临时高压系统和低压系统。

2) 组成：消火栓系统由水源(本设计为中水)、供水设施(包括消防水池)、室外消防管网(包括进水管、干管和相应的配件、附件)、室外消火栓设施(包括室外消火栓、水带、水枪等)组成。

可作为高层建筑消防给水的水源有以下三种：

1) 市政给水管网。当市政管道为低区给水系统时，其水量应确保高层建筑生活、生产、消防用水量的要求。生产、生活按最大时用水量计算，消防按室内外最大秒流量之和计算。

2) 天然水源。天然水源如湖泊、河流、水库等应确保在枯水期最低水位的消防用水量。

3) 消防水池。当上述两种水源不能满足消防用水量，或者市政管道为枝状或只有一条进水管(二类建筑的住宅除外)时，应设置消防水池，消防水池的容积应满足在火灾延续时间内外消防总用水量的要求。灭火后，消防水池的补充水时间不应超过 48h。

4) 本建筑设有中水设施，可以作为消防水源使用。由于小区中水处理站处理中水稳定性相对不足，因此应在小区中水处理站设了调节水池，在必要时可以补充生活用水。

(2) 室内消火栓给水系统

1) 按服务范围分为独立的室内高压或临时高压消防给水系统和区域集中的室内高压或临时高压消防给水系统。

2) 按建筑高度分为一次供水室内消火栓给水系统和分区供水室内消火栓给水系统。

2. 消火栓给水系统的管道敷设原则

(1) 室外消防管道和室外消火栓布置

1）进水管：宜从市政给水管引入。

2）室外消防给水管道：高层建筑室外消防给水一般为低压给水系统。当采用市政管道水源时，水压应保证在0.1MPa以上(从地面算起)。消防管道一般与生活管道合用，管道沿消防车道布置成环状，最小管径不小于100mm。

3）室外消火栓沿高层建筑均匀布置，其数量按室外消防用水量之和确定：每个消火栓的用水量应为10～15L/s。

4）消火栓距建筑物外墙不宜小于5m，有困难时可减少到1.5m但不大于40m；距路边不宜大于2m。在此范围内的市政消火栓可记入室外消火栓的数量。

(2) 室内消防给水管道和室内消火栓布置

1）高层建筑室内的消火栓给水系统与生活给水系统必须分开设置，自成一个独立系统。消防给水布置成环状。在环状管道上需要引伸支管时，则支管上的消火栓数量不应超过一个。

2）市内管网进水管不应少于2根。当其中1根发生故障时，其余的进水管仍能保证设计要求的消防流量和水压。

3）消防竖管的布置，应能保证同一层内相邻竖管上2个消火栓的充实水柱同时到达室内任何地方。每根消防竖管的直径，应根据竖管要求的水柱股数和每股水量，按上下相邻消火栓同时出水计算，但不应小于100mm。

4）室内消火栓给水系统应与自动喷水灭火系统分开布置，有困难时，可合用消防泵，但在自动喷水灭火系统的报警阀前必须分开设置。

5）室内消防给水管道应采用阀门分成若干段，阀门的布置应保证检修管道时关闭停用不超过1根，当竖管超过4根时，可关闭不相邻的2根。阀门应常开启，并有明显的启闭标志。一般采用信号蝶阀。

6）高层建筑室内消防给水管道网应设水泵接合器。水泵接合器设置数量按室内消防流量确定。

7）室内消火栓应设在走道、楼梯附近等明显易于取用的地点，消防电梯前室必须设消火栓，其栓口距地面高度为1.1m。屋顶设一个装有压力显示装置的检验用的消火栓。

消火栓的间距应能保证同层相邻两个消火栓的充实水柱同时到达室内任何一点，由计算确定，且高层建筑不应大于30m，裙房不应大于50m。消火栓口径应为65mm，配备的水龙带长度不应超过25m，水枪喷嘴口径不应小于19mm。每个消火栓处应设启动消防水泵的按钮，并应设保护按钮的设施。高层民用建筑中的高级旅馆、重要办公楼，一类建筑的商业楼、展览馆、综合楼还应增设消防卷盘。其口径为25mm的小口径消火栓，配内径为19mm的胶管25m。水枪嘴口径不小于6mm。

3. 消火栓给水系统的选择

当建筑高度在80m以内时，采用一次供水室内消防给水系统。本建筑总高度49.15m，所以采用此系统。火灾时，由高压消防泵向管网系统供水灭火。为了灭火时便于操纵水枪，在主立管下部动水压力超过0.5MPa的消火栓处设减压装置或采用减压稳压型消火栓。当建筑物高度超过80m或消火栓处的静压力大于0.8MPa时，应进行分区，并按各分区分别组成本区独立的消火栓给水系统供水灭火。

本建筑室内消火栓不分区，三层以下部分设减压稳压消火栓。

因受塔楼自身条件限制，本系统 2～15 层采用双阀双出口消火栓。

消防干管成环状布置。

采用水箱和水泵联合供水的临时高压给水系统，每个消火栓处设直接启动消防水泵的按钮。高位水箱贮存 10min 消防用水，消防泵及管道均单独设置。每个消火栓口径为 65mm 单栓口，水枪喷嘴口径 19mm，充实水柱为 12mH_2O，采用麻质水带直径 65mm，长度 25m。消防泵直接从生活—消防和用水池吸水，火灾延迟时间以 2h 计。

1.4.2 自动喷水灭火系统

1. 自动喷水灭火系统分类及组成

(1) 分类

自动喷水灭火系统根据喷头形式不同，分为闭式自动喷水灭火系统和开式自动喷水灭火系统两大类。闭式自动喷水灭火系统分为湿式、干式、干湿式和预作用四种系统；开式自动喷水灭火系统分为雨淋、水幕和水喷雾三种系统。根据具体情况而定，本建筑应采用闭式自动喷水灭火系统。

(2) 组成

1) 湿式系统主要有闭式喷头、湿式报警阀、报警装置、管道系统和供水设备组成。

2) 干式系统主要由闭式喷头、管道系统、充气设备、干式报警器、报警装置和供水设备等组成。

3) 干湿式系统主要由闭式喷头、管道系统、充气双重作用阀(又称干湿式报警阀)、报警装置和供水设备组成。

4) 预作用系统主要由闭式喷头、管道系统、预作用阀、报警装置、供水设备、探测器和控制系统等组成。

5) 雨淋系统主要由开式喷头、管道系统、雨淋阀、控制阀、供水设备、探测报警设备等组成。

6) 水幕系统由水幕喷头、管道系统、雨淋阀(或手动快开阀)、供水设备和探测报警装置等组成。水幕不能直接用来扑灭火灾，只能作防火隔断或进行局部降温。

7) 水喷雾系统主要由水雾喷头、管道系统、雨淋阀、过滤器、供水装置和探测报警装置等组成。

2. 自动喷水灭火系统的管道敷设原则

(1) 闭式喷水灭火系统喷头及管网布置

1) 喷头布置间距

① 正方形喷头布置：不同危险等级系统的喷头喷水强度和布置见表 1-17。

正方形布置时喷头喷水强度和布置间距　　表 1-17

危险等级	喷水强度[L/(min・m^2)]	喷头计算喷水半径(m)	喷头最大间距(m)	喷头与边墙最大间距(m)	每只喷头最大保护面积(m)
中危险级	6	2.5	3.6	1.8	12.5
严重危险级	10～15	2.0～1.6	2.8～2.3	1.4～1.1	8.0～5.4

② 长方形喷头布置：喷头对角线之距离不得超过 $2R$，喷头与边墙之距离不得超过垂

直距离之半。否则会出现未被喷洒覆盖的空白，见表 1-18。

喷头长方形布置间距　　表 1-18

喷头计算喷水半径(m)							
R=3.0		R=2.5		R=2.0		R=1.6	
A	B	A	B	A	B	A	B
4.6	3.8	4.0	3.0	3.2	2.4	2.6	1.6
4.4	4.0	3.8	3.2	3.0	2.6	2.4	2.1
4.2	4.2	3.6	3.4	2.8	2.8	2.2	2.3
4.0	4.4	3.4	3.6	2.6	3.0	2.0	2.5
3.8	4.6	3.2	3.8	2.4	3.2	2.4	2.5

注：A 为长方形长边；B 为长方形短边。

喷水系统的布置与建筑防火分区一致，在同一层平面上有 2 个以上自动喷水系统时，系统相邻处两个边缘喷头的间距不应超过 0.5m。

③ 边墙型喷头布置：

在宽度不超过 3.6m 的房间，只需沿房间长方向布置一排喷头；宽度超过 3.6m 但不超过 7.2m 的房间，沿房间长方向的每侧各布置一排喷头；宽度超过 7.2m 的房间，除在两侧各布置一排边墙型喷头外，还应在房间中部增设普通型喷头。

2）管道布置

自动喷水灭火系统与室内消火栓管网可共用一个给水系统，但一般设计成各自独立的系统，若共用一个给水系统，则报警阀后的管网必须与室内消火栓管网系统分开独立设置，报警阀后的配水管上允许设置其他用水设备。

喷水管网布置可视喷头布置分为端—侧布置和端—中布置。每根配水支管上安装的喷头数不超过 8 个，配水支管的最小管径不应小于 25mm。

（2）开式自动喷水灭火系统喷头及管网设置

1）雨淋系统中喷头布置一般采用正方形，喷头最大间距不大于 2.8m，每根配水支管上装设的喷头不超过 6 个。每根配水干管的一端所负担分支管的数量不应大于 6 根。当被保护建筑物面积超过 300m^2 时，为了减少消防水量和相应设备容积可将被保护对象分为若干个装设独立雨淋阀的放水分区。每幢建筑物的分区数量不超过 4 个。同一层平面设置两个以上放水分水区时，无论任何一方放水区域的喷头动作，均能有效的保护其相邻的分界线，喷头布置间距一般为 3m，装闭式喷头的传动管径为 25mm。

2）水幕系统中的喷头布置及管网设计：当水幕与防火卷帘、简易墙面或门窗配合使用时，可成单排布置，并喷向保护对象。舞台口和洞口面积超过 3m^2 的开口部位，水幕喷头应在舞台口、洞口内外成双排布置，两排的距离为 0.6～0.8m。当开口面积超过 3m^2 的开口部位时，可设置水幕带。喷头布置不应少于 3 排，水幕带造成的有效保护宽度不应小于 6m。

3. 自动喷水灭火系统的选择

本建筑中，一层商场部分使用湿式系统。由于地下室因为有车库，所以应选用预作用系统。

1.4.3 消防给水系统计算

1. 室内消火栓给水系统计算

(1) 用水量

《高层民用建筑设计防火规范》GB 50045—95 对用水量规定见表 1-19。

消火栓给水系统的用水量 **表 1-19**

高层建筑类别	建筑高度(m)	消火栓用水量(L/s)		每根竖管最小流量(L/s)	每支水枪最小流量(L/s)
		室外	室内		
普通住宅	≤50	15	10	10	5
	>50	15	20	10	5

由设计资料，该建筑高度为 49.15m，因而室内消火栓用水量为 10L/s，每根竖管最小流量为 10L/s，每支水枪最小流量为 5L/s。

(2) 水枪充实水柱

消火栓的水枪充实水柱在建筑高度不超过 100m 时不应小于 10m，取用消火栓充实水柱 $H_m=12m$。

选用 $DN65$ 的消火栓，水枪口径 19mm，长度为 25m 的麻质水龙带。

(3) 消火栓口所需压力，见表 1-20～表 1-22。

水 带 比 阻 **表 1-20**

水带口径	衬胶水带的比阻 A_d
50	0.00677
65	0.00172

水枪水流特性系数 **表 1-21**

喷嘴直径	19
B 值	1.577

水枪充实水柱、压力和流量 **表 1-22**

$S_{K充实水柱}$	不同水枪直径的压力和流量	
	19	
0.01MPa	H_q	q_{xh}
	压力 0.01MPa	流量(L/s)
12	17	5.2

1) 公式及系数

$$H_{xh}=H_q+H_d+H_k \quad mH_2O$$

其中水枪喷嘴出所需水压 $H_q=\dfrac{q_{xh}^2}{B}$ mH_2O

消防水带水头损失 $H_d=A_zL_dq_{xh}^2$ mH_2O

消火栓栓口水头损失 H_k 估为 $2mH_2O$

系数

2) 计算

$$H_q=q_{xh}^2/B=5.2^2/1.577=17.15mH_2O$$

$$H_d=A_zL_dq_{xh}^2=0.00172\cdot 25\cdot 5.2^2=1.16mH_2O$$

消火栓口所需压力：$H_{xh}=H_q+H_d+H_k=17.15+1.16+2=20.31mH_2O$

水枪喷嘴射流量：$q_{xh}=5.2L/s$

3）消防给水管网水力计算，见表1-23。

表 1-23

消火栓给水系统配管水力计算

计算管段	设计秒流量 q(L/s)	管长 L(m)	Dg (mm)	v (m/s)	i 1000i	il	损失累计
0-1	10.4	3	100	1.2	29.24	0.088	0.088
1-2	10.4	3	100	1.2	29.24	0.088	0.176
2-3	10.4	3	100	1.2	29.24	0.088	0.263
3-4	10.4	3	100	1.2	29.24	0.088	0.351
4-5	10.4	3	100	1.2	29.24	0.088	0.439
5-6	10.4	3	100	1.2	29.24	0.088	0.527
6-7	10.4	3	100	1.2	29.24	0.088	0.614
7-8	10.4	3	100	1.2	29.24	0.088	0.702
8-9	10.4	3	100	1.2	29.24	0.088	0.790
9-10	10.4	3	100	1.2	29.24	0.088	0.877
10-11	10.4	3	100	1.2	29.24	0.088	0.965
11-12	10.4	3	100	1.2	29.24	0.088	1.053
12-13	10.4	3	100	1.2	29.24	0.088	1.141
13-14	10.4	3.7	100	1.2	29.24	0.108	1.249
14-15	10.4	4.2	100	1.2	29.24	0.123	1.372
15-16	10.4	2.9	100	1.2	29.24	0.085	1.456

消防立管考虑2股水柱作用，采用双阀双出口型消火栓，见图1-21。

消防立管流量：$Q=5.2\cdot2=10.4L/s$，采用 $DN100$ 的立管，$v=1.20m/s$，$1000i=29.24$。

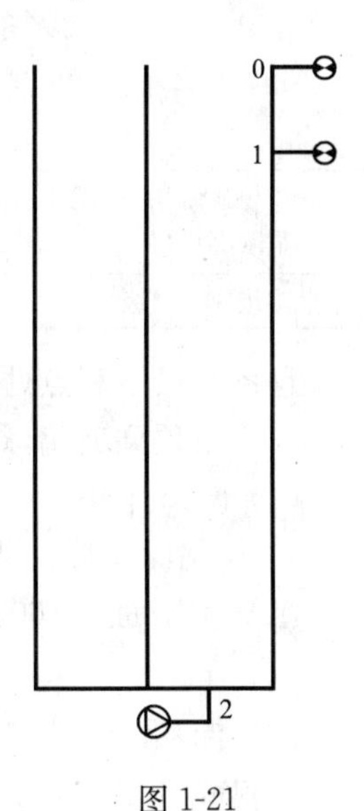

图 1-21

4）消防水箱的容积及设置高度

a. 对于多层民用建筑和工业建筑，消防水箱应贮存10min的消防用水量。

b. 该建筑设计室内消火栓用水量为10L/s，自动喷水灭火系统总的用水量采用5L/s，则室内消防用水量为15L/s，水箱消防储水量为$(15\cdot60\cdot10)=9m^3$，采用$9m^3$的消防水箱。

c. 最不利点消火栓静水压：$49.65-(46.8+1.1)=1.8m=0.018MPa<0.07MPa$，且该建筑高度<100m，因此，需设置增压稳压设备。

消防稳压泵流量为5L/s

消防稳压泵的扬程为 $7-1.8+(1.1+3.0\cdot13+4.2+3.7+2.9)=56.1m$

选用型号为 XQZ-W-16-79.1-2SLG16 的全自动气压消防稳压给水设备，1 用 1 备，配套水泵型号为 SLG16×7，2 台，气压罐型号为 SN800×2700-1.0。

5）计算消防水池容积

a. 消火栓系统的计算用水量为 10.4L/s，其火灾延续时间采用 2h；自动喷水系统的用水量为 21.28L/s，其火灾延续时间取 1h。

b. 消防水池容积 $V=10.4\cdot3.6\cdot2+21.28\cdot3.6\cdot1=151.24m^3$，取 $152m^3$。

6）消火栓泵的流量和扬程

a. 消火栓泵的额定流量 10L/s

b. 消火栓泵的额定扬程

$$H=(1.05\sim1.10)(\sum h+Z+P_0)\quad \text{MPa}$$

1.05～1.10，安全系数，当系统管网小时，取 1.05。

$$\sum h=0.01456\cdot1.3=0.0189\text{MPa}$$

管道沿程和局部的水头损失的累计值

$$Z=(1.1+3.0\cdot13+3.7+3.8)/100=0.476\text{MPa}$$

最不利点处消火栓与消防水池的最低水位高差

$$P_0=0.203\text{MPa}$$

最不利点处消火栓工作压力

扬程为

$$H=1.05\cdot(0.0189+0.476+0.203)=0.733\text{MPa}$$

7）消火栓减压计算

三层消火栓的压力：73.3－13.8－1.141＝58.36m

四层消火栓的压力：73.3－16.8－1.053＝55.44m

五层消火栓的压力：73.3－19.8－0.965＝52.54m

六层消火栓的压力：73.3－22.8－0.877＝49.6m

因此需在 5 层以下设减压稳压消火栓。

2. 自动喷水灭火系统计算

(1) 基本设计数据

基 本 设 计 数 据 **表 1-24**

设置场所危险等级		喷水强度[L/(min·m²)]	作用面积(m²)	标准喷头的最大保护面积(m²)	喷头流量系数	喷头工作压力(MPa)
中危险级	Ⅰ级	6	160	12.5	80	0.10

且系统最不利点处喷头的工作压力，不应低于 0.05MPa。

采用吊顶型玻璃球喷头，喷头以 3.6m·3.6m 正方形布置，距墙间距不大于 1.8m。

(2) 设计计算

1) 作用面积喷头数和作用面积形状

已知作用面积 $160m^2$，每个喷头的保护面积为 $12.5m^2$，则喷头数：

$$n=160/12.5=12.8\approx13$$

矩形面积的长边尺寸为：$L=1.2\cdot\sqrt{160}=15.2m$

每根配水支管的动作喷头数：

$n'=15.2/3.6=4.2$ 取 5 只

则：$L=3.6\cdot5=18\text{m}$ $B=160/18=8.9\text{m}$

支管数量 $B/3.6=2.47$ 取 2 排支管

则：计算喷头数为 $5\cdot2=10$

计算面积为 $10\cdot3.6^2=129.6\text{m}^2<160\text{m}^2$

则：增补喷头$(160-129.6)/3.6^2=2.34$ 取 3 个，共计 13 个，与 n 相符。

则：计算面积$=13\cdot3.6^2=168.48\text{m}^2>160\text{m}^2$

2）喷头的流量

$$q=K\cdot\sqrt{10P}\quad \text{L/min}$$

$P=0.10\text{MPa}$ 喷头工作压力

$K=80$ 喷头流量系数

$$q=80\cdot\sqrt{10\cdot0.10}=80\text{L/min}=1.33\text{L/s}$$

3）系统设计流量

第一个喷头的出流量和压力

已知危险等级为中危险Ⅰ级的建筑，喷头喷水强度为 $6\text{L/(min}\cdot\text{m}^2)$，最大保护面积为 12.5m^2，则：第一个喷头流量为

$$q=DAs=6\text{L/(min}\cdot\text{m}^2)\cdot12.5=75\text{L/min}=1.25\text{L/s}$$

第一个喷头的工作压力为

$P_s=(75/80)^2/10=0.088\text{MPa}$，大于最小压力 0.05MPa，符合要求。

4）管道水力计算

见表 1-25。

自动喷水系统配水管水力计算 **表 1-25**

计算管段	节点喷头数	设计秒流量 q(L/s)	管长 L (m)	Dg(mm)	v(m/s)	$1000i$	il	损失累计
0-1	1	1.33	3.6	25	2.5	772.8	2.782	2.782
1-2	2	2.66	3.6	32	2.92	693.8	2.498	5.280
2-3	3	3.99	3.6	50	1.88	176.2	0.634	5.914
3-4	4	5.32	3.6	50	2.51	313.4	1.128	7.042
4-5	5	6.65	5.4	70	1.88	128	0.691	7.733
5-6	10	13.3	3.6	80	2.68	206.6	0.744	8.477
6-7	13	17.29	3.6	100	1.99	79.97	0.288	8.765

（3）自动喷水泵的流量和扬程

1）自喷泵的流量：

$$Q=1.33\cdot13=17.29\text{L/s}$$

2）自动喷水泵的扬程：

$$H=(1.05\sim1.10)(\sum h+Z+P_0)\quad \text{MPa}$$

同消火栓给水系统，安全系数取 1.05；

管道沿程和局部的水头损失的累计值$\sum h=0.8765\cdot1.2=1.0518\text{MPa}$

最不利点处消火栓与消防水池的最低水位高差

$$Z=[(4.8-0.5)+4.6+4.2+3.2)]/100=0.163\text{MPa}$$

最不利点处消火栓工作压力

$$P_0=0.088\text{MPa}$$

则 $H=1.05\cdot(1.0518+0.163+0.088)=1.37\text{MPa}$

选择型号为 XZX-P-20-1.4-3DL(X)的消防专用自动化给水设备，其消防主泵型号为 50LG(X)·10，功率为 30W，其稳压泵型号为 LDW0.6·18，功率为 3W。

1.5 生活排水系统

1.5.1 建筑排水系统的分类和组成

1. 排水系统分类

(1) 粪便污水排水系统；

(2) 生活废水排水系统；

(3) 生活污水排水系统；

(4) 雨水排水系统。

2. 排水系统组成

(1) 生活洁具或生产设备受水器；

(2) 排水管系统(包括横支管、立管、横干管、总干管和排出管等)；

(3) 通气管系统；

(4) 清通设备；

(5) 抽升设备；

(6) 室外排水管道；

(7) 污水处理设备。

3. 排水方式的选择原则

高层建筑中，生活污水不能与雨水合流排除，雨水排水系统应单独设置。排水方式选择的原则：

(1) 当城市有完善的污水处理厂时，宜采用生活污水排水系统，用一个排水系统接纳粪便污水和生活废水，出户后排入市政污水管道系统或合流制排水系统。

(2) 当城市无污水处理厂时或污水处理厂处理能力有限，粪便污水需要经过局部处理时，宜分别设置粪便污水排水系统和生活废水排水系统。少数污、废水负荷较小的建筑和污、废水不便分流的建筑，如办公楼、标准较低的住宅等，也可采用生活污水排水系统。

(3) 对含有害物质、含大量油脂的污、废水以及需要回收利用的污、废水，应采用单独的排水系统收集、输送，经适当处理后排除或回收利用。采用什么方式排出污水和废水，应根据污、废水的性质、污染程度以及回收利用的价值，结合市政排水系统体制，城市污水处理的情况，通过技术经济比较，综合考虑确定。

1.5.2 排水管道布置和敷设

1. 排水管道的布置

(1) 排水立管应布置在污水最集中，水质最脏的排水点处，使其横支管最短，尽快转入立管后排出室外。

(2) 排水立管穿楼层时，预埋套管，套管比通过的管径大 50～100mm。

(3) 根据建筑功能的要求几根通气立管可以汇合成 1 根，通过伸顶通气总管排出屋面，及几根排水立管汇合后通过 1 根总排出管引出室外。

(4) 接有大便器的污水管道系统中，如无专用通气管或主通气管时，在排水横干管管底以上 0.70m 的立管管段内，不得连接排水支管，在接有大便器的污水管道系统中，距立管中心线 3m 范围内的排水横干管上不得连接排水管道。

(5) 布置在高层建筑管道井内的排水立管，必须每层设置支撑支管，以防整根立管重量下传至最低层。高层建筑如旅馆、公寓、商业楼等管井内的排水立管，不应每根单独排出，往往在技术层内用水平管加以连接，分几路排出，连接多根排水立管的总排水横管必须按坡度要求并以支架固定。

(6) 排水管穿过承接墙或基础时，应预留管洞使管顶上部净空不得小于建筑物的沉降量，一般不小于 0.15m。

(7) 塑料排水管每层均设置伸缩器，一般设在楼板下排水支管汇合处三通以下。

(8) 塑料排水立管穿楼层应设置阻燃圈，横管穿越防火墙，防火隔墙时在穿越处两侧应设阻燃圈。

2. 同层排水

为了更好解决邻里纠纷问题，在本设计中使用了同层排水排水系统。为了满足国人习惯在厕所设置地漏，因此选用了侧排式地漏。

1.5.3 排水管材附件和检查井

1. 排水管材

(1) 居住小区排水管道，宜采用埋地塑料管道和混凝土管，当居住小区内设有生活污水处理设置时，生活排水管道宜采用埋地塑料管。

(2) 建筑排水管道应采用建筑排水塑料管，粘接连接。当建筑高度超过 100m 时，排水立管应采用柔性抗震排水铸铁直管及配件。

(3) 当排水管道管径小于 50mm 时，宜采用排水塑料管和镀锌钢管；当连续排水温度大于 40℃时应采用金属排水管。

2. 排水附件

(1) 检查口：

1) 设置在立管上检查口之间的距离不以大于 10m，但在建筑物最底层和设有卫生器具的二层以上坡顶建筑的最高层，应设置检查口；平顶建筑可用通气管顶口代替检查口。当立管上有乙字弯时，在该层乙字弯的上部应设检查口。

2) 污水横管的直线段上设检查口，当管径为 50～75mm；100～150mm；200mm 时，最大距离依次分别为 12m、15m 和 20m。

(2) 清扫口：

1) 连接 2 个及 2 个以上的大便器或 3 个以上的卫生器具的铸铁排水横管上宜设清扫口。在连接 4 个及 4 个以上的大便器的塑料排水管上宜设置清扫口。

2）在水流转角小于135°的污水横管上应设清扫口或堵头。污水管起点设置堵头，代替清扫口，堵头与墙面应有不小于0.4m距离。

3）从污水立管或排出管上的清扫口至室外检查井中心的最大长度见表，当实际超过表中规定值时，可在排出管上设置清扫口，见表1-26。

污水立管或排出管上的清扫口至室外检查井中心的最大距离长度　　表1-26

管径(mm)	50	75	100	100以上
最大长度(m)	10	12	15	20

3. 排水检查井

(1) 排水管道的连接在下列情况应设检查井：

1）在管道转弯和连接支管处；

2）在管道的管径、坡度改变处；

3）在直线管段上，当排除生产废水时，检查井距离不以大于30m，排除生产污水时，检查井距离不宜大于20m；当排除生活污水时，管径不宜大于150mm时，检查井距离不宜大于20m，管径不小于200mm时，检查井的距离不宜大于39m。

(2) 检查井井径的确定。检查井内径应根据所连接的管道管径、数量和埋深确定。井深小于或等于1.0m时，井内径可小于0.7m；井深大于1.0m时，其内径不宜小于0.7m，一般取1.0m。

1.5.4　排水系统计算

1. 最大小时流量

高层建筑生活污水的最大小时流量与其生活用水的最大小时流量相同，则建筑物生活污水最大小时流量为14.44m^3/h。

2. 排水管道设计秒流量及管径的确定

(1) 住宅、集体宿舍、旅馆、医院、疗养院、办公楼、商场、会展中心、中小学教学楼等建筑生活排水管道设计秒流量按下式计算，参见表1-27：

根据建筑物用途而定的系数 α 值　　表1-27

建筑物名称	住宅、宾馆、医院、疗养院、幼儿园、养老院的卫生间	集体宿舍、旅馆和其他公共建筑的公共盥洗室和厕所间
α值	1.5	2.0～2.5

$$q_p = 0.12\alpha\sqrt{N_p} + q_{max}$$

(2) 排水管道水力计算

1）计算草图

1号卫生间计算草图，如图1-22。

3号卫生间计算草图，如图1-23。

4号卫生间计算草图，如图1-24。

5号卫生间计算草图，如图1-25。

6号卫生间计算草图，如图1-26。

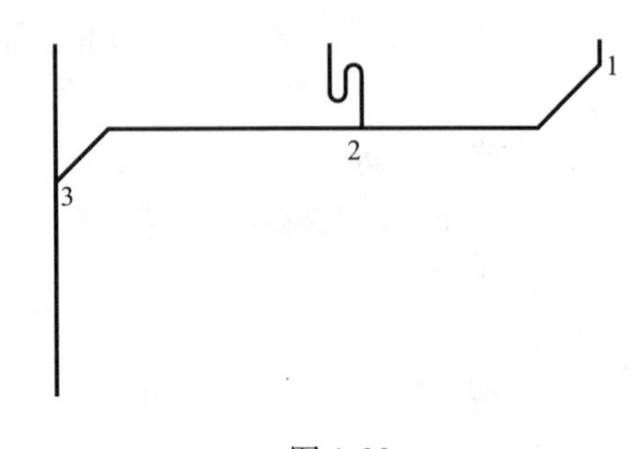

图1-22

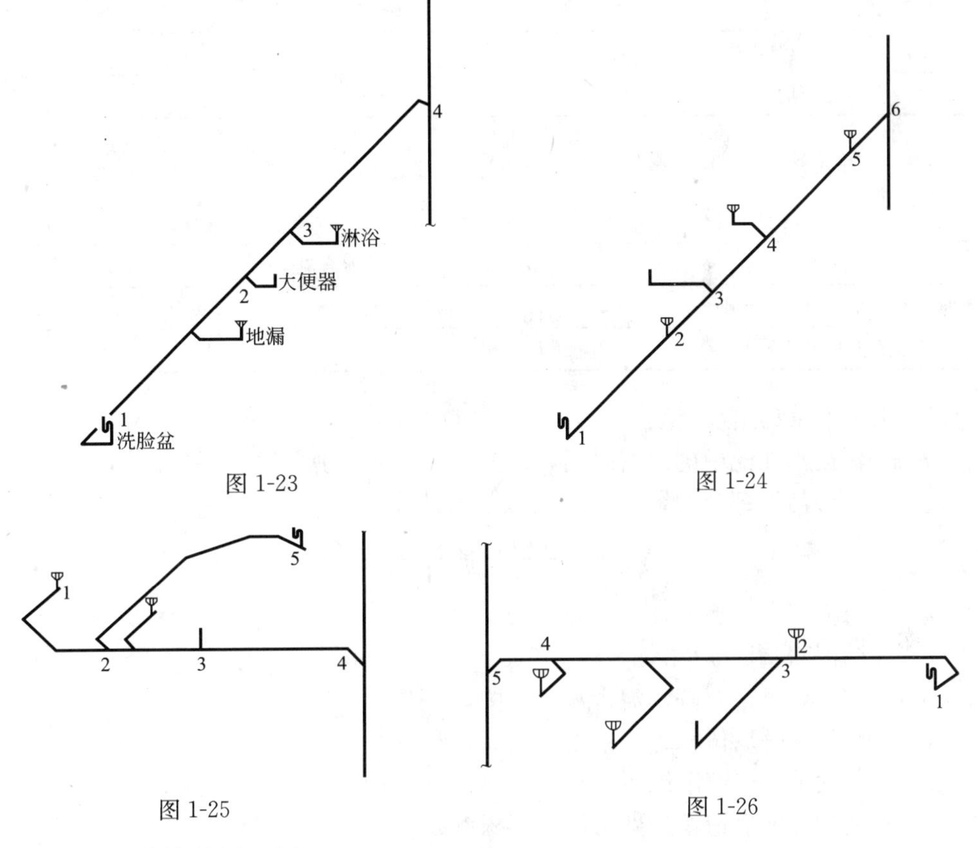

图 1-23　　图 1-24

图 1-25　　图 1-26

7 号卫生间计算草图，图 1-27。

厨房排水计算草图，如图 1-28。

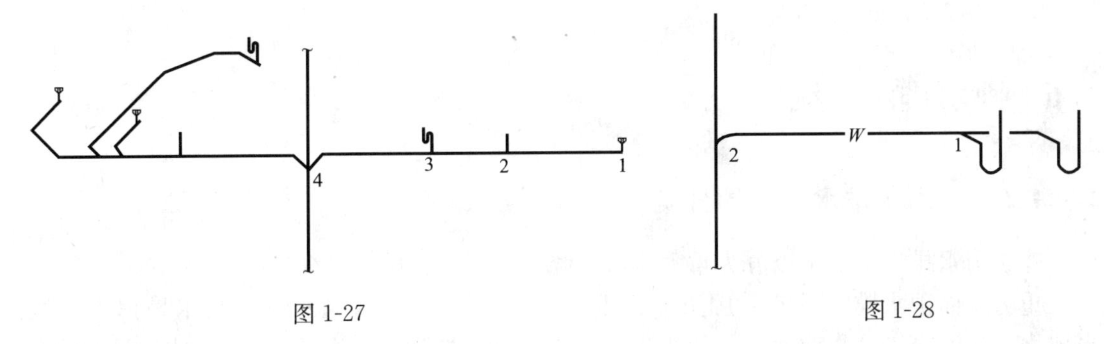

图 1-27　　图 1-28

2）排水管道水力计算表（略）

3．化粪池

化粪池的有效容积

$$V=V_1+V_2$$

式中　V_1——污、废水部分的容积（m^3），按下式计算：

$$V_1=\frac{Nqt}{24 \cdot 1000}$$

N——化粪池实际使用的人数，计算单独建筑物化粪池时，为总人数乘以 α（%），α 取值见表 1-28。

表 1-28

建筑物类型	α(%)
住宅、集体宿舍、旅馆	70

q——每人每日污废水量［L/(人·d)］见表 1-29。

表 1-29

分　类	生活污水与生活废水合流排出	生活污水单独排出
每人每日污废水量［L/(人·d)］	与用水量相同	20～30
每人每日污泥量［L/(人·d)］	0.7	0.4

生活给水每人每日用水量取 200［L/(人·d)］

t——污废水在池中的停留时间，根据污废水量分别采用 12～24h；

V_2——浓缩污泥部分的容积(m^3)，按下式计算：

$$V_2=\frac{\alpha NT(1-b)\cdot K\cdot 1.2}{(1-c)\cdot 1000}$$

α——每人每日污泥量，如上表；

T——污泥清掏周期(d)，一般为 90d、180d、360d；

b——进入化粪池新鲜污泥含水率，按 95%取用；

K——污泥发酵后体积缩减系数，按 0.8 取用；

c——化粪池中发酵浓缩后污泥含水率按 90%取用；

1.2——清掏污泥后遗留的熟污泥量容积系数。

$$\text{则 } V=\frac{4\cdot 156\cdot 70\%\cdot 200\cdot 12}{24\cdot 1000}+\frac{0.7\cdot 4\cdot 156\cdot 70\%\cdot 180\cdot(1-95\%)\cdot 0.8\cdot 1.2}{(1-90\%)\cdot 1000}$$

$$=70.1(m^3)$$

1.6　雨水排水系统

1.6.1　雨水排水系统的分类

建筑雨水排水系统可以分为重力排水系统与虹吸压力排水系统。

重力屋面雨水排水系统采用重力式雨水斗(87 斗)，流入雨水斗的雨水易掺入空气，形成水、气混合流，影响雨水斗的泄流量，悬吊管需要较大的管径和一定的坡度，为了维持连接在同一悬吊管上的各个雨水斗的正常工作，连接雨水斗的数量一般不多于 4 只，因而增加了雨水立管的数量。

重力流屋面雨水排水系统受其水力特性的限制，造成排水立管多、管径偏大，对大面积的建筑屋面雨水排水系统的设计带来一定的难度。

压力(虹吸)流屋面雨水排水系统，采用压力流雨水斗，排水能力有很大的提高；在满足水力计算的情况下，悬吊管接入的雨水斗的数量一般不受限制，节省了不少立管；悬吊管不需作坡度，安装方便、美观；系统按压力流计算可以减小设计管径；工程实践证明：压力(哄吸)流屋面雨水排水系统与重力式屋面排水系统比较有较明显的优势。

但其雨水斗要求有较高的安装精度。

1.6.2 雨水排水系统的选择

本设计中，15 层塔楼部分屋面面积较小，而重力雨水排水系统发生屋面溢流的可能性较小，因次选用重力系统。

一层屋面的汇水面积较大，为了减少悬吊管管径，因此采用压力流雨水排水系统。

1.6.3 雨水排水系统计算

1. 汇水面积

取设计重现期 $P=5$；$q_5=2.45\text{L/s}\cdot 100\text{m}^2$

屋面坡度=2%，$k_1=1$，$\psi=0.9$

$Q=k_1\psi qF$

划分屋顶汇水面积：$F_1=26\text{m}^2$，$F_2=75\text{m}^2$，$F_3=69\text{m}^2$，$F_4=69\text{m}^2$，$F_5=80\text{m}^2$，$F_6=28\text{m}^2$

划分雨水斗汇水面积：$F_1=101\text{m}^2$，$F_2=69\text{m}^2$，$F_3=149\text{m}^2$，$F_6=18\text{m}^2$

代如数值得 $Q=1\cdot 0.9\cdot 2.45\cdot 101/100=2.22\text{L/s}$

$Q=1\cdot 0.9\cdot 2.45\cdot 69/100=1.52\text{L/s}$

$Q=1\cdot 0.9\cdot 2.45\cdot 149/100=3.28\text{L/s}$

$Q=1\cdot 0.9\cdot 2.45\cdot 18/100=0.4\text{L/s}$

屋顶总汇水面积：$F=6934$

$$Q=1\cdot 0.9\cdot 2.45\cdot 6934/100=153\text{L/s}$$

2. 雨水斗选择

在 15 层楼面使用重力排水系统，选用排水能力为 16L/s 的口径 100mm 的雨水斗。立管管径 10mm。

一层屋面使用虹吸雨水排水系统，选用排水能力为 12L/s 规格为 *DN*80mm 的雨水斗。如 13 个，由于虹吸雨水排水系统在超设计重显期时排除能力无法得到良好的提高，致使雨水无法很好排除，因此选用雨水斗 15 个。

1.7 中水系统

污水回用常作为节水的重要措施，越来越引起人们的重视，且逐渐被人们所接受。在北京，凡是新建的建筑面积 2 万 m^2 以上的宾馆、饭店、公寓等；建筑面积 3 万 m^2 以上的机关、科研单位、大专院校和大型文化、体育等建筑；建筑面积 5 万 m^2 以上或可回用水量大于 $150\text{m}^3/\text{d}$ 的居住区和集中建筑等均要求配套建设中水处理站或中水机房，将沐浴、盥洗、洗衣等优质杂排水收集处理后供冲厕、绿化、洗车等。但是在许多工程中，中水的回用量与中水用水量常常不平衡，造成在中水池中补充大量的生活用水。

本设计中设有小区集中污水处理站，在中水处理后直接加压向小区内各建筑输水。中水系统为与给水系统保持一致，因此在进入建筑后采用上行下给系统，使用支管减压阀减压。

同时中水系统供给一层顶屋面花园绿化用水。

2　华北地区某市新建污水处理厂设计

柳媛(给水排水与环境工程，2005 届)

指导老师：曹秀芹

简　介

为保证污水的有效处理，防止水体的富营养化，避免对环境的污染，在华北地区某市新建一污水处理厂，该污水处理厂规模为 30 万 m^3/d，该污水性质为城市污水，处理后的水达到国家标准 GB 18918—2002 后，直接排入该市东部水体。

经调研后，选用 A^2/O 工艺，该工艺由厌氧、缺氧和好氧三阶段串联组成，可同时达到脱氮除磷的目的。该工艺成熟、运行稳定。

另外，本设计中还考虑到将污水厂 10％的水量进行中水处理，用于厂内冲厕、绿化、洗车和冲洗道路等。

污水处理过程中产生的污泥，经气浮浓缩、两级中温消化和机械脱水后用于卫生填埋或农业施肥。

2.1 工程概况

某市地处华北地区，随着社会经济的发展，人口的增加，城市规模不断扩大，城市污水排放量也日益增加，为保证污水的有效处理而避免造成环境的污染，在该市东南部新建一污水处理厂。该污水处理厂规划流域面积为223.5km^2，规划排水面积为100km^2。同时为控制水体富营养化的发生，考虑脱氮除磷。

2.2 设计资料

1. 工程规模：设计流量(平均日)：30万m^3/d

总变化系数(k_z)：1.3

2. 水质情况，见表2-1：

进、出水水质表 **表2-1**

	进水(mg/L)	出水(mg/L)	去除率(%)
悬浮物(SS)	280	20	93.8
生化需氧量(BOD_5)	240	20	91.7
化学需氧量(COD)	480	60	87.5
氨氮(NH_3-N)	25	15	40
磷酸盐(以P计)	5	1	80

水温：13～25℃，pH：6.8～7.2。

3. 气象、水文资料：

常年主导风向：北风

夏季主导风向：西北风

气温：多年平均气温为11.7℃。最热月平均气温为32℃；最冷月平均气温为－10℃。

4. 地质状况：

土地情况：良好

地下水位：－10m

地震烈度：按8度考虑

最大冻土深：0.85m

5. 动力学参数(查《排水工程》(F))

$$K_2=0.0102 \quad Y=0.65 \quad K_d=0.05$$

此外还应考虑一部分污水回用，进行深度处理，选择工艺并设计中水处理站。

2.3 处理厂工艺流程方案选择

2.3.1 工艺流程方案的提出

由上述计算，本设计在水质处理中要达到表2-1的出水水质要求，即要求处理工艺既能有效地去除BOD_5、COD、SS等，又能达到脱氮除磷的效果。先选择工艺流程进行方案比较。经调研后选择出较适宜的工艺流程为：AB工艺和A^2O工艺，其比较见表2-2。

污水处理工艺比较　　表2-2

	A^2/O法	AB法
优点	(1) 基建费用低，具有较好的脱氮、除磷功能； (2) 具有改善污泥沉降性能、减少污泥排放量； (3) 具有提高对难降解生物有机物去除效果，运转效果稳定； (4) 技术先进成熟，运行稳妥可靠； (5) 管理维护简单，运行费用低； (6) 国内工程实例多，工艺成熟，容易获得工程管理经验	(1) 曝气池的体积小，基建费用相应降低； (2) 污泥不易膨胀，达到一定的脱氮、除磷效果； (3) 抗冲击负荷能力强。AB段的BOD_5去除率为90%～95%，COD去除率为80%～90%，TP去除率可达50%～70%，TN的去除率为30%～40%
缺点	(1) 处理构筑物较多； (2) 需增加内回流系统	(1) 构筑物较多； (2) 污泥产量较多

2.3.2 AB法

1. 工艺原理

AB法是为解决传统的二级生物处理法（初沉池＋活性污泥曝气池）工艺存在的去除难降解有机物和脱氮除磷效率低以及投资运行费用高等问题。AB工艺与传统活性污泥法不同之处在于，它不设初沉池，由A、B两段组成，A段污泥负荷很高，主要进行吸附去除，B段进行生物降解；两段相互独立，各自拥有自己的污泥回流系统，来培养适合本段水质特征的微生物种群。其处理工艺流程见图2-1。

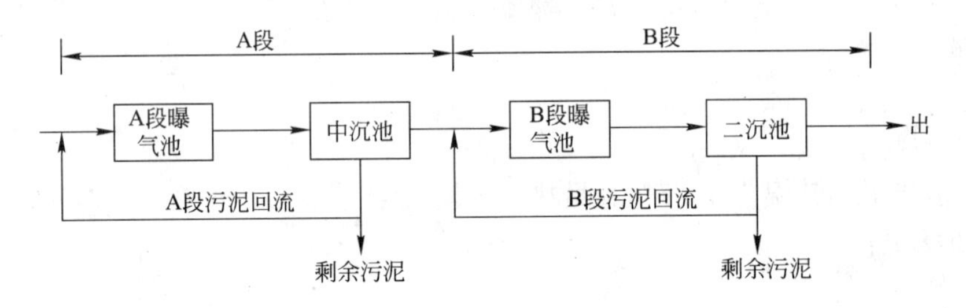

图2-1　AB法工艺流程

由于进入A段的污水是直接由排水管网来的，其中含有大量且活性很强的细菌及微生物群落，使A段SS及BOD_5的去除率大大高于初沉池，所以AB法不设初沉池。使A级成为一个敞开的、不断由原污水中补充微生物的动态系统。让大量已适应原污水的微生物直接进入A段，A段曝气池不同于一般的初沉池，其去除机理不是简单的重力沉降，而是细菌的絮凝吸附作用。

在处理过程中，微生物对有机污染物的去除作用是通过初期的快速吸附和生物代谢作用完成的。A段污泥龄短、更新快，它充分利用了活性污泥的初期吸附作用，但AB工艺中的这种吸附作用及其吸附能力的保持与吸附再生活性污泥法不同；后者在接触池内进行吸附，在再生曝气池中恢复其吸附能力，其能耗并没有减少。AB工艺中的A段则无需设再生池，其吸附能力的保持取决于两个因素，其一是污水收集、输送过程中随污水进入A

段的微生物源源不断地在 A 段中得到“活化”；其二是由于在 A 中的泥龄较短，仅为 0.3～0.5d，快速增殖的微生物具有很强的吸附和絮凝能力。也就是说，在 AB 工艺中 A 段内的微生物主要是由活性强、世代时间短的生物组成，这是其在高负荷、短停留时间和短泥龄条件下运行的依据。

经过 A 段处理，SS 和有机物的去除率明显高于初沉池，BOD_5 的去除率为 40%～70%，SS 的去除率可达 60%～80%，一些重金属和难降解有机物以及氮、磷等植物性营养物质，都能通过 A 段剩余污泥的排放而得到去除，经过 A 段处理后的污水，其可生化性有所改善，减轻了 B 段的负荷，有利于 B 段的生物降解作用。

B 段接受 A 段的处理水，水质、水量比较稳定，冲击负荷已不再影响 B 段，在 B 段处理过程中，是通过生物降解氧化的方式去除有机物，水力停留时间一般为 2～6h，泥龄一般为 15～20d。

B 段承载的负荷约为 0.15～0.3kg BOD_5/(kg MLSS・d)，而且进入 B 段的有机物主要是易于被微生物所吸收利用的溶解性物质，所以 B 段的生物降解功能得以充分的发挥。进入 B 段曝气池的悬浮态基质也较少，与常规工艺相比，B 段污泥的活性成分较高，相同的污泥负荷 B 段的 F/M 值实际要低些，因此污泥龄较长、生物相丰富，并在较短的时间内获得较好的出水水质。

与传统的活性污泥法相比，B 段还可以实现较好的硝化效果，这主要取决于两个原因：首先 B 段的污泥龄较长，适合硝化细菌的生长；此外，B 段的有机负荷较低，增大了 B 段硝化菌在活性污泥中的总量，并且硝化菌对氧的竞争处于比较有利的地位，提高了硝化速度，为 B 段的硝化创造了有利条件。与普通活性污泥法相比，AB 工艺中 B 段活性污泥中硝化菌的比例要高出 40%以上。

2. 工艺特点

(1) 优越性

1) 抗冲击能力强，可以实现更稳定处理效果，在 A 段中发挥主要作用的是物化过程，与生化过程相比，对水中毒物、有机物、pH 值等因素变化的敏感性较小，再加上与输送管道中的污水相通，A 段不断有与原水水质相适应的、具有较强抗冲击性的微生物的接种，因而去除效果稳定。A 段出水在进入 B 段进行生物处理，这时水质水量都已相当稳定，负荷低，可生化性高；B 段的生物量大、生物相丰富，所以具有较强的抗冲击能力。

2) 基建和运转费用大大节省，AB 工艺中 40%～70%的有机物在 A 段得到去除，其中 90%左右通过吸附去除，而且其吸附去除不同于吸附再生活性污泥法，它无需设再生池，不需耗氧，节省能耗；同时吸附停留时间短，池容积小。

经过 A 段的处理后，大量的有机物已被去除，而且 A 段出水的可生化性较强，所以 B 段曝气时间也大大减少，若容积负荷一定，B 段所需的曝气池容积将大为减少，节省基建费用。据资料显示，与传统的活性污泥法相比，采用 AB 工艺的污水处理厂，其基建费用可节省 15%～25%，占地可节省 15%左右，运行费用节省 20%～25%。

3) 适合于分期建造和旧厂的扩建，如果要建造大型污水处理厂，又存在资金不足的问题，AB 工艺就体现了其优越性，因为 AB 工艺处理厂可以进行分期建设。先建设具有生物效应的处理设施，即 AB 工艺的 A 段，这样可以缓解和建设资金不足的问题，因为 A 段曝气池的电耗较少，处理单位 BOD_5 的费用及基建投资都很低，同时，大量污水都能得到了较大程度的处理。待资金充足时，再续建B段。对于采用传统活性污泥法的城市污水厂，如果无条件增设构筑物，也可以把原来的初沉池或沉砂池改为A段曝气池，另一个作为中沉池，在两者之间建一套A段污泥回流系统即可。德国和奥地利的生产性实践证明此法行之有效，改造投资省，经济效益、环境效益显著。

(2) 局限性

1) A段负荷率高，去除污染物主要是靠活性污泥的初期吸附作用，污泥龄短，这也就造成了A段的剩余污泥量较大，使污泥处理、处置的难度增加。

2) AB工艺最大的局限性是其脱氮除磷效果差，常规AB工艺的总氮去除率约为30%～40%，虽较传统一段活性污泥法有所提高，但尚不能满足防止水体富营养化的要求。这是由于AB工艺中不存在缺氧段以及内回流，所以无法进行反硝化，不具备深度脱氮功能。AB法中对磷的去除效果也很低，基本是通过微生物的新陈代谢和部分絮凝吸附作用实现的。另外一个原因是B段碳源不足，也影响B段的脱氮除磷效果。国外为解决这一问题，大多采用投加甲醇的措施，但其价格太高，国内较难推广。

若想要提高AB工艺的脱氮除磷效果，可将B段设计为脱氮、除磷工艺。即按A^2/O工艺进行设计。但此种AB法在实际运行中会遇到A段去除BOD_5的多少和B段脱氮、除磷效果之间的矛盾。在需要生物脱氮、除磷的情况下，A段通常能将BOD_5去除50%或更多，这将使进入B段的污水的生物脱氮(反硝化)和生物除磷的碳源不足，甚至能进行硝化而难以完成反硝化。一些实际的污水厂为了在B段进行有效的生物脱氮、除磷，保持足够的碳源，A段只好闲置。

同时A段在运行时易出现恶臭。原因是A段在高负荷下工作，使A段曝气池在缺氧、甚至是厌氧条件下运行，导致产生硫化氢、大粪素等恶臭气体。

总的来说，AB工艺最适用于处理高浓度的城市污水和工业废水，且该工艺的剩余污泥产量大，其污泥处理和处置的量和费用是相当大的。对于城市污水处理厂，若要进行脱氮除磷，而原水$BOD_5<250mg/L$时，不宜选择AB法，最好采用A^2/O法。

2.3.3 A^2/O工艺

A^2/O工艺该工艺在厌氧—好氧除磷工艺中加入缺氧池，将好氧池流出的一部分混合液流至缺氧池前端，以达到反硝化脱氮的目的，见图2-2。

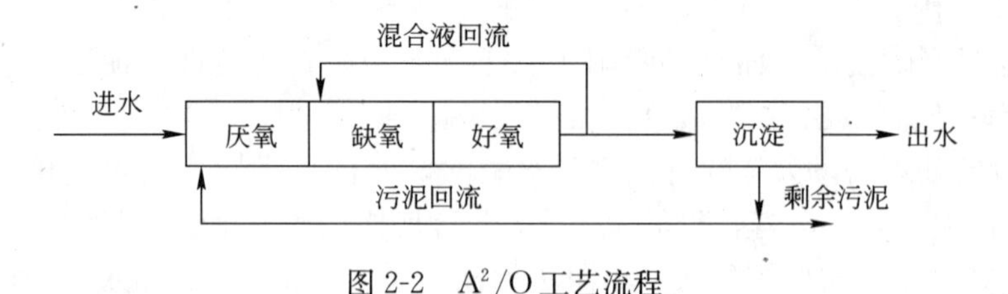

图2-2 A^2/O工艺流程

1. A^2/O工艺中氮的去除过程：

在好氧条件下，有机氮被异养菌(氨化菌)转化成氨氮，在曝气池中，氨氮被硝化菌群氧化成硝态氮，产生的能量用于合成新细胞，其中$NO_2^- \rightarrow NO_3^-$的反应速率很快，因此一般曝气池中的$NO_2^-$浓度很低。硝化的总反应为：

$$NH_4^+ + 2O_2 \rightarrow NO_3^- + H_2O + 2H^+ + 能量$$

曝气池产生大量的 NO_3^- 通过混合液回流到缺氧段。在缺氧条件下，反硝化菌利用 NO_3^- 作为最终电子受体，氧化污水中的有机物，用于产能和增殖，同时硝酸盐被异化还原成氮气。氮气从水中逸出，从而达到除氮的目的。

2. A^2/O 工艺中磷的去除过程：

磷的去除，包括磷的厌氧释放和好氧吸收两个过程。

厌氧条件下，在产酸菌作用下，聚磷菌在厌氧状态下分解体内的多聚磷酸盐同时产生能量(ATP)，并放出磷酸盐维持聚磷菌代谢。在放出磷酸盐的同时，污水中部分有机物 COD 进入菌体内合成 PHB，厌氧状态越长释放越彻底，同时在菌体内形成更多的 PHB。

好氧条件下，聚磷菌利用胞内的 PHB 和胞外的 COD 产生能量，

此时的反应为：$COD(PHA) + O_2 \rightarrow CO_2 + H_2O$

同时聚磷菌可将污水中的磷酸根吸收到细胞内，转变成多聚磷酸盐，且吸磷量大于放磷量。由于厌氧、好氧的交替，聚磷菌可以将体内和体外能量用于分解代谢和合成代谢，在与其他微生物的竞争中占优势，可在系统内大量繁殖，从而形成稳定的污泥体系，最后通过排放剩余污泥的方式将磷去除。但如果好氧时间过长时，好氧条件下也会出现放磷。

A^2/O 工艺可以同时完成有机物的去除、反硝化脱氮、过量摄取去除磷等功能。脱氮的前提是氨氮应完全硝化，好氧池能完成这一功能，缺氧池则完成脱氮功能。厌氧池和好氧池联合完成除磷功能。该工艺处理效率高，BOD_5 和 SS 为 90%～95%，总氮为 70%以上，磷为 90%左右。但该工艺的基建费用和运行费用均高于普通活性污泥法，运行管理要求高，一般适用于要求脱氮除磷且处理后的水要排入封闭性或缓流水体易引起富营养化的大中型城市污水厂。

3. A^2/O 工艺的特点：

1）工艺流程简单，总水力停留时间少于其他同类工艺，节省基建投资。

2）该工艺在厌氧、缺氧、好氧环境下交替运行，有利于抑制丝状菌的膨胀，改善污泥沉降性能。

3）该工艺不需要外加碳源，厌氧、缺氧池只进行缓速搅拌，节省运行费用。

4）便于在常规活性污泥工艺基础上改造成 A^2/O。

5）该工艺脱氮效果受混合液回流比大小的影响，除磷效果受回流污泥夹带的溶解氧和硝态氮的影响，因而脱氮除磷效果不可能很高。

6）沉淀池要防止产生厌氧、缺氧状态，以避免聚磷菌释磷而降低出水水质和反硝化产生 N_2 而干扰沉淀。但溶解氧也不宜过高，以防止循环混合液对缺氧池的影响。

经上述比较选择 A^2/O 工艺，同时采用 A^2/O 工艺不仅可以防止水体富营养化，还可以达到回用水要求。

4. A^2/O 工艺的影响因素：

1）污水中可生物降解有机物对脱氮除磷的影响。生物反应池混合液中能快速生物降解的溶解性有机物对脱氮处理的影响最大。厌氧段中聚磷菌吸收该类有机物，而使有机物浓度下降，同时使聚磷菌放出磷，以使其在好氧段变本加厉的吸收磷，从而达到去除磷的

目的。如果污水中能快速生物降解性有机物少，聚磷菌则无法正常进行磷的释放，导致好氧段也不能更多地吸收磷。经实验研究，厌氧段进水溶解性磷与溶解性BOD_5应小于0.06才会有较好的效果。

缺氧段，当污水中的BOD_5的浓度较高，又有充分的快速生物降解的溶解性有机物时，即污水中C/N比较高时，NO_3^--N的反硝化速率最大，缺氧段的水力停留时间HRT为0.5～1.0h即可；如果C/N比低，则缺氧段HRT需2～3h。由此可知，污水中的C/N比对脱氮除磷的效果影响较大，对于低BOD_5的城市污水当C/N较低时，脱氮率不高。一般来说，污水中COD/TKN大于8时，氮的总去除率可达80%。

2）污泥龄t_S影响。脱氮过程所需的硝化菌世代时间长，污泥龄长；而除磷则通过剩余污泥的排除实现磷的去除，污泥龄短。设计时，若选用短污泥龄，则硝化过程不完全，脱氮效果降低；但若选用长污泥龄，也会导致糖质积累，使非聚磷微生物增长而降低了除磷效果。因此在选择泥龄时应兼顾考虑，一般泥龄为15～20d。

3）溶解氧(DO)的影响。在好氧段，DO升高，NH_4^+-N硝化速度会随之增加，但DO大于2mg/L后其增长趋势减缓。因此DO并非越高越好。因为好氧段DO过高，则溶解氧会随污泥回流和混合液回流带至厌氧段与缺氧段，发生反应：$COD+O_2 \rightarrow CO_2+H_2O$，造成厌氧段厌氧不完全而影响聚磷菌的释放和缺氧段的NO_3^--N的反硝化，高浓度溶解氧也会抑制硝化菌。所以好氧段的DO为2mg/L左右，太高太低都不利。

对于厌氧段和缺氧段，则DO越低越好，但由于回流和进水的影响，应保证厌氧段DO小于0.2mg/L，缺氧段DO小于0.5mg/L。

4）脱氮效果与混合液回流比有很大关系，回流比高，则效果好，但动力费用增大。回流比一般为25%～100%。太高时，污泥将DO和硝酸态氧带入厌氧池太多，影响厌氧状态，对释磷不利；如果太低，则不能维持正常的反应池内污泥浓度，影响生化反应速率。

5）污泥负荷率N_S的影响。在好氧池，N_S应在0.18kgBOD_5/(kgMLSS·d)之下，否则异养菌数量会大大超过硝化菌，使硝化反应受到抑制。而在厌氧池N_S应大于0.1kgBOD_5/(kgMLSS·d)，否则除磷效果急剧下降。因此该工艺中污泥负荷率N_S的范围狭小。

6）TKN/MLSS负荷率应小于0.05kgTKN/(kgMLSS·d)，因过高浓度的NH_4^+-N对硝化菌会产生抑制作用。

5. 本设计使用的A^2/O工艺存在的问题及解决办法

该工艺系统中回流污泥全部进入厌氧段，为了使系统维持在较低的污泥负荷下运行，从而确保硝化过程的完成，要求较大的回流比，一般为60%～100%，最低也要大于40%。回流污泥会把大量硝酸盐带入厌氧池，而磷要在混合液中存在有快速生物降解溶解性有机物及厌氧状态下，才能被聚磷菌释放出来。

当厌氧段有大量硝酸盐时，反硝化菌会以有机物作为碳源进行反硝化，而磷要等脱氮完全后才能开始厌氧释放，即：$COD+NO_3^- \rightarrow N_2\uparrow+H_2O+O_2$

这就使得厌氧段进行磷的厌氧释放的有效容积大为减少，而使除磷效果较差，而脱氮效果较好。反之，若好氧段硝化作用不好，则回流污泥进入厌氧段的硝酸盐减少，改善了厌氧环境，使磷能充分地厌氧释放，则除磷的效果较好，但硝化不完全，因此脱氮效果不好。因此A^2/O工艺不能同时取得脱氮除磷较好的效果。

为了减少进入厌氧段的硝酸盐和溶解氧，将回流污泥分两点加入，以减少厌氧段的回流污泥量。据经验，到厌氧段的回流污泥比为10%，既可满足除磷的需要，其余的回流污泥回流到缺氧段以保证脱氮的需要。

为了减少提升过程中的复氧，回流污泥提升设备应用潜污泵代替螺旋泵，使厌氧段和缺氧段的DO值最低，有利于脱氮除磷。

厌氧段和缺氧段的水下搅拌器功率不宜过大，功率一般为3W·m^3，过大会产生涡流，致使混合液DO升高，影响脱氮除磷效果。

原污水和回流污泥进入厌氧段和缺氧段应为淹没入流，从而减少复氧。

总之，A^2/O工艺不仅可以去除有机碳污染和水中氮和磷的污染，还为污水回用和资源化开辟了新的途径，并具有很好的环境效益和经济效益。与普通活性污泥法二级处理后再进行三级物化处理相比，不仅投资和运行成本低，且无大量难以处理的化学污泥，见图2-3。

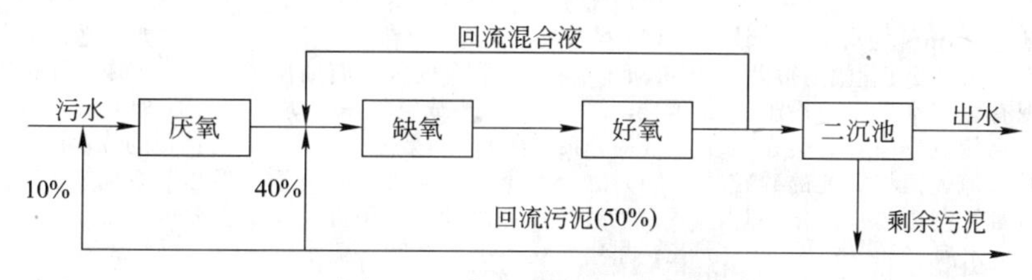

图2-3　A^2/O改进工艺流程

2.4　污水处理厂设计说明

2.4.1　污水处理厂污水处理构筑物设计说明

1. 格栅

格栅是废水处理厂第一道预处理设施，它的功能是拦截废水中漂浮和悬浮的碎木块、碎片、布条、塑料制品、长纤维等固体物质，以保证后续处理设施顺利运行。格栅由栅条和清除栅渣机两部分组成。格栅拦截污物的功能是由栅条完成的，栅条的间距(空隙距离)和形状决定了格栅的拦污性能和水力特性。

中格栅为废水处理厂的主要格栅，多为机械除渣。规定15～25mm采用机械格栅。

细格栅可去除更小的固形物，能明显减少下游废水处理工艺和污泥处理设施的维护和运行工作及费用，可因此获得良好的运用管理和经济效益。

本工艺选择一组中格栅和一组细格栅。

2. 沉砂池

沉砂池常设在进水泵房的后面。其作用是从废水中分离密度较大的无机颗粒，避免这些砂粒对处理工艺和设备带来不利影响，如对沉淀池刮板、污泥泵叶轮和离心或带式脱水机等部位产生磨损，使其缩短寿命，同时在曝气池、污泥消化池产生淤积而减小有效容积。因而沉砂池是污水处理厂中必不可少的处理设施。沉砂池的类型，按池内水流方向的不同，可以分为平流式沉砂池、竖流式沉砂池、曝气沉砂池、旋流沉砂池，见表2-3。

各种沉砂池比较 **表 2-3**

池形	平流式沉砂池	旋流沉砂池	曝气沉砂池
优点	(1) 结构简单； (2) 灵活性大，调节出口流量控制即可改变运行特性； (3) 水平流速稳定在 0.3m/s 可获得洁净的沉砂	(1) 适应流量变化能力强； (2) 水头损失小、典型的损失值仅 6mm； (3) 细砂粒去除率高。(0.104mm) 目的细砂也可达 73%； (4) 机械的传动部分均在水上，易于维修； (5) 动能效率高	(1) 在沉砂效果相同条件下，适应变化流量能力最强； (2) 水头损失小； (3) 通过控制好曝气强度，可使沉淀下来的砂粒的腐化有机物含量低； (4) 只要调节现场操作条件即可改变其除砂的性能，运行灵活性较大； (5) 可以在一级处理前作为混合、絮凝、预曝气之用； (6) 预曝气可以改善进水腐化状况，从而提高后续处理效果
缺点	(1) 保持 0.3m/s 的水平流速较困难；因进水流量变化幅度很大； (2) 现有恒定水平流速设施不很理想，比例流量堰有时会在池底形成较高流速而将沉淀的砂粒冲起；流量控制堰的水头损失过大，达设计水深 30%～40%	(1) 国外公司的专有产品和技术； (2) 搅拌浆上会缠绕纤维状物体； (3) 砂斗内砂子因被压实而抽排困难，往往需高压水或空气去搅动。空气提升泵往往不能有效抽排砂粒； (4) 池子本身虽占地小，但由于要求切线方向进水和进水渠直线较长，在池子数多于 2 个时，配水较困难，占地也大	(1) 能耗比其他除砂工艺都高； (2) 运转劳力较多； (3) 如何获得良好螺旋环流流态挡板的位置、良好的砂斗和排除砂粒系统等在设计上还存在许多疑问； (4) 释放大量有害气体

同时，曝气沉砂池由于向污水中曝气，将使污水的溶解氧增加。一般来说这对后续的一半好氧生物处理是有利的。但在 A^2/O 工艺中，前级生物处理要求厌氧或缺氧状态，此时采用曝气沉砂池将产生不利影响。而旋流沉砂池式沉砂池不仅具有去除沉砂表面附着有机物的功能，而且无需曝气，不会增加污水的溶解氧。

本设计的二级处理工艺选择了 A^2/O 工艺，为了保证后续工序的顺利进行，应选择旋流沉砂池。

在手册 5 中有两种旋流沉砂池，现选择第二种沉砂池。旋流沉砂池Ⅱ为一种涡流式沉砂池，其特点是，在进水渠末段设有能产生池壁效应的斜坡，令砂粒下沉，沿斜坡流入池底，并设有阻流板，以防止紊流；轴向螺旋桨将水流带向池心，然后向上，由此形成了一个涡形水流，平底的沉砂分选区能有效地保持涡流形态，较重的砂粒在靠近池心的一个环形孔口落入集砂区，而较轻的有机物由于螺旋桨的作用而与砂粒分离，最终引向出水渠。

3. 初次沉淀池

其作用是对污水中的以无机物为主体的相对密度大的固体悬浮物进行沉淀分离。

本设计有机物的含量较高，为了降低后续工序的负荷，以及减少好氧池的容积，应采用初沉池，从下列比较中选择平流式沉淀池，可以把几座沉淀池合建，以减少用地和建设资金，见表 2-4。

4. 二次沉淀池

二次沉淀池有别于初次沉淀池，首先在作用上有其特点。它除了进行泥水分离外，还进行污泥浓缩；并由于水量、水质的变化，还要暂时贮存污泥。由于其完成污泥浓缩的作用，所需要的池面积大于只进行泥水分离所需要的池面积。

各种沉淀池比较 表 2-4

池形	优点	缺点	适用条件
平流式	(1) 沉淀效果好； (2) 对冲击负荷和温度变化的适应能力较强； (3) 施工简易，造价较低； (4) 多个池子易于组合为一体，故节省占地面积	(1) 池子配水不易均匀； (2) 采用多斗排泥时，每个泥斗需单独设排泥管各自排泥，操作量大，采用链带式刮泥机排泥时，链带的支承件和驱动件都浸于水中，易锈蚀； (3) 占地面积大； (4) 造价较高	(1) 适用于地下水位高及工程地质较差地区； (2) 适用于大、中、小型污水处理厂
竖流式	(1) 无机械刮泥设备，排泥方便，管理简单； (2) 占地面积小	(1) 池子深度大，施工困难； (2) 对冲击负荷和温度变化的适应能力较差； (3) 造价较高； (4) 池径不宜过大，否则布水不匀	(1) 应用于处理水量不大的小型污水处理厂（单池容积小于 $1000m^3$ 为宜）； (2) 常用于地下水位较低时
辐流式	(1) 多为机械排泥，一般采用桁架式刮泥机，运行较好，管理较简单； (2) 排泥设备已趋稳定； (3) 集水渠沿池周边设置，故出水负荷较小； (4) 结构受力条件好	(1) 机械排泥设备复杂，对施工质量要求高； (2) 占地面积大； (3) 由于温度变化、风力、密度差等的影响，会对沉淀池水流产生不利影响	(1) 适用于地下水位较高地区； (2) 适用于大、中型污水处理厂
斜流式	(1) 沉淀效率高； (2) 池容积小，占地面积小	(1) 斜管（板）耗用材料多，且价格较高； (2) 排泥较困难； (3) 易滋长藻类	(1) 适用于旧沉淀池的改建、扩建和挖潜； (2) 用地紧张时，需要压缩沉淀池面积； (3) 适用于初沉池，不宜用二沉池

其次，进入二次沉淀池的活性污泥混合液在性质上也有其特点。活性污泥混合液的浓度高(2000～4000mg/L)，具有絮凝性能，属于成层沉淀。沉淀时泥水之间有清晰的界面，絮凝体结成整体共同下沉，初期泥水界面的沉速固定不变，仅与初始浓度 C 有关 $[u=f(C)]$。活性污泥的另一特点是质轻，易被出水带走，并容易产生二次流和异重流现象，使实际的过水断面远远小于设计的过水断面。因此，设计平流式二次沉淀池时，最大允许的水平流速要比初次沉淀池的小一半；池的出流堰常设在离池末端一定距离的范围内。

对于大型污水处理厂的二沉池，较多采用带有旋转机械刮、吸泥机的圆形辐流式沉淀池，因而二沉池选用中心进水的辐流式沉淀池。

5. 消毒池

污水经二级处理或深度处理后，水质改善，细菌含量也大幅度减少，但其绝对值仍很可观，并有存在病原菌的可能，因此污水还应进行消毒。

经比较，选常用的液氯作为消毒剂，见表 2-5。

消毒剂选择 表 2-5

消毒剂	优 点	缺 点	适 用 条 件
液氯	效果可靠，投配设备简单、投量准确，价格便宜	氯化形成的余氯及某些含氯化合物低浓度时对水生物有毒害；当污水含工业污水比例大时，氯化可能生成致癌化合物	适用于大、中规模的污水处理厂
漂白粉	投加设备简单，价格便宜	同液氯缺点外，尚有投量不准确，溶解调制不便，劳动强度大的缺点	适用于消毒要求不高或间断投加的小型污水处理厂
臭氧	消毒效率高，并能有效地降解污水中残留的有机物、色、味等，污水 pH、温度对消毒效果影响很小，不产生难处理的或生物积累性残余物	投资大、成本高、设备管理复杂	适用于出水水质较好，排入水体卫生条件要求高的污水处理厂
次氯酸钠	用海水或一定浓度的盐水，由处理厂就地自制电解产生消毒剂	需要有专用次氯酸钠电解设备和投配设备	适用于边远地区，购液氯等消毒剂困难的小型污水处理厂
氯片	设备简单，管理方便，只需定时清理消毒器内残渣及补充氯片，基建费用低	要用特制氯片及专用消毒器，消毒水量小	适用于医院、生物制品所等小型污水处理站
紫外线	是紫外线照射与氯化共同作用的物理化学方法，消毒效率高	紫外线照射灯具货源不足，技术数据较少	适用于小型污水处理厂

2.4.2 污水处理厂污泥处理构筑物设计说明

污泥处理工艺，可使污泥经处理后，实现减量化、稳定化、无害化、和资源化。

污泥处理的第一阶段为污泥浓缩，其主要目的是使污泥初步减容，缩小后续处理构筑物的容积或设备容量；第二阶段为污泥消化，使污泥中的有机物分解，使污泥趋于稳定；第三阶段为污泥脱水，使污泥进一步减容，便于运输；第四阶段为污泥处置，采用某种适宜的途径，将最终的污泥予以消纳和处置。

因本设计采用的 A^2/O 工艺，产生的剩余污泥为富磷污泥，污泥中的含磷量很高，可达4%～6%，且污泥中的磷处于不稳定状态，一旦遇到厌氧环境，并存在易降解的有机物时，便可大量释放出来。

而在污泥处理系统中，厌氧环境处处存在，浓缩池、消化池乃至脱水机或贮泥池中，皆存在厌氧环境。另外由于水解酸化作用，这些构筑物中也存在大量易降解有机物，因而污泥中的磷会大量释放。若不加以控制污泥处理区分离液中磷的浓度，这些磷将重新回到污水处理系统中，导致除磷效率下降。本设计的污水量大且产泥量多，因而需设消化池来使污泥稳定，在进消化池前，向污泥中投加适量石灰，从而控制磷释放到消化池上清液中，这种方法称为磷的消化封闭。

1. 污泥浓缩池

污泥浓缩的方法主要有重力浓缩、气浮浓缩和离心浓缩。

重力浓缩是依靠污泥重力作用而达到浓缩目的，适用于浓缩初沉污泥和剩余污泥。其贮泥能力强，操作要求不高，运行费用低，动力消耗小，但构筑物占地面积大，污泥易发酵，产生恶臭气体，且夏天运行效果不理想。

气浮浓缩是依靠微小气泡与污泥颗粒产生黏附作用，使污泥颗粒的密度小于水而上浮，而使污泥得到浓缩。气浮法不受季节影响，运行效果稳定，构筑物占地面积小，适用于浓缩活性污泥和生物滤池等的较轻污泥，能把含水率99.5％的活性污泥浓缩到94％～96％。其含水率低于采用重力浓缩池所达到的含水率，但运行费用较高。

离心浓缩法是利用污泥中固体颗粒和水的密度的不同，在高速旋转的离心机中，因离心力不同而使两者分离。其特点是效率高，需时短，占地少，适合处理剩余污泥，但运行电耗大，对设备操作人员要求高。

由于污泥量较大，不宜选择用离心机浓缩，因其单台处理量小，若离心机的数量较多，且操作复杂，又容易引起被浓缩污泥堵塞等问题。一般来说活性污泥不易单独消化，因其碳氮比较小，不利于消化的稳定。本设计是把剩余污泥浓缩，之后使初沉污泥和剩余污泥在消化池中合并。因剩余活性污泥不易重力浓缩，针对活性污泥难以沉降的特点，应采用气浮浓缩。

2. 污泥消化池

污泥消化分为厌氧消化和好氧消化

污泥的厌氧消化有水解、酸化、产乙酸、产甲烷等过程。污泥经厌氧消化后，一部分有机固体转化为甲烷，一部分形成腐殖质，污泥体积减小一半以上。通过厌氧消化还可以杀灭并分解污泥中的病原菌等致命微生物。从而使污泥达到稳定化、无害化，产生的沼气也可以作为能源加以利用。

污泥的好氧消化利用好氧微生物代谢污泥中的固体有机物，并将有机物分解为CO_2、NH_4-N和硝酸盐。其操作简单，不会产生沼气，消化后排出的上清液比较清澈，但运行时耗能较大，因而运行费用高。

而本设计水厂的处理规模较大。若使用好氧法会使运行费用很高，且达不到稳定的效果。厌氧法不仅可使污泥稳定，还能把产生的沼气作为能源加以利用，节省电耗。因此选择厌氧消化。

3. 污泥脱水

污泥经浓缩、消化后，尚有约92％～97％的含水率，体积仍很大。为了综合利用和最终处置，需对污泥进行干化和脱水，目前常采用机械脱水的多，很少用污泥干化厂。

污泥自然干化法常用污泥干化床和污泥塘。污泥机械脱水是以过滤介质形成滤液；而固体颗粒被截留在介质上，形成滤饼，从而达到脱水的目的。污泥机械脱水方法有真空吸滤法、压滤法和离心法等，其基本原理相同。机械脱水常采用的脱水机械为板框压滤机、带式压滤机和离心机，见表2-6。

各种脱水机械的性能比较 **表2-6**

脱水机械 / 性能指标	真空转鼓过滤机	自动板框压滤机	滚压带式压滤机	离心脱水机
脱水泥饼含水率(％)	70～80	65～70	70～80	75～80
投资费用	较高	高	较低	较低
运行情况	自控、连续	自控、间歇	自控、连续	自控、连续
适用规模	中、小型	中、小型	大、中型	大、中型

经过比较选用离心脱水，其优点是结构紧凑，附属设备少，在密闭状况下运行，臭味小，不需要过滤介质，维护较为方便，脱水效果好，且其处理量大，基建费用少，操作简单，能长期自动连续运转。

污泥在机械脱水前应进行预处理(污泥调质)，这是由于城市污水处理系统产生的污泥，尤其是活性污泥脱水性能一般都较差，直接脱水将需要大量的脱水设备，因而不经济。污泥调质是通过对污泥进行预处理，改善其脱水性能，提高脱水设备的生产能力，获得综合的技术经济效果。污泥调质方法有物理调质和化学调质。物理调质有陶洗法、冷冻法及热调质法等。化学调质主要指向污泥中投加化学药剂，改善其脱水性能。现选用化学调质，因其调质流程简单，操作不复杂，且调质效果很稳定。

当采用离心机脱水时可以不投加或少投加化学调质剂。但为了提高污泥的固体回收率，降低滤液浊度，应在脱水前加一些调理剂(聚丙烯酰胺)。

2.5 污水处理厂的布置

2.5.1 污水处理厂的平面布置

厂区的平面布置按《室外排水设计规范》GB 50014 中的规定进行布置。

1. 各处理构筑物的平面布置

(1) 各处理单元构筑物的平面布置

在进行平面布置适应考虑：

1) 管通、连接各处理构筑物之间的管、渠便捷、直通，避免迂回曲折。

2) 土方量做到基本平衡，并避免劣质土壤地段。

3) 在构筑物之间应保证一定距离，以保证敷设连接管、渠的要求，一般间距可取值5～10m，某些特殊要求的构筑物，如污泥消化池、消化气贮罐等，其间距应按有关规定确定。

4) 各构筑物在平面位置上应考虑适当紧凑。

(2) 对于本设计水厂

1) 考虑现有的气候资料，本设计水厂地区夏季的主导风向为西北风，因此将污泥区和加氯间等一些排放异味、有害气体的构筑物放在下风向。而办公区如办公室、化验室等设在上风向且与处理构筑物保持一定距离。鼓风机房设在曝气池附近，以节省管道与动力。

2) 将主要的处理构筑物格栅、旋流沉砂池、初次沉淀池、生物反应池、二次沉淀池、消毒池等自西向东一字形排开，在各构筑物间的距离至少5～10m，但之间的距离不能太大，做到布置紧凑，污泥消化池间的距离规定为20m。厂区内路宽为8m。

3) 污泥区与污水区相互独立，因其处理过程卫生条件比污水处理差，将其放在厂区西南方。

4) 方量基本平衡，并避免劣质土壤地段。在厂区内还设有预留面积，作为生产设施的扩建用地。其余空地为绿化地。

2. 管、渠的平面布置

在各处理构筑物之间有连通管渠；在污水厂中还设有超越管，当水量突然增大时，可使污水经超越管流入雨水管中再流入东部的水体。此外，还设有放空管、给水管、排水管、消化管、排泥管、沼气管等，这些管线有的在地下，有的在地上且便于施工和维护管理，布置紧凑。

2.5.2 污水处理厂的高程布置

高程布置的主要目的是确定各处理构筑物标高和其间连接管渠的尺寸和标高。使污水能够沿流程在处理构筑物间通畅地流动，以保证污水处理厂的正常运行。为了降低运行费用和便于维护管理，应使污水在各处理构筑物间按重力流动，因此应精确的计算出污水流动中的水头损失。

该水头损失包括：

1. 污水流经各构筑物的水头损失，该水头损失主要产生在进口、出口和需要的跌水，而流经处理构筑物本体的水头损失较小。

2. 污水流经连接前后两处理构筑物管渠(包括配水设施)的水头损失，包括沿程与局部水头损失。

3. 污水流经量水设备的水头损失

在对污水处理厂污水处理流程的高程布置时，应考虑：

(1) 选择一条距离最长，水头损失最大的流程进行水力计算。并应适当留有余地，以保证在任何条件下，处理系统都能够正常运行。

(2) 计算水头损失时，一般应以近期最大流量(或泵的最大出水量)作为构筑物和管渠的设计流量。

(3) 设置终点泵站的污水处理厂，水力计算常以接纳处理后污水水体最高水位作为起点，逆污水处理流程向上倒推计算，以使处理后污水在洪水季节也能自流排出，而水泵需要的扬程则较小，运行费用也较低。但同时应考虑到构筑物的挖土深度不宜过大，以免土建投资过大和增加施工上的困难。还应考虑到因维修等原因需将池水放空而在高程上提出的要求。

(4) 在作高程布置时还应注意污水流程与污泥流程的配合，尽量减少需抽升的污泥量。在决定污泥干化厂、污泥浓缩池、消化池等构筑物的高程时，应注意他们的污泥水能自动排入污水入流干管或其他构筑物的可能。

2.6 计算说明书

设计最大流量：$Q_{max}=\dfrac{300000\times1.3}{24\times3600}=4.514\text{m}^3/\text{s}$

2.6.1 泵前中格栅

1. 设计参数

设计流量：建 2 组，每组设计流量为 2257L/s

栅前流速：$v_1=0.9\text{m/s}$，过栅流速 $v_2=0.8\text{m/s}$

栅条宽度：$s=0.01\text{m}$，格栅净间距 $b=0.025$

栅前部分长度 0.5m，格栅倾角 $\alpha=70°$

单位栅渣量 $w_1=0.05m^3$ 栅渣/10^3m 污水

2. 设计计算

参考图 2-4。

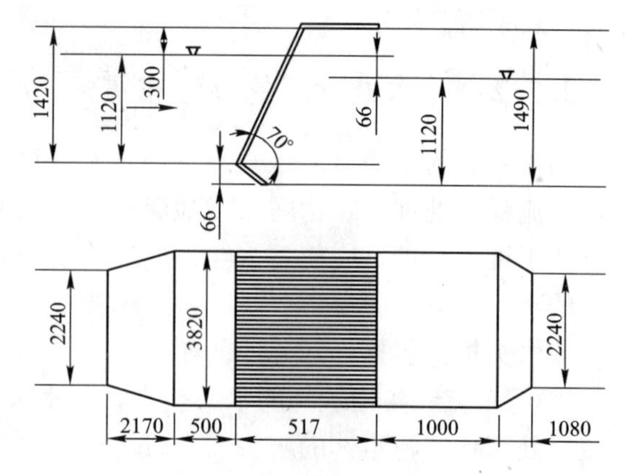

图 2-4 格栅计算草图(mm)

(1) 确定格栅前水深。根据最优水力断面公式 $Q=\frac{B_1{}^2U_1}{2}\Rightarrow B_1=2.24$m；$h=\frac{B_1}{2}=1.12$m 所以栅前槽宽为 2.24m，栅前水深为 1.12m。

(2) 栅条间隙数 $n=\frac{Q_{max}\sqrt{\sin\alpha}}{bhv_2}=\frac{2.257\times\sqrt{\sin70°}}{0.025\times1.12\times0.8}=97.6$(取 $n=98$)设计两组并列的格栅，则每组格栅间隙数 $n=49$

(3) 槽宽度：$B_2=s(n-1)+bn=0.01\times(49-1)+0.025\times49=1.70$m，则每个槽宽为 1.81m，总槽宽为 $B=2B_2+0.2=2\times1.81+0.2=3.82$m(考虑了隔墙厚)

(4) 进水渠道渐宽部分长度

设进水渠宽 $B_1=2.24$m，其渐宽部分展开角度 $\alpha_1=20°$

$$l_1=\frac{B-B_1}{2\times\text{tg}20°}=\frac{3.82-2.24}{2\times\text{tg}20°}=2.17\text{m}$$

(5) 栅槽出水渠连接处的渐窄部分长度

$$h_2=\frac{Q_0t}{A'}=\frac{2031.2\times2}{2374.6}=1.71\text{m}$$

(6) 通过格栅的水头损失

设栅条为锐边矩形断面

$$h_1=\beta\left(\frac{s}{b}\right)^{4/3}\frac{v_2^2}{2g}\sin\alpha\cdot k=2.42\times\left(\frac{0.01}{0.025}\right)^{4/3}\times\frac{0.8^2}{2\times9.8}\times\sin70°\times3=0.066\text{m}$$

(7) 栅前槽总高度：$H_1=h+h_2=1.12+0.3=1.42$m

(8) 栅后槽总高度：$H=h+h_1+h_2=1.12+0.066+0.3=1.49$m

(9) 栅槽总长度：

$$L=l_1+l_2+0.5+1.0+\frac{H_1}{\text{tg}70°}=2.17+1.08+0.5+1.0+\frac{1.42}{\text{tg}70°}=5.27\text{m}$$

(10) 每日栅渣量 $W=390000\times0.05\times10^{-3}=19.5m^3/d>0.2m^3/d$ 宜采用机械格栅。由手册 9 查得选用阶梯式格栅除污机，型号为 RSS-I-2000。

2.6.2 泵房

1. 最大流量：$Q=390000m^3/d=4513.9L/s$，取 4514L/s

2. 池与机器间合建式的矩形泵站，考虑 6 台水泵(其中 1 台备用)，每台水泵的容量为 4514/4=1128.5L/s

3. 池容积，采用相当于 1 台泵 6min 的容量：$W=1128.5\times60\times6/1000=406.26m^3$

4. 水深采用 $H=2$m，则集水池面积为 $F=203.13m^2$

5. 池正常工作水位与所需提升经常高水位之间的高差为：

39.661－31.628＋1.0＝9.033m(集水池有效水深 2m，正常时按 1m 计)

6. 出水管管线水头损失：

总出水管：Q＝4514L/s，选用管径为 2000mm 的钢管

查手册 11 知，v＝1.44m/s，1000i＝0.90

设总出水管管中心埋深 0.9m，局部损失为沿程损失的 30%，则泵站外管线水头损失为

$$(39.661-35.5+0.9)\times0.9/1000\times1.3=0.0059\text{m}$$

泵站内管线水头损失假设为 1.5m，考虑安全水头 0.5m，则估算水泵总扬程为

$$H=1.5+0.0059+9.033+0.5=11.04\text{m}$$

选用 600TSW-730ⅡA 型泵，每台 Q＝4500m^3/h＝1250L/s，H＝11.6m

泵站经平剖面布置后，对水泵总扬程进行核算

7. 吸水管路水头损失计算：

每根吸水管 1128.5L/s，管径选用 1000mm，v＝1.43m/s，1000i＝2.18 由图直管部分长度 1.2m，喇叭口(ζ＝0.1)，DN1000×90°弯头 1 个(ζ＝1.08)，DN1000 闸门 1 个(ζ＝0.05)，DN1000×DN650 渐缩管(由大到小)(ζ＝0.22)：

沿程损失：1.2×2.18/1000＝0.0026m

局部损失：$(0.1+1.08+0.05)\times1.43^2/(2\times9.8)+0.22\times3.4^2/(2\times9.8)=0.2581\text{m}$

吸水管路水头总损失：0.0026＋0.2581＝0.2607m

8. 出水管路水头损失计算

每根出水管 Q＝1128.5L/s，管径选用 1000mm，v＝1.43m/s，1000i＝2.18，以最不利点 A 为起点，沿 A、B、C、D、E、F、G 线顺序计算水头损失。

A-B 段

DN600×DN1000 渐扩管一个(ζ＝0.33)，DN1000 止回阀 1 个(ζ＝0.2)，DN1000×90°弯头一个(ζ＝1.08)，DN1000 阀门 1 个(ζ＝0.05)：

局部损失：$0.33\times3.4^2/(2\times9.8)+(0.2+1.08+0.05)\times1.43^2/(2\times9.8)=0.3334\text{m}$

B-C 段(选 DN2000mm 管径，v＝0.36m/s，1000i＝0.069)

直管部分长 2.5m，丁字管 1 个(ζ＝1.5)：

沿程损失：2.5×0.069/1000＝0.0002m

局部损失：$1.5\times0.36^2/(2\times9.8)=0.0099\text{m}$

C-D 段(选 DN2000mm 管径，Q＝2257L/s，v＝0.719m/s，1000i＝0.243)

直管部分长 2.5m，丁字管 1 个(ζ＝0.1)：

沿程损失：2.5×0.243/1000＝0.0006m

局部损失：$0.1\times0.719^2/(2\times9.8)=0.0026\text{m}$

D-E 段(选 DN2000mm 管径，Q＝3385.5L/s，v＝1.078m/s，1000i＝0.514)

直管部分长 2.5m，丁字管 1 个(ζ＝0.1)：

沿程损失：2.5×0.514/1000＝0.0013m

局部损失：$0.1\times1.078^2/(2\times9.8)=0.0059\text{m}$

E-F 段(选 DN2000mm 管径，Q＝4154L/s，v＝1.088m/s，1000i＝0.465)

直管部分长 2.5m，丁字管 1 个($\zeta=0.1$)：

沿程损失：$2.5\times0.465/1000=0.0012$m

局部损失：$0.1\times1.088^2/(2\times9.8)=0.0060$m

F-G 段(选 $DN2000$mm 管径，$Q=4514$L/s，$v=1.44$m/s，$1000i=0.90$)

直管部分长 5.5m，丁字管 1 个($\zeta=0.1$)，$DN2000\times90°$弯头 2 个($\zeta=1.1$)

沿程损失：$5.5\times0.9/1000=0.0050$m

局部损失：$(0.1+1.1\times2)\times1.44^2/(2\times9.8)=0.2433$m

出水管路水头总损失：

$$0.0059+0.3334+0.0002+0.0099+0.0006+0.0026+0.0013+0.0059+0.0012+0.0060+0.0050+0.2433=0.6153\text{m}$$

则水泵所需总扬程(不再加安全水头)：

$$H=0.2607+0.6153+9.033=9.909\text{m}$$

9. 水泵提升的流量按最大时的流量考虑，$Q=16250\text{m}^3/\text{h}$。由此流量和扬程来选择水泵。选择 WL 型立式污水污物泵。共 5 台，4 用 1 备，单泵流量 $4062.5\text{m}^3/\text{h}$ 单泵性能参数为

WL 立式污水污物泵性能参数 **表 2-7**

型　号	流量 $Q(\text{m}^3/\text{h})$	扬程 H(m)	转速 n(r/min)	效率 η%	轴功率 (kw)	气蚀余量 r(m)	单泵重量 (kg)	电动机重量 (kg)	生产厂
600TSW-730ⅡA	4500	11.6	590	80	220	4.6	3800	2800	乐清市水泵厂

10. 出水池按 5min 的流量计算出水池的大小，$390000\times5/24/60=1354.2\text{m}^3$

2.6.3 泵后细格栅

1. 设计参数

设计流量：建 2 组，每组设计流量为 2257L/s

栅前流速：$v_1=0.9$m/s，过栅流速：$v_2=0.8$m/s

格栅倾角：$\alpha=70°$，栅条宽度，$s=0.01$m，格栅净间 $b=0.01$m

栅前宽度：0.5，栅后宽度：1.0m，污水栅前渠道超高：$h_2=0.3$m

单位栅渣量：0.1m^3 栅渣$/10^3\text{m}^3$

2. 设计计算

(1) 格栅前水深。根据最优水力断面公式 $Q=2h^2U_1\Rightarrow h=1.12$m 栅前槽宽为 $B_1=2h=2\times1.12=2.24$m

(2) 栅条间隙数：$n=\dfrac{Q_{max}\sqrt{\sin\alpha}}{bhU_2}=\dfrac{2.257\times\sqrt{\sin70°}}{0.01\times1.12\times0.8}=244.2$(取 $n=248$)设计 4 组格栅，则每组格栅间隙数 $n=\dfrac{248}{4}=62$

(3) 栅条宽度：$B_2=s(n-1)+bn=0.01\times(62-1)+0.01\times62=1.23$m 每个槽宽为 1.61m，总槽宽为 $B=1.61\times4+0.2\times3=7.04$m(考虑中间墙厚 0.2m)

(4) 进水渠道渐宽部分长度

设进水渠宽 $B_1=2.24\text{m}$，其渐宽部分展开角度 $\alpha_1=20°$

$$l_1=\frac{B-B_1}{2\times\text{tg}20°}=\frac{7.04-2.24}{2\times\text{tg}20°}=6.59\text{m}$$

（5）栅槽出水渠连接处的渐窄部分长度

$$l_2=\frac{l_1}{2}=\frac{6.59}{2}=3.30\text{m}$$

（6）通过格栅的水头损失

设栅条为锐边矩形断面

$$h_1=\beta\left(\frac{s}{b}\right)^{4/3}\frac{U_2^2}{2g}\sin\alpha\cdot k=2.42\times\left(\frac{0.01}{0.01}\right)^{4/3}\times\frac{0.8^2}{2\times9.8}\sin70°\times3=0.223\text{m}$$

（7）栅槽总高度：$H_1=h+h_2=1.12+0.3=1.42\text{m}$

（8）栅后槽总高度：$H=h+h_1+h_2=1.12+0.223+0.3=1.64\text{m}$

（9）栅槽总长度：

$$L=l_1+l_2+0.5+1.0+\frac{H_1}{\text{tg}70°}=6.59+3.30+0.5+1.0+\frac{1.42}{\text{tg}70°}=11.91\text{m}$$

（10）每日栅渣量：$W=\frac{390000}{2}\times0.1\times10^{-3}=19.5\text{m}^3/\text{d}>0.2\text{m}^3/\text{d}$

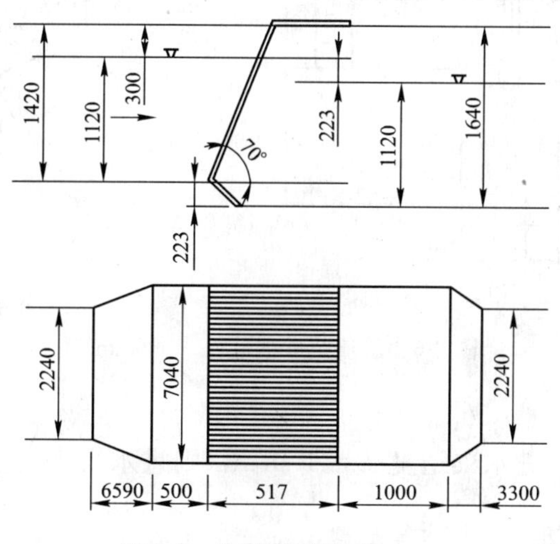

图 2-5　格栅计算草图(mm)

宜采用机械清渣。由手册 9 查得选用阶梯式格栅除污机，型号为 RSS-I-1800。

2.6.4　旋流沉砂池

1. 设计参数

（1）沉砂池表面负荷 $200\text{m}^3/(\text{m}^2\cdot\text{h})$，水力停留时间 20～25s。

（2）进水渠道直段长度为渠道宽度的 7 倍，并不小于 4.5m，以创造平稳的进水条件。

（3）进水渠道流速，在最大流量的 40%～80%的情况下为 0.6～0.9m/s，在最小流量时大于 0.15m/s；但最大流量时不大于 1.2m/s。

（4）出水渠道与进水渠道的夹角大于 270°，以最大限度的延长水流在沉砂池中的停留时间，达到有效除砂的目的。两种渠道均设在沉砂池的上部以防止扰动砂子。

(5) 出水渠道宽度为进水渠道的2倍。出水渠道的直线段要相当于出水渠道的宽度。

设计流量：建6组，每组设计流量为：

$Q_{max}=\frac{300000\times1.3}{6}=65000m^3/d=0.752m^3/s$，选择设计流量为7.6万$m^3/d$的涡流沉砂池。

涡流沉砂池规格 **表2-8**

设计水量(万m^3/d)	沉砂池直径(m)	沉砂池深度(m)	沉砂池水深(m)	砂斗上底面直径(m)	砂斗下底面直径(m)
7.6	4.88	1.68	1.07	1.52	0.46
砂斗深度(m)	**进水口宽(m)**	**出水口宽(m)**	**出水口最小长度(m)**	**浆板转速(r/min)**	**驱动机功率(W)**
2.08	1.07	2.13	1.83	13	1.5

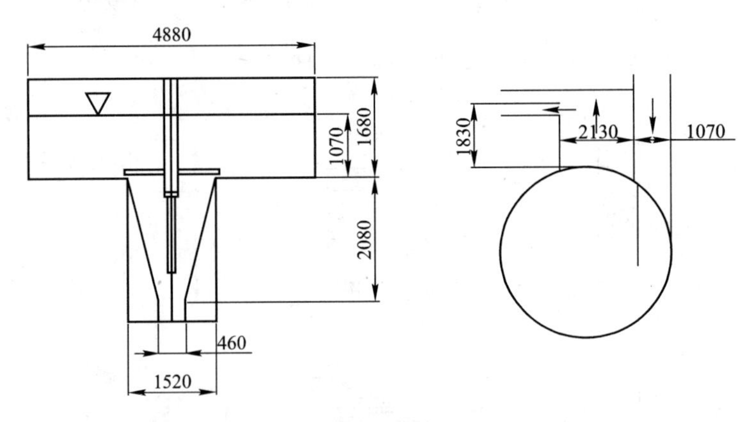

图2-6 旋流沉砂池计算草图(mm)

2. 设计计算

(1) 由其规格可知，进水渠道宽$B=1.07$m，则进水渠道直段长度设计为7.49m取7.5m(最小值)。

出水渠道的宽度为$B'=2.13$m，出水渠道的直线段长度为1.07m

(2) 沉砂部分所需容积：$V=\frac{QXT}{10^6}=\frac{300000\times30\times1}{10^6}=9m^3$

每个沉砂斗容积为：$\frac{V}{6}=\frac{9}{6}=1.5m^3$

(3) 砂斗的有效容积：

$$V_1=\frac{\pi h}{3}(r^2+rr'+r'^2)=\frac{3.14\times2.08}{3}\times(0.76^2+0.76\times0.23+0.23^2)=1.75m^3$$

(4) 沉砂部分有效容积：$V_2=\pi R^2H=3.14\times\left(\frac{4.88}{2}\right)^2\times1.07=20m^3$

校核水力停留时间$t=\frac{V_2}{Q_{max}}=\frac{20}{0.752}=26s$

（5）驱动装置

采用一轴向螺旋桨，以相对较快的速度带动水流从池心向上移动。

（6）排砂装置

使沉砂池的砂粒先通过砂泵提升排至池外，再通过螺旋砂水分离器把砂和水分开，从而达到除砂的目的。

2.6.5 初次沉淀池

1. 设计参数：

（1）建两个系列，每个系列有 18 个沉淀池，设计流量为

$$Q=\frac{300000\times1.3}{2\times18\times24\times3600}=0.125\text{m}^3/\text{s}$$

（2）池子的长宽比不小于 4

（3）池子的长深比不小于 8

（4）池底纵坡：采用机械刮泥时，一般采用 0.01～0.02

2. 设计计算

污水污悬浮物沉降资料，按第一种方法计算：

（1）每个池子的表面积：设表面负荷 $q'=2\text{m}^3/(\text{m}^2\cdot\text{h})$

$$A=\frac{Q\times3600}{q'}=\frac{0.125\times3600}{2}=225\text{m}^2$$

（2）沉淀部分有效水深

$$h_2=q't=2\times1.5=3\text{m}$$

（3）沉淀部分有效容积

$$V'=Qt\times3600=0.282\times1.5\times3600=1522.8\text{m}^3$$

（4）池长设水平流速 $U=6.8\text{mm/s}$

$$L=Ut\times3.6=6.8\times1.5\times3.6=37\text{m}$$

（5）池子宽度 $b=\frac{A}{L}=\frac{225}{37}=6.1\text{m}$

（6）校核长宽比、长深比：

长宽比 $\frac{L}{b}=\frac{37}{6.1}=6.1>4$ 符合要求

长深比 $\frac{L}{h_2}=\frac{37}{3}=12.3$ 符合要求

（7）污泥部分所需容积

$$V=\frac{Q(C_1-C_2)\times86400\times100T}{\gamma(100-\rho_0)}=\frac{4.514\times0.28\times1.3\times(1-0.5)\times86400\times100\times2}{1.3\times1000\times(100-95)}=$$

2184m^3 每个沉淀池的污泥容积计算参见图 2-7：

$$V_1=12\times54\times3=1944\text{m}^2>1828.3\text{m}^2$$

（8）污泥斗容积采用污泥斗尺寸见图 2-7。

$$h_4''=\frac{6.1-0.5}{2}\times\text{tg}60=4.85\text{m}$$

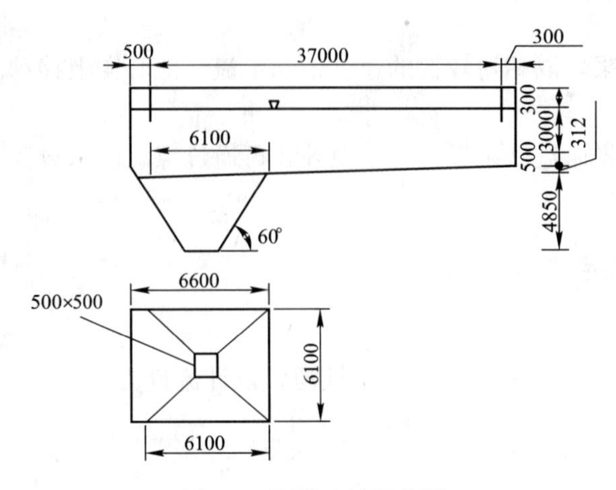

图 2-7　沉淀池计算草图

$$V_1=\frac{1}{3}h''_4(f_1+f_2+\sqrt{f_1f_2})=\frac{1}{3}\times4.85\times(6.1^2+0.5^2+\sqrt{6.1^2\times0.5^2})=65.5\text{m}^3$$

（9）污泥斗以上梯形部分污泥容积

$$l_1=37+0.3+0.5=37.8\text{m}$$

$$l_2=6.1\text{m}$$

$$h'_4=(37+0.3-6.1)\times0.01=0.312\text{m}$$

$$V_2=\frac{l_1+l_2}{2}h'_4b=\frac{37.8+6.1}{2}\times0.312\times6.1=41.8\text{m}^3$$

（10）污泥斗和梯形部分污泥容积

$$V_1+V_2=65.6+41.8=107.3\text{m}^3>60.7\text{m}^3$$

（11）池子总高度设缓冲层高度 $h_3=0.5$m

$$h_4=h'_4+h''_4=0.312+4.85=5.16\text{m}$$

$$H=h_1+h_2+h_3+h_4=0.3+3+0.5+5.16=8.96\text{m}$$

（12）沉淀池总长 $L=l_1=37.8$m

（13）出水堰长度复核

每池出水堰长度为 $10\times4+6.1=46.1$m

出水堰负荷为 $125/46.1=2.7$L/(s·m)<2.9L/(s·m)合格

排泥用机械排泥，使用行车式提板刮泥机，刮泥速度为 0.6m/min。将排出的污泥由其重力送到消化池前的投配池。

2.6.6　A^2/O 生物脱氮除磷工艺

1. 设计参数

（1）最大设计流量：390000m^3/d，设 2 个系列，每个系列 4 座。

（2）对于 A^2/O 反应池，要求有：

1）BOD_5 污泥负荷 N_s 为 0.13～0.2kg BOD_5/(kgMLSS·d)

2）TN 负荷(好氧段)小于 0.05kg TN/(kgMLSS·d)

3）TP 负荷(厌氧段)小于 0.06kg TP/(kgMLSS·d)

4）污泥浓度 MLSS 为 3000～4000mg/L

5）污泥龄 θ_c 为 15～20d

6）水力停留时间 t 为 8～11h

7）各段停留时间比例为：A∶A∶O 为(1∶1∶3)～(1∶1∶4)

8）污泥回流比 R 为 50%～100%

9）混合液回流比 $R_{内}$ 为 100%～300%

10）厌氧池 COD/TN>8，TP/BOD_5<0.06

2. 污水的处理程度计算

原污水的 BOD_5 值(S_0)为 240mg/L，经初次沉淀池处理，BOD_5 按降低 25%考虑，则进入曝气池的污水，其 BOD_5 值(S_a)为：

$$S_a = 240 \times (1-25\%) = 180\text{mg/L}$$

处理水中非溶解性 BOD_5 值为：

$$BOD_5 = 7.1bX_aC_e = 7.1 \times 0.08 \times 0.4 \times 20 \approx 4.5\text{mg/L}$$

因此，处理水中溶解性 BOD_5 值为：$S_e = 20 - 4.5 = 15.5\text{mg/L}$

去除率：$\eta = \dfrac{180-15.5}{180} = 0.914 \approx 0.91$

3. 设计计算

(1) 判断是否可采用 A^2/O 法

$$\frac{COD}{TN} = \frac{360}{30} = 12 > 8 \quad \frac{TP}{BOD_5} = \frac{5}{180} = 0.03 < 0.06 \quad \text{符合条件}$$

$$\frac{BOD_5}{TN} = \frac{168}{30} = 5.6 > 3 \quad \text{可不用外加碳源}$$

建 2 个系列，每个系列流量 $Q = \dfrac{300000}{2} = 150000\text{m}^3/\text{d}$

(2) 有关设计参数计算

① BOD_5 污泥负荷的确定

$$N_s = \frac{K_2 S_e f}{\eta} = \frac{0.0102 \times 15.5 \times 0.75}{0.91} = 0.13\text{kgBOD}_5/(\text{kgMLSS} \cdot \text{d})$$

符合要求

② 回流污泥浓度 X_R

根据已确定的 N_s 值，查图知相应的 SVI 值，取 $SVI=120$

则：$X_R = \dfrac{10^6}{SVI} \cdot r = \dfrac{10^6}{120} \times 1.2 = 10000\text{mg/L}$

③ 污泥回流比 $R=50\%$

④ 混合液悬浮固体浓度 $X = \dfrac{R}{1+R} X_R = \dfrac{0.5}{1+0.5} \times 10000 = 3333\text{mg/L}$

⑤ 混合液回流比 $R_{内}$

TN 去除率 $\eta_{TN} = \dfrac{TN_o - TN_e}{TN_o} \times 100\% = \dfrac{40-20}{40} \times 100\% = 50\%$

混合液回流比 $R_{内} = \dfrac{\eta_{TN}}{1-\eta_{TN}} \times 100\% = \dfrac{0.5}{1-0.5} \times 100\% = 100\%$

取 $R_{内}=100\%$

(3) 反应池容积计算

$$V=\frac{QS_0}{N_sX}=\frac{150000\times180}{0.13\times3333}=62313.9\text{m}^3$$

反应池总水力停留时间

$$t=\frac{V}{Q}=\frac{62313.9}{150000}=0.42\text{d}=10.08\text{h}$$

各段水力停留时间和容积：

厌氧：缺氧：好氧=1：1：4

厌氧池水力停留时间 $t_{厌}=\frac{1}{6}\times10.08=1.68\text{h}$

$$池容\ V_{厌}=\frac{1}{6}\times62313.9=10385.6\text{m}^3$$

缺氧池水力停留时间 $t_{缺}=\frac{1}{6}\times10.08=1.68\text{h}$

$$池容\ V_{缺}=\frac{1}{6}\times62313.9=10385.6\text{m}^3$$

好氧池水力停留时间 $t_{好}=\frac{4}{6}\times10.08=6.72\text{h}$

$$池容\ V_{好}=\frac{4}{6}\times62313.9=41542.6\text{m}^3$$

(4) 校核氮磷负荷

好氧段总氮负荷 $=\frac{Q\cdot TN_o}{XV_{好}}=\frac{150000\times40}{3333\times41542.6}=0.043$kgTN/(kgMLSS·d) 小于 0.05kgTN/(kgMLSS·d)，符合要求。

厌氧段总磷负荷 $=\frac{Q\cdot TP_o}{XV_{厌}}=\frac{150000\times5}{3333\times10385.6}=0.022$TP/(kgMLSS·d)，符合小于 0.06kgTP/(kgMLSS·d)的要求污泥龄校核：

$$\begin{aligned}\theta&=VX/\Delta X\\&=41542.6\times2\times3.333\times0.75/21962.9=9.4\text{d}\end{aligned}$$

(5) 挥发性剩余污泥量

$$\begin{aligned}\Delta X&=YQ(S_0-S_e)-K_dV_{好}X_v\\&=0.65\times300000\times(0.18-0.0155)-0.05\times41542.6\times2\times3.333\times0.75\\&=21692.9\text{kg/d}\end{aligned}$$

(6) 碱度校核　每氧化 1mgNH_3-N 需消耗碱度 7.14mg；每还原 1mgNO_3^--N 产碱度 3.57mg；去除 1mgBOD_5 产生碱度 0.1mg，进水碱度为 210mg/L。

假设生物污泥含氮量为 12.4%

则用于每日用于合成的总氮=0.124×21692.9=2690kg/L

即进水总氮中有 $\frac{2690\times1000}{300000}=8.97$mg/L 用于合成

被氧化的 NH_3-N =进水总氮－出水氨氮量－用于合成的总氮量

=40－15－8.97=16.03mg/L

需还原的 NO_3^--N＝40－20－8.97＝11.03mg/L

每天需还原的硝酸盐氮量 $N_T=300000\times11.03\times10^{-3}=3309$mg/L

剩余碱度 S_{ALK}＝进水碱度-硝化消耗碱度＋反硝化产生碱度＋去除 BOD_5 产生碱度

$\therefore S_{ALK}=210-7.14\times16.03+3.57\times11.03+0.1\times(180-15.5)$

$=151.37\text{mg/L}>100\text{mg/L}$

(7) 反应池主要尺寸计算，见图 2-8

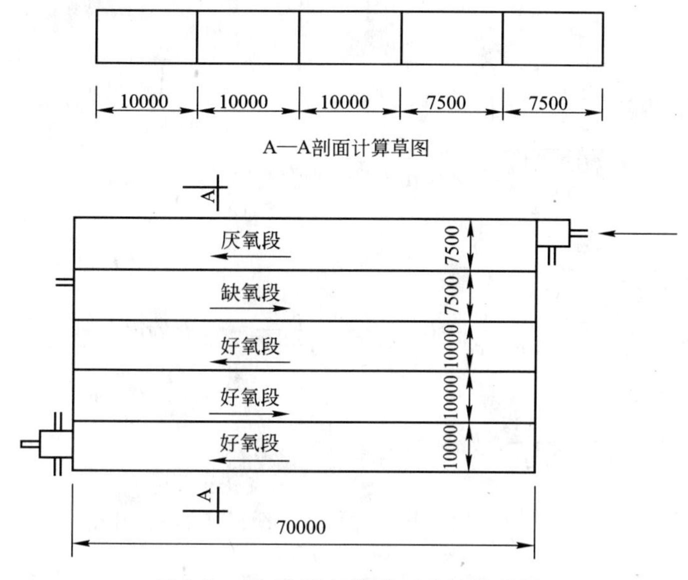

图 2-8 A^2/O 脱氮除磷工艺计算草图

设每个系列有四组反应池，厌氧池、缺氧池的深度和长度相同，宽度不同

有效水深 $h=5$m

厌氧池、缺氧池单池池容：$\dfrac{10385.6}{4}=2596.4\text{m}^3$

池宽为 $b=7.5$m，池长为 70m

好氧池单组池容 $V_{单}=\dfrac{V}{4}=\dfrac{41542.6}{4}=10385.6\text{m}^3$

单组有效面积 $S_{单}=\dfrac{V_{单}}{h}=\dfrac{10385.6}{5}=2077.1\text{m}^3$

廊道宽 $b=10$m，采用 3 廊道式推流式反应池

单组反应池长度 $L=\dfrac{S_{单}}{B}=\dfrac{2077.1}{3\times10}=69.2$m，采用 70m

校核：$b/h=10/5=2$(满足 $b/h=1\sim2$)

$L/b=70/10=7$(满足 $L/h=5\sim10$)

取超高为 0.5m，则反应池总高 $H=5+0.5=5.5$m

(8) 反应池进、出水系统计算

1) 进水管

反应池总进水管 $Q_1=\dfrac{390000}{86400}=4.51\text{m}^3/\text{s}$

管道流速 $v=1.0m/s$

管道过水断面积 $A=\frac{Q_1}{v}=\frac{4.51}{1}=4.51m^2$

管径 $d=\sqrt{\frac{4A}{\pi}}=\sqrt{\frac{4\times4.51}{3.14}}=2.40m$ 取进水总管管径 $DN3000mm$

单组反应池进水管设计流量 $Q_1'=\frac{Q}{8}=\frac{390000}{8\times86400}=0.564m^3/s$

管道流速 $v=1.0m/s$

管道过水断面积 $A=\frac{Q_1}{v}=\frac{0.564}{1}=0.564m^2$

管径 $d=\sqrt{\frac{4A}{\pi}}=\sqrt{\frac{4\times0.564}{3.14}}=0.848m$ 取进水管管径 $DN900mm$

2）回流污泥管

单组反应池回流污泥管设计流量：

$$Q_R=R\times\frac{Q}{8}=0.5\times\frac{300000}{8\times86400}=0.217m^3/s$$

管道流速 $v=1.5m/s$

管道断面积 $A=\frac{Q_R}{v}=\frac{0.217}{1.5}=0.145m$

管径 $d=\sqrt{\frac{4A}{\pi}}=\sqrt{\frac{4\times0.145}{3.14}}=0.430m$ 取污泥管管径 $DN450mm$

3）出水管

反应池出水设计流量：$Q_2=(1+R)\frac{Q}{8}=(1+0.5)\times\frac{390000}{8\times86400}=0.846m^3/s$

管道流速 $v=1.0m/s$

管道过水断面积 $A=\frac{Q_1}{v}=\frac{0.846}{1}=0.846m^2$

管径 $d=\sqrt{\frac{4A}{\pi}}=\sqrt{\frac{4\times0.846}{3.14}}=1.038m$ 取进水管管径 $DN1100mm$

（9）曝气系统设计计算

硝化需氧量

$$\begin{aligned}D_2&=4.6Q(N_0-N_e)-4.6\times12.4\%\times P_x\\&=4.6\times300000\times(40-15)\times10^{-3}-4.6\times0.124\times21692.9\\&=22126.4kgO_2/d\end{aligned}$$

$$\begin{aligned}D_{2max}&=4.6Q_{max}(N_0-N_e)-4.6\times12.4\%\times P_x\\&=4.6\times390000\times(40-15)\times10^{-3}-4.6\times0.124\times21692.9\\&=32476.4kgO_2/d\end{aligned}$$

反硝化脱氮产生的氧量

$$D_3=2.86N_T=2.86\times3309=9463.7kgO_2/d$$

$$\begin{aligned}D_{3max}&=2.86N_{Tmax}\\&=2.86\times300000\times1.3\times11.03\times10^{-3}=12302.9kgO_2/d\end{aligned}$$

平均时需氧量的计算

$$Q_2 = a'QS_r + b'VX_v + D_2 - D_3$$
$$= 0.5 \times 300000 \times (0.18 - 0.02) + 0.15 \times 41542.6 \times 2 \times 3.333 \times 0.75 + 22126.4 - 9463.7$$
$$= 67816.5\text{kgO}_2/\text{d}$$
$$= 2825.7\text{kg/h}$$

最大需氧量

$$Q_{2max} = a'QS_r + b'VX_v + D_{2max} - D_{3max}$$
$$= 0.5 \times 300000 \times 1.3 \times (0.18 - 0.02) + 0.15 \times 41542.6 \times 2 \times 3.333 \times 0.75 + 32476.4 - 12302.9$$
$$= 82527.3\text{kgO}_2/\text{d}$$
$$= 3438.6\text{kg/h}$$

最大时需氧与平均时需氧量之比$\dfrac{Q_{2max}}{Q_2} = \dfrac{3438.6}{2825.7} = 1.2$

每日去除 BOD_5 值量 $BOD_r = 300000 \times (0.18 - 0.02) = 48000\text{kg/d}$

去除每 BOD_5 的需氧量 $\Delta O_2 = \dfrac{67816.5}{48000} = 1.41\text{kgO}_2/\text{kgBOD}$

(10) 供气量计算：

采用微孔空气曝气，敷设于距池底 0.2m 处，淹没水深 4.8m，计算温度为 25℃

水中溶解氧饱和度：$C_{s(20)} = 9.17\text{mg/L}$　　$C_{s(25)} = 8.38\text{mg/L}$

1) 空气扩散器出口处的绝对压力：

$$p_b = 1.013 \times 10^5 + 9.8 \times 10^3 H$$
$$= 1.013 \times 10^5 + 9.8 \times 10^3 \times 4.8$$
$$= 1.4834 \times 10^5\text{Pa}$$

2) 空气离开曝气池面时，氧的百分比：

$$O_t = \frac{21(1 - E_A)}{79 + 21(1 - E_A)} = \frac{21 \times (1 - 0.2)}{79 + 21 \times (1 - 0.2)} \times 100\% = 17.54\%$$

3) 好氧反应池中平均溶解氧饱和度(按最不利条件考虑)：

$$C_{sb(25)} = C_{s(25)}\left(\frac{p_b}{2.026 \times 10^5} + \frac{O_t}{42}\right) = 8.38 \times \left(\frac{148340}{2.026 \times 10^5} + \frac{17.54}{42}\right) = 9.64\text{mg/L}$$

4) 20℃条件下，脱氧清水的充氧量

取值 $\alpha = 0.82$，$\beta = 0.95$，$c = 2$，$\rho = 1$

$$R_0 = \frac{RC_{s(20)}}{\alpha[\beta \cdot \rho \cdot C_{sb(25)} - C] \cdot 1.024^{(25-20)}}$$
$$= \frac{2825.7 \times 9.17}{0.82 \times (0.95 \times 1.0 \times 9.64 - 2) \times 1.024^5}$$
$$= 3920.9\text{kg/h}$$

相应的最大时需氧量为：

$$R_{0(max)} = \frac{R_{max}C_{s(20)}}{\alpha[\beta \cdot \rho \cdot C_{sb(25)} - C] \cdot 1.024^{(25-20)}}$$
$$= \frac{3438.6 \times 9.17}{0.82 \times (0.95 \times 1.0 \times 9.64 - 2) \times 1.024^5}$$
$$= 4771.4\text{kg/h}$$

5）好氧池平均时供气量：

$$G_s=\frac{R_0}{0.3E_A}\times100=\frac{3920.9}{0.3\times20}\times100=65348.3m^3/h$$

最大时供气量：$G_{s(max)}=\frac{4771.4}{0.3\times0.2}=79523.3m^3/h$

去除每 $kgBOD_5$ 的供气量：$\frac{65348.3}{48000}\times24=32.67m^3$ 空气/kgBOD

每 m^3 污水的供气量：$\frac{65348.3}{300000}\times24=5.22m^3$ 空气/m^3 污水

曝气池总平面面积为：$10\times3\times70\times8=16800m^2$

如图所示布置空气管道，共设 2 根干管，相邻 2 个廊道的干管上设 14 对配气竖管，单侧供水的干管设 14 条配气竖管，每个曝气池共设 42 条配气竖管。每根竖管的供气量为：$\frac{79523.3}{8\times42}=236.7m^3/h$

每个空气扩散器的服务面积按 $0.56m^2$，则所需空气扩散器的总数为：$\frac{16800}{0.56}=30000$ 个，为安全计，本设计采用 30240 个空气扩散器，每个竖管上安设的空气扩散器的数目为：$\frac{30240}{42\times8}=90$ 个

每个空气扩散器的配气量为$\frac{79523.3}{30240}=2.63m^3/h$，符合供风要求

将已布置的空气管路及布设的空气扩散器绘制成空气管路计算图用以进行计算，见图 2-9。

选择一条从鼓风机房开始的最远最长的管路作为计算管路，即 1⊔33 点为计算管路。

空气管道系统的总压力损失为：$\sum(h_1+h_2)=347.26\times9.8=3.403kPa$

微孔曝气器的压力损失为 3.92kPa，则总压力损失为：3.92＋3.403＝7.32kPa

为安全计，设计取值 9.8kPa。

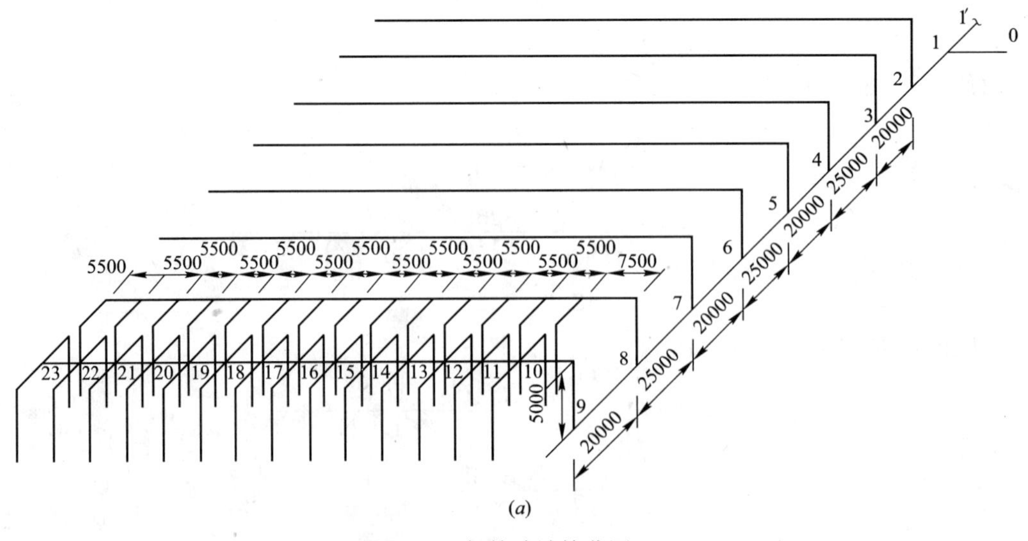

(a)

图 2-9　空气管路计算草图(一)

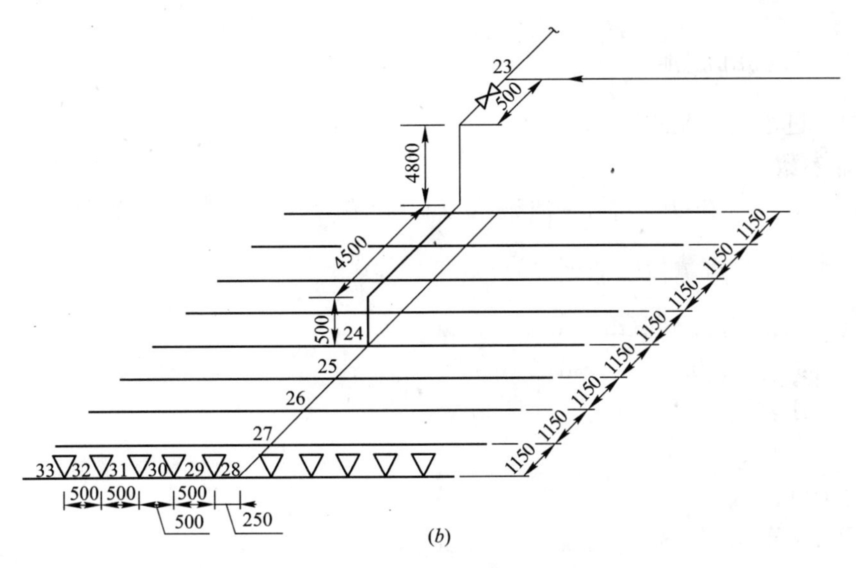

图 2-9　空气管路计算草图(二)

(11) 空压机的选定

微孔曝气器安装在距曝气池池底 0.2m 处，因此，空压机所需压力为：

$$P=(5-0.2+1.0)\times 9.8=56.84\text{kPa}$$

空压机供气量

最大时：79523.3m^3/h=1325.39m^3/min

平均时：65348.3m^3/h=1089.14m^3/min

由《给水排水设计手册》第 11 册查得，选择低速多级离心鼓风机(具有空气动力性能稳定、振动小、噪声小，便于安装，且效率高，适合大、中型水厂)，根据所需工作压力及空气量，决定采用 250-8-1 型鼓风机 7 台。风量 250m^3/min。正常条件下，5 台工作 2 台备用；高负荷时 6 台工作，1 台备用。

低速多级离心鼓风机运行参数　　表 2-9

型　号	风量 (m^3/min)	电　动　机			机组外形尺寸(mm) 长×宽×高
		型号	功率(kW)	电压(V)	
250-8-1	250	JK132-2	440	6000	4500×1850×2000

(12)厌氧池设备选择(以单组反应池计算)

厌氧池设导流墙，将厌氧池分成 3 格，每个内设潜水搅拌机 1 台，所需功率按5W/m^3池容计算：

厌氧池有效容积为：$V_{厌}=70\times 7.5\times 5=2625m^3$

混合池污水所需功率为：5×2625=13125W

(13)缺氧池设备选择(以单组反应池计算)

缺氧池设导流墙，将厌氧池分成 3 格，每个内设潜水搅拌机 1 台，所需功率按5W/m^3池容计算

厌氧池有效容积为：$V_{厌}=70\times 7.5\times 5=2625m^3$

混合池污水所需功率为：5×2625=13125W

2.6.7 二次沉淀池

采用中心进水的辐流式沉淀池

1. 设计参数

设计流量 $Q_{max}=39$ 万 $m^3/d=16250m^3/h$，设有 2 个系列，每个系列有 4 座沉淀池，则每个沉淀池的设计流量为：$Q=\frac{16250}{8}=2031.2m^3/h$

表面负荷：$q=0.89m^3/(m^2\cdot h)$

固体负荷：$q_s=120kg/(m^2\cdot d)$

污泥回流比：50%

2. 设计计算

对于每个沉淀池

(1) 沉淀部分水面面积：

设表面负荷 $q'=0.89m^3/(m^2\cdot h)$ $A=\frac{Q_0}{q'}=\frac{2031.2}{0.89}=2282.2m^2$

设固体负荷为 $q_s=120kg/(m^2\cdot d)$

$$A=\frac{(1+R)Q_0X}{q_s}=\frac{(1+0.5)\times48750\times3.333}{120}=2031.0m^2$$

因此沉淀部分水面积为 $2282.2m^2$

(2) 池子直径：$D=\sqrt{\frac{4A}{\pi}}=\sqrt{\frac{4\times2282.2}{3.14}}=53.9m$，为了选择合适的吸泥机，取 $D=55m$

(3) 实际水面面积：$A'=\frac{\pi D^2}{4}=\frac{3.14\times55^2}{4}=2374.6m^2$

(4) 实际表面负荷：$q'=\frac{Q_0}{A'}=\frac{2031.2}{2374.6}=0.86m^3/(m^2\cdot h)$

(5) 校核堰口负荷：

$$q'=\frac{Q_0}{2\times3.6\pi D}=\frac{2031.2}{2\times3.6\times3.14\times55}=1.63L/(s\cdot m)<1.7L/(s\cdot m)$$

校核固体负荷：

$$q_2'=\frac{(1+R)Q_0N_w\times24}{A'}=\frac{(1+0.5)\times2031.2\times3.333\times24}{2374.6}$$

$$=103kg/(m^2\cdot d)<150kg/(m^2\cdot d)$$

(6) 澄清区高度：设 $t=2h$

$$h_2=\frac{Q_0t}{A'}=\frac{2031.2\times2}{2374.6}=1.71m$$

为安全起见，取 $h_2'=2m$

(7) 污泥部分所需容积(采用中心传动的刮泥机排泥，污泥区容积按 2h 贮泥时间)：

$$V=\frac{4(1+R)QX}{X+X_r}=\frac{4\times(1+0.5)\times300000\times3333}{24\times(3333+10000)}=18748.6m^3$$

每个沉淀池污泥区的容积：$V'=\frac{18748.6}{8}=2343.6m^3$

(8) 污泥区高度：设 $t=2\text{h}$

$$h_2''=\frac{(1+R)Q_0N_wt'}{0.5(N_w+C_u)A}=\frac{(1+0.5)\times2031.2\times3.333\times2}{0.5\times(3.333+10)\times2289}=1.72\text{m}$$

(9) 池边深度：$h_2=h_2'+h_2''+0.3=2+1.72+0.3=4.02\text{m}$ 取 $h_2=4.6\text{m}$

(10) 沉淀池高度：设池底坡度为 0.05m，污泥斗直径 $d=3\text{mm}$，池中心与池边落差 $h_3=0.05\times\frac{D-d}{2}=0.05\times\frac{55-3}{2}=1.3\text{m}$，超高 $h_1=0.3\text{m}$，污泥斗高度 $h_4=1.0\text{m}$

$$H=h_1+h_2+h_3+h_4=0.5+4.6+1.3+1=7.4\text{m}$$

(11) 径深比校核：$D/h_2=55/4.6=12$，符合要求

(12) 进水系统计算，见图 2-10

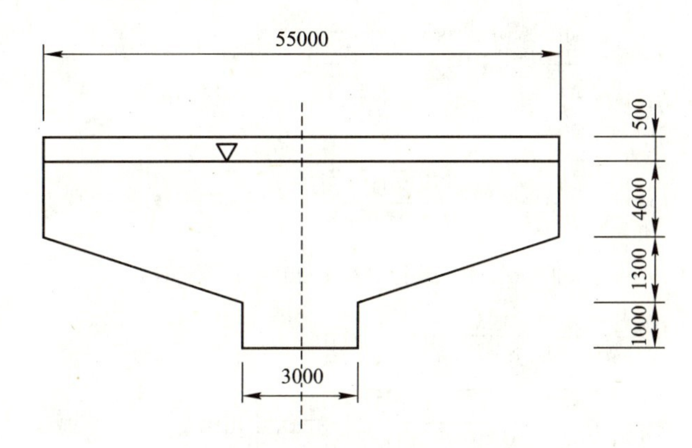

图 2-10　辐流式沉淀池的计算草图(mm)

1) 进水管的计算

单池设计污水流量：$Q_{单}=\frac{Q}{8}=\frac{16250}{8}=2031.2\text{m}^3/\text{h}=0.564\text{m}^3/\text{s}$

进水管设计流量：$Q_{进}=Q_{单}\times(1+R)=2031.2\times(1+0.5)=3046.8\text{m}^3/\text{h}=0.846\text{m}^3/\text{s}$

管径 $D_1=1300\text{mm}$；$v_1=0.64\text{m/s}$

2) 进水竖井

进水井径采用 $D_2=2.4\text{m}$，流速为 0.19m/s

出水口尺寸 $0.35\times2.4\text{m}^2$，共 6 个沿井壁均匀分布

出水口流速：$v_2=\frac{0.846}{0.35\times2.4\times6}=0.168\text{m/s}(\leqslant0.3\sim0.4\text{m/s})$

3) 稳流筒计算

筒中流速：$v_3=0.03\sim0.02\text{m/s}$，(取 0.03m/s)

稳流筒过流面积：$f=\frac{Q_{进}}{v_3}=\frac{0.846}{0.03}=28.2\text{m}^2$

稳流筒直径：$D_3=\sqrt{\frac{4f}{\pi}+D_2{}^2}=\sqrt{\frac{4\times28.2}{3.14}+2.4^2}=6.5\text{m}$

(13) 出水部分设计

1) 单池设计流量：$Q_{单}=\frac{Q}{8}=\frac{16250}{8}=2031.2\text{m}^3/\text{h}=0.564\text{m}^3/\text{s}$

2）环形集水槽内流量：$q_{集}=\frac{Q_{单}}{2}=\frac{0.564}{2}=0.282m^3/s$

3）环形集水槽设计

采用双侧集水环形集水槽计算。

集水槽宽度为：$b=0.9\times(k\times q_{集})^{0.4}=0.9\times(1.4\times0.282)^{0.4}=0.620m$（取 $b=0.7m$）槽中流速 $v=0.6m/s$

槽内终点水深：$h_4=\frac{q}{vb}=\frac{0.564/2}{0.6\times0.7}=0.671m$

槽内起点水深：$h_3=\sqrt[3]{\frac{2h_k^3}{h_4}+h_4{}^2}$

$$h_k=\sqrt[3]{\frac{aq^2}{gb^2}}=\sqrt[3]{\frac{1.0\times\left(\frac{0.564}{2}\right)^2}{9.8\times0.7^2}}=0.255m$$

$$h_3=\sqrt[3]{\frac{2h_k^3}{h_4}+h_4^2}=\sqrt[3]{\frac{2\times0.255^3}{0.671}+0.671^2}=0.794m$$

校核：当水流增加一倍时，$q=0.564m^3/s$；$v'=0.8m/s$

$$h_4=\frac{q}{vb}=\frac{0.564}{0.8\times0.7}=1.01m$$

$$h_k=\sqrt[3]{\frac{aq^2}{gb^2}}=\sqrt[3]{\frac{1.0\times0.564^2}{9.8\times0.7^2}}=0.405m$$

$$h_3=\sqrt[3]{\frac{2h_k^3}{h_4}+h_4^2}=\sqrt[3]{\frac{2\times0.405^3}{1.01}+1.01^2}=1.05m$$

设计取环形槽内水深为 1.0m，集水槽总高为 1.0+0.3（超高）=1.3m，采用 90°三角堰，计算如下：

4）出水溢流堰的设计。

采用出水三角堰（90°），见图 2-11。

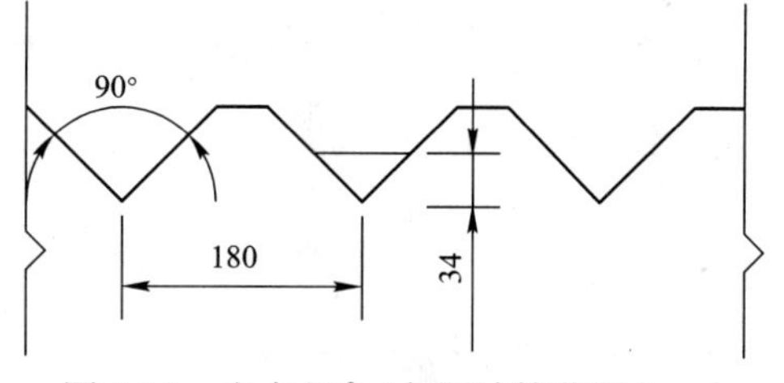

图 2-11　出水 90°三角堰计算草图（mm）

〈1〉堰上水头（即三角口底部至上游水面的高度）

设 $H_1=0.034m(H_2O)$

〈2〉每个三角堰的流量：$q_1=1.4H_1^{2.5}=1.43\times0.034^{2.5}=0.000305(m^3/s)$

内圈三角堰个数：$n_1=\frac{Q_{单}}{q_1}=\frac{0.564/2}{0.000305}=924.6$（个）　（设计取 925 个）

〈3〉三角堰中心距（双侧出水）

$$L_1=\frac{L}{n_1}=\frac{\pi(D-2b-2b')}{925}=\frac{3.14\times(55-2\times0.7-2\times0.5)}{925}=0.18m$$

外圈三角堰个数外圈三角堰个数：

$$n_2=\frac{L'}{L_1}=\frac{\pi(D-2b)}{0.18}=\frac{3.14\times(55-2\times0.5)}{0.18}=942\text{ 个}$$

〈4〉实际堰上水头

$$H = \sqrt[2/5]{\frac{Q}{1.43 n_1}} = \sqrt[2/5]{\frac{0.282}{1.43 \times 942}} = 0.034\text{m}$$

(14) 排泥部分设计

1) 单池污泥量

总污泥量为回流污泥量加剩余污泥量。

回流污泥量：$Q_R = Q_{设} \times R = 300000 \times 0.5 = 150000\text{m}^3/\text{d} = 6250\text{m}^3/\text{h}$

剩余污泥量：$Q_s = \dfrac{\Delta X}{f \cdot X_r} = \dfrac{Y(S_o - S_e)Q - K_d V X_v}{f \cdot X_r}$

$$X_v = f \cdot X = 0.75 \times 3333 = 2499.8 \approx 2.4\text{kg/m}^3$$

$$X_r = r \cdot \frac{10^6}{\text{SVI}} = 1.2 \times \frac{10^6}{120} = 10000\text{mg/L} = 10\text{kg/m}^3$$

$$Q_s = \frac{\Delta X}{f \cdot X_r} = \frac{Y(S_o - S_e)Q - K_d V X_v}{f \cdot X_r}$$

$$= \frac{0.65 \times 300000 \times (0.180 - 0.0155) - 0.05 \times 41542.6 \times 2 \times 3.333 \times 0.75}{0.75 \times 10}$$

$$= 2892\text{m}^3/\text{d} = 120.5\text{m}^3/\text{h}$$

$$Q_{泥总} = Q_R + Q_S = 6250 + 120.5 = 6370.5\text{m}^3/\text{h}$$

$$Q_{单} = \frac{Q_{泥总}}{8} = 796\text{m}^3/\text{h}$$

排泥用铸铁管，管径 400mm，$v = 1.76\text{m/s}$

2) 集泥槽沿整个池径为两边集泥，故其设计泥量为

$$q = \frac{Q_{单}}{2} = \frac{796}{2} = 398\text{m}^3/\text{h} = 0.276\text{m}^3/\text{s}$$

集泥槽宽：$b = 0.9q^{0.4} = 0.9 \times 0.276^{0.4} = 0.538\text{m}$　(取 $b = 0.55\text{m}$)

起点泥深：$h_1 = 0.75b = 0.75 \times 0.55 = 0.41\text{m}$　(取 $h_1 = 0.42\text{m}$)

终点泥深：$h_2 = 1.25b = 1.25 \times 0.55 = 0.69\text{m}$　(取 $h_2 = 0.7\text{m}$)

集泥槽深均取 0.8m(超高 0.2m)。

(15) 排泥方式与装置，为降低池底坡度和池总深，采用机械排泥，采用中心传动刮泥机，刮泥机将污泥送至池中心，再由管道排出池外。

沉淀池采用直径 55m 的中心传动吸泥机，通行桥为固定式，上设空压机 1 台，用于虹吸启动，污泥由吸泥管汇至中心集泥槽，排泥量由眼镜阀控制，然后通过虹吸方式进入污泥管，最终汇入污泥泵房。

沉淀池放空井与浮渣井合建，浮渣通过设在地面的浮渣斗排至池外浮渣井，设冲洗装置，并由吸泥机控制开、闭；清液由浮渣井内溢流管排至厂区内污水管线，浮渣由浮渣车抽送至厂外处置。

吸泥机采用中心传动，静压及虹吸排泥，由主梁(固定)、中心驱动装置、刮泥耙、吸泥管、浮渣刮板、中心泥筒、虹吸装置等部件组成，电机功率 0.55kW，周边速度 2m/min，电机形式 DAC2，设备总重量 34600kg。

2.6.8 消毒池(在进水管处加滤液消毒)

采用隔板接触反应池(矩形的接触反应池，当水流长度：宽度=72：1，池长：宽=18：1，水深：宽≤1.0时，反应效果最好)，见图2-12。

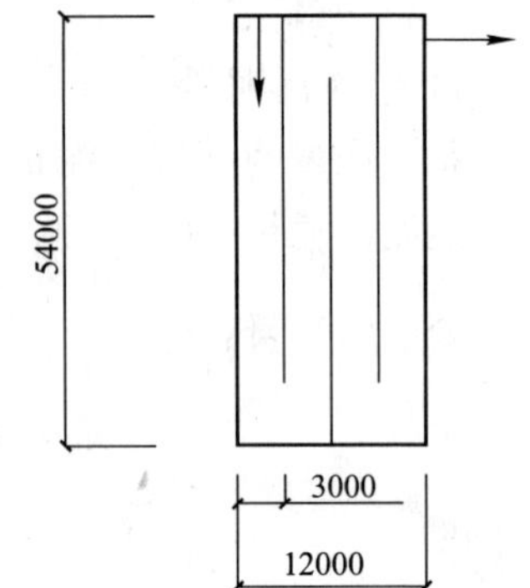

图2-12　消毒池计算草图(mm)

1. 设计参数

设计流量：$Q=\frac{390000\times 90\%}{24\times 3600}=4.062m^3/s$，设4座消毒池，每座消毒池的设计流量为：$\frac{4.062}{4}=1.016m^3/s$

水力停留时间：$t=30min$

2. 设计计算

(1)接触池容积

$$V=Qt=1.016\times 30\times 60=1828.8m^3$$

(2)接触池水深$h=3.0m$，单格宽3m

池长$L=18\times 3=54m$

水流长度$L'=72\times 3=216m$

每座接触池的分格数$\frac{216}{54}=4$

(3) 水流速度$U=\frac{Q}{hb}=\frac{1.016}{3\times 3}=0.113m/s$

(4) 复核池容

接触池宽$B=3\times 4=12m$，池长$L=54m$，水深$h=3m$

则　　$V_1=12\times 54\times 3=1944m^2>1828.3m^2$

接触池出水设溢流堰

选用液氯为消毒剂，投氯量按8mg/L计，

加氯量为：$G=0.001\times 8\times \frac{390000\times 90\%}{24}=117kg/h$

仓库贮量按15d计，储氯量：$W=15\times 24\times G=15\times 24\times 117=42120kg$

加氯机和氯瓶　采用投加量为0～20kg/h加氯机7台，6用1备，并轮换使用，加氯机型号为MJL-Ⅱ型。液氯的贮存选用容量为1000kg的钢瓶共44只。

加氯间和氯库合建。

2.6.9 浓缩池

采用气浮浓缩池

1. 设计参数

浓缩池的进泥量为：$Q_w=Q_s=2892m^3/d$

设计2座气浮浓缩池，则每座流量：$Q=\frac{2892}{2}=1446m^3/d=60.2m^3/h<100m^3/h$

采用矩形气浮浓缩池，长宽比为1：3～1：4

2. 设计计算

以下均按单座气浮池计算。当水温为20℃时，空气溶解度$C_s=18.7mL/L$，空气密度

γ=1.164g/L，容器效率 η=0.6，固体负荷率按不加混凝剂考虑 q_s=50kg/(m²·d)，采用出水部分回流加压溶气浮选的流程。

压力水回流量

$$R=\frac{QS_a\left(\frac{A}{S}\right)1000}{\gamma C_s(fP-1)}=\frac{1446\times10\times0.025\times1000}{1.164\times18.7\times(0.5\times5-1)}=11071.9\text{m}^3/\text{d}=461\text{m}^3/\text{h}$$

相当于 766%

总流量为：$Q_{总}=Q+R=1446+11071.9=12517.9\text{m}^3/\text{d}=522\text{m}^3/\text{h}$

所需空气量为：

$$A=\gamma C_s(fP-1)R\frac{1}{1000}=1.164\times18.7\times(0.5\times5-1)\times11071.9/1000=361\text{kg/d}$$

当温度为 0℃，0.1MPa 时，空气密度为 1.252kg/m³，则 $A=288.3\text{m}^3/\text{d}$

计算得到的空气量是理论计算值，实际需要量应再乘以 2，则

$$A=288.3\times2=576.6\text{m}^3/\text{d}=24\text{m}^3/\text{h}$$

气浮浓缩池表面积计算：

污泥干重为：$S=QS_a=1446\times10=14460\text{kg/d}$

$$F=\frac{S}{M}=\frac{14460}{50}=289.2\text{m}^2$$

设长宽比 $\frac{L}{B}=4$，则 $4B^2=F=289.2\text{m}^2\Rightarrow B=\sqrt{\frac{289.2}{4}}=8.5\text{m}$，$L=4\times8.5=34\text{m}$

水平流速采用 $v=6\text{mm/s}=21.6\text{m/h}$

过水断面为：$\omega=\frac{Q_{总}}{v}=\frac{522}{21.6}=24.2\text{m}^2$

$$d_1=\frac{\omega}{B}=\frac{24.2}{8.5}=2.8\text{m}$$

$$d_2=0.3B=0.3\times8.5=2.55\text{m}$$

$$d_3=0.1\text{m}$$

则气浮池高度为 $H=d_1+d_2+d_3=2.8+2.55+0.1=5.45\text{m}$，取 5.5m

按水力负荷进行计算：$\frac{522}{289.2}=1.8\text{m}^3/(\text{m}^2\cdot\text{h})$

按停留时间进行校核 $T=\frac{8.5\times21.6\times3.6}{522}=1.27\text{h}$

以上均符合规定

溶气罐容积计算：按停留 3min 计算，则 $V=\frac{461\times3}{60}=23\text{m}^3$

罐高度 $H=5\text{m}$ 时，罐直径为：$D=\sqrt{\frac{4V}{\pi H}}=\sqrt{\frac{4\times23}{3.14\times5}}=2.42\text{m}$，采用 $D=2.5\text{m}$

罐高度与直径之比为：$\frac{H}{D}=\frac{5}{2.5}=2$，符合规定

浓缩后的污泥体积为：$V=\frac{Q_w(1-P_1)}{1-P_2}=\frac{2892\times(1-0.995)}{1-0.95}=289.2\text{m}^3$

2.6.10　污泥投配池

1. 设计参数

总进泥量为：Q_w＝初沉污泥量＋浓缩后污泥量＝2184＋289.2＝2473.2m^3/d，设 2 座污泥投配池，每座的进泥量为 $Q'_w=\frac{2473.2}{2}=1236.6m^3/d$

贮泥时间：$T=12h$

2. 设计计算

单个池容为 $V=Q'_wT=\frac{1236.6\times12}{24}=618.3m^3$

污泥投配池尺寸：将贮泥池设计为正方形，其 $L\times B\times H=12\times11\times5=660m^3$

2.6.11　污泥消化池

为达到磷的消化封闭，向消化池投加适量石灰来控制磷释放到消化的上清液中。

消化后污泥的体积为 $V=\frac{Q_w(1-P_1)}{1-P_2}=\frac{2473.2\times(1-0.96)}{1-0.92}=1236.6m^3$

消化上清液的体积为：$V'=2473.2-1236.6=1236.6m^3$

消化后上清液中 $TP=200mg/L$，则磷的量为：1236.6×200＝247320g/d

由对应式知：2Ca～4OH～3P

则加入的 CaO 的量为：$\frac{247320}{31\times3}\times2\times56=297847.7g/d=298kg/d$

1. 消化池容积计算

一级消化池总容积：$V=\frac{2473.2}{5\%}=49464m^3$

采用 4 座一级消化池，则每座池子的有效容积为：$V_0=\frac{V}{4}=\frac{49464}{4}=12366m^3$

消化池直径 $D=30m$，集气罩直径 $d_1=2m$，池底下锥体直径 $d_2=2m$，集气罩高度 $h_1=3m$，上锥体高度 $h_2=3m$，消化池柱体高度 $h_3=17m$，下锥体高度 $h_4=4m$

消化池总高为：$H=h_1+h_2+h_3+h_4=3+3+16+4=27m$

消化池各部分容积的计算：

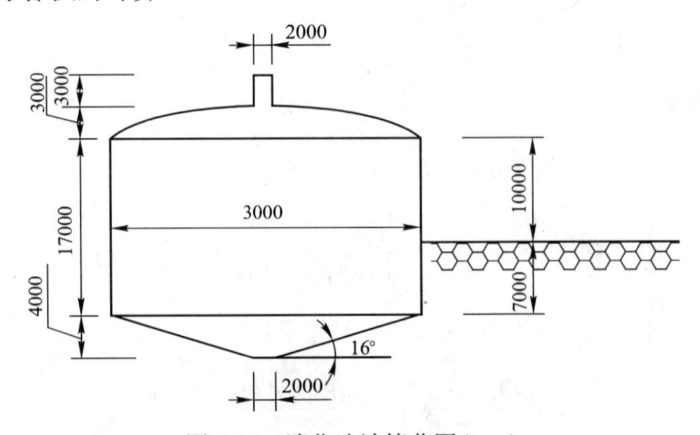

图 2-13　消化池计算草图(mm)

集气罩容积为：$V_1=\frac{\pi d_1^2}{4}h_1=\frac{3.14\times 2^2}{4}\times 3=9.42m$

弓形部分容积为：$V_2=\frac{\pi}{24}h_2(3D^2+4h_2^2)=\frac{3.14}{24}\times 3\times(3\times 30^2+4\times 3^2)=1073.9m^3$

圆柱部分容积为：$V_3=\frac{\pi D^2}{4}h_3=\frac{3.14\times 30^2}{4}\times 17=12010.5m^3$

下锥体部分容积为：

$$V_4=\frac{1}{3}\pi h_4\left[\left(\frac{D}{2}\right)^2+\frac{D}{2}\times\frac{d_2}{2}+\left(\frac{d_2}{2}\right)^2\right]=\frac{1}{3}\times 3.14\times 4\times\left[\left(\frac{30}{2}\right)^2+\frac{30\times 2}{2}+\left(\frac{2}{2}\right)^2\right]=1071.8m^3$$

则消化池的有效容积为：$V_0=V_3+V_4=12010.5+1071.8=13082.3m^3>12366m^3$

二级消化池总容积为：$V=\frac{2473.2}{10\%}=24732m^3$

采用2座二级消化池，有效容积为：$V_0=\frac{V}{2}=\frac{24732}{2}=12366m^3$，二级消化池的各部分尺寸同一级消化池

2. 消化池个部分表面积计算：

池盖表面积：集气罩表面积为

$$F_1=\frac{\pi}{4}d_1^2+\pi d_1 h_1=\frac{3.14}{4}\times 2^2+3.14\times 2\times 3=22m^2$$

池顶表面积为：$F_2=\frac{\pi}{4}(4h_2^2+D)=\frac{3.14}{4}\times(4\times 3^2+30)=51.8m^2$

则池盖表面积共为：$F=F_1+F_2=22+51.8=73.8m^2$

池壁表面积为：$F_3=\pi Dh_5=3.14\times 30\times 10=942m^2$（地面以上部分）

$F_4=\pi Dh_6=3.14\times 30\times 7=659.4m^2$（地面以下部分）

池底表面积为：$F_5=\pi l\left(\frac{D}{2}+\frac{d_2}{2}\right)=3.14\times 14.6\times\left(\frac{30}{2}+\frac{2}{2}\right)=733.5m^2$

3. 消化池热工计算：

(1) 提高新鲜污泥温度耗热量：中温消化温度 $T_D=35℃$

新鲜污泥年平均温度为：$T_s=17.3℃$，日平均最低温度为：$T_s'=12℃$

每座一级消化池投配的最大生污泥量为：$V''=12366\times 5\%=618.3m^3$

则全年平均耗热量为：

$$Q_1=\frac{V''}{24}(T_D-T_s)\times 1163=\frac{618.3}{24}\times(35-17.3)\times 1163=530323.6W$$

最大耗热量为：

$$Q_{1max}=\frac{V''}{24}(T_D-T_s')\times 1163=\frac{618.3}{24}\times(35-12)\times 1163=689121.1W$$

(2) 消化池池体的耗热量：消化池各部传热系数采用：池盖 $K=0.8W/(m^2\cdot℃)$

池壁在地面以上部分为 $K=0.7W/(m^2\cdot℃)$

池壁在地面以下部分及池底为 $K=0.52W/(m^2\cdot℃)$

池外介质为大气时，全年平均气温为：$T_A=11.7℃$

冬季室外计算温度为：$T_A=-10℃$

池外介质为土壤时，全年平均温度为：$T_B=12.6℃$，冬季计算温度：$T_B=4.2℃$

池盖部分全年平均耗热量为：

$$Q_2=FK(T_D-T_A)\times1.2=73.8\times0.8\times(35-11.7)\times1.2\times1.163$$
$$=1919.8W$$

最大耗热量为

$$Q_{2max}=FK(T_D-T_A)\times1.2=73.8\times0.8\times[35-(-10)]\times1.2\times1.163$$
$$=3707.8W$$

池壁在地面以上部分，全年平均耗热量为：

最大耗热量为：

$$Q_{3max}=F_3K(T_D-T_A)\times1.2=942\times0.7\times[35-(-10)]\times1.2\times1.163$$
$$=41411.7W$$

池壁在地面以下部分，全年平均耗热量为：

$$Q_4=F_4K(T_D-T_A)\times1.2=659.4\times0.52\times(35-11.7)\times1.2\times1.163$$
$$=11149.8W$$

最大耗热量为：

$$Q_{4max}=F_4K(T_D-T_A)\times1.2=659.4\times0.52\times[35-(-10)]\times1.2\times1.163$$
$$=21534.0W$$

池底部分，全年平均耗热量为：

$$Q_5=F_5K(T_D-T_A)\times1.2=733.5\times0.52\times(35-11.7)\times1.2\times1.163$$
$$=12402.8W$$

最大耗热量为：

$$Q_{5max}=F_5K(T_D-T_A)\times1.2=733.5\times0.52\times[35-(-10)]\times1.2\times1.163$$
$$=23953.9W$$

每座消化池池体，全年平均耗热量为：

$$Q_x=1919.8+21442+11149.8+12402.8=46914.4W$$

最大耗热量为：

$$Q_{max}=3707.8+41411.7+21534.0+23953.9=90607.4W$$

（3）每座消化池总耗热量，全年平均耗热量为

$$\sum Q=530323.6+46914.4=577238W$$

最大耗热量为：$\sum Q_{max}=689121.1+90607.4=779728.5W$

（4）热交换器的计算：消化池的加热，采用池外套管式泥——水热交换器。全天均匀投配。生污泥在进入一级消化池之前，与回流的一级消化池污泥先进行混合后再进入热交换器，其比例为1∶2。则生污泥量为：$Q_{s1}=\frac{618.3}{24}=25.8m^3/h$

回流的消化污泥量为：$Q_{s2}=25.8\times2=51.6m^3/h$

进入热交换器的总污泥量为：$Q_s=Q_{s1}+Q_{s2}=25.8+51.6=77.4m^3/h$

生污泥的日平均最低温度为：$T_s=12℃$

生污泥与消化污泥混合后的温度为 $T_s=\frac{1\times12+2\times35}{3}=27.3℃$

内管管径选用 DN150mm，污泥在内管的流速：

$$v=\frac{77.4}{\frac{\pi}{4}\times 0.15^2\times 3600}=1.22\text{m/s}，符合要求$$

外管管径选用 DN200mm

$$T'_s=T_s+\frac{Q_{max}}{Q_s\times 1000}=27.33+\frac{779728.5}{77.4\times 1000}=37.40℃$$

热交换器加热口温度采用 $T_w=85℃$，采用 $T_w-T'_w=10℃$

则热水循环量为：$Q_w=\frac{Q_{max}}{(T_w-T'_w)\times 1000}=\frac{779728.5}{(85-75)\times 1000}=77.97\text{m}^3/\text{h}$

核算内外管之间热水的流速为：

$$v=\frac{77.97}{\frac{3.14}{4}\times(0.2^2-0.15^2)\times 3600}=1.58\text{m/s}，符合要求$$

$$T_s=27.33℃；T'_s=37.40℃；T_w=85℃；T'_w=75℃；$$

$$\Delta T_1=47.67℃；\Delta \text{T}_2=47.6℃$$

$$\Delta T_m=\frac{\Delta T_1-\Delta T_2}{\ln\frac{\Delta T_1}{\Delta T_2}}=\frac{47.67-47.6}{\ln\frac{47.67}{47.6}}=47.63℃$$

热交换器的传热系数选用 $K=689\text{W}/(\text{m}^2\cdot℃)$，则每座消化池的套管式泥——水热交换器的总长度为：

$$L=\frac{Q_{max}}{\pi DK\Delta T_m}\times 1.2=\frac{779728.5}{3.14\times 0.15\times 698\times 47.63}\times 1.2=59.8\text{m}$$

设每根长 8m，则其根数为：$n=\frac{59.8}{8}=7.5$ 根，选用 8 根。

(5) 消化池保温结构厚度计算：消化池各部传热系数允许值采用：

池盖为：$K=0.8\text{W}/(\text{m}^2\cdot℃)$

池壁在地上部分为：$K=0.7\text{W}/(\text{m}^2\cdot℃)$

池壁在地下部分及池底为：$K=0.52\text{W}/(\text{m}^2\cdot℃)$

池盖保温材料厚度计算：设消化池池盖混凝土结构厚度为：$\delta_G=250\text{mm}$

钢筋混凝土的导热系数为：$\lambda_G=1.55\text{W}/(\text{m}^2\cdot℃)$

采用聚氨酯硬质泡沫塑料作为保温材料，导热系数 $\lambda_B=0.023\text{W}/(\text{m}^2\cdot℃)$，则保温材料厚度为：$\delta_{B盖}=\frac{\frac{\lambda_G}{K}-\delta_G}{\frac{\lambda_G}{\lambda_B}}=\frac{\frac{1.55}{0.8}-0.25}{\frac{1.55}{0.023}}=0.025\text{m}=25\text{mm}$

池壁在地面以上部分保温材料厚度的计算，设消化池池盖混凝土结构厚度为：

$$\delta_G=400\text{mm}$$

采用聚氨酯硬质泡沫塑料作为保温材料，则保温材料厚度为：

$$\delta_{B壁}=\frac{\frac{\lambda_G}{K}-\delta_G}{\frac{\lambda_G}{\lambda_B}}=\frac{\frac{1.55}{0.7}-0.4}{\frac{1.55}{0.023}}=0.027\text{m}=27\text{mm}$$

池壁在地面以上的保温材料延伸到地面以下的深度为冻深加 0.5m。

池壁在地面以下部分以土壤作为保温层时，其最小厚度的核算：土壤导热系数为：

$$\lambda_B=1.16\text{W}/(\text{m}^2\cdot℃)$$

设消化池池壁在地面以下的混凝土结构厚度为 $\delta_G=400$mm，则保温厚度为：

$$\delta_{B壁}=\frac{\frac{\lambda_G}{K}-\delta_G}{\frac{\lambda_G}{\lambda_B}}=\frac{\frac{1.55}{0.52}-0.4}{\frac{1.55}{1.16}}=1.93\text{m}=1930\text{mm}$$

池底以下土壤为保温层，其最小厚度的核算：消化池池底混凝土结构厚度为 $\delta_G=700$mm。

$$\delta_{B底}=\frac{\frac{\lambda_G}{K}-\delta_G}{\frac{\lambda_G}{\lambda_B}}=\frac{\frac{1.55}{0.52}-0.7}{\frac{1.55}{1.16}}=1.7\text{m}=1700\text{mm}$$

地下水位在池底混凝土结构厚度以下，故不加其他保温部措施。

池盖、池壁的保温材料采用硬质聚氨酯泡沫塑料。其厚度经计算分别为 25mm、27mm，均按 27mm 计，乘以 1.5 的修正系数，采用 50mm。

二级消化池的保温结构材料及厚度均与一级消化池相同。

(6) 沼气混合搅拌计算：消化池的混合搅拌采用多路曝气管式(气通式)沼气搅拌。

1) 搅拌气量：单位用气量采用 $6\text{m}^3/(\text{min}\cdot1000\text{m}^3)$池容，则用气量 $q=6\times\frac{12366}{1000}=74.2\text{m}^3/\text{min}=1.24\text{m}^3/\text{s}$

2) 曝气立管管径计算：曝气立管的流速采用 12m/s

所需立管的总面积为：$\frac{1.24}{12}=0.1\text{m}^2$

选用立管的直径为 $DN100$mm，每根断面积 $A=0.00785\text{m}^2$

所需立管的总数为：$\frac{0.1}{0.00785}=12.73$ 根，采用 13 根

核算立管的实际流速为：$v=\frac{1.24}{13\times0.00785}=12.15\text{m/s}$(符合要求)

2.6.12 贮气罐(沼气贮气设备)

每天产沼气量为：挥发性固体负荷设计值取 $2.5(1.9\sim2.5)\text{kgVSS}/(\text{m}^3\cdot\text{d})$

气体产率为 1000(750～1000)L/kgVSS，($T_1=20℃$，$P_1=0.1\text{MPa}$)

$$V_{沼气}=2473.2\times2.5\times1000\times10^{-3}=6183\text{m}^3$$

贮气量：$V_1=V_{沼气}\times40\%=6183\times40\%=2473.2\text{m}^3$

由克拉贝龙公式求出贮气罐体积：

贮气罐工作压力为 $P_2=0.6\text{MPa}(0.4\sim0.6\text{MPa})$，温度为 $T_2=32℃$(选用最不利条件，夏季最热月的平均温度)，

$$\frac{P_1V_1}{T_1}=\frac{P_2V_2}{T_2}$$

$$V_2=\frac{0.1\times2473.2\times305}{293\times0.6}=429\text{m}^3$$

$$D=\sqrt[3]{\frac{6V_2}{\pi}}=\sqrt[3]{\frac{6\times429}{3.14}}=9.36\text{mm}$$

贮气罐容积为 429m^3，直径为 9.4m。

2.6.13 污泥脱水

污泥投配池

消化后污泥的体积为 $V=\frac{Q_w(1-P_1)}{1-P_2}=\frac{2473.2\times(1-0.95)}{1-0.92}=1545.8\text{m}^3$

1. 设计参数

总进泥量为：1545.8m^3/d

2. 设计计算

脱水前要对污水进行调质，调质时的加药量为：

$$M=Q_sC_0f_m=1545.8\times80\times4/1000=495\text{kg(PAM)}$$

选用卧螺沉降离心机

主要优点和效果：

(1) 污泥进料含固率变化的适应性好；

(2) 能自动长期连续运行；

(3) 分离因数高，絮凝剂投量少，常年运行费低；

(4) 单机生产能力大，结构紧凑，占地面积小，维修方便；

(5) 可封闭操作，环境条件好。

LW 型卧螺旋卸料沉降离心机规格性能，查手册 9 后选用 LWD430W 型脱水机 4 台参数见表 2-10、表 2-11。

离心机对污泥脱水的效果　　表 2-10

污泥种类	泥饼含固率(%)	固体回收率(%)	干污泥加药量(%)
厌氧消化污泥(混合污泥)	17～24	90～95	3～8

LWD430W 型脱水性能参数　　表 2-11

转鼓直径(mm)	转鼓转速(r/min)	分离因数	差转速(r/min)	处理能力(m^3/h)
430	2100～3000	1062～2066	2～20 无级可调	8～15
电动机功率(kW)	机器重量(kg)	外形尺寸(mm)长×宽×高	生产工厂	
30	2500	3260×1725×790	中国人民解放军第 4819 工厂	

2.6.14 计量设施

为提高污水厂的工作效率和管理水平，并积累技术资料，以总结运转经验，为今后处理厂的设计提供可靠的数据，要设置计量设施，正确掌握污水量、污泥量、空气量以及动力消耗等。气体流量和耗电量有现成的计量设施，现选择污水和污泥量计量设备，其选择和布置的一般原则为：

（1）这些计量装置应当是水头损失小、精度高、操作简便，且不易沉积杂物。

（2）一般设在沉砂池后、初次沉淀池前的渠道上或设在污水厂的总出水管道上。咽喉式计量槽以巴士槽最常用，见图 2-14、表 2-12。

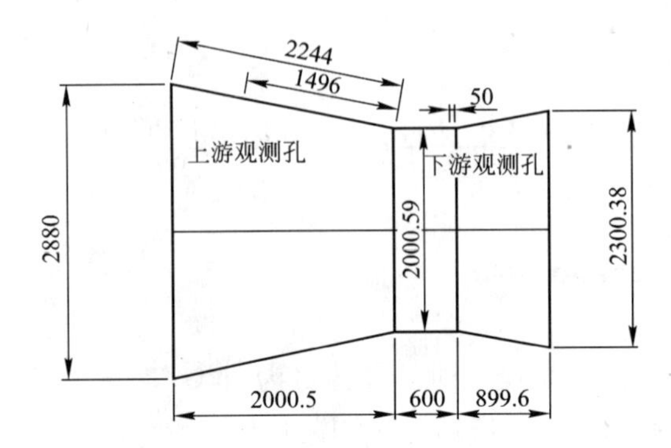

图 2-14　巴士计算槽计算草图(mm)

巴士计量槽各部尺寸　　表 2-12

测量范围(m^3/s)	W(m)	B(m)	A(m)	2/3A(m)	C(m)	D(m)
1.000～4.800	2.00	2.200	2.244	1.496	2.30	2.88

设计流量：$Q_{max}=390000m^3/d=4.51m^3/s$

该计量槽，进水流量为：$Q_1=4.0625m^3/s$，喉宽为 2m，

则上游水深 $H_1=\sqrt[1.599]{\frac{4.0625}{4.97}}=0.88m$，$H_2\leqslant 0.7H_1=0.62m$，取 $H_2=0.6m$

2.6.15　高程计算

1. 水路高程计算

20 年一遇的洪水位为：32.60m，该厂污水最后流入东部约 120m 的水体中，以此标高为作为起点，逆污水流程向上推导计算污水处理厂高程。

2. 泥路高程计算(选用铸铁管)

污水厂的污泥处理流程见图 2-15：

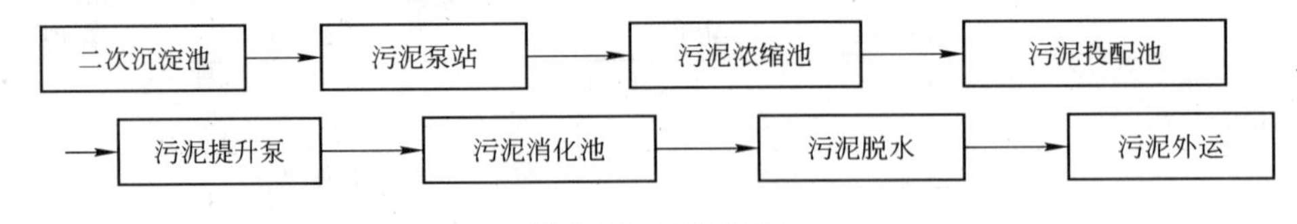

图 2-15　处理流程

本污水处理厂厂区地面标高为 35.50m，初次沉淀池的水面标高为 38.222m，初沉池的剩余污泥重力流排入污泥投配池，与浓缩后的二沉污泥混合后的污泥，再由污泥提升泵(在污泥投配池中)送至污泥消化池。二沉池污泥重力流入污泥泵房，一部分污泥经回流污泥泵送至反应池，一部分污泥由污泥提升泵送至气浮浓缩池和污泥投配池。分别计算出各污泥泵的扬程，及各构筑物的高程见表 2-13。

污泥处理高程计算表　　表 2-13

名称	设计流量(L/S)	管径(mm)	i (‰)	v (m/s)	管长 L (m)	iL (m)	$\sum\xi$	$\sum\xi v^2/2g$	构筑物	$2\sum h=$ (m)
二沉池到配水井	221.2	400	10.9	1.76	42	0.458	1.5	0.237		1.390
配水井到污泥泵房	884.8	900	2.4	1.4	53.41	0.128	3.69	0.369	0.2	1.394
	1769.6	1300	1.33	1.33	199.89	0.266	1.48	0.134		0.799
反应池到污泥泵房	868	900	2.3	1.27	92.65	0.213	3.7	0.304		1.035
	1736.1	1300	1.3	1.3	246.23	0.320	1.48	0.128		0.895
污泥投配池到气浮	1.67	150	13	1	6.06	0.079	2.24	0.114		0.386
	3.35	150	13	1	17.54	0.228	4.5	0.230	0.3	1.515
气浮浓缩池到泵房	16.7	150	11.8	0.95	10.17	0.120	3.5	0.161		0.562
	33.5	200	10.3	1.08	145.46	1.498	1.22	0.073		3.142
初沉池到污泥投配池	12.6	150	7.07	0.72	235.07	1.662	2.68	0.071		3.466
	25.3	200	6.21	0.82	260.53	1.618	2.26	0.078		3.391
投配池到提升泵房	14.3	150	8.99	1	13.82	0.124	0.96	0.049	0.2	0.746
	28.6	200	7.62	1	32.45	0.247	3	0.153		0.801
提升泵房到一级消化	7.16	150	2.6	0.613	31.36	0.082	0.4	0.008	0.2	0.578
提升泵房到二级消化	28.6	200	7.62	1	71	0.541	3.72	0.190	0.2	1.862
	14.3	150	8.99	1	25	0.225	0.4	0.020		0.490
二级消化到脱水	8.9	150	3.8	1.3	48.63	0.185	4.12	0.355		1.080
	17.9	150	13.9	1.3	16.73	0.233	0.4	0.034		0.534

污泥回流泵

二沉池的泥面标高为：35.698m，二沉池到泵房的总损失为：3.583m

反应池的泥面标高为：37.308m，泵房到反应池的总损失为：1.930m

回流污泥泵的扬程：37.308＋1.930－(35.698－3.583)＋2＝9.123m

污泥提升泵(到消化池)

初沉池的泥面标高为：34.382m，初沉池到泵房的总损失为：8.404m

二级消化池泥面标高 45.5m，泵房到二级消化池的总损失为：2.352m

泵的扬程：45.5＋2.352－(34.382－8.404)＋2＝21.874m

污泥提升泵(到浓缩池)

投配池中的泥面标高为：34.382－6.857＝27.525m

泵房到浓缩池总损失为：3.704m，浓缩池到投配池的损失为：1.901m

泵的扬程为：27.525＋1.901＋3.704－(35.698－3.583)＋2＝3.015m

泥区各处理构筑物设计泥面标高，见表 2-14。

回流污泥泵，回流污泥量为 6250m^3/h，计算出的扬程为 6.599m 选用 350TLW-625ⅢA 型立式污水泵 6 台，1 台备用，见表 2-15。

泥区各处理构筑物设计泥面标高(m) 表 2-14

配水配泥井	34.308	一级消化池	45.500
气浮浓缩池	29.426	二级消化池	45.500
污泥投配池	27.525	污泥脱水	38.500

350TLW-625ⅢA 型立式污水泵性能参数 表 2-15

型　号	流量 $Q(m^3/h)$	扬程 $H(m)$	转速 $n(r/min)$	电动机功率 (kw)	效率 $\eta\%$	生产厂
350TLW-625ⅢA	1290	6.9	480	37	80	石家庄水泵厂

到浓缩池的提升泵，污泥量为 $2892m^3/d=120.5m^3/h$，计算出的扬程为：3.015m 选用 65WZB66-25 型无堵塞浆泵 3 台，1 台备用，见表 2-16。

65WZB66-25 型无堵塞浆泵 表 2-16

型　号	65WZB66-25	流量 $Q(m^3/h)$	66
扬程 $H(m)$	25	转速 $n(r/min)$	1450
轴功率(kW)	8.99	电机功率(kW)	11
效率 $\eta(\%)$	50	气蚀余量 $r(m)$	55
生产厂	赣州水泵厂		

到消化池的提升泵，污泥量为 $2473.2m^3/d=103.0m^3/h$，计算出的扬程为 21.874m 选用 65WZB66-25 型无堵塞浆泵 3 台，1 台备用，见表 2-17。

65WZB66-25 型无堵塞浆泵 表 2-17

型　号	65WZB66-25	流量 $Q(m^3/h)$	66
扬程 $H(m)$	25	转速 $n(r/min)$	1450
轴功率(kW)	8.99	电机功率(kW)	11
效率 $\eta(\%)$	50	气蚀余量 $r(m)$	55
生产厂	赣州水泵厂		

2.6.16 污水处理厂各构筑物设计计算结果及说明

各构筑物设计结果及说明一览表 表 2-18

序号	类　型	尺　寸	备　注
1	中格栅	栅前水深：$h=1.12m$；栅条总高：$H=1.49m$；栅槽宽度：$B=1.81m$，共 2 格，总槽宽 3.82m	采用阶梯式格栅除污机 RSS-I-2000，格栅位于提升泵前，并与污水提升水泵房合建，栅渣由格栅翻入栅斗后用吊车吊出运走
2	污水提升泵房	泵房为矩形，长 18m，宽 5m；每台水泵的设计流量 $Q=4500m^3/h$，扬程 $H=11.6m$	(1) 泵房为半地下式，地下埋深 5m； (2) 水泵为 WL 型立式污水污物泵，5 台，4 用 1 备

续表

序号	类　型	尺　寸	备　注
3	细格栅	栅前水深：h=1.12m； 栅条总高：H=1.64m； 栅槽宽度：B=1.61m，共4格，总槽宽7.04m	每日栅渣量ω=19.5m^3/d，采用阶梯式格栅除污机RSS-I-1800，工作台设有冲洗措施，栅渣由传送带运入栅渣箱，然后用卡车运走填埋
4	旋流沉砂池	直径：4.88m； 深度：1.68m； 桨板转速：13r/min； 驱动机功率：11.5W	(1) 采用LSSP型螺旋砂水分离器； (2) 设置6座沉砂池
5	平流沉淀池	长：37m； 每座宽：6.1m，共18座； 深：8.96m； 有效水深：3m	排泥采用机械排泥，使用行车式提板刮泥机，刮泥速度0.6m/min
6	A^2/O反应池	长70m； 厌氧池宽7.5m； 缺氧池宽7.5m； 好氧池宽10m； 池深5.5m	(1) 共设8座反应池； (2) 污泥回流比R=50%，10%回流至厌氧池，40%回流至缺氧池； (3) 总水力停留时间T=10.08h，厌氧池停留时间T_1=1.68h，缺氧池停留时间T_2=1.68h，好氧池停留时间T_3=6.72h； (4) 曝气设备为30240个空气扩散器； (5) 为了避免反应池内沉淀，增大内循环量，需要设搅拌器6台，电动机功率5w/m^3
7	辐流沉淀池	直径：55m； 池边水深：4.6m； 池总高：7.4m	(1) 采用中心进水周边出水的辐流式沉淀池； (2) 设置8座； (3) 用中心传动吸泥机排泥
8	消毒池	廊道总长：216m； 总长：54m； 廊道宽：3m； 总宽：12m； 平均水深：3m； 池总高：3.5m	(1) 消毒剂采用液氯； (2) 水力停留时间30min
9	气浮浓缩池	长：34m； 宽：8.5m； 高：5.5m	(1) 采用矩形气浮浓缩池2座； (2) 水力停留时间1.27h； (3) 设置溶气罐1座，直径2.5m，高5m
10	污泥投配池	长：12m； 宽：11m； 深：5m	设置2座
11	一级消化池	直径：30m； 高：27m； 地上部分：10m； 地下部分：7m	(1) 设置4座； (2) 设置一座锅炉房
12	二级消化池	直径：30m； 高：27m； 地上部分：10m； 地下部分：7m	设置2座
13	脱水机房	长：9m； 宽：5m； 高：3.5m	采用LWD430W离心脱水机4台

2.7 经济估算

2.7.1 指标总造价估算

根据综合指标计算指标总造价：

(1) 工程内容：

华北地区某市新建污水处理厂，工程污水量为 300000m^3/d，采用工艺形式为二级处理(二)，即工艺流程为泵房、沉砂、A^2/O 反应池、接触池及污泥浓缩、消化、脱水及沼气利用。

(2) 自然条件及技术标准：工艺标准稍高、无防寒设施、地质条件一般。

(3) 调价方法：

所有人工单价及主要材料均按当地现行的人工单价及材料价格，根据综合指标进行差价调整：

$$\text{其他材料费}=\text{指标其他材料费}\times\frac{\text{调整后的主要材料费}}{\text{指标材料费}-\text{指标其他材料费}}$$

$$=133\times\frac{261.28}{358-133}=154.44\text{ 元}/(m^3\cdot d)$$

$$\text{机械使用费}=\text{指标机械使用费}\times\frac{\text{调整后的(人工费小计+材料费小计)}}{\text{指标(人工费小计+材料费小计)}}$$

$$=79\times\frac{57.75+415}{43.65+358}=93\text{ 元}$$

(4) 指标总造价计算：

1) 选择类似工程规模的综合指标：

选择二级污水处理厂综合指标(二)4B1-1-11 中的指标。

2) 其他工程费：

其他工程费率采用 8%

其他工程费=566 元/m^3/d×8%=45.28 元/(m^3·d)

3) 综合费用：

采用当时当地的综合费用费率为 31.73%

综合费用=(566+45.28)×31.73%=194 元/(m^3·d)

4) 设备工器具购置费：

1993 年至 1995 年设备价格上涨率为 1.21

设备工器具购置费=353 元/m^3/d×1.21=427.13 元/(m^3·d)

5) 工程建设其他费用：

采用当时当地的工程建设其他费用费率为 12.12%

工程建设其他费用=(566+45.28+194+427.13)×12.12%=149.4 元/(m^3·d)

6) 基本预备费：

基本预备费费率为 10%

基本预备费=(566+45.28+194+427.13+149.4)×10%=138.2 元/(m^3·d)

7）指标总造价：

污水处理厂指标总造价=30 万 t×1519 元/(m^3·d)=45570 万元。

由于综合指标中未包括土地征用及赔偿等费用，故必须根据实际情况另行计算，见表 2-19。

指标总造价　　表 2-19

序号	工程名称：华北地区某市新建污水处理厂设计（二级处理二）（30 万 t 水量）						
	项目	单位	数量	指标价格（1993）		当地现行价（1995）	
				单价	合价	单价	合价
1	人工	工日	3	14.55	43.65	19.25	57.75
2	水泥	kg	110	0.318	34.98	0.407	44.77
3	锯材	m^3	0.018	1672.00	30.10	1350.24	24.30
4	钢材	kg	24	3.318	79.63	3.13	75.12
5	砂	m^3	0.24	40.04	9.61	78.45	18.83
6	碎石	m^3	0.35	38.28	13.40	99.05	34.67
7	铸铁管	kg	7	2.90	20.3	3.08	21.56
8	钢管及钢配件	kg	3	4.28	12.84	5.11	15.33
9	钢筋混凝土管	kg	9	0.158	1.42	0.28	2.52
10	闸阀	kg	3	7.58	22.74	8.06	24.18
11	其他材料费	元			133		154
12	材料费小计	元			358		415
13	机械使用费	元			79		93
14	指标基价	元			481		566
15	其他工程费	元			39		45
16	综合费用	元			167		194
一、	建筑安装工程费	元			686		805
二、	设备工器具购置费	元			353		427
三、	工程建设其他费用	元			143		149
四、	基本预备费	元			118		138
五、	指标总造价	元			1300		1519

2.7.2 污水成本计算

污水处理成本通常应包括工资福利费、电费、药剂费、折旧费、检修维修费、行政管理费以及污泥综合利用收入等项费用，单位以元/m^3 污水计算。先计算出年经营费用，然后除以全年污水量，即为单位成本，年经营费用可计算如下：

（1）动力费（通常即为电费）E_1：

全年总用电量约为 4500×10^4kW

电费单价：0.50 元

$$E_1=\frac{4500\times10^4\times0.50}{1.3}=1730.8\text{ 万元/年}$$

(2) 药剂费 E_2：

年加氯量：117×24×365=1024.92t，液氯单价为2200元/t

PAM投加量：495×365=180.68t，PAM单价为40000元/t

$$E_2=1024.92\times0.22+180.68\times4.0=948.2\text{ 万元/年}$$

(3) 工资福利费 E_3：

全厂共有职工150人，

每年工资福利：2万元/人

$$E_3=AM=2\times150=300\text{ 万元/年}$$

(4) 折旧提成费 E_4：

年综合基本折旧率为4.8%

$$E_4=SP=45570\times0.048=2187.4\text{ 万元/年}$$

(5) 检修维修费 E_5：

$$E_5=S\times1\%(\text{元/年})$$
$$=45570\times1\%=455.7\text{ 万元}$$

(6) 其他费用(包括行政管理、辅助材料)E_6：

$$E_6=(E_1+E_2+E_3+E_4+E_5)\times10\%$$
$$=(1730.8+948.2+300+2187.4+455.7)\times10\%$$
$$=562.2\text{ 万元/年}$$

(7) 污水污泥综合利用收入 E_7(元/年)

大约这部分费用为：100万元/年

因此，年经营费用为：

$$\sum E=E_1+E_2+E_3+E_4+E_5+E_6-E_7$$
$$=6084.3\text{ 万元/年}$$

年处理水量为：$\sum Q=365Q$

所以单位处理成本应为：

$$T=\frac{\sum E}{\sum Q}=\frac{E_1+E_2+E_3+E_4+E_5+E_6-E_7}{365Q}$$

$$=\frac{6084.3\times10^4}{365\times30\times10^4}=0.56\text{ 元/m}^3$$

2.8 结论

1. 污水厂处理水量：30万 m^3/d，总变化系数：1.3，占地面积 $32.14hm^2$。

2. 经过调研及方案比较后，采用 A^2/O 工艺，处理流程见图2-16；

3. 污水厂指标总造价45570万元

年经营费用6084.3万元

单位处理成本0.56元/m^3

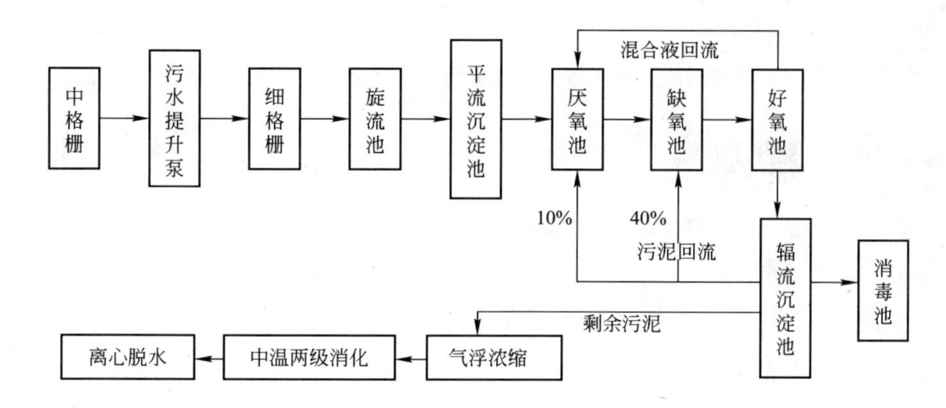

图 2-16　A^2/O 工艺处理流程

参考文献

[1]　王洪臣主编．城市污水厂运行控制与维护管理．北京：科学出版社，1997. 33～34.

[2]　邵林广，王华．平流式沉砂池设计参数的研究．给水排水，1999，25(9)：21～23.

[3]　邵林广，游映玖．城市污水一级处理技术分析研究．武汉冶金科技大学学报，1998，24(4)：421～425.

[4]　一级处理技术设备集成与城市污水基础数据研究报告．武汉：中国市政工程中南设计研究院，武汉冶金科技大学，1999. 6.

[5]　黄明明，张蕴华主编．给水排水标准规范实施手册．北京：中国建筑工业出版社，1993. 332～333.

[6]　邵林广．南方城市污水厂处理工艺的选择．给水排水，2000，26(6)：32～34.

[7]　戴爱临，吴大为．关于城市污水处理中初沉池作用的探讨．给水排水，1994，20(5)：23～24.

[8]　杨鲁豫，王琳等．我国水资源污染治理的技术策略．给水排水，2001，27(1)：94～101.

[9]　聂梅生总主编．水工业工程设计手册废水处理及再用．北京：中国建筑工业出版社，2002.

[10]　金兆丰，余志荣主编．污水处理组合工艺及工程实例．北京：化学工业出版社，2004.

[11]　周金全总主编．城市污水处理工艺设备及招标投标管理．北京：化学工业出版社，2003.

[12]　金兆丰，徐竟成主编．城市污水回用技术手册．北京：化学工业出版社，2004.

[13]　高俊发，王杜平主编．污水处理厂工艺设计手册．北京：化学工业出版社，2003.

[14]　崔玉川，刘振江，张绍怡等主编．城市污水厂处理设施设计计算．北京：化学工业出版社，2004.

[15]　娄金生等主编．水污染治理新工艺与设计．北京：海军出版社，1999.

[16]　王宝贞，王琳主编．水污染治理新技术—新工艺、新概念、新理论．北京：科学出版社，2004.

[17]　刘红主编．水处理工程设计．北京：中国环境科学出版社，2003.

[18]　严煦世主编．水和废水技术研究．北京：中国建筑工业出版社，1992.

[19]　张智，张勤，郭士权，杨文玲主编．给水排水工程专业毕业设计指南．北京：中国水利水电出版社，2000.

[20]　张自杰主编．排水工程下册(第四版)．北京：中国建筑工业出版社，2000.

[21]　韩红军主编．污水处理构筑物设计与计算．哈尔滨：哈尔滨工业大学出版社，2002.

[22]　曾科，卜秋平，陆少鸣主编．污水处理厂设计与运行．北京：化学工业出版社，2001.

[23]　邵林广．南方城市污水厂实际运行水质远小于设计值的原因及其对策．给水排水，1999.

[24]　施士元主编．汉英化学科学词汇．江苏：科学技术出版社 2002.

[25]　北京市市政工程设计研究总院．给水排水设计手册　第 5 册　城镇排水　第二版．北京：中国建

筑工业出版社，2004.
[26] 上海市政工程设计研究总院. 给水排水设计手册 第 9 册 专用机械 第二版. 北京：中国建筑工业出版社，2000.
[27] 北京市市政工程设计研究总院. 给水排水设计手册 第 11 册 常用设备 第二版. 北京：中国建筑工业出版社，2004.
[28] 中国市政工程西南设计研究院. 给水排水设计手册 第 1 册 常用资料 第二版. 北京：中国建筑工业出版社，2000.

3　北京某住宅楼给水排水工程设计

崔畅（给水排水与环境工程，2006届）

指导老师：吴俊奇

简　介

本次设计的对象属于高层住宅楼，建筑总面积44346m^2，自然层总数24层，总高度72.2m。此楼设有生活给水、热水、消防、排水、雨水系统。

生活冷水给水系统：采用分区给水方式，根据市政管网压力和楼高共分两个区，其中2层以下为低区，3～22层为高区。低区由市政给水管网直接供给，高区由变频水泵集中供给。

生活热水给水系统：采用变频水泵集中给水方式。下置式分区供热水系统，选择的是立管循环的热水供水方式。

生活消防给水系统：本楼采用消火栓给水系统和自动喷水灭火系统。本建筑室内消火栓不分区，采用水箱和水泵联合供水的临时高压给水系统，每个消火栓处设直接启动消防水泵的按钮。高位水箱贮存10min消防用水，消防泵及管道均单独设置。

生活排水系统：采用污废分流，污水经化粪池处理后排至市政排水管线。

3.1 方案比较

3.1.1 生活给水系统

由所给设计资料可知，市政管网提供的最小压力为200kPa，显然不能满足高层给水压力的需要，所以采用分区给水方式。低层用户充分利用外网所提供的压力直接供水，高区用户的用水经二次加压提升。

经验法估算：1层所需水压100kPa，2层120kPa，3层以上每增加一层，增加40kPa。所以，外网200kPa的压力至少能够提供1～3层的用水需求。

考虑到本建筑中间无设备层，故高区加压给水常用的给水方式有：水泵—高位水箱、气压给水设备、变频泵分区供水以及无负压给水设备。

1. 水泵—高位水箱给水方式：此种方式供水可靠，而且水压较稳定，水箱储备一定水量，停水停电时可延时供水，水泵间歇式供水，电耗省。缺点是高位水箱容易产生二次污染，无法保证出水水质。如定期清扫，或加入紫外线消毒设备，虽可保证水质，但会带来长期的人员、物资投入。高位水箱不但占用楼顶大面积空间，还会增加楼梯负荷。故本设计不采用此种方式。

2. 气压给水设备：利用水泵抽水加压，利用气压给水罐调节流量和控制水泵运行。此种方法供水可靠卫生，不需设置高位水箱。但变压使气压给水水压波动较大，水泵平均效率较低，能源消耗大，最低出水嘴平均水压大。气压管增加了占地面积。故本设计不采用此种方式。

3. 变频泵分区供水：分区设置变频泵，根据水泵出水量或水压，调节水泵转速。此方法避免了二次污染，能大大改善出水水质，供水可靠，设备布置集中，便于维护与管理，不占用建筑上层使用面积，能源消耗较少。但投资较高，调节较麻烦。现在，大多数高层建筑采用此种供水方式。

4. 无负压给水设备：它具有诸多优点，占地少、投资省，用户无需修建贮水池或水箱。无污染：设备为全密封运行，异物不会进入系统，彻底杜绝了传统水池供水方式水质易受污染的现象；真空呼吸阀特殊密封结构，滴水不漏。无干扰：设备运行可靠，无负压产生，不会对主干网系统造成不良影响。充分利用资源：由于设备经稳流罐与自来水管网串接，充分借助原有管网压力，系统节能高达40%以上。低成本造价：设备为计算机控制全自动运行，泵房可实现无人值守。卫生：设备符合国家生活饮用水卫生监督管理标准。智能供水：变频无负压变频供水设备能根据稳流罐入口水量状态，自动修正泵组出水压力，使得系统缺水停机的可能降至最低。节能：采用高效水泵，功率较国内同类产品小，耗电量低，长期使用可收回初始投资。低噪声：采用低噪声水泵，配合系统多重减噪措施，杜绝噪声扰民。但存在的问题是出水压力不够稳定，如果用户集中使用时因水量过大会造成停机断水的现象。

分析：

1. 水箱：设于屋顶的调节贮水水箱是常用的储水装置，但由于其存在二次污染严重等缺点，现在水箱从材料和加工上已有很大改进，向多元化发展。新颖水箱从材质上说有镀锌、搪瓷、复合钢板、涂塑、玻璃钢和不锈钢的水箱，其和水接触的内表面不易锈蚀，对水质无污染，能减轻结构重量，解决施工不便等问题。材质改变了，水箱的成形方式和形状也随之改变，组合式水箱、装配式水箱可以提高水箱质量，有利于工厂化生产并缩短现场施工安装时间，也减小了水箱内底的死水区范围；球形水箱和槽形水箱是外形变化，用呼吸阀替代浮球阀，解决了因浮球阀关闭不严造成的漏水问题，同时也使水箱从重力供水变为压力—重力供水的新工况。钢筋混凝土贮水池也是常用的贮水装置，其底部及内壁应铺设白瓷砖。这些方法可大大改善二次污染的现象。但现在的生活给水已不再使用此种方式。

2. 变频泵：目前，变频调速生活给水在建筑给水中应用越来越广，其主要原因是：

(1) 变频调速给水的供水压力可调，可以方便地满足各种供水压力的需要。在设计阶段可以降低对供水压力计算准确度的要求，因为随时可以方便地改变供水压力。但在选泵时应注意，泵的扬程宜大一些，因为变频调速其最大压力受水泵限制。最低使用压力也不应太小，因为水泵不允许在低扬程大流量下长期超负荷工作，否则应加大变频器和水泵电机的容量，以防止发生过载。

(2) 目前，变频器技术已很成熟，在市场上有很多国内外品牌的变频器，这为变频调速供水提供了充分的技术和物质基础。变频器已在国民经济各部门广泛使用。任何品牌的变频器与变频供水控制器配合，均可实现多泵并联恒压供水。因为在建筑供水中的应用广泛，有些变频器设计生产厂家把变频供水控制器直接做在供水专用变频器中；这种变频器具有可靠性好，使用方便的优点。

(3) 变频调速恒压供水具有优良的节能效果。由水泵—管道供水原理可知，调节供水流量，原则上有两种方法；一是节流调节，开大供水阀，流量上升；关小供水阀，流量下降。调节流量的第二种方法是调速调节，水泵转速升高，供水流量增加；转速下降，流量降低，对于用水流量经常变化的场合(例如生活用水)，采用调速调节流量，具有优良的节能效果。应当指出，变频恒压供水节能的效果主要取决于用水流量的变化情况及水泵的合理选配，为了使变频恒压供水具有优良的节能效果，变频恒压供水宜采用多泵并联的供水模式。由多泵并联恒压变频供水理论可知多泵并联恒压供水，只要其中一台泵是变频泵，其余全是工频泵，即可实现恒压变量供水。在变频恒压变量供水当中，变频泵的流量是变化的，当变频泵是各并联泵中最大，即可保证恒压供水。多泵并联恒压供水，在设计上可做到在恒压条件下各工频泵的效率不变(因工况不变)，并使之处于高效率区工作，变频泵的流量是变化的，其工作效率随流量而改变。因为采用多泵并联恒压供水，变频泵的功率降低，从而可以降低多泵并联变频恒压供水系统的能耗，改善节能状况。当多泵并联恒压供水系统采用具有自动睡眠功能的变频器，当用水流量接近于零，变频泵能自动睡眠停泵，从而可以做到不用水时自动停泵而没有能量损耗，具有最佳的节能效果。

根据《建筑给水排水设计规范》GB 50015—2003 第 3.2.5 的要求，在使用无负压供水设备的情况下必须设置管道倒流防止器。并在第 3.6.15 中明确提出“管道倒流防止器的局部水头损失应取 0.025～0.04MPa”的规定。

综上：本设计采用分区供水方式。地下 2 至地上 2 层属于低区由外网压力直接供水，采用下行上给的方式。4～22 层分两区采用变频泵减压供水，其中 3～11 层为中区，12～22 层为高区。室外给水管网成环状，需要布设 2 条引入管，由于不能直接从市政给水管中抽水，以避免在市政管网中形成负压，选用无负压给水设备，变频泵供水。加设倒流防止器。管材选用不锈钢管。

3.1.2 热水供应系统

1. 集中热水供应系统：在锅炉房或热交换站将水集中加热，通过热水管道将热水输送到楼中，适用于用水点多且较集中的建筑。此种方式加热设备集中，管理方便；考虑热水用水设备的同时使用率，加热设备的总热负荷可减小；大型锅炉效率高，可使用煤等廉价的燃料，但设备系统复杂，需单独设置管线以及水表，建设投资大，管道热损失大；需要专门的管理操作维修人员。

高层综合楼热水系统的给水分区方式，应与冷水系统一致，以满足任一配水点的冷热水压力平衡，同时也便于管理。低区由市政管网直接供水，高区为高位水箱—减压阀给水方式。由于客房对水文要求较高，且用水不均匀，故采用上行下给全循环管网，机械循环，全天循环，低区用水比较集中，比较有规律，故采用下行上给不循环系统。

目前使用的加热器主要有容积式、半容积式和半即热式。

(1) 容积式加热器：有较大的贮存和调节能力，水加热时水头损失较少，用水点的水压变化稳定，出水水温稳定。但是被加热的水流速缓慢，传热系数小，热交换效率低，增大了能源的耗费，而且贮存水的能力使它体积庞大，占用的建筑面积大，增加对建筑结构的要求。另外，该方式在避免水结垢问题上有一定的困难，目前普遍使用高频电子除垢仪，增加了设备费用和使用中的电耗。

(2) 半容积式水加热器：带有适量的贮存和调节容积的能力，是在容积式的基础上改造而成的，具有加热快，换热充分和占地少的优点。但是，内循环泵要有较高的质量保证，而且要求采用高频电子除垢仪避免结垢问题。

(3) 半即热式水加热器：传热系数大，换热速度快，具有预测控温装置，热水贮存容量小，并且浮动盘管能自动除垢的优点，体积小，节省占地面积。但是该加热维修费用较高，而且一旦出现事故，购买相配套的构件较困难。

热水供水方式分为开式和闭式两类。开式供水需在管网顶部设有水箱，而该建筑给水系统没有设置水箱，因此选择闭式供水方式。此方式具有管路简单的特点，并且水质不易受污染。但是供水水压稳定性差，安全可靠性较差，应设安全阀或者膨胀管来确保系统的安全运转。

由于用水的分散性，居民楼采用此种供水方式会带来极大的浪费。

2. 局部热水供应系统：采用小型加热器在用水场所就地加热，以供使用，适用于用水量小且分散的建筑。此种方式各用户按需加热水，避免了集中式热水供应盲目储备热水；系统简单，造价低，维护管理容易；热水管道段，热损失小；不需建造热锅炉房、加热设备、管道系统和聘用专职司炉工人；小型水加热器效率低，热水成本高。无须单独设置水表。大部分民用住宅采用此种方式。

3. 选用三种不同形式的水加热器时，必须注意它们有不同的技术条件。

(1) 选用半即热式

1) 热媒供应必须充足，热媒供给要满足设计秒流量所需的耗热量。

2) 对温控阀的要求高。因其调节容积很小，所以对温控阀的精度要求为±3℃。

3）一定要设有超温超压的双保险安全装置。

4）机房占地面积较中，但对立式的要注意机房高度应满足检修需要。

（2）选用半容积式

1）热媒供应较充足，热媒供给能满足最大小时耗热量。

2）对温控阀的要求低于半即热式，由于它有一定的调节容积，所以对温控阀的精度要求为±5℃。

3）要求有不小于15min最大小时耗热量的贮热容积。供水的可靠性、供水温、水压的平衡都较好。

4）机房占地面积大于半即热式，小于容积式。

（3）选用容积式

1）热媒供应不能满足最大小时耗热量的要求。

2）对温控阀的要求较低，由于调节容积大，要求温控阀的精度为±7℃。

3）要求有不少于30～40min最大小时耗热量的贮热容积供水可靠性及供水水温、水压的平衡度较高。

4）机房占地面积大。

加热方式：① 燃气式：引用炉灶的燃气管道，用燃气热水器在厨房加热热水。除供应淋浴器外还可供应洗手盆的用水。但供水管线需单独铺设。

② 电加热式：电器热水器直接安置于浴室，管线布置简单。但加热器体积较大，影响了卫生间的美观。用水需提前加热。如果居室内有多个卫生间，此种热水供应就不适宜。

综上，本设计采用集中热水供应系统，按照冷水系统分区采用下行上给式，加热设备选用半即热式，采用立管循环方式。

3.1.3 消火栓给水系统

概述：1. 消火栓给水系统：在消火栓给水系统中更注重扑救初期火灾，系统中常采用稳压泵保持系统的常高压。增设小口径自救式水枪，提供给非消防专业人员使用，以便自救。在分区中可采用减压阀、多出口水泵、稳压阀，以保证消火栓的水压和出水量。为保证灭火设置能及时投入运行，加强了工作泵和备用泵的自动切换装置。

2. 自动喷水灭火技术：近年来我国确立了以消火栓给水系统为主逐步向自动喷水灭火系统为主过渡的原则。高层、超高层以及大规模工业建筑发展，加强了自动喷水灭火技术的应用。自动喷水喷头除了设置在容易起火部位、疏散通道和人员密集场所外，还扩大设置在火灾蔓延通道，不易发现火灾、不易扑救火灾部位和需淋水降温保护等场所，使火灾扑救更及时、更迅速。这也是我国消防给水系统设置标准和发达国家逐步接轨的重大举措。在高层建筑中对玻璃幕墙，中庭回廊，自动扶梯开口部位和普通防火卷帘处，采取了喷头加密的方式来替代水幕。在高架仓库内引进了国外的大水滴喷头、ESFR喷头，把喷水灭火从“控火”引入以“灭火”为目的。

3. 气体灭火：气体消防中的卤代烷灭火剂是破坏大气臭氧层的主要原因。我国在卤代烷灭火剂替代物方面做了大量工作，并获得一定进展，以FM200型为代表的卤代烷替代物已开始应用，为最终取消卤代烷灭火剂取得一定经验。目前，气体灭火剂和灭火系统日趋多样化，有FM200、CEA、INERGEN、Trioxide等等，此外还有将水喷雾运用到电气灭火，将泡沫喷水运用到汽车库灭火，扩大了自动喷水灭火系统的应用范围。

综上：本设计中地下1层应布置湿式自动喷水灭火系统。其余各层布置消火栓灭火系统，采用一次供水室内消防给水系统。火灾时，由消防泵向管网系统供水灭火。消防给水系统采用临时高压给水，设消防水泵，高位水箱满足初期灭火10min的消防水量。10min后，该系统由消防贮水池供水，其中消防贮水池的贮水量，据规范要求按2h计算。室外给水管网能够保证室外消防用水量。地下2层设置消防水池，楼顶设置消防水箱。

3.1.4　排水系统

排水通气技术概述：主要目的是提供排水中气体的散逸，达到透气的作用；防止排水系统中出现水封的负压虹吸及正压喷溅现象，确保空气的循环；保持排水迅速通畅、安静。在我国已建立了可适应不同建筑标准、不同要求的五级标准，即伸顶通气管、不伸顶通气管、专业通气立管、环行通气管和器具通气管。在通气系统基础上开发的是通气阀和特制配件单立管排水系统。通气阀是一种减少伸顶通气，替代专用通气管系具有通气功能的阀件，采用优质塑料和橡胶制作。单路进气阀可安装在室内立管顶部或横支管上，即可补气又可防止管道内部气体进入室内；双路通气阀可安装在室外立管顶部代替通气帽，使用时以单路进气阀为主。特制配件单立管排水系统已出台了设计规程，其立管的通水能力增大1/3，减少了立管的数量。但该产品现局限于铸铁制品。

排水方式分合流制与分流制

1. 合流制：生活污水与废水合并流入排水立管，在排水横干管汇总后排入化粪池。处理后流入市政污水管网。

2. 分流制：生活废水与污水单独设置排水立管，汇总后分别排出。生活废水进入水处理构筑物；生活污水进入化粪池处理后排入市政污水管网。本设计采用此种方式。

考虑到设计中阳台处有洗衣机设置，在阳台处单独设立管排水。

3. 采用低层单排，以防止底层用户会发生破坏水封而喷溅的现象。

经过试算，采用分流质时，污水立管与废水立管均不用设置专用的通气立管。采用伸顶通气既可满足排水要求。采用一、二两层单独排出。

3.1.5　雨水排水系统

外排水：指屋面不设雨水斗，建筑物内部没有雨水管道的雨水排放方式。高层建筑不采用此种方式

内排水：指屋面设置雨水斗，建筑物内部有雨水管道的雨水排水系统。适用于建筑立面要求较高，或者寒冷地区的建筑。本设计采用此种方式。

敞开式内排水：重力排水面雨水经排水管进入普通检查井。

密闭式内排水：压力排水，埋地管在检查井内用密闭的三通连接，当雨水排水不畅时，室内不会出现冒水现象。缺点是不能接纳生产废水，需另设生产废水排水系统。

综上，本设计采用敞开式重力排水系统，采用单斗式设计。

3.1.6　管材比较

1. 室内给水分区主干管：属给水系统的主要部分，包括分区内的横干管及立管，这

一部分管道大敷设在屋面保温夹层、吊顶、管道井、管窿内，采用支架固定，无需埋设。管径一般在25～63～80mm范围内，要求有高品质的耐久性、外观持久性、无腐蚀、无结垢、无泄漏、低噪声、卫生、寿命长、安装方便的管材。一般对工作压力要求：冷水20℃、1.0MPa；热水：70℃、1.0MPa，但热水管一般应采用公称压力1.6～2.0MPa的管材和管件(考虑到管道承压能力随温度升高而下降这一特点)。这一部分管材在施工中一次性安装，用量大，是给水管道的主干管，适合这一部分管材的塑料管有：硬聚氯乙烯(PVC-U)，交联聚乙烯(PEX)，聚丙烯(PP-R、PP-C)，聚丁烯(PB)，丙烯腈-丁二烯一苯乙烯(ABS)；复合管材有涂塑钢管、钢塑复合管、孔网钢带塑料复合管。

PVC-U管价格便宜，安装施工方便，但使用中有UPVC单体和添加剂渗出，故使用中应注意其铅含量要达到生活饮用水规定的小于0.05mg的标准，PB管(聚丁烯)有较好的高温耐久性，性质稳定，同时低温条件抗弯曲性能，抗脆裂性能和抗冲能力较强，重量轻，壁薄，水力条件最好，伸缩性和抗蠕变性好，有一定抗紫外线能力，安装连接方式多样，适用不同环境，同时能够再生，是一种好的管材，但目前国内还没有PB树脂原料，依靠进口，价格较高。PP-R管耐温性能好，重量轻、强度好、耐腐蚀、无毒、可回收，采用热熔连接，但其管壁较厚。PEX管耐温性能好，抗蠕变好，重量轻，强度好，耐腐蚀，无毒，但施工中没有同材质管件，需与金属管件连接，应有较好的施工质量作保障。ABS管强度大，低温环境不破裂，耐冲击，不含任何添加剂，色彩不能改变，管件和管材必经同进采用ABS材料，粘接固化时间较长。涂塑钢管相对于钢塑复合管，在卫生条件、安装难易、价格上均具有一定的优越性。以上各种管材，可同时用于冷、热水的管材有PP-R、PB、PEX，铝塑复合管，只用于冷水管材主要是PVC-U、ABS、钢塑复合管、孔网钢带塑料复合管。

2. 卫生间等配水支管

这部分管材管径在16～25mm，一般为埋墙或埋地暗装，接点多。卫生间管道因卫生设备和用户装修标准的不同，安装程序上往往不由建筑施工方一次安装完成，而是用户自行在二次装修中完成这部分管道的安装。由于管道大多暗敷，对管材、管件、安装连接要求较高，但长期以来受市场管材质量的困扰以及安装施工人员素质良莠不齐等因素影响，这部分管道发生的问题最严重，影响人们的生活质量，因而也是给水管材中急需解决的问题。适合这一部分管材的塑料管有：高密度聚乙烯(HDPE)，交联聚乙烯(PEX)，聚丙烯(PP-R、PP-C)，聚丁烯(PB)等；复合管材有铝塑复合管、塑复铜管、涂塑钢管等。根据表3-1比较：PB、PP-R管性能不错，但在用于卫生间管道时由于用户分散购买、施工难以形成规模，且施工人员未能有效培训，故对这类需专用热熔、电熔工具的管道，使用受到一定的限制，最好销售单位能够提供相应的配套服务，才能有效地被散户接受。PEX管和铝塑复合管因可弯曲、不反弹，切割方便，安装工具简单，目前在卫生间内使用较多，但安装中需注意两个问题：一方面管材与管件采用夹紧安装方式，受人力因素影响较大，紧固性难以保障，同时热塑性管材和金属管件接头热膨胀系数差异大，容易松动，为解决这一问题，部分厂家已有专利管件可配套使用或采用分水器配管法(保证管道中间无管件)，仅在管道两端与分水器和用水器具连接处安装管件；另一方面管材强度比较弱，在施工中要特别注意避免因受压变形而影响流量和水力条件。最近一些地区出现一种新的复合管材—塑复铜管，即在铜管上外套塑料，既有铜管的优良优质，又有较好的保温性能，不失为一种安全耐用的卫生管材，但价格偏贵。涂塑钢管具有钢管的优点，又做到了供水水质好，但不太适宜作热水供应用。

3. 给水引入管，室外给水、输水管

这类管管径大，要求强度高、耐压好、密封性好、耐腐蚀、水力条件好、抗水锤能力强，安装简易，重量轻、寿命长。管径范围在50～200mm以上。适合这一部分管材的管材有：孔网钢带塑料复合管、ABS、PVC-U，涂塑复合管、钢塑复合管。这类管材由于强度及耐压要求高，全塑料的管材为达到要求必以增加壁厚的方式来达到目的，但同时在耗材、内径、水力条件等方面受到影响。相对来说，复合管在这方面有一定的优势。孔网钢带塑料复合管以冷轧钢带和热塑性塑料为原料，以氩孤对接焊成型的多孔薄壁钢管为增强体，外层和内层双面复合热塑料的一种新型复俣压力管材，由于多孔薄壁钢管增强体被包覆在热塑性塑料的连续相中，因此这种复合管具有钢管和塑料管各自的优点，又克服了一般复合管二者结合不紧的不足，具有刚性好、强度大、承压高、重要轻、膨胀量小、导热小、价格低廉的优点，适合于给水引入管，室外给水管和大、中型给水输入管道，同时调整钢带塑料复合管中钢带的厚度和塑料的耐温等级，可造出广泛耐温耐压管材，连接方式采用电热熔。不足之处在于：因超压或外力损伤时，快速修复较难；弯曲度比钢管小，须用25°、30°等多角度的管件作为弥补。涂塑钢管且有塑料和钢的优点，但其材料主要以钢管为主，价格比孔网钢带复合管偏贵。

3.2 给水系统设计及计算

3.2.1 设计说明

1. 给水方式选择

市政外网可提供的常年资用水头为200kPa，远不能满足建筑内部用水要求，故考虑二次加压。经楼体结构以及技术经济的比较，室内给水系统拟采用减压阀减压给水方式。该方式具有供水可靠，节约电能；不占用建筑上层使用面积；设备布置集中，便于维护管理等优点。

2. 给水系统分区

本建筑共22层，所选卫生器具给水配件处的最大静水压力为300～350kPa，故该建筑供水分3区，地下2层～地上2层为Ⅰ区，3～12层为Ⅱ区，13～22层为Ⅲ区。

Ⅰ区由室外市政给水管网直接供水，给水管网采用下行上给式，Ⅱ区、Ⅲ区由无负压给水设备供水，Ⅱ区通过支管减压阀减压。

3. 给水系统的组成

本建筑的给水系统由引入管、水表节点、给水管道、给水附件、无负压给水设备等组成。

4. 给水管道布置与安装

(1) 各层给水管道采用明装敷设，管材均采用给水塑料管，采用承插式接口，用弹性密封圈连接。

(2) 管道外壁距墙面不小于150mm，离梁、柱及设备之间的距离为50mm，立管外壁距墙、梁、柱净距不小于50mm，支管距墙、梁、柱净距为20～25mm。

（3）给水管与排水管道平行、交叉时，其距离分别大于0.5m和0.15m，交叉给水管在排水管上面。给水管与热水管道平行时，给水管设在热水管下面100mm。

（4）立管通过楼板时应预埋套管，且高出地面10～20mm。

（5）在立管横支管上设阀门，管径$DN>50$mm时设闸阀，$DN\leqslant 50$mm时设截止阀。

（6）引入管穿地下室外墙设套管。

（7）生活水箱设置在地下一层，采用玻璃钢材料，设紫外线消毒装置。水箱附件包括进水管、出水管、溢流管、泄水管和信号装置。同时水箱配有水位计和溢流报警装置，使信号能在泵房显示同时将之传送至监控中心。

（8）生活泵设于地下一层。所有水泵出水管均设缓闭止回阀，除消防泵外其他水泵均设减振基础，并在吸水管和出水管上设可曲挠橡胶接头。

3.2.2 设计计算

1. 生活给水设计标准与参数的确定及用水量计算

根据建筑设计资料、建筑性质和卫生设备完善程度，依据《建筑给水排水设计规范》GB 50015—2003表3.1.9查得相应用水量标准。

公寓每户按3.5人计，共计1239人，用水量标准250×75%＝188L/(人·d)，$K=2.0$，24h使用。

最高日生活用水量：$Q_d=\sum\frac{mq_d}{1000}=\frac{1239\times 188}{1000}=232.9\text{m}^3/\text{d}$

最高时生活用水量：$Q_h=\frac{Q_d}{T}\times K_h=\frac{232.9}{24}\times 2=19.4\text{m}^3/\text{h}$

2. 室内给水管网水力计算

（1）设计秒流量计算

根据计算管段上的卫生器具给水当量同时流出概率，按下式计算得计算管段的设计秒流量：

$$q_g=0.2\times U\times N_g \quad (\text{L/s})$$

根据建筑物用途而定α取1.06，k取0.005。

（2）Ⅰ区给水管网水力计算

（3）Ⅱ区给水管网水力计算

（4）Ⅲ区给水管网水力计算

（5）住宅水表选择及计算

1）水表1　设计秒流量$q_g=0.39\text{L/s}=1.40\text{m}^3/\text{h}$，选旋翼式LXS-20C水表，公称直径20mm，最大流量$5\text{m}^3/\text{h}$，公称流量$2.5\text{m}^3/\text{h}$。

$$K_b=\frac{Q_{max}}{100}=\frac{5^2}{100}=0.25$$

$$H_B=\frac{Q^2}{K_b}=\frac{1.40^2}{0.25}=7.84\text{kPa}$$

水表水头损失$H_B=7.84\text{kPa}<25\text{kPa}$，满足要求。

2）水表2　设计秒流量$q_g=0.46\text{L/s}=1.66\text{m}^3/\text{h}$，选旋翼式LXS-20C水表，公称直径

20mm，最大流量 5m^3/h，公称流量 2.5m^3/h。

$$K_b=\frac{Q_{max}}{100}=\frac{5^2}{100}=0.25$$

$$H_B=\frac{Q^2}{K_b}=\frac{1.66^2}{0.25}=11.02kPa$$

水表水头损失 H_B=11.02kPa<25kPa，满足要求。

3）水表 3　设计秒流量 q_g=0.36L/s=1.30m^3/h，选旋翼式 LXS-20C 水表，公称直径 20mm，最大流量 5m^3/h，公称流量 2.5m^3/h。

$$K_b=\frac{Q_{max}}{100}=\frac{5^2}{100}=0.25$$

$$H_B=\frac{Q^2}{K_b}=\frac{1.30^2}{0.25}=6.76kPa$$

水表水头损失 H_B=6.76kPa<25kPa，满足要求。

4）水表 4　设计秒流量 q_g=0.38L/s=1.37m^3/h，选旋翼式 LXS-20C 水表，公称直径 20mm，最大流量 5m^3/h，公称流量 2.5m^3/h。

$$K_b=\frac{Q_{max}}{100}=\frac{5^2}{100}=0.25$$

$$H_B=\frac{Q^2}{K_b}=\frac{1.37^2}{0.25}=7.51kPa$$

水表水头损失 H_B=7.51kPa<25kPa，满足要求。

5）水表 5　设计秒流量 q_g=1.48L/s=5.33m^3/h，选旋翼式 LXS-32C 水表，公称直径 32mm，最大流量 12m^3/h，公称流量 6m^3/h。

$$K_b=\frac{Q_{max}}{100}=\frac{12^2}{100}=1.44$$

$$H_B=\frac{Q^2}{K_b}=\frac{5.33^2}{1.44}=19.72kPa$$

水表水头损失 H_B=19.72kPa<25kPa，满足要求。

6）水表 6　设计秒流量 q_g=1.72L/s=6.19m^3/h，选旋翼式 LXS-40C 水表，公称直径 40mm，最大流量 20m^3/h，公称流量 10m^3/h。

$$K_b=\frac{Q_{max}}{100}=\frac{20^2}{100}=4$$

$$H_B=\frac{Q^2}{K_b}=\frac{6.19^2}{4}=9.58kPa$$

水表水头损失 H_B=9.58kPa<25kPa，满足要求。

地下 1 层安装 LSX-32C 水表，地下二层安装 LSX-40C，其余各层均安装 LSX-20C 水表。

（6）室外管网水力计算

室外管网流量由生活水量、未预见水量及消防水量组成。

$$Q=232.9\times(1+15\%)=257.84m^3/h$$

(7) 引入管及水表选择

(8) Ⅰ区水压校核

(9) 生活水泵的选择

(10) 减压阀

高层建筑生活给水系统竖向分区应符合：

1) 各分区最低卫生器具配水点处的静水压不宜大于 0.45MPa，特殊情况下不宜大于 0.55MPa。

2) 水压大于 0.35MPa 的入户管(或配水横管)，应设减压或调压设施。

3) 各分区最不利配水点的水压，应满足用水水压要求。

因为 C 户内的浴盆为给水最不利点，且配水管损失为：

$$70+9.85\times1.3+7.84=90.65kPa$$

经计算，最不利管段 JL-03 的第 14 层的压力为：

$$2.8\times8\times10+7.464=231.46kPa$$

故最不利管段第 14 层的压力为：

$$90.65+231.46=322.11kPa<0.35MPa$$

最不利管段 JL-03 的第 13 层的压力为：

$$2.8\times9\times10+7.885=259.89kPa$$

故最不利管段第 13 层的压力为：

$$90.65+259.89=350.54kPa>0.35MPa$$

所以，3～13 层(含 13 层)设置减压阀。

需减压力为：$350.54kPa-90.65kPa=259.89kPa\approx0.26MPa$

计算三层剩余压力：$90.65+14.682+2.8\times19\times10-260=377.33kPa>0.35MPa$

计算四层剩余压力：$90.65+13.745+2.8\times18\times10-260=348.395<0.35MPa$

因此三层减压阀应减掉 0.3MPa 的压力

可调式减压阀阀后最高压力值和最低压力值(MPa) **表 3-1**

项　目	压力等级		
	1.0	1.6	2.5
阀前最高压力	1.0	1.6	2.5
阀后最高压力	0.8	1.0	1.0
阀后最低压力	0.05	0.05	0.05

因为本设计采用分户减压给水，故选用可调式减压阀。它的主要特点在于阀后压力可以在一定范围内调节，且出口压力波动小，能保持相对稳定，动作反应灵敏，使用比较灵活。使用一段时间后压力有偏移时，经调节后可继续使用。

所以，根据住宅要求减压阀后供水量可调、压力相对稳定及其设置减压阀管段的管径前提，选择使用直接可调式减压阀，见表 3-2。

直接可调式减压阀的最大流量 **表 3-2**

公称直径 DN(mm)	最大流量(m^3/h)	公称直径 DN(mm)	最大流量(m^3/h)
15	1.93	32	6.10
20	2.50	40	6.10
25	3.70	50	13.60

又根据其要求的减压范围，可用一级减压阀达到减压目的。并且在其阀前和阀后的压力值符合表 3-1 中的规定。

按设计秒流量为 0.39L/s 确定的管径为 DN25mm，确定直接式可调减压阀的公称直径为 DN25mm，其压力等级等于 1.0MPa。

允许直接式可调减压阀最大流量的验算：查表 3-2，允许 DN25mm 直接式可调减压阀的最大秒流量为 3.70m^3/h=1.03L/s，大于实际通过的流量 0.39L/s，故选择正确。

此减压阀适用于 A 户型、B 户型、C 户型、D 户型、F 户型、H 户型和 G 户型的配水管。

按设计秒流量为 0.46L/s 确定的管径为 DN32mm，确定直接式可调减压阀的公称直径为 DN32mm，其压力等级等于 1.0MPa。

允许直接式可调减压阀最大流量的验算：查表 3-2，允许 DN32mm 直接式可调减压阀的最大秒流量为 6.10m^3/h=1.69L/s，大于实际通过的流量 0.46L/s，故选择正确。

此减压阀适用于 E 户型、G 户型的配水管。

(11) 水泵的选择及计算

扬程 $H_b=58.80+0.25+2.8\times1.3+0.784+7-20+2.5=53m$

流量 $q_b=9.546\times3.6=34.4L/s$

由于本设计冷热水均由无负压给水设备提供，因此设备选型需在热水计算后进行。

3.3 热水系统设计及计算

3.3.1 设计说明

1. 系统选择

根据建筑高度、结构形式、用水体制、用户分布情况、系统管道和设备的承压能力及系统的运行投资等因素，热水供应系统采用分区供应的方式，为使水压平衡，分区与冷水系统保持一致。

为保证用户对热水水温、水压、水质的要求，采用集中热水定时供水系统、热源由自备锅炉供给，以蒸汽为热媒，利用建筑内的半即热式热交换器加热冷水供给用户使用。

各屋供水立管均采用下行上给式布置，充分利用各区的技术层或吊顶，以减少建筑空间的占用。热水循环系统采用同程管路布置；同时为保证系统运行正常，设置循环泵。

2. 系统组成

(1) 热媒系统　锅炉、蒸汽管道、凝结水管道、疏水器、凝结水箱、水泵、各种阀门及仪表。

（2）热水管道系统　半即热式水加热器、配水管网、回水管网、循环泵及各种仪器、附件等。

3. 管道及设备安装要求

（1）热水及热媒管道布置时，充分利用管道井、管廊、设备层及吊顶等安装，以保证建筑内的美观要求。

（2）热水横管的坡度为 0.003，铺设时要保证便于排气和泄水。最低点设泄水阀门；热交换器热水出水管上行高出本区冷水水箱，用于排气和排放膨胀水体。

（3）管道穿越楼板、地面、墙壁时需设套管，水平套管与装饰后墙面齐平。

（4）本设计选用塑料管，供水干管、立管全部作保温处理，保温材料选石棉硅藻土。

（5）为满足运行调节和检修要求热水管道在下列地点应设阀门：

1）供、回水环状管网的分干管；

2）供、回水立管起端末端以及中间的每隔 5 层处；

3）住宅分户支管的起端；

4）配水点多于 5 个的支管上；

5）水加热器、循环水泵、自动温度调节器等需检修的设备的进出水口管道上。

（6）热水管网在下列管道上设止回阀：

1）循环管网的回水总管上；

2）冷热水混合器的冷热水进水管上。

（7）为减少热胀冷缩对管道的影响，设置一定的自然弯曲及补偿器。

3.3.2　设计计算

1. 全日制设计小时耗热量计算：

按设计要求取每日热水供应时间为 24h，取计算用的热水供应温度为 60℃，北京地区冷水温度为 10～15℃，本设计采用 15℃，用水定额取 80L/(人·d)。全楼总户数为 350 户，1225 人，取住宅热水小时变化系数为 $K_h=2.82$。

$$Q_h=K_h\frac{mq_rC(t_r-t_l)\rho_r}{86400}=2.82\times\frac{1225\times80\times4187\times(60-15)\times0.983}{86400}=592.42\text{kW}$$

2. 设计小时热水量：

$$q_{rh}=\frac{Q_h}{1.163(t_r-t_l)\rho_r}=\frac{592.42\times1000}{1.163\times(60-15)\times0.983}=11515.53\text{L/h}=3.20\text{L/s}$$

3. 加热设备选择：

采用半容积式加热设备，蒸汽锅炉壳体汞的蒸汽压力为 400kPa。

热媒和计算水的温差为：$\Delta t_j=\frac{t_{mc}+t_{mz}}{2}-\frac{t_c+t_z}{2}$

式中　Δt_j——热媒和被加热水的计算温差，(℃)；

t_{mc}——容积式水加热器的初温，(℃)；

t_{mz}——容积式水加热器的终温，(℃)；（热媒为热水，按照热力管网供、回水的最低温度计算，但热媒的初温应比被加热水的终温高 10℃以上）

t_c——被加热水的初温，(℃)；

t_z——被加热水的终温，(℃)。

其中饱和蒸汽温度 $t_b=151.1℃$

有：$\Delta t_j=151.1-\frac{60+15}{2}=113.6℃\approx114℃$

水加热器的加热面积：

$$F_{jr}=\frac{C_r Q_z}{\varepsilon K\Delta t_j}$$

式中 ε——由于水垢和热媒分布不均匀影响传热效率系数，取 0.7；

C_r——热水供应系统的热损失系数，取 1.1；

K——2500W/(m²·K)。

有：$F_{jr}=\frac{1.1\times592.42\times1000}{0.7\times2500\times114}=3.27m^2$

半容积式水加热器内部储水容积：

$$V=\frac{TQ_h}{1.163(t_r-t_l)\rho_r\times60}=T\times60\times q_{rh}$$

式中 当≥95℃高温水为热媒时，半容积式水加热器贮水时间≥15min，本设计中 T 取 15min。

$$V=15\times60\times3.20=2880L=2.8m^3$$

根据 F_{jr} 和 V 分别选择半容积式水加热器

热水配水系统计算方法与冷水相同，但热水管道计算内径需考虑腐蚀和结垢引起过水断面缩小的因素，因此热水管道计算内径比冷水管道稍小，具体计算见热水配水管道计算表 3-3。

塑料管道用于热水管时内外径对照 **表 3-3**

公称外径 DN	20	25	32	40	50	63	75	90	110
计算内径 d_j	15.4	19.4	24.8	31.0	38.8	48.8	58.2	69.8	85.4

3.3.3 热水回水管路计算

各个立管散热面积

A、B、C、D、E、H 立管相同：

$$F_{立}=(0.032\times8.4+0.04\times14+0.05\times36.4+0.063\times1.25)\times\pi=8.57m^2$$

F 立管：

$$F_{立}=(0.032\times8.4+0.04\times14+0.05\times36.4+0.063\times4.15)\times\pi=9.14m^2$$

G 立管：

$$F_{G立}=(0.032\times5.6+0.04\times14+0.05\times36.4+0.063\times1.25)\times\pi=8.29m^2$$

各配水横干管散热面积：

$$F_{泵\text{-}J}=0.11\times2\times\pi=0.69m^2$$

$$F_{J\text{-}G}=0.09\times4\times\pi=1.13m^2$$

$$F_{G\text{-}I}=0.09\times4\times\pi=1.13m^2$$

$$F_{I\text{-}F}=0.063\times15.2\times\pi=3.0m^2$$

$$F_{F\text{-}E}=0.063\times10\times\pi=1.98m^2$$

$$F_{E\text{-}D}=0.063\times5.9\times\pi=1.17m^2$$

$$F_{I\text{-}H}=0.075\times6.4\times\pi=1.51m^2$$

$$F_{H\text{-}A}=0.063\times2.3\times\pi=0.46m^2$$

$$F_{A\text{-}B}=0.063\times20.3\times\pi=4.02m^2$$

$$F_{B\text{-}C}=0.63\times4.8\times\pi=0.95m^2$$

最不利管路散热面积：

$$F=8.57+9.89=18.46m^2$$

$$\Delta t'=\frac{\Delta T}{F}=\frac{60-50}{18.46}=0.54℃/m^2$$

本设计采用减压阀供水方式，故各管路的面积比降温相同。

全日制热水系统的总循环流量为 $q_x=\dfrac{Q_s}{1.163\Delta t}$

式中　Q_s——配水管道的热损失，一般采用设计小时耗热量的3%～5%，本设计选用5%；

　　Δt——配水管道的温度差，一般取5～10℃，本设计选用10℃。

$$q_{x总}=\frac{592.42\times1000\times0.05}{1.163\times10}=2546.94L/h\approx0.70L/s$$

依据管道散热面积分配循环流量。

配水管道总散热面积：

$$F_{总}=(8.57\times6+9.14+8.29)\times2$$
$$+(0.69+1.13+1.13+3.0+1.98+1.17+1.51+0.46+4.02+0.95)\times2=169.78m^2$$

楼体左右对称，故以楼体一半进行设计管路计算。则：

$$q_x=\frac{q_{x总}}{2}=0.354L/s,\quad F=\frac{F_{总}}{2}=84.89m^2$$

G立管循环流量：$\dfrac{q_x}{F}=\dfrac{q_G}{F_G}$　$q_G=\dfrac{q_x\times F_G}{F}=\dfrac{0.354\times8.29}{84.89}=0.0345L/s$

$$q_{G\text{-}I}=0.354-0.0345=0.320L/s$$

$$q_{F\text{-}I}=\frac{q_{G\text{-}I}\times F_{支}}{F_{剩}}=\frac{0.320\times32.43}{74.78}=0.139L/s$$

$$q_{I\text{-}H}=0.320-0.139=0.181L/s$$

F立管循环流量：$q_F=\dfrac{q_{I\text{-}F}\times F_F}{F_{剩}}=\dfrac{0.139\times9.14}{32.43}=0.0392L/s$

$$q_{F\text{-}E}=0.139-0.0392=0.0998L/s$$

E立管循环流量：$q_E=\dfrac{q_{E\text{-}F}\times F_E}{F_{剩}}=\dfrac{0.0998\times8.57}{32.43-3-9.14}=0.0422L/s$

D立管循环流量：$q_D=q_{E\text{-}F}-q_E=0.0998-0.0422=0.0576L/s$

H立管循环流量：$q_H=\dfrac{q_{I\text{-}H}\times F_H}{F_{剩}}=\dfrac{0.181\times8.57}{8.57\times4+1.5+0.46+4.02+0.95}=0.0376L/s$

$$q_{H\text{-}A}=0.181-0.0376=0.1434L/s$$

A立管循环流量：$q_A=\dfrac{q_{H\text{-}A}\times F_A}{F_{剩}}=\dfrac{0.1434\times8.57}{8.57\times3+0.46+4.02+0.95}=0.0395L/s$

$$q_{A\text{-}B}=0.1434-0.0395=0.1039\text{L/s}$$

B 立管循环流量：$q_B=\dfrac{q_{A\text{-}B}\times F_B}{F_{剩}}=\dfrac{0.1039\times 8.57}{8.57\times 2+4.02+0.95}=0.0403\text{L/s}$

C 立管循环流量：$q_C=q_{A\text{-}B}-q_B=0.1039-0.0403=0.0636\text{L/s}$

3.3.4　计算循环管网的总水头损失

循环回水管路管径，按管路的循环流量计算。下行上给式系统，其回水立管可在最高配水点以下约 0.5m 处与配水立管连接。

$$H=(H_P+H_X)+H_j$$

式中　H_P——循环流量通过配水计算管路的沿程和局部水头损失；

H_X——循环流量通过回水计算管路的沿程和局部水头损失；

H_j——循环流量通过水加热器的水头损失，因容积式水加热器内被加热水的流速一般均缓慢($v\leqslant 0.1$m/s)，其流程很短，故水头损失很小，在热水系统中可忽略不计。

计算见循环管路计算表格：$H_c=0.377+24.625=25.00\text{kPa}$

$$H_G=0.09+29.658=29.75\text{kPa}$$

经计算对比，循环流量流经 G 户型的配回水管路是总损失最大。

选择循环泵：

$$q_{X总}=0.707\text{L/s},\quad H=29.75\text{kPa}$$

选择 BG-40 型管道泵，$Q_b=6.0\text{m}^3/\text{h}$，$H_b=8\text{mH}_2\text{O}$，$N=0.291\text{kW}$，配电动机为 IA07112/T2，功率为 0.37kW。

3.3.5　水表的选择及计算

热水表的所有元件是由耐热材料制成。使用条件温度≤90℃；压力≤0.6MPa。

1. 水表 1　设计秒流量 $q_g=0.30\text{L/s}=1.08\text{m}^3/\text{h}$，选旋翼式 LXR-25C 水表，公称直径 25mm，最大流量 $3.5\text{m}^3/\text{h}$，公称流量 $2.2\text{m}^3/\text{h}$。

$$K_b=\frac{Q_{max}}{100}=\frac{3.5^2}{100}=0.12$$

$$H_B=\frac{Q^2}{K_b}=\frac{1.08^2}{0.12}=9.72\text{kPa}$$

水表水头损失 $H_B=9.72\text{kPa}<25\text{kPa}$，满足要求。

2. 水表 2　设计秒流量 $q_g=0.36\text{L/s}=1.30\text{m}^3/\text{h}$，选旋翼式 LXR-25C 水表，公称直径 25mm，最大流量 $3.5\text{m}^3/\text{h}$，公称流量 $2.2\text{m}^3/\text{h}$。

$$K_b=\frac{Q_{max}}{100}=\frac{3.5^2}{100}=0.12$$

$$H_B=\frac{Q^2}{K_b}=\frac{1.30^2}{0.12}=14.08\text{kPa}$$

水表水头损失 $H_B=14.08\text{kPa}<25\text{kPa}$，满足要求。

3. 水表 3　设计秒流量 $q_g=0.25\text{L/s}=0.9\text{m}^3/\text{h}$，选旋翼式 LXR-25C 水表，公称直径 25mm，最大流量 $3.5\text{m}^3/\text{h}$，公称流量 $2.2\text{m}^3/\text{h}$。

$$K_b=\frac{Q_{max}}{100}=\frac{3.5^2}{100}=0.12$$

$$H_B=\frac{Q^2}{K_b}=\frac{0.9^2}{0.12}=6.75\text{kPa}$$

水表水头损失 $H_B=6.75\text{kPa}<25\text{kPa}$，满足要求。

4. 水表 4　设计秒流量 $q_g=0.26\text{L/s}=0.94\text{m}^3/\text{h}$，选旋翼式 LXR-25C 水表，公称直径 25mm，最大流量 $3.5\text{m}^3/\text{h}$，公称流量 $2.2\text{m}^3/\text{h}$。

$$K_b=\frac{Q_{max}}{100}=\frac{3.5^2}{100}=0.12$$

$$H_B=\frac{Q^2}{K_b}=\frac{0.94^2}{0.12}=7.36\text{kPa}$$

水表水头损失 $H_B=7.36\text{kPa}<25\text{kPa}$，满足要求。

所有用户热水水表均采用 LXR-25C 型

3.3.6 减压阀的设置

水压大于 0.35MPa 的入户管(或配水横管)，应设减压或调压设施。

因为 C 户内的浴盆为给水最不利点，且热水配水管损失为：

$$70+9.34\times1.3+9.72=91.862\text{kPa}$$

经计算，最不利管段 RL-03 的第 13 层的压力为：

$$2.8\times9\times10+7.357=259.357\text{kPa}$$

故最不利管段第 13 层的压力为：

$$91.862+259.357=351.219\text{kPa}>0.35\text{MPa}$$

所以，1～13 层(含 13 层)设置耐热减压阀。

需要减掉 $351.219-91.862=259.35\approx0.26\text{MPa}$ 的压力。

4 层减压后压力为：

$$91.862+11.6+2.8\times18\times10-260=347.462\approx0.348\text{MPa}<0.35\text{MPa}$$

1～3 层需减掉 0.5MPa 压力。

可调式减压阀阀后最高压力值和最低压力值(MPa)　　**表 3-4**

项　目	压力等级		
	1.0	1.6	2.5
阀前最高压力	1.0	1.6	2.5
阀后最高压力	0.8	1.0	1.0
阀后最低压力	0.05	0.05	0.05

因为本设计采用分户减压给水，故选用可调式减压阀，见表 3-4、表 3-5。它的主要特点在于阀后压力可以在一定范围内调节，且出口压力波动小，能保持相对稳定，动作反应灵敏，使用比较灵活。使用一段时间后压力有偏移时，经调节后可继续使用。

所以，根据住宅要求减压阀后供水量可调、压力相对稳定及其设置减压阀管段的管径前提，选择使用直接可调式减压阀。

直接可调式减压阀的最大流量　　表 3-5

公称直径 DN(mm)	最大流量(m^3/h)	公称直径 DN(mm)	最大流量(m^3/h)
15	1.93	32	6.10
20	2.50	40	6.10
25	3.70	50	13.60

又根据其要求的减压范围，可用一级减压阀达到减压目的。并且在其阀前和阀后的压力值符合表中的规定。

按设计秒流量为 0.31L/s、0.37L/s 确定的管径为 DN32mm，确定直接式可调减压阀的公称直径为 DN32mm，其压力等级等于 1.0MPa。

允许直接式可调减压阀最大流量的验算：查表 3-5，允许 DN32mm 直接式可调减压阀的最大秒流量为 $6.10m^3/h=1.69L/s$，大于实际通过的流量 0.31L/s、0.37L/s，故选择正确。

此减压阀适用于 A 户型、B 户型、C 户型、D 户型、H 户型、E 户型和 G 户型的配水管。

按设计秒流量为 0.27L/s、0.25L/s 确定的管径为 DN25mm，确定直接式可调减压阀的公称直径为 DN25mm，其压力等级等于 1.0MPa。

直接式可调减压阀最大流量的验算：查表 3-5，允许 DN25mm 直接式可调减压阀的最大秒流量为 $3.70m^3/h=1.03L/s$，大于实际通过的流量 0.27L/s、0.25L/s，故选择正确。

此减压阀适用于 F 户型、G 户型的配水管。

3.3.7　水泵的选择及计算

扬程 $H_r=58.80+0.35+9.3\times1.3+0.972+|7-20+2.5=61.8m$

流量 $q_r=7.4\times3.6=26.64L/s$

3.3.8　给水系统水泵的选择

总扬程 $H_b=61.8m$

总流量 $q=26.64+34.4=61.1L/s$

选择 WWG(II)63-68-2 型无负压(无吸程)管网增压稳流给水设备。

3.4　消火栓给水系统选择及计算

3.4.1　消火栓给水方式的选择

本建筑高度为 72.20m，属高层建筑，但是不超过 80m，所有消火栓处的静水压力都小于 0.8MPa，故选择不分区的供水方式。

10min 前，屋顶水箱→稳压泵→消防立管→消火栓

10min 至 3h，地下贮水池→消防泵→消防立管→消火栓

3.4.2 水箱及贮水池容积计算

1）水箱容积 贮存在水箱中的消防水量按消防用水 10min、消防流量 20L/s 计算：

$$V=\frac{20\times10\times60}{1000}=12\text{m}^3$$

2）贮水池容积 贮存在贮水池的消防水量按消防用水 2h，消防流量 20L/s 计算：

$$V=\frac{2\times20\times3600}{1000}=144\text{m}^3$$

3.4.3 消防给水系统计算

按规范要求，消火栓的间距应保证同层任何部位有 2 个消火栓的水枪充实水柱同时到达。消火栓系统用水量：＞50m 的普通住宅室外消火栓用水量为 15L/s，室内为 20L/s。每根竖管最小流量为 10L/s，每支水枪最小流量为 5L/s。为便于消防人员灭火，高层建筑消火栓给水系统中消火栓、水龙带、水枪的选用应与消防队通用的 65mm 口径水龙带和大口径水枪配套，故应选用口径 65mm 的消火栓，水枪喷嘴直径不小于 19mm，水龙带长不超过 25m。本设计采用 65mm 口径的消火栓和 25m 长的麻织水带，水枪喷嘴选 19mm。充实水柱长度选 12m。

1．消火栓的设置：

根据建筑宽度可设置一排消火栓，2 股水柱同时能够到达室内的任何部位。

消火栓的保护半径为：

$$R=CL_d+h=0.8\times25+3=23\text{m}$$

式中 C——折减系数，取 0.8

h——水枪充实水柱斜 45°时的水平投影距离，一般取 $h=3$m

消防栓采用单排布置，其间距为：

$$S\leqslant\sqrt{R^2-b^2}=\sqrt{23^2-16^2}=16.52\text{m}$$

楼道上布置 2 个消火栓，位于电梯前室处，故电梯前室不用单独布置消火栓。

2．消火栓口处所需的水压：

$$H_{xh}=H_q+h_d$$

式中 H_q——水枪喷口压力

h_d——水龙带水头损失

$$H_q=\frac{\alpha_f\times H_m}{1-\varphi\alpha_f\times H_m}=\frac{1.21\times12}{1-0.0097\times1.21\times12}=16.9\text{mH}_2\text{O}$$

式中 α_f——取 1.21；

φ——取 0.0097。

3．水枪喷嘴的出流量：

$$q_{xh}=\sqrt{BH_q}=\sqrt{1.577\times16.9}=5.2\text{L/s}>5.0\text{L/s}$$

其中水枪特性系数 B 取 1.577

4. 水带阻力损失：

$$h_d = A_z \times L_d q_{xh}^2 = 0.0043 \times 25 \times 5.2^2 = 2.91\text{mH}_2\text{O}$$

5. 每层消火栓口所需要的静压力：$H_{xh} = H_q + H_d = 16.9 + 2.91 = 19.81\text{mH}_2\text{O}$

按照最不利点消防竖管和消火栓的流量分配要求，最不利消防竖管即：XL_1，出水枪数为 2 支，相邻消防立管即 XL_2，出水枪数为 2 支。

$$H_{xh0} = h_d + H_q + H_k = 21.81\text{mH}_2\text{O}$$

$$H_{xh1} = H_{xh0} + \Delta H + h = 21.81 + 2.8 + 0.204 = 24.81\text{mH}_2\text{O}$$

1 点的水枪射流量为：

$$q_{xh1} = \sqrt{BH_{q1}}$$

$$H_{xh1} = H_{q1} + h_d = \frac{q_{xh1}^2}{B} + Al_d q_{xh1}^2 = q_{xh1}^2 \left(\frac{1}{B} + AL_d\right)$$

$$\therefore \quad q_{xh1} = \sqrt{\frac{H_{xh1}}{\frac{1}{B} + AL_d}} = \sqrt{\frac{24.81}{\frac{1}{1.577} + 0.0043 \times 25}} = 5.78\text{L/s}$$

进行消火栓给水系统计算时，按图以环状管网计算，配水管水利计算成果见表 3-6。

消火栓系统水力计算表 **表 3-6**

计算管段	设计秒流量 q(L/s)	管段长度 L(m)	管径 DN(mm)	计算内径 DN(mm)	流速 v(m/s)	海澄-威廉系数 C_h	i(kPa/m)	iL(kPa)
0-1	5.2	2.80	100	105	0.600835	100	0.072879	0.204062
1-2	10.98	60.00	100	105	1.268686	100	0.290477	17.42862
2-3	10.98	4.00	125	130	0.827649	100	0.10266	0.410638
3-4	21.96	55.76	125	130	1.655297	100	0.370088	20.63611
4-5	21.96	4.00	125	130	1.655297	100	0.370088	1.480352
5-6	21.96	22.23	125	130	1.655297	100	0.370088	8.227056
6-7	21.96	1.67	125	130	1.655297	100	0.370088	0.618047
							$\Sigma h_y=$	49.00488

考虑 2 股水柱作用，消防立管实际流量为 10.4L/s，选 DN100 钢管，v=1.20m/s，单位水头损失为 0.26kPa/m。

考虑该建筑发生火灾时能保证同时供 4 股水柱，消火栓用水量 $Q = 4 \times 5.2 = 20.8$L/s。消火栓环状给水管采用 DN125 钢管，v=1.57m/s，单位水头损失为 0.33kPa/m。

6. 管路总水头损失为 $H_w = 49.00 \times 1.1 = 53.9\text{kPa} = 5.39\text{mH}_2\text{O}$

7. 实验消火栓到消防泵的高程差为 $H_Z = 63.9$m

3.4.4 消防水泵计算

消火栓给水系统所需总水压 H_x应为：

$$H_X = H_{xh} + H_g + H_z = 19.18 + 5.39 + 63.9 = 88.47\text{mH}_2\text{O} = 884.7\text{kPa}$$

消火栓泵流量为：5.2×4=20.8L/s

消防水泵所需扬程：$H_b = H_x + \Delta h = 88.47 + 3.30 = 91.77\text{mH}_2\text{O}$

式中 Δh——消防泵吸水口至消防水池最低水位的高程差。

选择消火栓泵 2 台，型号 FLGR-80-315(L)B，1 用 1 备。其参数为：流量 Q=17.50～25～32L/s，扬程 H_p=106.60～101～92m，电机功率 42kW。

水泵基础尺寸为：$L \times B$=800mm×800mm

3.4.5 减压阀计算

当消火栓栓口的出水压力大于 0.50MPa 时，应采取减压措施。

经计算，最不利消防立管 XL1 第 12 层所需水压为：

$$H_{xh}+0.204+0.29\times2.8\times9+2.8\times10\times10=218.1+0.204+7.308+280=505.6\text{kPa}=0.51\text{MPa}$$

所以，地下 2～12 层(含 12 层)采用减压稳压消火栓。

3.4.6 水泵接合器

按《高层民用建筑设计防火规范》GB 50045—95 规定：每个水泵接合器的流量应按 10～15L/s 计算，本建筑室内消防设计水量为 20.8L/s，故设置 2 个水泵接合器，型号为 SQB150。

3.5 自动喷淋系统的设计及计算

3.5.1 设计说明

1. 本设计属于一类高层建筑，属中危险等级Ⅰ，其基本数据为：设计喷水强度为 6.0L/(min·m²)，作用面积 160m²，最不利点喷头的工作压力 0.1MPa。

2. 喷头的选用与布置

本设计采用作用温度为 68℃闭式玻璃球喷头。

由自喷规范表 7.1.2 查得一直喷头的最大保护面积为 12.5m²。可求得其保护半径为 $R=\sqrt{\dfrac{12.5}{\pi}}=1.99\text{m}\approx2.0\text{m}$。本设计中采用长方形喷头布置，要求$\sqrt{A^2+B^2}\leqslant 2R$，行间距一般采用 2.4m，列间距为 3.2m，个别房间受结构影响，其间距会适当增减，且均不大于 3.6m，距墙距离不小于 0.5m，不大于 1.8m。

3.5.2 设计计算

根据设计，绘制系统与最不利喷头的管道布置图，按作用面积法进行管道水力计算。作用面积 160m²，形状为长方形，长边 $L=1.2\sqrt{F}=1.2\times\sqrt{160}=15.17\text{m}\approx15\text{m}$，短边为 11m。作用面积内喷头数为 21 个，见表 3-7、表 3-8。

最不利喷头出流量为 $q=K\sqrt{10P}=80\times\sqrt{10\times0.1}/60=1.33\text{L/min}$

式中 q——喷头流量，(L/min)；

P——喷头工作压力，(MPa)；

K——喷头流量系数 80。

作用面积内的设计秒流量为：

表 3-7

管段编号	喷头流量系数	节点水压(MPa)	喷头出流量(L/s)	管段流量(L/s)	管径 DN(mm)	计算内径(mm)
1-2	80.00	0.10	1.33	1.33	25.00	26.00
2-3	80.00	0.12	1.45	2.66	32.00	34.75
3-4	80.00	0.13	1.53	3.99	32.00	34.75
4-5	80.00	0.16	1.70	5.32	50.00	52.00
5-6		0.17		6.65	50.00	52.00
6-7		0.18		11.97	65.00	67.00
7-8		0.19		17.29	80.00	79.50
8-9		0.20		22.61	100.00	105.00
9-10		0.20		27.93	100.00	105.00
10-泵		0.21		27.93	100.00	105.00

表 3-8

管段编号	流速(m/s)	每米管长沿程水头损失 i(MPa/m)	管段长度(m)	沿程损失(MPa)	累计损失(MPa)
1-2	2.51	0.0078	2.40	0.02	0.02
2-3	2.81	0.0066	1.90	0.01	0.03
3-4	4.21	0.0149	2.10	0.03	0.06
4-5	2.51	0.0031	1.20	0.01	0.07
5-6	3.13	0.0049	2.63	0.01	0.08
6-7	3.40	0.0041	2.40	0.01	0.09
7-8	3.48	0.0035	2.55	0.01	0.10
8-9	2.61	0.0014	2.90	0.01	0.11
9-10	3.23	0.0021	3.20	0.01	0.12
10-泵	3.23	0.0021	55.80	0.12	0.24

$$Q_s = \sum_{i=1}^{n} q_i = (1.33 + 1.45 + 1.53) \times 4 + 1.33 \times 6 + 1.45 + 1.53 + 1.7 = 29.9\text{L/s}$$

理论秒流量为：$Q_l = \dfrac{F' \times q'}{60} = \dfrac{15 \times 11 \times 6}{60} = 16.5\text{L/s}$

作用面积内的计算平均喷水强度为：$q_p = \dfrac{29.9 \times 60}{165} = 10.87\text{L/min} \cdot \text{m}^2$

此值大于规范要求的 $6\text{L/min} \cdot \text{m}^2$。

管段的总水头损失为：

$$\sum h = 1.2 \times 0.24 \times 1000 = 288\text{kPa}$$

系统所需水压：

$$H = \sum h + P_o + Z = 0.288 + 0.04 + 0.02 + 0.1 + 0.022 = 0.47\text{MPa} = 47\text{mH}_2\text{O}$$

其中湿式报警阀去 0.04MPa，水流指示器取 0.02MPa。

1. 所需要的贮水池容积：

$$V = \frac{30 \times 1 \times 3600}{1000} = 108\text{m}^3$$

2. 气压供水设备的选择

考虑到本设计只有地下 1 层设置自动喷水灭火系统，为减轻楼体负荷，不设置高位消防水箱了。采用气压供水设备，满足初期用水量的储存。**气压供水设备的有效水容积，应**

按系统最不利处 4 只喷头在最低工作压力下的 10min 用水量确定。

$$V=\frac{(1.33+1.45+1.53+1.70)\times 10/60\times 3600}{1000}=3.61\text{m}^3$$

3. 自动喷淋泵的选择

H=47m；q=29.9L/s 选用上海熊猫集团型号为 FLGR80-200(L)的立式泵。

流量：19.40～27.80～36.10；扬程：54.00～50.00～42.00；功率 22kW；基础尺寸为：700×700mm。

3.6 雨水系统设计及计算

3.6.1 设计说明

该楼由于主楼层数较多，故屋面雨水采用内排水系统。雨水通过雨水斗汇集，经立管及埋地横管等在地下一层排出室外，接入市政雨水管道系统。管材选用 UPVC。

3.6.2 设计计算

1. 降雨强度

根据规范要求，设计重现期采用 P=3 年，降雨历时 t=5min，查《建筑给水排水设计手册》表 4.2-2 得：q_5=4.48L/s·100m^2，H=161mm/h

2. 雨水立管的布置

该建筑 22 层屋面划分为 7 个汇水区，共布置 7 个雨水斗，雨水立管分别为 YL1～YL7；每个立管实际汇水面积计算见表，各立管一直通至地下 1 层，由排出管分别就近汇入建筑周围的雨水检查井。

3. 水力计算

(1) 雨水斗

当 H=161mm/h 时，查《建筑给排水设计手册》表 4.3-3 得 79 型雨水斗 d 为 100mm 时，其最大汇水面积为 349m^2，大于实际汇水面积，所以该雨水斗可满足泄流要求。

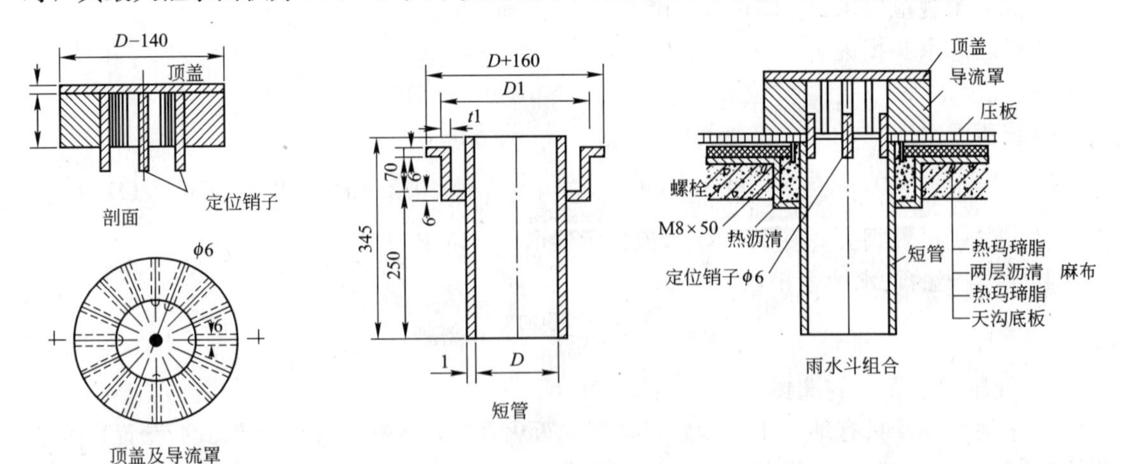

图 3-1

79 型雨水斗降雨强度换算系数：

$$k=161/100=1.61$$

将各雨水斗负担的汇水面积换算成 $H=100$mm/h 的汇水面积：

$$F_{H}=1.61F$$

总汇水面积：

$$F=(240+185+330)\times2+220+180/2\times2=1910\text{m}^2$$

雨水立管汇水面积，见表 3-9。

表 3-9

雨水立管编号	汇水面积	FH	雨水立管编号	汇水面积	FH
	F(m²)	(m²)		F(m²)	(m²)
YL1	295	475	YL5	330	531
YL2	330	531	YL6	295	475
YL3	230	370	YL7	220	354
YL4	230	370			

(2) 立管

查表 4.5-6，当 d 为 100mm 时，最大允许汇水面积为 680m²，大于实际面积 YL1～YL7 的实际汇水面积，满足泄水要求。

(3) 排出管

排出管管径一般选用与立管相同的管径，如果为改善整个雨水系统泄水能力的，排出管也可以比立管放大 1 个管径。考虑到本楼较高，选用 $d=150$mm 的排出管。

(4) 埋地管

敞开式内排水系统非满流设计，其最大允许充满度在管径小于 300mm 时为 0.50。埋地坡度不应小于 0.003。

本设计选用 250mm 的埋地管，坡度 0.003，充满度 0.50 时，最大允许汇水面积 545m²，满足 531m²的最大汇水面积。

3.7 建筑排水系统设计与计算

3.7.1 设计说明

1. 排水方式的选择

根据环保的要求，结合室外排水系统的设置，该建筑采用分流制排水系统，洗涤废水经小区中水处理后用于小区内用水，生活污水经室外化粪池处理后再排入城市下水道，地下室排水经潜水泵提升后再排除。

2. 排水系统分区

排水系统分为两区，高区(4～22 层)的生活污水、废水分别通过专用排水立管排入室外检查井，污水通过检查井将生活污水送至化粪池。为防止 1～3 层的卫生洁具可能产生喷溅，所以采用污、废水单独排出。

3. 排水系统组成

本建筑排水系统的组成包括卫生器具、排水管道、检查口、清扫口、室外排水管道、检查井、潜水泵、集水井、化粪池等。

通气系统采用普通伸顶通气管。

4. 排水管道及设备安装要求

1）排水管材采用硬聚氯乙烯管(PVC-U)，采用粘接。

2）排出管与室外排水管连接处设置检查井，检查井至建筑物距离不得小于3m，并与给水引入管外壁的水平距离不得小于1.0m。

3）当排水管在中间层竖向拐弯时，排水支管与排水立管、排水横管相连接时排水支管与横管连接点至立管底部水平距离不得小于1.5m；排水竖支管与立管拐弯处的垂直距离 h_2 不得小于0.6m。

4）立管宜每6层设1个检查口。在水流转角小于135°的横干管上应设检查口或清扫口。

5）集水井、化粪池参照《给水排水标准图集》，化粪池与建筑物的距离不得小于5m。

3.7.2 设计计算

1. 高区排水系统的计算

(1) 洗涤废水管道计算

1）洗涤废水管道设计秒流量按下式计算：

$$q_u=0.12\alpha\sqrt{N_p}+q_{max}$$

2）卫生间横支管最多接纳1个洗脸盆、1个洗衣机和1个浴盆，当量 $N_p=5.25$，$q_u=1.41$L/s；废水横支管采用 $DN75$ 和 $DN50$ 管，满足UPVC排水横管最小坡度和最大计算充满度要求，坡度一律采用0.026。

3）计算立管总当量数和设计秒流量，立管采用普通伸顶通气，参照UPVC污水立管最大排水能力确定管径。

4）计算废水横干管及排出管设计秒流量 q_u，查塑料排水管水力计算表，按水力计算规定确定管径。

(2) 粪便污水管道计算

1）洗涤污水管道设计秒流量按下式计算：

$$q_u=0.12\alpha\sqrt{N_p}+q_{max}$$

2）卫生间粪便污水横支管根据设计秒流量 $q_u=1.88$L/s，污水横支管采用 $DN110$ 管，满足UPVC排水横管最小坡度和最大计算充满度要求，坡度一律采用0.026，计算结果略。

3）污水立管、横干管及排出管管径与坡度，确定方法同高区废水。

2. 低区排水系统的计算

(1) 设计秒流量公式为：

$$q_u=0.12\alpha\sqrt{N_p}+q_{max}$$

(2) 计算结果略

3. 化粪池容积计算

(1) 化粪池实际使用总人数 $N=1239\times70\%=867.3$

(2) 污水容积：

$$V_1=\frac{Nqt}{24\times1000}=\frac{867.3\times20\times12}{24\times1000}=8.67\text{m}^3$$

由于污废分流，故每人每天的生活污水量 $q=20\text{L/s}$；$t=12\text{h}$

(3) 污泥容积：

$$V_2=\frac{\alpha NT(100-b)K\times1.2}{(1.00-c)\times1000}=\frac{0.4\times867.3\times3\times30\times(1-0.95)\times0.8\times1.2}{(1.00-0.90)\times1000}=14.99\text{m}^3$$

式中　当粪便污水单独排放时，$\alpha=0.4\text{L/d}$；

污水清掏周期 T 为 3 个月至 1 年，取 90 天；

$b=95\%$；进化粪池的新鲜污泥含水量 c 取 95%；

化粪池中发酵后体积缩减系数 $k=0.8$

(4) 化粪池计算容积：

$$V=V_1+V_2=8.67+14.99=23.66\approx24\text{m}^3$$

选择 92S214(四)钢筋混凝土化粪池(有效容积为 16～100m^3，覆土)

4. 集水井及排污泵计算

消防电梯井排水，发生火灾 1h 内有 1/2 消防流量流入集水井，

$$(5.2\times4+29.73)\times1/2=25.26\text{L/s}$$

发生火灾 1h 后，按 2/3 消火栓流量流入集水井。

$$5.2\times4\times2/3=13.87\text{L/s}$$

选用 2 台排水泵用于消防电梯井排水，每台水泵设计流量为 $Q=10\text{L/s}$。采用 $DN110$ 的 PVC 压水管，$v=0.93\text{m/s}$，$1000i=7.28$，$L=20\text{m}$

水泵扬程：$H_p=20\times0.00728+4.3+2.5+2=8.95\text{m}$

选用 80WQ 型潜污泵，转速 $n=1445\text{r/min}$，流量 $Q=6-10.83\text{m}^3/\text{h}$，扬程 $H_b=12.7-10.7\text{m}$，电机功率 5.5kW，效率 $\eta=34\%$。

集水井用于贮存大于最大一台水泵的 15min 出水量(水泵小时内启动次数<6)，集水井容积：$V=10\times60\times15=9\text{m}^3$

5. 户外排水管

户外排水管道根据《室外排水设计规范》取 $DN300$，坡度为 0.003。

参考文献

[1]　自动喷水灭火系统设计规范 GB 50084—2001. 2001.
[2]　建筑给水排水设计规范 GB 50015—2003.
[3]　建筑设计防火规范 GBJ 16—87，2001 年版.
[4]　自动喷水灭火系统设计规范 GB 50084—2001. 2001 年.
[5]　高层民用建筑设计防火规范 GB 50045—95. 2001 年.
[6]　给水排水设计手册(2)、(10)、(11).
[7]　简明建筑给水排水设计手册. 北京：中国建筑工业出版社.

[8] 建筑设计施工安装通用图集(华北地区建筑设计标准办公室)
91SB2 卫生工程
91SB3 给水工程
91SB4 排水工程
91SB-X1(2000 版)
[9] 给水排水制图标准 GB/T 50106—2001.
[10] 总图制图标准 GB/T 50103—2001.
[11] 高层建筑给水排水工程. 上海：同济大学出版社，1992.
[12] 给水排水工程快速设计手册 3. 北京：中国建筑工业出版社.
[13] 建筑给水排水工程学. 北京：中国建筑工业出版社，2000.
[14] 民用建筑给水排水设计技术措施. 北京：中国建筑工业出版社，1997.
[15] 全国民用建筑工程设计技术措施-给水排水 2003.
[16] 高层建筑给水排水设计手册(第二版). 长沙：湖南科学技术出版社，2003.

4　榆次西区污水处理厂设计

李珧（给水排水与环境工程，2008届）

指导老师：郝晓地

简　　介

本设计针对榆次西区污水厂脱氮除磷的要求，选用了同步脱氮除磷的工艺流程——A^2/O 工艺。在进水碳源较低的情况下，A^2/O 可能会因回流污泥中较高的 NO_3^- 而导致常规异氧菌对碳源的争夺，导致对除磷效果产生不利影响。某种程度上，UCT 工艺可以在一定程度上避免这一现象发生。因此，本设计将生物处理工艺进行了流程上的灵活布置，可在 A^2/O 与 UCT 工艺之间容易的切换，以应对进水中长期出现低碳源的可能。

本设计说明/计算书从工艺比较、工艺确定、计算开始，包括了从格栅、泵站、沉砂池、一沉池、曝气池、二沉池在内的全部污水处理流程的设计计算，也涵盖了浓缩、消化、污泥脱水等全部污泥处理环节工艺计算。

在工艺计算的基础上，最后也对污水厂投资、运行费用进行了概算。

4.1 项目初选

4.1.1 处理工艺的选择

1. 工程概况

榆次市，地处晋中。随着社会经济发展，人口增加，规模不断扩大，城市污水排放量也与日俱增，为保证污水有效处理，从而避免对城市周围及地下水体造成污染，拟在该市西部新建一座污水处理厂。因控制汾河水系富营养化的需要，需考虑从污水中脱氮除磷，为避免二次污染，应对污泥进行妥善处置，同时考虑污水农灌或回用的可能性。

所选污水处理厂地势平坦，地面高程为806.300m，处理厂附近有一天然水体——汾河：水量较小，20年一遇洪水位为804.320m，常水位为803.020m，河底高程为801.720m，进场污水位802.020m，水位沿水流方向基本不变，该地区地质情况良好。

2. 本地区污水特点

(1) 有机物浓度比较低，COD浓度在330mg/L左右，属于普通的城市污水。

(2) BOD/COD＝180/330＝0.55＞0.3，废水的可生化性能比较好，宜于进行生物处理。

(3) 悬浮物(ss)的浓度比较低，大约200mg/L。

(4) 废水是城市污水，含有较丰富的碳水化合物和氮、磷等营养物质。其中氨氮34mg/L，磷酸盐7mg/L。

(5) 废水呈中性，pH＝7.1～7.4，这一项指标符合污水排放标准。

由上述原因可见，此污水各项指标均满足城市污水特点，初步选定活性污泥法处理工艺和生物膜法处理工艺。

3. 详细比较

(1) 活性污泥法：

活性污泥法是一种生物处理方法，它的使用时间长，理论知识较为扎实，实践经验丰富。活性污泥法的核心构筑物是曝气池，曝气池内是混合液，在曝气系统的搅动下，混合液中的有机物、活性微生物、氧气充分混合。达到较好的接触效果。曝气池内的混合也必须不断充氧，维持微生物氧化有机物所需要的氧量。使有机物更好地被分解。二次沉淀池的作用是泥水分离、使混合液澄清、污泥浓缩，使经过处理的污水达标排放。活性污泥法需要设置污泥回流系统，在二次沉淀池中回流的污泥得到浓缩，从而减少污泥回流系统的体积和运行费用。总的来说，活性污泥法的处理费用较为低廉，处理效果很好。

(2) 生物膜法：

固体停留时间长、微生物浓度高。微生物多样化、微生物分层各个层可以配有有力的微生物。对水质、水量变化的适应性强、对温度适应性强、可以处理低浓度废水。但是，生物膜法的微生物膜不易刮起、用的时间比较长。该法适合处理的水量比较小。布水不太均匀、容易产生池蝇和散发臭味。滤料作为生物膜的载体，这样滤料容易堵塞。处理构筑物出现问题，维修不便。

综上所述，活性污泥法更适合本次设计的要求，故选用活性污泥法为设计方法。

4.1.2 处理方法的选择

1. 四种方案

(1) 常规活性污泥法见图 4-1：

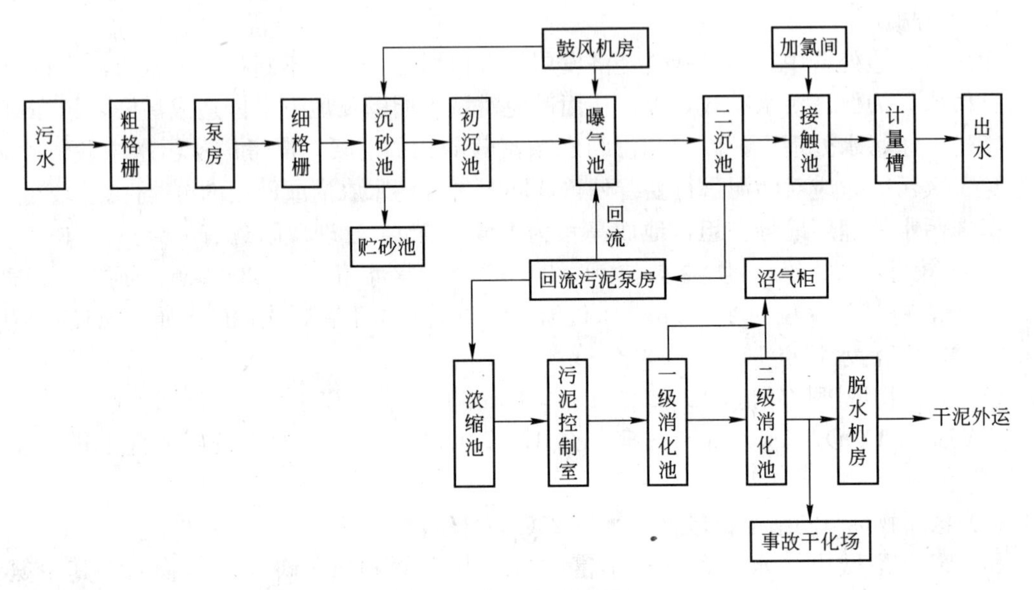

图 4-1 常规活性污泥法

常规活性污泥法技术成熟，处理效果极好，BOD 去除率可达 90%以上，污泥颗粒大，易沉降。但是对氮、磷的处理程度不高，适用于净化程度和稳定程度要求较高的污水。

(2) SBR 间歇式活性污泥法，见图 4-2：

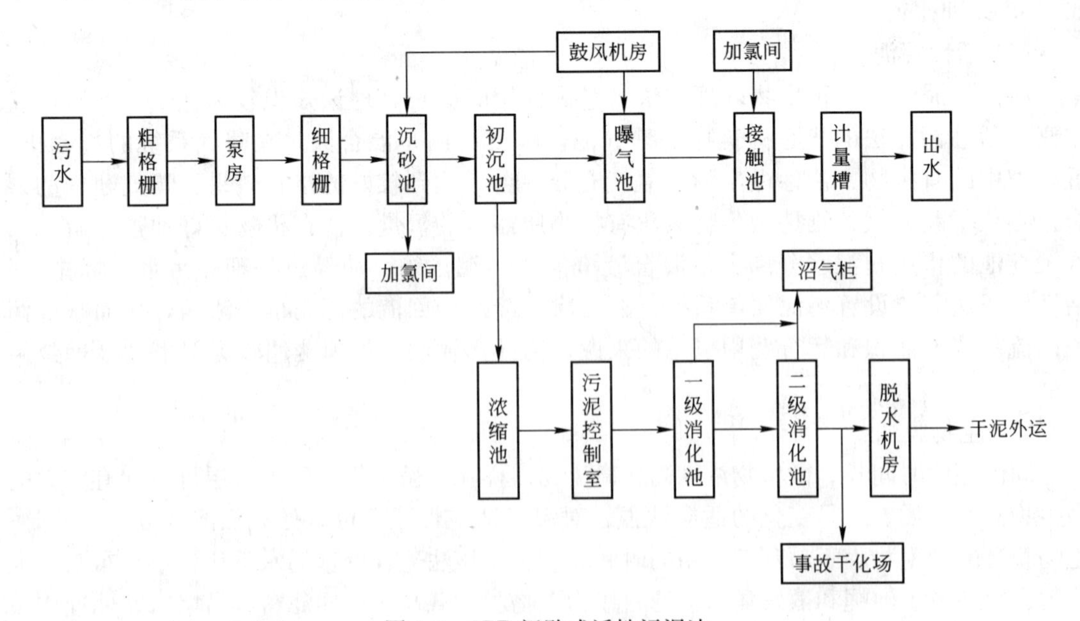

图 4-2 SBR 间歇式活性污泥法

SBR法是间歇式活性污泥法或序批式活性污泥法的简称。其处理流程简单，构筑物少，可不设沉淀池。不仅能去除有机物，还能有效地进行生物脱氮。占地面积小，造价低。但是其自动化程度高，基建投资大，属于新工艺，较不成熟，适合于中小水量的污水处理工艺。

(3) A^2O生物法，见图4-3、图4-4。

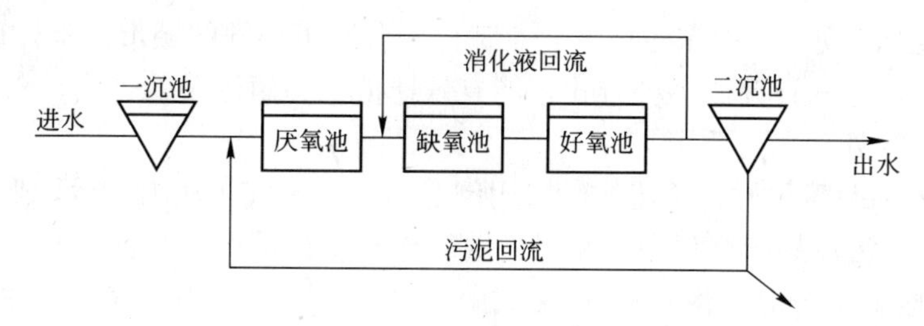

图4-3 A^2O工艺流程

由于对城市污水处理的出水有去除氮和磷的要求，故国内10年前开发此厌氧—缺氧—好氧组成的工艺。利用生物处理法脱氮除磷，可获得优质出水，是一种深度二级处理工艺。A^2O法的可同步除磷脱氮机制由两部分组成：一是除磷，污水中的磷在厌氧状态下(DO$<$0.3mg/L)，释放出聚磷菌，在好氧状况下又将其更多吸收，以剩余污泥的形式排出系统。二是脱氮，缺氧段要控制DO$<$0.7mg/L，由于兼氧脱氮菌的作用，利用水中BOD作为氢供给体(有机碳源)，将来自好氧池混合液中的硝酸盐及亚硝酸盐还原成氮气逸入大气，达到脱氮的目的。为有效脱氮除磷，对一般的城市污水，COD/TKN为3.5～7.0(完全脱氮COD/TKN$>$12.5)，BOD/TKN为1.5～3.5，COD/TP为30～60，BOD/TP为16～40(一般应$>$20)。

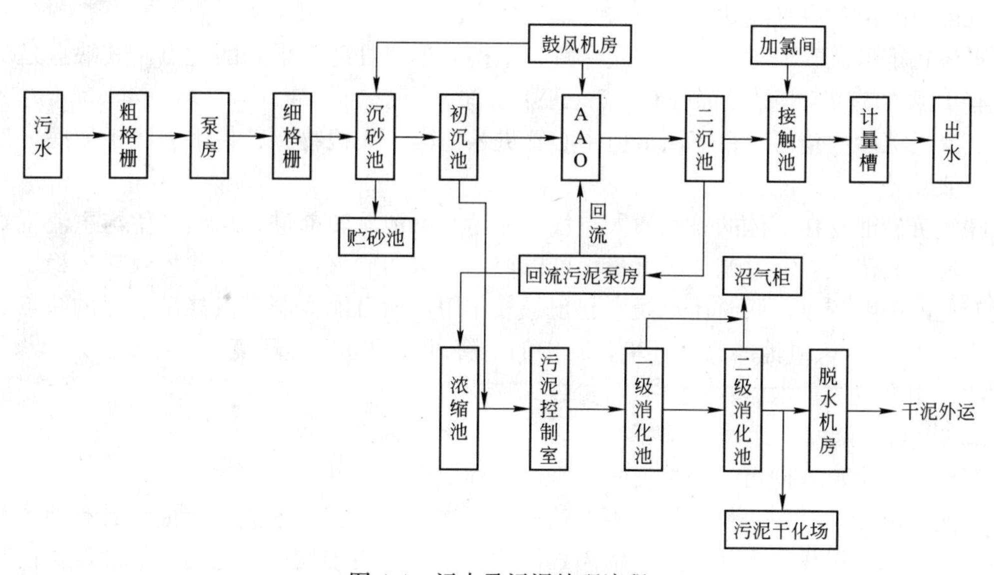

图4-4 污水及污泥处理流程

(4) 氧化沟：

本工艺20世纪50年代初期发展形成，因其构造简单，易于管理，很快得到推广，且不断创新，有发展前景和竞争力，当前可谓热门工艺。氧化沟在应用中发展为多种形式，比较有代表性的有：

帕式(Passveer)简称单沟式，表面曝气采用转刷曝气，水深一般在2.5～3.5m，转刷动力效率1.6～1.8kgO_2/(kW·h)。

奥式(Orbal)简称同心圆式，应用上多为椭圆形的三环道组成，三个环道用不同的DO(如外环为0，中环为1，内环为2)，有利于脱氮除磷。采用转碟曝气，水深一般在4.0～4.5m，动力效率与转刷接近，现已在山东潍坊、北京黄村和合肥王小郢的城市污水处理厂应用。

若能将氧化沟进水设计成多种方式，能有效地抵抗暴雨流量的冲击，对一些合流制排水系统的城市污水处理尤为适用。

卡式(Carrousel)简称循环折流式，采用倒伞形叶轮曝气，从工艺运行来看，水深一般在3.0m左右，但污泥易于沉积，其原因是供氧与流速有矛盾。

三沟式氧化沟(T形氧化沟)，此种形式由三池组成，中间作曝气池，左右两池兼作沉淀池和曝气池。T形氧化沟构造简单，处理效果不错，但其采用转刷曝气，水深浅，占地面积大，复杂的控制仪表增加了运行管理的难度。不设厌氧池，不具备除磷功能。

氧化沟一般不设初沉池，负荷低，耐冲击，污泥少。建设费用及电耗视采用的沟型而变，如在转碟和转刷曝气形式中，再引进微孔曝气，加大水深，能有效地提高氧的利用率(提高20%)和动力效率［达2.5～3.0kgO_2/(kW·h)］。

综上所述，考虑到A^2O工艺不仅可以较好的去除污水中的有机物，更可以取得很好的脱氮除磷效果，故本次设计选用A^2O工艺。

4.1.3 主要构筑物的选择

1. 沉砂池

沉砂池的形式有平流式、竖流式和辐流式。

平流式矩形沉砂池是常用的形式，具有结构简单，处理效果好的优点。其缺点是沉砂中含有15%的有机物，使沉砂的后续处理难度加大。

竖流式沉砂池是污水自下而上由中心管进入池内，无机物颗粒借重力沉于池底，处理效果一般较差。

曝气沉砂池是在池体的一侧通入空气，使污水沿池旋转前进，从而产生与主流垂直的横向环流。其优点：通过调节曝气量，可以控制污水的旋流速度，使除砂效果较稳定；受流量变化的影响较小；同时还对污水起预曝气作用，而且能克服平流式沉砂池的缺点。但是，不利于A^2O厌氧池的厌氧环境，其中的溶解氧会破坏厌氧环境。

故选用平流沉砂池。

2. 初级沉淀池，二级沉淀池

沉淀池按水流方向可分为平流式、竖流式和辐流式三种。

竖流式沉淀池适用于处理水量不大的小型污水处理厂。而平流式沉淀池具有池子配水不易均匀，排泥操作量大的缺点。辐流式沉淀池不仅适用于大中小型污水处理厂，而且具有运行简便，管理简单，污泥处理技术稳定的优点。

故选用辐流式沉淀池。

3. AAO生物池

AAO生物池分为合建式与分建式两种。

合建式的特点是：污水由第一廊道起点流入生物池，分别经过厌氧廊道，缺氧廊道和好氧廊道的处理，最后排入二沉池。其优点是，采用单一构筑物，建筑施工较方便，占地面积较分建式会小一些，并且可采用水下推流泵做内回流，可节约电能，降低运行费用。但是厌氧、缺氧、好氧合建不利于功能区分。(解决方法见 4.3.5 节)

分建式的特点是：冲击负荷的能力较强；由于全池需氧要求相同，能节省动力；曝气池与沉淀池合建，不需要单独设置污泥回流系统，便于运行管理；连续进水、出水可能造成短路；易引起污泥膨胀；适于处理工业废水，特别是高浓度的有机废水，不适用于要求处理效果稳定的城市污水厂。

故选用合建式 AAO 生物池。

4. 浓缩池：

浓缩池的形式有重力浓缩池，气浮浓缩池和离心浓缩池等。

重力浓缩池是污水处理工艺中常用的一种污泥浓缩方法，按运行方式分为连续式和间歇式，前者适用于大中型污水厂，后者适用于小型污水厂和工业企业的污水处理厂。重力浓缩结构简单，操作方便，动力消耗小，运行费用低，贮存污泥能力强。浮选浓缩适用于疏水性污泥或者悬浊液很难沉降且易于混合的场合。离心浓缩主要适用于场地狭小的场合，其最大不足是能耗高，一般达到同样效果，其电耗为其他法的 10 倍。

故本设计采用重力浓缩池。

5. 消化池：

采用二级中温消化，池形采用圆柱形消化池，优点是减少耗热量，减少搅拌所需能耗，熟污泥含水率低。

6. 污泥脱水：

污泥机械脱水与自然干化相比较，其优点是脱水效率较高，效果好，不受气候影响，占地面积小。常用设备有真空过滤脱水机、加压过滤脱水机及带式压滤机等。

设计采用带式压滤机，其特点是：滤带可以回旋，脱水效率高；噪声小；省能源；附属设备少，操作管理维修方便，但需正确选用有机高分子混凝剂。

另外，为防止突发事故，并有富余空地的情况下，应设置事故干化场。

4.2　流量的计算

$$Q_{平}=7\times10^{4}\mathrm{m^3/d}=2917\mathrm{m^3/h}=0.81\mathrm{m^3/s}$$

$$Q_{max}=7\times1.1\times10^{4}\mathrm{m^3/d}=7.7\times10^{4}\mathrm{m^3/d}=3208\mathrm{m^3/h}=0.89\mathrm{m^3/s}$$

4.3　水处理构筑物的计算

所有设计计算均严格执行《室外排水设计规范》GB 50014—2006 标准。

4.3.1　格栅的计算

为了保证污水处理效果及保护后续设备安全(在雨季或污水浓度较低时，污水将超越一沉池而直接进入 A^2O 生物处理池)，全厂采用三道格栅设计。粗格栅和中格栅为泵前格栅，其中粗格栅为固定格栅，栅间距 80mm，采用机械清渣。中格栅为机械格栅，栅间距为 20mm。细格栅为泵后格栅，采用机械格栅，栅间距为 10mm。每组均选用两个规格一样的格栅并列摆放。

1. 粗格栅的计算

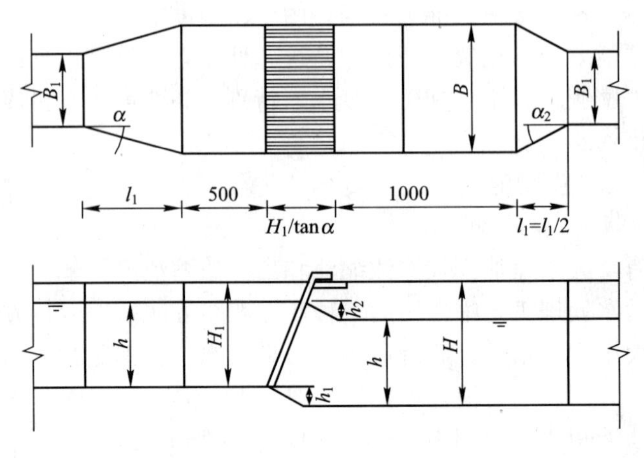

图 4-5 格栅

（1）栅条间隙数：
$$n=\frac{Q_{max}\sqrt{\sin\alpha}}{bhv}$$

式中 n——栅条间隙数，（个）；

Q_{max}——最大设计流量，（m^3/s），$Q_{max}=0.89m^3/s$；

α——格栅倾角，（°），取 $\alpha=60°$；

b——栅条间隙，（m），取 $b=0.08m$；

h——栅前水深，（m），取 $h=0.45m$；

v——过栅流速，（m/s），取 $v=0.9m/s$。

$$n=\frac{Q_{max}\sqrt{\sin\alpha}}{bhv}=\frac{0.89\times\sqrt{\sin60°}}{2\times0.08\times0.45\times0.9}=14$$

（2）栅槽宽度：
$$B=S(n-1)+bn$$

式中 S——栅条宽度，（m），取 0.02m。

则：
$$B=S(n-1)+bn=0.02(14-1)+0.08\times14=1.38m$$

（3）水头损失：
$$h_1=h_0\xi k \quad h_0=\xi\frac{v^2}{2g}\sin\alpha \quad \xi=\beta\left(\frac{s}{b}\right)^{4/3}$$

式中 h_0——计算水头损失，（m）；

g——重力加速度，（m/s^2），取 $g=9.8m/s^2$；

k——系数，格栅受污物堵塞时水头损失增大倍数，一般采用 $k=3$；

ξ——阻力系数，其值与栅条断面形状有关；

β——形状系数，取 $\beta=2.42$(断面为锐边矩形的栅条)。

则：
$$\xi=\beta\left(\frac{s}{b}\right)^{4/3}=2.42\times\left(\frac{0.02}{0.08}\right)^{4/3}=0.38$$

$$h_0=\xi\frac{v^2}{2g}\sin\alpha=0.38\times\frac{0.9^2}{2\times9.8}\sin60°=0.014m$$

$$h_1=h_0k=0.014\times3=0.04\text{m}$$

(4) 栅后槽总高度：
$$H=h+h_1+h_2$$

式中 h_2——栅前渠道超高，m，取 $h_2=0.5$m。

则：$H=h+h_1+h_2=0.45+0.04+0.5=0.99$m。取 1.0m。

(5) 栅槽总长度：
$$L=l_1+l_2+1.0+0.5+\frac{H_1}{\tan\alpha}$$

$$l_1=\frac{B-B_1}{2\tan\alpha_1}$$

$$l_2=\frac{l_1}{2}$$

$$H_1=h+h_1$$

式中 l_1——进水渠道渐宽部分的长度，(m)；

B_1——进水渠宽，(m)，取 $B_1=1.0$m；

α_1——进水渠道渐宽部分的展开角度，(°)，取 $\alpha_1=20°$；

l_2——栅槽与进水渠道连接处的渐窄部分长度，(m)；

H_1——栅前渠道深，(m)。

则：
$$l_1=\frac{B-B_1}{2\tan\alpha_1}=\frac{1.38-1.0}{2\tan20°}=0.52\text{m}$$

$$l_2=\frac{l_1}{2}=\frac{0.52}{2}=0.26\text{m}$$

$$H_1=h+h_1=0.45+0.04=0.49\text{m}$$

$$L=l_1+l_2+1.0+0.5+\frac{H_1}{\tan\alpha}=0.52+0.26+1.0+0.5+\frac{0.49}{\tan60°}=2.56\text{m}$$

(6) 每日栅渣量：
$$W=\frac{86400Q_{max}W_1}{1000K_{总}}$$

式中 W_1——栅渣量，($m^3/10^3m^3$污水)，取 $W_1=0.03m^3/10^3m^3$污水。

则：
$$W=\frac{86400Q_{max}W_1}{1000K_{总}}=\frac{86400\times0.89\times0.03}{2\times1000\times1.1}=1.05m^3/d>0.2m^3/d$$

采用机械清渣。

(7) 校核：
$$v_1=\frac{Q_{min}}{A}=\frac{Q}{K_{总}B_1h}$$

式中 v_1——栅前水速，(m/s)；

Q_{min}——最小设计流量，(m^3/s)；

A——进水断面面积，(m^2)；

Q——设计流量，(m^3/s)，取 $Q=0.81m^3/s$。

则：
$$v_1=\frac{Q_{min}}{A}=\frac{Q}{K_{总}B_1h}=\frac{0.81}{2\times1.1\times1\times0.45}=0.82\text{m/s}$$

v_1在 0.4～0.9m/s 之间，符合设计要求。

2. 中格栅的计算

(1) 栅条间隙数：
$$n=\frac{Q_{max}\sqrt{\sin\alpha}}{bhv}$$

式中　n——栅条间隙数，（个）；

Q_{max}——最大设计流量，（m^3/s），$Q_{max}=0.89m^3/s$；

α——格栅倾角，（°），取 $\alpha=60°$；

b——栅条间隙，（m），取 $b=0.02m$；

h——栅前水深，（m），取 $h=0.45m$；

v——过栅流速，（m/s），取 $v=0.9m/s$；

$$n=\frac{Q_{max}\sqrt{\sin\alpha}}{bhv}=\frac{0.89\times\sqrt{\sin60°}}{2\times0.02\times0.45\times0.9}=52$$

（2）栅槽宽度：　$B=S(n-1)+bn$

式中　S——栅条宽度，（m），取 0.01m。

则：　$B=S(n-1)+bn=0.01(52-1)+0.02\times52=1.55m$

（3）水头损失：　$h_1=h_0\xi k\quad h_0=\xi\frac{v^2}{2g}\sin\alpha\quad \xi=\beta\left(\frac{s}{b}\right)^{4/3}$

h_0——计算水头损失，（m）；

g——重力加速度，（m/s^2），取 $g=9.8m/s^2$；

k——系数，格栅受污物堵塞时水头损失增大倍数，一般采用 $k=3$；

ξ——阻力系数，其值与栅条断面形状有关；

β——形状系数，取 $\beta=2.42$（由于选用断面为锐边矩形的栅条）。

则：

$$\xi=\beta\left(\frac{s}{b}\right)^{4/3}=2.42\times\left(\frac{0.01}{0.02}\right)^{4/3}=0.96$$

$$h_0=\xi\frac{v^2}{2g}\sin\alpha=0.96\times\frac{0.9^2}{2\times9.8}\sin60°=0.04m$$

$$h_1=h_0k=0.04\times3=0.12m$$

（4）栅后槽总高度：　$H=h+h_1+h_2$

式中　h_2——栅前渠道超高，（m），取 $h_2=0.5m$。

则：$H=h+h_1+h_2=0.45+0.12+0.5=1.07m$。取 1.1m。

（5）栅槽总长度：　$L=l_1+l_2+1.0+0.5+\frac{H_1}{\tan\alpha}$

$$l_1=\frac{B-B_1}{2\tan\alpha_1}$$

$$l_2=\frac{l_1}{2}$$

$$H_1=h+h_1$$

式中　l_1——进水渠道渐宽部分的长度，（m）；

B_1——进水渠宽，（m），取 $B_1=1.0m$；

α_1——进水渠道渐宽部分的展开角度，（°），取 $\alpha_1=20°$；

l_2——栅槽与进水渠道连接处的渐窄部分长度，（m）；

H_1——栅前渠道深，（m）。

则：
$$l_1=\frac{B-B_1}{2\tan\alpha_1}=\frac{1.55-1.0}{2\tan20^\circ}=0.76\text{m}$$

$$l_2=\frac{l_1}{2}=\frac{0.76}{2}=0.38\text{m}$$

$$H_1=h+h_1=0.45+0.12=0.57\text{m}$$

$$L=l_1+l_2+1.0+0.5+\frac{H_1}{\tan\alpha}=0.76+0.38+1.0+0.5+\frac{0.57}{\tan60^\circ}=2.97\text{m}$$

（6）每日栅渣量：
$$W=\frac{86400Q_{max}W_1}{1000K_{总}}$$

式中　W_1——栅渣量，$m^3/10^3m^3$污水，取$W_1=0.05m^3/10^3m^3$污水

则：
$$W=\frac{86400Q_{max}W_1}{1000K_{总}}=\frac{86400\times0.89\times0.05}{2\times1000\times1.1}=1.75\text{m}^3/\text{d}>0.2\text{m}^3/\text{d}$$

采用机械清渣。

3. 细格栅的计算：（细格栅设置于提升泵之后）

（1）栅条间隙数：
$$n=\frac{Q_{max}\sqrt{\sin\alpha}}{bhv}$$

式中　n——栅条间隙数，（个）；

Q_{max}——最大设计流量，（m^3/s），$Q_{max}=0.89m^3/s$；

α——格栅倾角，（°），取$\alpha=60°$；

b——栅条间隙，（m），取$b=0.01m$；

h——栅前水深，（m），取$h=0.45m$；

v——过栅流速，（m/s），取$v=0.9m/s$。

$$n=\frac{Q_{max}\sqrt{\sin\alpha}}{bhv}=\frac{0.89\times\sqrt{\sin60^\circ}}{2\times0.01\times0.45\times0.9}=103$$

（2）栅槽宽度：
$$B=S(n-1)+bn$$

式中　S——栅条宽度，（m），取0.006m。

则：
$$B=S(n-1)+bn=0.006(103-1)+0.01\times103=1.64\text{m}$$

（3）水头损失：
$$h_1=h_0\xi k\quad h_0=\xi\frac{v^2}{2g}\sin\alpha\quad \xi=\beta\left(\frac{s}{b}\right)^{4/3}$$

h_0——计算水头损失，（m）；

g——重力加速度，（m/s^2），取$g=9.8m/s^2$；

k——系数，格栅受污物堵塞时水头损失增大倍数，一般采用$k=3$；

ξ——阻力系数，其值与栅条断面形状有关；

β——形状系数，取$\beta=1.67$（由于选用断面为锐边矩形的栅条）。

则：
$$\xi=\beta\left(\frac{s}{b}\right)^{4/3}=1.67\times\left(\frac{0.006}{0.01}\right)^{4/3}=0.85$$

$$h_0=\xi\frac{v^2}{2g}\sin\alpha=0.85\times\frac{0.9^2}{2\times9.8}\sin60^\circ=0.03\text{m}$$

$$h_1=h_0k=0.03\times3=0.09\text{m}$$

（4）栅后槽总高度：
$$H=h+h_1+h_2$$

式中　h_2——栅前渠道超高，(m)，取 $h_2=0.5\text{m}$。

则：$H=h+h_1+h_2=0.45+0.09+0.5=1.04\text{m}$。取 1.1m。

(5) 栅槽总长度：

$$L=l_1+l_2+1.0+0.5+\frac{H_1}{\tan\alpha}$$

$$l_1=\frac{B-B_1}{2\tan\alpha_1}$$

$$l_2=\frac{l_1}{2}$$

$$H_1=h+h_1$$

式中　l_1——进水渠道渐宽部分的长度，(m)；

B_1——进水渠宽，(m)，取 $B_1=1.0\text{m}$；

α_1——进水渠道渐宽部分的展开角度，(°)，取 $\alpha_1=20°$；

l_2——栅槽与进水渠道连接处的渐窄部分长度，(m)；

H_1——栅前渠道深，(m)。

则：

$$l_1=\frac{B-B_1}{2\tan\alpha_1}=\frac{1.64-1.0}{2\tan20°}=0.88\text{m}$$

$$l_2=\frac{l_1}{2}=\frac{0.88}{2}=0.44\text{m}$$

$$H_1=h+h_1=0.45+0.09=0.54\text{m}$$

$$L=l_1+l_2+1.0+0.5+\frac{H_1}{\tan\alpha}=0.88+0.44+1.0+0.5+\frac{0.54}{\tan60°}=3.13\text{m}$$

(6) 每日栅渣量：

$$W=\frac{86400Q_{\max}W_1}{1000K_{总}}$$

式中　W_1——栅渣量，($\text{m}^3/10^3\text{m}^3$污水)，取 $W_1=0.05\text{m}^3/10^3\text{m}^3$污水。

则：

$$W=\frac{86400Q_{\max}W_1}{1000K_{总}}=\frac{86400\times0.89\times0.05}{2\times1000\times1.1}=1.75\text{m}^3/\text{d}>0.2\text{m}^3/\text{d}$$

采用机械清渣。

4.3.2　提升泵房计算

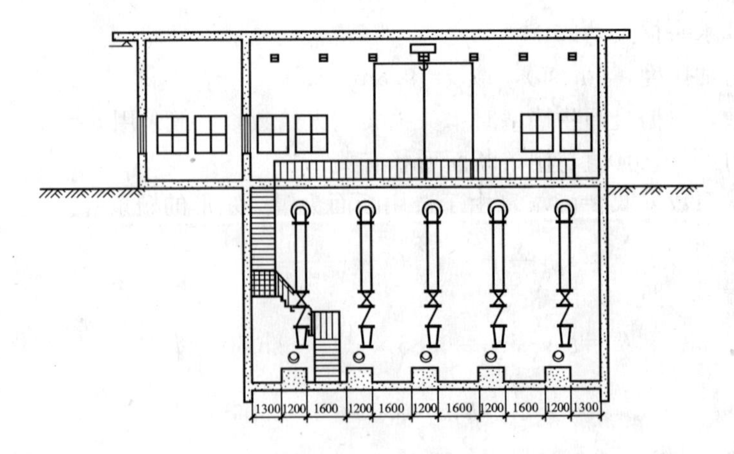

图 4-6　提升泵房

采用 A^2/O 工艺方案，污水处理系统简单，对于新建污水处理厂，工艺管线可以充分优化，故污水只考虑一次提升。污水经提升后入平流沉砂池，然后自流通 A^2/O 生物池、二沉池及接触池，最后由出水管道排出。

各构筑物的水面标高和池底埋深见后面的高程计算。

$Q_{max}=7\times1.1\times10^4m^3/d=7.7\times10^4m^3/d=3208m^3/h=0.89m^3/s=890L/s$；

集水池最低工作水位与所需提升最高水位之间的高差 Δh：

$$\Delta h=h_0-(h_i+D\times h/D-h'-H)$$

式中 H——集水池有效水深，(m)，取 $H=2m$；

h_0——出水管提升后的水面高程，(m)，取 $h_0=808.76m$；

h_1——进水管管底高程，(m)，取 $h_1=802.02m$；

D——进水管管径，(mm)，由设计任务书 $D=1100mm$；

h/D——进水管充满度，由设计任务书 $h/D=0.7$；

h'——经过粗中格栅的水头损失，(m)，取 $h'=0.30$。

$$\Delta h=808.76-(802.02+1.1\times0.7-0.30-2)=8.27m$$

总扬程的估算：

泵房内损失为 1.5m，预留 1m 安全距离。

$H_z=1.5+1+8.27=10.77m$，取 11.00m

泵房的布置：

选用 14PWL-12 型污水泵，流量为 340L/s，扬程为 12m。

采用 5 台泵联合工作，其中 2 台备用泵。

4.3.3 平流沉沙池计算

为了保证 A^2/O 生物池的厌氧环境，故采用平流式沉砂池。设计为一组，分两格独立运行。考虑到故障因素，每格均按照最大进水流量(Q_{max})校核。

1. 设计参数

设计流量： $Q=890L/s$

设计流速： $v=0.25m/s$

水力停留时间： $t=90s$

2. 设计计算

(1) 沉砂池长度：

$$L=vt=0.25\times90=22.5m$$

(2) 水流断面积：

$$A=Q/v=0.89/0.25=3.56m^2$$

(3) 池总宽度：

设计 $n=2$ 格，每格宽取 $b=3m>0.6m$，池总宽 $B=2b=6m$

(4) 有效水深：

$$h_2=A/B=3.56/6=0.6m \quad (介于 0.25\sim1m 之间)$$

(5) 贮泥区所需容积：设计 $T=2d$，即考虑排泥间隔天数为 2d，则每个沉砂斗容积：

$$V_1=\frac{Q_1TX_1}{2K10^5}=\frac{0.89\times86400\times90\times2}{2\times1.1\times10^6}=6.29m^3$$

（每格沉砂池设 2 个沉砂斗，2 格共有 4 个沉砂斗）

每个沉砂斗的容积为 1.57m^3

式中　X_1——城市污水沉砂量 2$m^3/10^5 m^3$；

　　K——污水流量总变化系数 1.1。

(6) 沉砂斗各部分尺寸及容积：

设计斗底宽 $a_1=0.5$m，斗壁与水平面的倾角为 50°，斗高 $h_d=1.0$m，则沉砂斗上口宽：

$$a=\frac{2h_d}{\tan 60^\circ}+a_1=\frac{2\times 1.0}{\tan 50^\circ}+0.5=2.2\text{m}$$

沉砂斗容积：

$$V=\frac{h_d}{6}(2a^2+2aa_1+2a_1^2)=\frac{1}{6}(2\times 2.2^2+2\times 2.2\times 0.5+2\times 0.5^2)=2.06\text{m}^3$$

（略大于 $V_1=1.57\text{m}^3$，符合要求）

(7) 沉砂池高度：采用重力排砂，设计池底坡度为 0.02，坡向沉砂斗长度为 $L_2=\frac{L-2a}{2}=\frac{22.5-2\times 2.2}{2}=9.05\text{m}$

则沉泥区高度为

$$h_3=h_d+0.02L_2=1+0.02\times 9.05=1.18\text{m}$$

池总高度 H：设超高 $h_1=0.3$m，

$$H=h_1+h_2+h_3=0.3+0.6+1.18=2.08\text{m}$$

(8) 进水渐宽部分长度：

$$L_1=\frac{B-2B_1}{\tan 20^\circ}=\frac{6-2\times 2}{\tan 20^\circ}=5.5\text{m}$$

(9) 出水渐窄部分长度：

$$L_3=L_1=5.5\text{m}$$

(10) 校核最小流量时的流速：

最小流量即平均日流量

$$Q_{平均日}=Q/K=810/1.1=736\text{L/s}$$

则 $v_{min}=Q_{平均日}/A=0.736/3.56=0.21>0.15$m/s，符合要求。

最小流量即平均日流量(仅使用 1 格)

$$Q_{平均日}=Q/K=810/1.1=736\text{L/s}$$

则 $v_{min}=Q_{平均日}/A=0.736/1.78=0.40>0.30$m/s，不符合要求。

但是在此紧急情况下，水力停留时间高达 56s>30s，依然具有沉砂效果。

(11) 校核最大流量时的流速(仅使用 1 格)：

$$Q_{max}=Q/K=810\times 1.1=890\text{L/s}$$

则 $v_{min}=Q_{max}/A=0.89/(3.56/2)=0.50>0.30$m/s，不符合要求。

此时水力停留时间为 45s>30s，具有一定沉砂效果，但应考虑超越。

3. 计算草图见图 4-7：

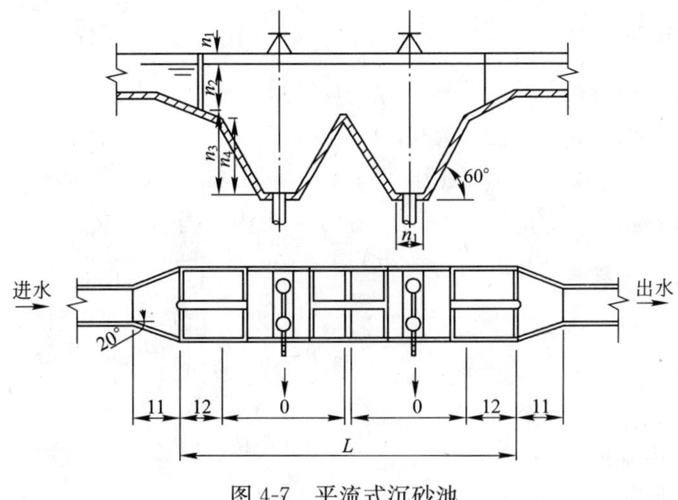

图 4-7 平流式沉砂池

4.3.4 初沉池

初次沉淀池是借助于污水中的悬浮物质在重力的作用下可以沉淀，从而与污水分离。初沉池共 2 座，考虑到碳源对 A^2/O 生物处理的影响，可根据实际情况，调整运行负荷。在较低进水碳源的情况下，污水直接超越或只运行 1 座，在较高碳源的情况下，2 座同时运行。

1. 池体计算

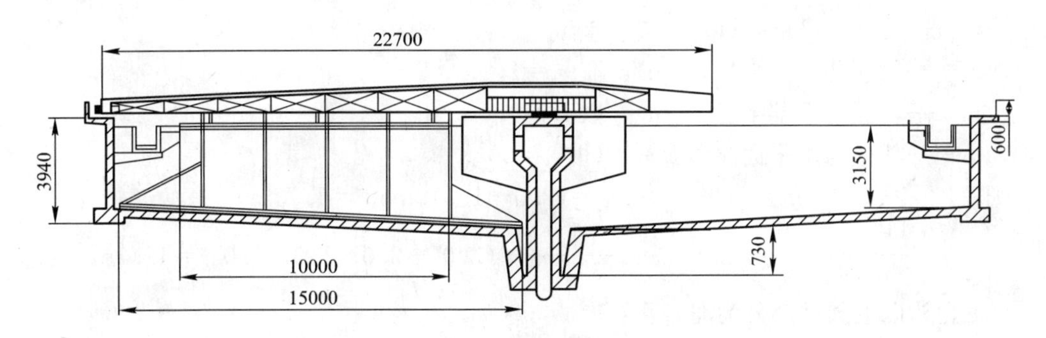

图 4-8 初次沉淀池

(1) 水面面积：

$$F=\frac{Q_{max}}{nq'}$$

式中 Q_{max}——最大设计流量，(m^3/h)，$Q_{max}=3208m^3/h$；

n——池数，(个)，取 $n=2$；

q'——表面负荷，[$m^3/(m^2 \cdot h)$]，取 $q'=2.1m^3/(m^2 \cdot h)$。

则：

$$F=\frac{Q_{max}}{nq'}=\frac{3208}{2\times 2.1}=763.8m^2$$

(2) 池子直径：$D=\sqrt{\frac{4F}{\pi}}=\sqrt{\frac{4\times 763.8}{3.14}}=31.2m$ 取 $D=32m$

(3) 实际水面面积：

$$F_0=\frac{\pi D^2}{4}=\frac{3.14\times 32^2}{4}=804m^2$$

核算表面负荷：$q=\frac{Q}{nF_0}=\frac{3208}{2\times804}=2.0\text{m}^3/(\text{m}^2\cdot\text{h})<3.0\text{m}^3/(\text{m}^2\cdot\text{h})$，符合要求。

(4) 沉淀部分有效水深： $h_2=q't$

式中 t——沉淀时间，(h)，取 $t=1.5\text{h}$。

则： $h_2=q't=2.1\times1.5=3.15\text{m}$

校核径深比：$D/h_1=32/3.15=10.2$，在 6～11 内，符合要求

(5) 沉淀部分有效容积： $V'=\frac{Q_{\max}}{n}t=\frac{3208}{2}\times1.5=2406\text{m}^3$

(6) 污泥部分所需的容积：

$$V=\frac{Q(C_1-C_2)\times100T}{\gamma(100-\rho_0)}$$

式中 Q——日平均流量；

C_1——进水悬浮物浓度，(t/m^3)；

C_2——出水悬浮物浓度，(t/m^3)；

T——两次清除污泥的间隔时间，(d)；

γ——污泥密度；

ρ_0——污泥含水率。

$$V=\frac{Q(C_1-C_2)\times100T}{\gamma(100-\rho_0)}=\frac{70000\times(0.00018-0.00012)\times100\times1}{1\times(100-97)\times6}=23.3\text{m}^3$$

(7) 污泥斗容积： $V_1=\frac{\pi h_5}{3}(r_1^2+r_1r_2+r_2^2)$ $h_5=(r_1-r_2)\tan\alpha$

式中 h_5——污泥斗高度，(m)；

r_1——污泥斗上部半径，(m)，取 $r_1=2.0\text{m}$；

r_2——污泥斗下部半径，(m)，取 $r_2=1.0\text{m}$；

α——斗壁与水平面倾角，(°)，取 $\alpha=60°$。

则： $h_5=(r_1-r_2)\tan\alpha=(2.0-1.0)\tan60°=1.73\text{m}$

$$V_1=\frac{\pi h_5}{3}(r_1^2+r_1r_2+r_2^2)=\frac{3.14\times1.73}{3}\times(2.0^2+2.0\times1.0+1.0^2)=12.7\text{m}^3$$

(8) 泥斗以上圆锥部分污泥容积：

$$V_2=\frac{\pi h_4}{3}(R^2+Rr_1+r_1^2)\quad h_4=(R-r_1)i=\left(\frac{D}{2}-r_1\right)i$$

式中 h_4——圆锥体高度，(m)；

R——池子半径，(m)；

i——坡度，此处取 $i=0.05$。

则： $h_4=(R-r_1)i=\left(\frac{D}{2}-r_1\right)i=\left(\frac{32}{2}-2.0\right)\times0.05=0.7\text{m}$

$$V_2=\frac{\pi h_4}{3}(R^2+Rr_1+r_1^2)=\frac{3.14\times0.7}{3}(16^2+16\times2.0+2.0^2)=214\text{m}^3$$

(9) 沉淀池总高度： $H=h_1+h_2+h_3+h_4+h_5$

超高，取 $h_1=0.3\text{m}$；

式中 h_3——缓冲层高度，取 $h_3=0.3\text{m}$，一般值为 0.3～0.5；

h_2——有效水深，为3.15m；

h_4——圆锥体高度，为0.7m；

h_5——污泥斗高度，为1.73m。

则：　　$H=h_1+h_2+h_3+h_4+h_5=0.3+3.15+0.3+0.7+1.73=6.18\text{m}$

(10) 沉淀池池边高：　　$H'=h_1+h_2+h_3=0.3+3.15+0.3=3.75\text{m}$

(11) 污泥总容积：　　$V=V_1+V_2=12.7+214=226.7\text{m}^3>23.3\text{m}^3$

2. 中心管计算

(1) 进水管流速：

取 $D_0=700\text{mm}$

则　　$$v_0=\frac{4Q_{max}}{n\pi D_0^2}=\frac{4\times0.89}{2\times3.14\times0.7^2}=1.16\text{m/s}$$

在0.9～1.2m/s之间，符合设计要求。

(2) 中心管设计要求：

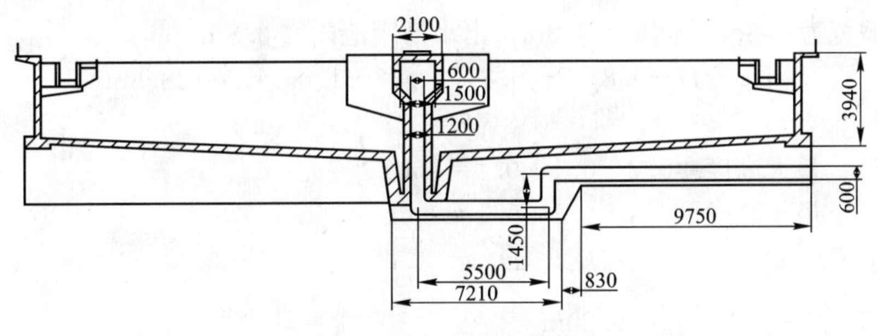

图4-9　中心管布置

$v_1=0.9\sim1.2\text{m/s}$　$v_2=0.15\sim0.20\text{m/s}$

$v_3=0.10\sim0.20\text{m/s}$

$B=(1.5\sim2.0)b$　$D=4D_1$　$h=(1/3\sim1/2)h_2$

(3) 套管直径：取 $D_1=1.7\text{m}$

则：　$D=4D_1=4\times1.7=6.8\text{m}$

$$v_2=\frac{4Q_{max}}{n\pi D_1{}^2}=\frac{4\times0.89}{2\times3.14\times1.7^2}=0.20\text{m/s}$$

v_2在0.15～0.20m/s之间，符合要求。

(4) 设8个进水孔，取 $B=2b$　$\pi D_1=8(B+b)$

则：　$B=2b=2\times0.22=0.44\text{m}$

(5) h'，取 $v_3=0.18\text{m/s}$

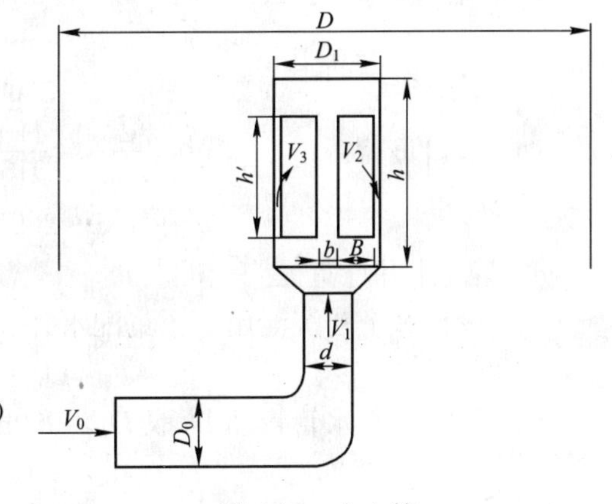

图4-10　中心管

$$h'=\frac{Q_{max}}{8nBv_3}=\frac{0.89}{8\times2\times0.44\times0.18}=0.7\text{m}$$

(6) v_1，取 $d=700\text{mm}$

$$v_1=\frac{4Q_{max}}{n\pi d^2}=\frac{4\times0.89}{2\times3.14\times0.7^2}=1.16\text{m/s}$$

v_1在0.9～1.2m/s之间，符合设计要求。

3. 出水堰的计算

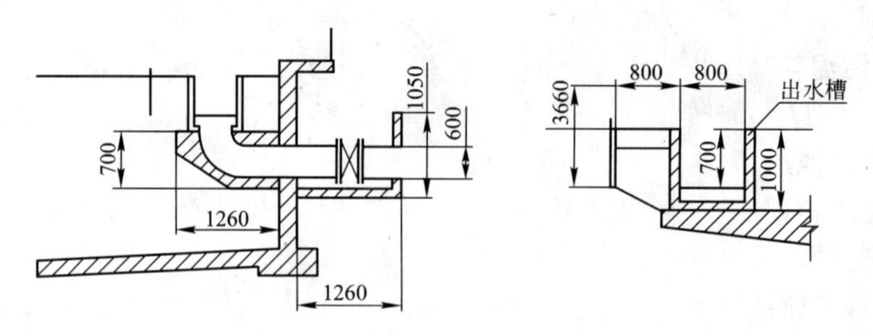

图 4-11 出水系统

(1) 出水堰采用直角三角堰，过水堰堰上水头取 $h=0.04\text{m}$

堰口流量：
$$q=1.4h^{5/2}=0.448\text{L/S}$$

三角堰个数：
$$n=\frac{Q_{\max}}{mq}=\frac{410}{0.448}=915\text{个}$$

(2) 取槽宽为 0.8m，水深为 0.8m，出水槽距池内壁 0.8m

则：
$$D_{内}=D-0.8\times2-0.8\times2=32-1.6-1.6=28.8\text{m}$$
$$D_{外}=D-0.8\times2=32-1.6=30.4\text{m}$$

集水槽高：最大高度=0.8+0.1+0.1=1m

最小高度=0.4+0.1+0.1=0.6m

(3) 出水堰总长：
$$l=\pi(D_{内}+D_{外})=3.14\times(28.8+30.4)=186\text{m}$$

单个堰堰宽 $l'=\frac{l}{n}=\frac{186}{915}=0.20\text{m}$

堰口宽 0.20m

堰口高 $\frac{0.20}{2}=0.10\text{m}$

(4) 堰口负荷：
$$q'=\frac{Q_{\max}}{mnl'}=\frac{410}{915}\times5=2.2\text{L/(s}\cdot\text{m)}$$

q'在 1.5～2.9L/(s·m)之间，符合设计要求。

4. 集配水井计算

(1) 设计 2 个初沉池用 1 个集配水井。

$$Q_1=0.89\text{m}^3/\text{s}$$

(2) 配水井来水管管径 D_1 取 $D_1=900\text{mm}$，其管内流速 v_1

为：
$$v_1=\frac{4Q_1}{\pi D_1^2}=\frac{4\times0.89}{3.14\times0.9^2}=1.40\text{m/s}$$

(3) 上升竖管管径 D_2 取 $D_2=1000\text{mm}$，其管内流速 v_2

为：
$$v_2=\frac{4Q_1}{\pi D_2^2}=\frac{4\times0.89}{3.14\times1^2}=1.13\text{m/s}$$

(4) 竖管喇叭口口径 D_3，其管内流速为 v_3

$$D_3=1.3D_2=1.3\times1000=1300\text{mm}$$

则：
$$v_3=\frac{4Q_1}{\pi D_3^2}=\frac{4\times0.89}{3.14\times1.3^2}=0.67\text{m/s}$$

(5) 喇叭口扩大部分长度 h_3，取 $\alpha=45°$

则： $h_3=(D_3-D_2)\tan\alpha/2=(1.3-1.0)\tan45°/2=0.15\text{m}$

(6) 喇叭口上部水深 $h_1=0.5\text{m}$，其管内流速为 v_4

则： $$v_4=\frac{Q_1}{\pi D_3 h}=\frac{0.89}{3.14\times1.3\times0.3}=0.73\text{m/s}$$

(7) 配水井尺寸：直径 $D_4=D_3+(1.0\sim1.6)$，取 $D_4=D_3+1.5$

则： $D_4=D_3+1.5=1.3+1.5=2.8\text{m}$

(8) 集水井与配水井合建，集水井宽 $B=1.2\text{m}$，集水井直径 D_5

则： $D_5=D_4+2B=2.8+2\times1.2=5.2\text{m}$

4.3.5 A²/O 生物池计算(1)

本节为进水高 BOD 负荷，初沉池不运行，其他参见 4.3.6。

1. 流量的分配

本设计采用 A^2/O 生物脱氮除磷池，共两个系列，每系列承担 50%流量。

由于生物池有较大的容积，且一沉池承担了调蓄作用，故设计流量采用平均时流量设计。

$$Q_{平}=7\times10^4\text{m}^3/\text{d}=2917\text{m}^3/\text{h}=0.81\text{m}^3/\text{s}$$

$$Q_{平每池}=3.5\times10^4\text{m}^3/\text{d}=1458\text{m}^3/\text{h}=0.41\text{m}^3/\text{s}$$

2. A^2/O 理论计算

(1) 脱氮效率及回流比的计算：(参照 A^2/O 除磷脱氮工艺设计计算(上))。

设计参数：悬浮物(ss)： 200mg/L→20mg/L

生化需要量(BOD_5)： 180mg/L→30mg/L

化学需氧量(COD)： 330mg/L→60mg/L

氨氮(NH_4^+-N)： 34mg/L→≥15mg/L

总氮(TN)： 44mg/L→≥15mg/L

磷酸盐(P)： 7mg/L→1mg/L

碳源校核：

$$\frac{BOD_5}{TN}=\frac{180}{44}=4.1\geqslant4$$

$$\frac{BOD_5}{P}=\frac{180}{7}=25.7\geqslant25$$

∴碳源充足，不会影响到 A^2/O 工艺的运行效果。

污泥回流比：

1) 污泥回流浓度： $$X_r=\frac{10^6}{SVI}r$$

式中 SVI——污泥体积指数(AAO 工艺一般采用 120mg/L)；

r——系数，与污泥在二沉池中的停留时间、池深、污泥厚度等因素有关(一般采用 1.2)。

$$X_r=\frac{10^6}{SVI}r=\frac{10^6}{120}\times1.2=10000\text{mg/L}$$

2）污泥回流比：
$$X_v=\frac{R}{1+R}X_r'$$

式中 X_v——活性污泥浓度(4000mg/L，符合规范规定的：2500～4500mg/L)。

$$4000=\frac{R}{1+R}\times 10000$$

$$R=66.7\%(\text{符合规范：}20\%\sim100\%)$$

脱氮效率：

要求的脱氮效率：
$$e=\frac{S_1-S_2}{S_1}=\frac{45-15}{45}=67\%$$

脱氮效率与回流比的关系：
$$f_{DN}=\frac{R+r}{R+r+1}$$

式中 f_{DN}——脱氮效率；

R——污泥回流比；

r——内回流比。

$$67\%=\frac{66.7\%+r}{66.7\%+r+1}$$

∴$r=136\%$(不符合规范：≥200%需调整)

硝态氮对除磷的影响：

由于脱氮效率不可能达到100%，所以出水中总会有相当数量的硝态氮，这些硝态氮随回流污泥进入厌氧区，将优先夺取污水中易生物降解有机物，使聚磷菌缺少碳源，失去竞争优势，降低除磷效果。

按 $R=66.7\%$，$r=136\%$计，好氧池出水硝态氮浓度：

$$N_{Och}=(1-0.67)[44-0.05\times180-10]=8.25\text{mg/L}$$

污泥回流到厌氧池后硝态氮浓度：

$$N'_{Och}=(8.25\times0.6)/2.6=1.9\text{mg/L}$$

显然，这样的硝态氮浓度是很不利于除磷的。

故将回流比调整为：
$$R=66.7\%,\quad r=300\%$$

脱氮效率：
$$\frac{66.7\%+300\%}{66.7\%+300\%+1}=79\%$$

$$N_{Och}=(1-0.79)[44-0.05\times180-10]=5.25\text{mg/L}$$

$$N'_{Och}=(5.25\times0.6)/2.6\approx1\text{mg/L}$$

∵$R=66.7\%$　$r=300\%$(符合规范：$r\geqslant200\%$)

(2) 厌氧池和缺氧池的脱氮

A^2/O的脱氮是由厌氧池和缺氧池共同完成的，其中厌氧池将回流污泥中的少量硝态氮反硝化，缺氧池将内回流中的硝态氮反硝化，他们之间的关系为：

$$f_{DN}=\frac{R+r}{R+r+1}=\frac{R}{R+r+1}+\frac{r}{R+r+1}=f_{DNA}+f_{DND}$$

$$f_{DNA}/f_{DND}=R/r$$

式中 f_{DNA}——厌氧池反硝化率；

f_{DND}——缺氧池反硝化率。

由于进水首先流入厌氧池，其易降解有机物的含量较高，反硝化速率约为缺氧池的

2～3倍，计算取2倍。(污泥比混合液中的硝态氮的浓度低)。

所以，厌氧池反硝化容积V_{AD}与缺氧池容积V_D的比例为：

$$V_{AD}/V_D=R/2r=66.7\%/2\times300\%=11/100$$

(3) 好氧池：

1) 污泥龄

$$\mu_N=[0.47e^{0.098(T-15)}]\left[\frac{N}{N+10^{(0.05T-1.158)}}\right]\left[\frac{O_2}{k_{O_2}+O_2}\right][1-0.833(7.2-pH)]$$

式中　N——出水氨氮浓度，mg/L；

k_{O_2}——氧的半速常数，mg/L。

$$\mu_N=0.47e^{0.098(12-15)}\times\frac{5}{5+10^{(0.05\times12-1.158)}}\times\frac{2}{1.3+2}=0.201d^{-1}$$

理论最小污泥龄：

$$\theta_c^m=\frac{1}{\mu_N}=\frac{1}{0.201}=5.0d$$

污泥龄＝5×1.7＝8.5d(1.7为安全系数)

嗜磷所需污泥龄：嗜磷所需污泥龄一般按试验确定，如无试验资料时，磷的去除率在80%以上时，O-SRT一般为2～7d，建议采用4.5d。

考虑安全系数1.6，嗜磷泥龄为：4.5×1.7＝7.6d≤8.5d(消化)

故，为满足消化，污泥龄取较大值：8d。

2) 容积：(由于消化污泥龄大于嗜磷污泥龄，故容积按消化确定。)

$$V_o=\frac{Y\theta_c Q(S_0-S)}{X_V}\quad S=30-7.1bX_aC_e$$

式中　Y——污泥产率系数(规范：0.3～0.6kgVSS/kgBOD$_5$)；

θ_c——固体停留时间；

S——出水中溶解性BOD$_5$；

b——微生物自身氧化率，取0.1；

X_a——有活性的微生物所占比例，一般污泥负荷取0.4；

C_e——出水中悬浮固体浓度(ss)。

$$S=30-7.1bX_aC_e=30-7.1\times0.1\times0.4\times20=24.3mg/L$$

$$V_o=\frac{0.6\times8.5\times70000\times(180-24.3)}{4000}=13896m^3$$

3) 好氧水力停留时间

$$t=\frac{V}{Q}=\frac{13896}{70000}=0.20d=4.8h(\text{符合规范 }2\sim12.5h)$$

(4) 缺氧池：

1) 需还原的硝态氮量：

微生物同化作用去除的总氮：

$$N_w=0.124\frac{Y(S_0-S)}{1+K_d\theta_c}$$

式中　Y——污泥产率系数kgVSS/kgBOD$_5$，取$Y=0.6$；

S_0——进水BOD$_5$浓度；

S——出水所含溶解性BOD$_5$浓度；

K_d——内元代谢系数 d^{-1}，取 0.05；

θ_c——固体停留时间 d，取 15。

$$N_w = 0.124\frac{0.6\times(180-24.3)}{1+0.05\times15} = 6.7\text{mg/L}$$

被氧化的 NH_3-N = 进水总氮量－出水氨氮量－用于合成的总氮量

=45－9－6.7=33.3mg/L

所需脱硝量=进水总氮量－出水总氮量－用于合成的总氮量

=45－15－6.7=23.3mg/L

∴需还原的硝态氮量：

$$N_T = 70000\times23.3\times0.001 = 1631\text{kg/d}$$

2）反硝化速率 $q_{dn,T}$

$$q_{dn,T} = q_{dn,20}\theta^{T-20}$$

式中 $q_{dn,20}$——20℃时反硝化速率常数，取 0.12kgNO_3^-－N/(kgMLVSS·d)；

θ——温度系数，取 1.08。

$$q_{dn,T} = 0.12\times1.08^{12-20} = 0.066\text{kg}NO_3^- - \text{N/(kgMLVSS·d)}$$

3）缺氧池容积：(按反硝化容积确定)

$$V = \frac{N_T\times1000}{q_{dn,T}X_V}$$

式中 V——缺氧区有效容积；

N_T——需还原的硝氮量；

$q_{dn,T}$——反硝化速率。

$$V = \frac{1631\times1000}{0.066\times4000} = 6178\text{m}^3$$

4）缺氧区水力停留时间：

$$t = \frac{V}{Q} = \frac{6178}{70000} = 0.088\text{d} = 2.1\text{h}(符合规范 0.5\sim3\text{h})$$

(5) 厌氧池：

1）放磷的计算：

$$K_{pa} = 0.036C_0 - 0.036$$

式中 K_{pa}——磷的释放速度；

C_0——进水 BOD 浓度(考虑硝态氮影响，安全系数取 0.9)。

$$K_{pa} = 0.036C_0 - 0.036 = 0.036\times0.9\times180 - 0.036 = 5.8\text{mgP/(L·h)}$$

回流污泥中磷的量=进水磷的含量－出水磷的含量

=7－1=6mgP/L

$$故放磷所需的时间为 = 1.8\times\frac{6}{5.8} = 1.86\text{h}(1.8 为安全系数)$$

2）容积：(主要按放磷容积确定)

$$V_A = V'_A + V_{AD} = V'_A + 0.2V_D$$

式中 V'_A——用于生物除磷的容积，$V'_A = \dfrac{Q}{(24/1.86)} = 5426\text{m}^3$；

V_{AD}——用于去除回流污泥中硝态氮的容积(详见本节(2)厌氧池和缺氧池的脱氮)。

$$V_A=5426+0.11\times6178=6106\text{m}^3$$

3) 厌氧池的水力停留时间:

$$t_A=\frac{V_A}{Q}=\frac{6106}{70000}=0.087\text{d}=2.1\text{h}(大于规范:2\text{h},考虑硝态氮影响,不调整)$$

4) 名义停留时间:

$$t_A=\frac{V_A}{Q(1+R)}=\frac{6106}{70000\times1.67}=0.052\text{d}=1.25\text{h}(符合规范,\geqslant0.75\text{h})$$

(6) 总污泥龄:

设计总泥龄=8.5+8.5×(6106+6178)/13896=16.0d(符合规范 10~20d)

(7) 总池容和总水力停留时间:

$$总池容=6106+6178+13896=26180\text{m}^3$$

池容之比为:1∶1∶2.3

总水力停留时间=26180/70000=0.374d=9.0h(符合规范 7~14h)

(8) 剩余污泥量:(按污泥龄计算)

$$\Delta X=\frac{V\cdot X}{\theta_c}$$

式中 V——生物反应池容积;

X——生物反应池内混合液悬浮固体平均浓度(gMLSS/L)。

$$\Delta X=\frac{V\cdot X}{\theta_c}=\frac{26180\times4}{16.0}=6545\text{kgss/d}$$

(9) 生物反应池中好氧区污水需氧量:

$$O_2=0.001aQ(S_0-S_e)-c\Delta X_V+b[0.001Q(N_k-N_{ke})-0.12\Delta X_V]$$
$$-0.62b[0.001Q(N_t-N_{ke}-N_{oe})-0.12\Delta X_V]$$

式中 O_2——污水需氧量 kgO_2/d;

ΔX_V——排出系统的微生物量;

N_k——进水总凯氏氮;

N_{ke}——出水总凯氏氮;

N_t——进水总氮;

N_{oe}——出水硝态氮;

a——碳的氧当量,取 1.47;

b——氧化每公斤氨氮所需氧量,取 4.57;

c——细菌细胞的氧当量,取 1.42。

平均时需氧量:

$$\begin{aligned}O_2=&0.001\times1.47\times70000(180-24.3)-1.42\times6545+\\&4.57\times[0.001\times70000\times(44-10)-0.12\times6545]-\\&0.62\times4.57\times[0.001\times70000\times(44-10-5)-0.12\times6545]\\=&10503\text{kgO}_2/\text{d}=437.6\text{kgO}_2/\text{d}\end{aligned}$$

最大需氧量:

$$O_{2max}=0.001\times1.47\times77000\times(180-24.3)-1.42\times6545+$$

$$4.57\times[0.001\times77000\times(44-10)-0.12\times6545]-$$
$$0.62\times4.57\times[0.001\times77000\times(44-10-5)-0.12\times6545]$$
$$=12618\text{kg}O_2/\text{d}=525.7\text{kg}O_2/\text{d}$$

最大需气量与平均需氧量之比：$O_{2(max)}/O_2=525.7/437.6=1.2$

(10) 供气量计算：

本设计采用网状模型微孔空气扩散器，敷设于池底，距池底 0.3m，淹没深度 4.0m，计算温度定为 30℃。查得水中溶解氧的饱和度 $C_{s(20)}=9.17\text{mg/L}$，$C_{s(30)}=7.63\text{mg/L}$。

空气扩散器出口处的绝对压力：$P_b=P_0+P'=P_0+9.8\times10^3H$

式中 P_0——空气大气压力，(Pa)，取 $P_0=1.013\times10^5\text{Pa}$；

P'——曝气头在水面以下造成的压力损失，(Pa)；

P_b——曝气装置处绝对压力，(Pa)。

$$P_b=P_0+P'=P_0+9.8\times10^3H$$
$$=1.013\times10^5+9.8\times10^3\times4.0$$
$$=1.405\times10^5\text{Pa}$$

空气离开水面时氧的百分比：$$O_t=\frac{21(1-E_A)}{79+21(1-E_A)}\times100\%$$

式中 O_t——曝气池逸出气体中含氧百分数，%；

E_A——氧利用率，%，取 $E_A=12\%$。

则：
$$O_t=\frac{21(1-E_A)}{79+21(1-E_A)}\times100\%$$
$$=\frac{21(1-0.12)}{79+21(1-0.12)}=18.96\%$$

曝气池混合液氧饱和度：$$C_{sm}=C_s\left(\frac{O_t}{42}+\frac{P_b}{2.068}\right)$$

式中 C_s——标准条件下清水表面处饱和溶解氧，mg/L；

C_{sm}——按曝气装置在水下深度处至池面的平均溶解氧值，mg/L。

则
$$C_{sm(30)}=C_{s(30)}\left(\frac{P_b}{2.068}+\frac{O_t}{42}\right)=7.63\left(\frac{1.405}{2.068}+\frac{18.96}{42}\right)=8.63\text{mg/L}$$
$$C_{sm(20)}=C_{s(20)}\left(\frac{P_b}{2.068}+\frac{O_t}{42}\right)=9.17\left(\frac{1.405}{2.068}+\frac{18.96}{42}\right)=10.37\text{mg/L}$$

换算成 20℃时，脱氧清水的充氧量为：$$R_0=\frac{RC_{sm(20)}}{\alpha[\beta\rho C_{sm(t)}-C_0]\times1.024^{(t-20)}}$$

式中 α——混合液中(K_{La})值与水中(K_{La})值之比，即(K_{La})污/(K_{La})清，一般为 0.8～0.90，取 $\alpha=0.89$；

β——混合液的饱和溶解氧值与清水的饱和溶解氧值之比，一般为 0.9～0.97，取 $\beta=0.92$；

C_0——混合液剩余 DO 值，一般采用 2mg/L。

$$R_0=\frac{RC_{SM(20)}}{\alpha[\beta\rho C_{sm(t)}-C_0]\times1.024^{(t-20)}}$$
$$=\frac{437.6\times10.37}{0.89[0.92\times1.0\times8.63-2]\times1.024^{10}}=677.2\text{kg/h}$$

相应的最大时需氧量： $R_{0(max)}=\frac{O_{2(max)}}{O_2}\times R_0$

$$R_{0(max)}=\frac{O_{2(max)}}{O_2}\times R_0=\frac{525.7}{437.6}\times 677.2=813.5\text{kg/h}$$

曝气池平均时供气量： $G_s=\frac{R_0}{0.3E_A}\times 100$

$$G_s=\frac{R_0}{0.3E_A}\times 100=\frac{677.2}{0.3\times 12}\times 100=18811\text{m}^3/\text{h}$$

曝气池最大时供气量： $G_{s(max)}=\frac{R_{0(max)}}{0.3E_A}\times 100=\frac{813.5}{0.3\times 12}\times 100=22597\text{m}^3/\text{h}$

每 m^3 污水的供气量： $\frac{G_s\times 24}{Q}=\frac{18811\times 24}{7\times 10^4}=6.4\text{m}^3$空气/$\text{m}^3$污水

3. AAO生物池尺寸计算：

本设计共两个系列，每系列承担50％流量，采用推流式系统设计见图4-12。

$Q_{平}=7\times 10^4\text{m}^3/\text{d}=2917\text{m}^3/\text{h}$

$=0.81\text{m}^3/\text{s}$

$Q_{平每池}=3.5\times 10^4\text{m}^3/\text{d}=1458\text{m}^3/\text{h}$

$=0.41\text{m}^3/\text{s}$

(1) 每个系列的池容：

厌氧池：$V_{A1}=\frac{6106}{2}=3053\text{m}^3$

缺氧池：$V_{A2}=\frac{6178}{2}=3089\text{m}^3$

好氧池：$V_O=\frac{13896}{2}=6948\text{m}^3$

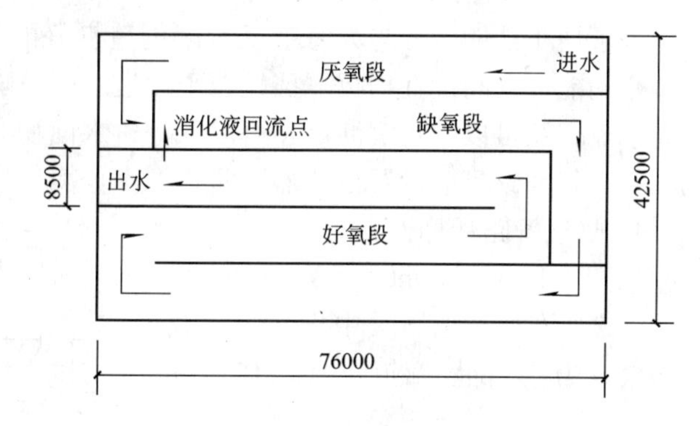

图4-12 AAO生物池平面布置

(2) AAO池布置：

根据《给水排水手册5》之规定，推流式生物池的池长于池宽之比为：5～10，池宽与有效水深之比为：1～2。

设：廊道宽：8.5m，池深：4.3m，单廊道最大长度：85m

厌氧廊道最小长度为：$L_{A1}=\frac{V_{A1}}{b\cdot h}=\frac{3053}{8.5\times 4.3}=83.5\text{m}$，取84m

缺氧廊道最小长度为：$L_{A2}=\frac{V_{A2}}{b\cdot h}=\frac{3089}{8.5\times 4.3}=84.5\text{m}$，取85m

好氧廊道最小长度为：$L_O=\frac{V_{A1}}{b\cdot h}=\frac{6948}{8.5\times 4.3}=190\text{m}$，取190m

廊道总长度：$L_Z=L_{A1}+L_{A2}+L_O=84+85+190=359\text{m}$

根据平面布置图列出廊道计算公式：

设第一廊道长为：L_1

$$L_Z=2\times L_1+8.5\times 2+L_1+(L_1-8.5)+[L_1-8.5-(84-L_1)]$$

$\because 6L_1=443$

$L_1=74\text{m}$，取76m

厌氧，缺氧，好氧在6条廊道中的布置为：

厌氧段：第一廊道＋第二廊道后8m；

缺氧段：第二廊道前68m＋第三廊道；

好氧段：第四廊道＋第五廊道＋第六廊道(实际池长为206.5m)；

消化液回流点为：第六廊道后8m处，也就是第二廊道后8m处。

(3) 实际池容校核：

厌氧段：$V_{A1}=84\times8.5\times4.3\times2=6140.4m^3\geqslant6106m^3$(合格)

缺氧段：$V_{A2}=85\times8.5\times4.3\times2=6213.5m^3\geqslant6178m^3$(合格)

好氧段：$V_O=206.5\times8.5\times4.3\times2=15095m^3\geqslant13896m^3$(合格)

(4) 实际池容比与水力停留时间：

厌：缺：好＝1：1：2.5

水力停留时间为：(6140＋6214＋15095)/70000＝0.39d＝9.4h

(5) 平面布置：

为了便于功能区分与为每个反应区创造良好的生物环境，克服推流式反应池的缺点，在每个功能区之间设置挡板。挡板位于廊道上部，隔断1/2的过水面积，这样既可以阻止环向水流，又可以防止沉淀，还可以保证过水面积变化较小，不至于产生流速突变。

在厌氧和缺氧区设置搅拌器，防止泥水分离，好氧区由于有曝气搅拌，不设搅拌器。

4. 曝气管路计算：

如图4-13所示，每个系列A^2/O生物池设2条供气干管，其中干管1为双面布气，为5，6号廊道供气，其上设13对曝气竖管，共26条配气竖管。干管2为单面布气，为4号廊道供气，其上设15根供气竖管。每个系列41条供气竖管，2个系列一共82条竖管。

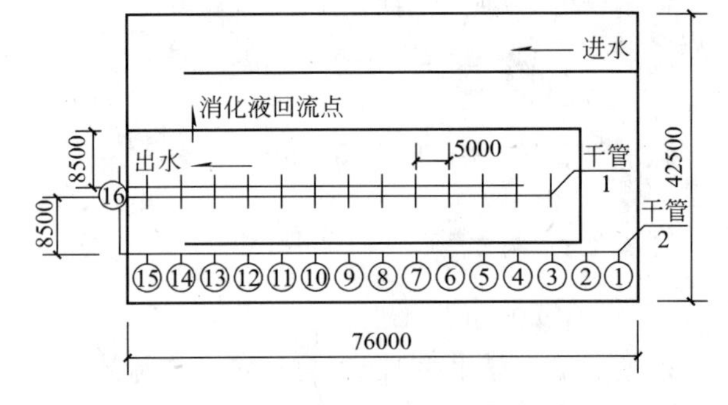

图4-13 曝气干管图

(1) 每根竖管的供气量为：

$$\frac{22597}{82}=275.6m^3/h$$

(2) 好氧池的平面面积为$206.5\times8.5\times2=3510.5m^2$，每个空气扩散器的服务面积按$0.49m^2$计，则所需空气扩散器的总数为：

$$\frac{3510.5}{0.49}=7165\text{ 个}$$

每根竖管上安装的空气扩散器的个数为：

$$\frac{7165}{82}=87.4\text{，取 88 个}$$

每个空气扩散器的佩气量为：

$$\frac{22597}{88\times82}=3.13m^3/h$$

(3) 空气管道的压力损失，见图4-14、图4-15所示：

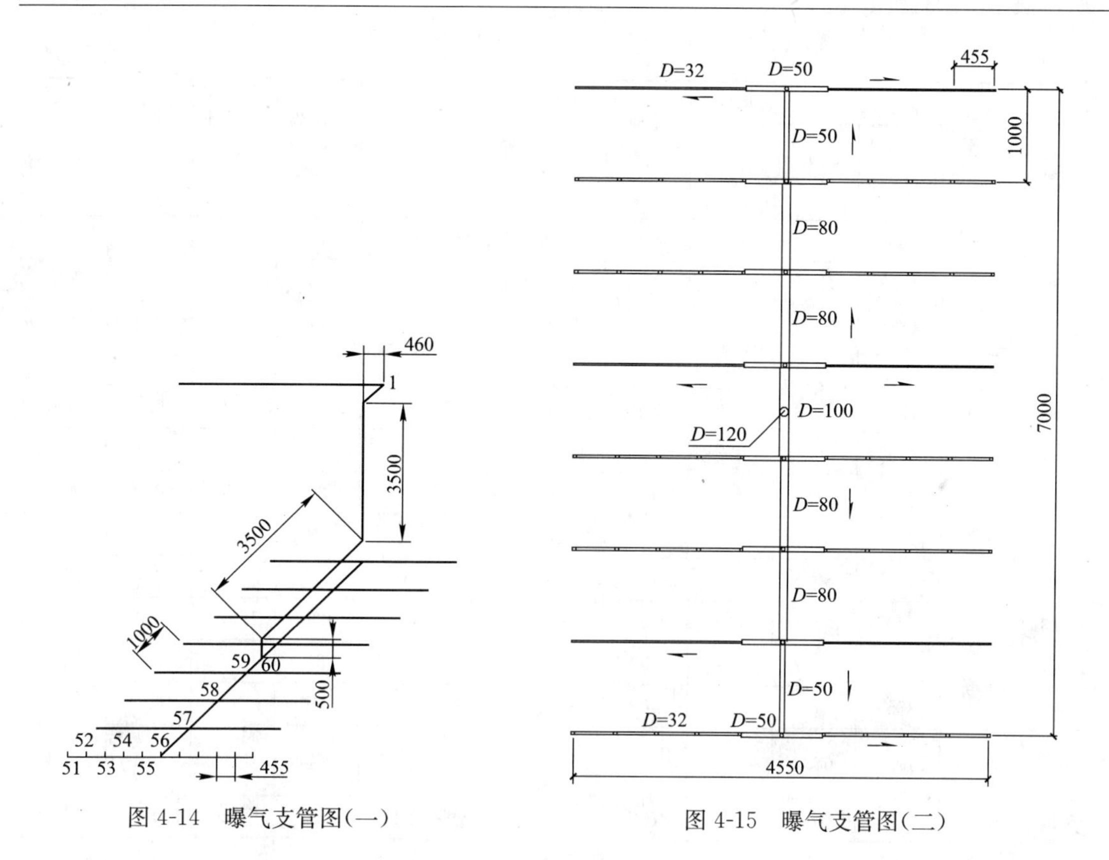

图 4-14　曝气支管图(一)　　　　图 4-15　曝气支管图(二)

选择一条从鼓风机房开始最长的管路作为计算管路，在空气流量变化的地方设置计算节点，统一编号后进行空气管路计算，计算结果见表 4-1。

空气管路计算　　　　**表 4-1**

管段编号①	管段长度 L(m)②	空气流量 (m³/h) ③	空气流量 (m³/min) ④	空气流速 v(m/s) ⑤	管径 D(mm) ⑥	配件⑦	管段当量长度⑧	管段计算长度⑨	压力损失 h_1+h_2 9.8 (Pa/m) ⑩	压力损失 h_1+h_2 9.8(Pa) ⑪
51-52	0.5	3	0.1	1.1	32	弯头 1 个	0	1	0.5	0.5
52-53	0.5	6	0.1	2.2	32	三通 1 个	1	2	1.1	1.8
53-54	0.5	9	0.2	3.2	32	三通 1 个	1	2	1.5	2.5
54-55	0.5	13	0.2	4.3	32	三通 1 个	1	2	2.2	3.6
55-56	0.5	16	0.3	2.2	50	三通 1 个，异径管 1 个	2	3	0.3	0.9
56-57	1.0	34	0.6	4.9	50	四通 1 个	2	3	0.8	2.3
57-58	1.0	69	1.1	3.8	80	五通 1 个，异径管 1 个	3	4	0.5	2.1
58-59	1.0	103	1.7	5.7	80	五通 1 个，异径管 1 个	3	4	1.0	4.2
59-60	0.5	138	2.3	4.9	100	五通 1 个	4	4	0.4	1.7
60-2	13.0	275	4.6	6.8	120	三通 1 个，异径管 1 个 弯头 4 个，闸门 1 个	24	37	1.0	36.3
2-3	5.0	551	9.2	8.7	150	三通 1 个，异径管 1 个	9	14	0.7	9.6

续表

管段编号①	管段长度 L(m)②	空气流量		空气流速 v(m/s)⑤	管径 D(mm)⑥	配件⑦	管段当量长度⑧	管段计算长度⑨	压力损失 h_1+h_2	
		(m^3/h)③	(m^3/min)④						9.8(Pa/m)⑩	9.8(Pa)⑪
3-4	5.0	827	13.8	7.3	200	三通1个，异径管1个	12	17	0.3	5.5
4-5	5.0	1102	18.4	6.2	250	三通1个，异径管1个	16	21	0.2	3.8
5-6	5.0	1378	23.0	7.8	250	三通1个	14	19	0.3	4.7
6-7	5.0	1653	27.6	6.5	300	三通1个，异径管1个	20	25	0.2	3.8
7-8	5.0	1929	32.2	7.6	300	三通1个	17	22	0.3	6.0
8-9	5.0	2205	36.7	8.7	300	三通1个	17	22	0.3	6.0
9-10	5.0	2480	41.3	7.2	350	三通1个，异径管1个	24	29	0.2	4.9
10-11	5.0	2756	45.9	6.1	400	三通1个，异径管1个	28	33	0.1	3.7
11-12	5.0	3031	50.5	6.7	400	三通1个	25	30	0.1	4.1
12-13	5.0	3307	55.1	7.3	400	三通1个	25	30	0.1	4.1
13-14	5.0	3583	59.7	7.9	400	三通1个	25	30	0.2	4.9
14-15	5.0	3858	64.3	8.5	400	三通1个	25	30	0.2	5.9
15-16	14.4	4134	68.9	5.8	500	三通1个，异径管1个，弯头2个，闸门1个	67	82	0.1	4.9
16-17	53.4	11300	188.3	8.2	700	三通1个，异径管1个	55	109	0.1	11.4
17-18	8.8	18465	307.8	8.1	900	三通1个，异径管1个	75	84	0.1	4.8
18-19	30.0	22597	376.6	8.0	1000	三通1个，异径管1个，弯头4个，闸门1个	210	240	0.0	11.7
合　计									155.9	

根据计算结果，空气管路的总压力损失为：1.6kPa

网膜空气扩散器的水头损失为5.88kPa，则总压力损失为：7.5kPa

(4) 空压机的选择：

空气扩散装置安装在距池底0.3m处，曝气池的有效水深为4.3m，空气管路的损失按1m计，则空压机所需压力为：5m

空压机供气量：

平均时：18811m^3/h

最高时：22597m^3/h

根据所需压力和空气量，选择GM25L型离心鼓风机，共6台，该鼓风机的风压为5.9m，风量100m^3/min，正常条件下，3台工作，3台备用；高负荷时，4台工作，2台备用。

4.3.6 A^2/O生物池计算(2)

低BOD负荷，初沉池并网运行或雨季运行。

1. 初沉池去除能力：

初次沉淀池是借助于污水中的悬浮物质在重力的作用下可以沉淀，从而与污水分离，初沉池去除悬浮物(SS)40%，去除20%的BOD_5，去除COD20%，去除氨氮(NH_4^+-N)5%，去除总氮(TN)5%，去除磷酸盐(P)5%。

2. UCT理论计算：

(1) 设计参数调整：(参照活性污泥工艺简明原理及设计计算)

设计参数：		
	悬浮物(SS)：	120mg/L→20mg/L
	生化需要量(BOD_5)：	144mg/L→30mg/L
	化学需氧量(COD)：	264mg/L→60mg/L
	氨氮(NH_4^+-N)：	32.3mg/L→≥15mg/L
	总氮(TN)：	41.8mg/L→≥15mg/L
	磷酸盐(P)：	6.65mg/L→1mg/L

碳源校核：

A^2/O：$\frac{BOD_5}{TN}=\frac{144}{41.8}=3.44\leqslant4$

$\frac{BOD_5}{P}=\frac{144}{6.65}=21.7\leqslant25$

∴碳源已不是很充分，可能会影响到出水效果

UCT：$\frac{BOD_5}{TN}=\frac{144}{41.8}=3.44\geqslant3$ 但是≤4(如果≥4应考虑A^2/O工艺)

$\frac{BOD_5}{P}=\frac{144}{6.65}=21.7\geqslant20$

∴碳源充足，出水水质有保证

(2) A^2/O生物池的改造理论：

在A^2O工艺中，见图4-16，回流污泥中的硝态氮势必会优先争取污水中易生物降解的有机物，实现反硝化，在竞争中使嗜磷菌处于劣势，对除磷产生不利影响。当污水中碳源较充分时，即使回流污泥中有一部分硝态氮先于放磷被反硝化，仍然会有较充分的碳源供嗜磷菌利用，不致影响除磷效果。但如果污水中的碳源较少(雨季或部分城市污水)，有机物中易降解的组分不多，硝态氮对除磷的影响就很明显了，因此，降低回流到厌氧区的硝态氮浓度是解决问题的关键。

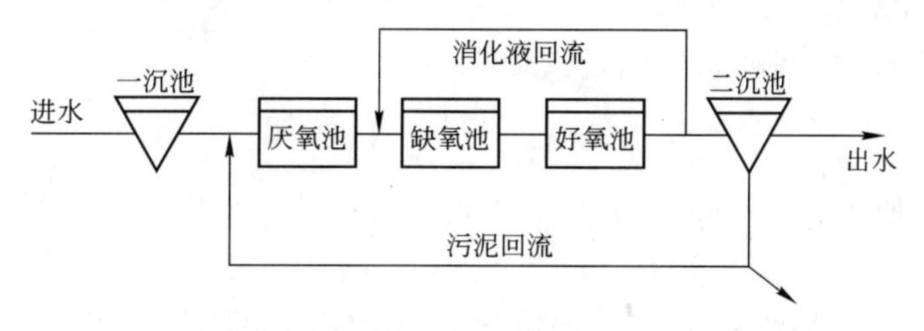

图4-16　A^2/O工艺流程

UCT工艺很好地解决了这一问题，尤其是在较低碳源的情况下，依然可以保持较好的出水水质，如图4-17所示。UCT工艺的主要改进是：回流污泥回流到缺氧区而不是厌氧区，而缺氧区流出的混合液再回流到厌氧区。回流污泥中的硝态氮会先在缺氧区反硝化，进入厌氧池的回流中硝态氮含量几乎等于零，保证碳源首先被嗜磷菌利用，不会对除磷产生不利影响。但是，较多的回流线路会造成耗电量的增加。

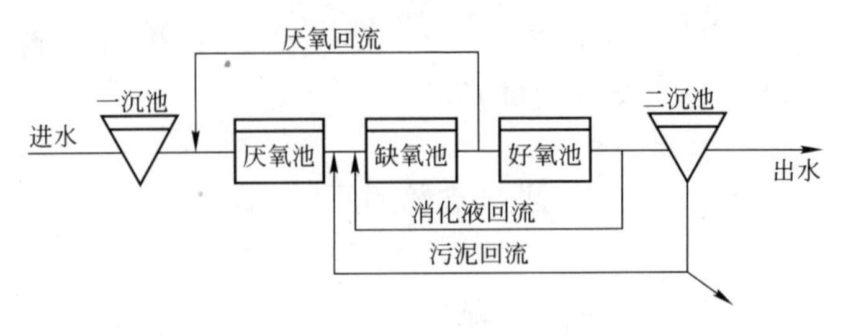

图 4-17　UCT 工艺流程

为了克服这 UCT 与 A^2/O 的缺点，笔者认为，对现有 A^2/O 生物池进行改造，实现 A^2/O 与 UCT 工艺的交替运行。在碳源平均较高时，运行 A^2/O 工艺，而发现进水碳源持续较低时，再运行 UCT 工艺。而对于一般的污水厂，都会有 2 套或 2 套以上的工艺系列，分别运行 A^2/O 和 UCT 2 套工艺，在保证出水水质安全的情况下，取得较低运行费用。

(3) 平面布置图，如图 4-18 所示：

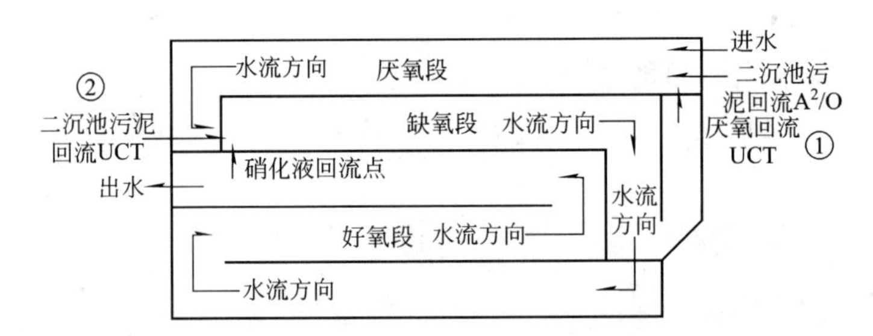

图 4-18　运行在 UCT 工艺下的生物池

将 A^2/O 工艺调整到 UCT 工艺仅需要 3 步

1) 打开“厌氧回流”；

2) 将污泥回流点调整到缺氧段之前；

3) 调试运行，调整各个回流的回流比。

(4) UCT 工艺计算：

1) 厌氧污泥量验算：

厌氧池污泥浓度 X_A 与缺氧池和好氧池不同：

$$X_A = \frac{r'}{1+r'}X$$

式中　r'——一般取 100%～200%，设计取 110%；

$$V_A = 1.0Q(1+r') = 1\times2917\times(1+1.1) = 6126\text{m}^3$$

好氧池与缺氧池污泥浓度 $X = X_D = 4\text{g/L}$，故厌氧池污泥浓度为：

$$X_A = \frac{r'}{1+r'}X = \frac{1.1}{1+1.1}\times4 = 2.1\text{g/L}$$

厌氧污泥量的比值为：

$$\begin{aligned} X_{AT}/X_T &= V_A \cdot X_A/(V_o \cdot X_o + V_D \cdot X_D + V_A \cdot X_A) \\ &= 6126\times2.1/(13896\times4+6178\times4+6126\times2.1) \\ &= 13.8\% \geqslant 10\% \end{aligned}$$

∴满足要求

2）验算好氧污泥量之比：

为保持活性污泥较好的沉淀分离性能，好氧污泥量不应小于缺氧和厌氧污泥量之和。

$$X_{OT}/X_T = 13896\times4/(13896\times4+6178\times4+6126\times2.1) = 60\% \geqslant 50\%$$

∴满足要求

3）由于UCT工艺与A^2/O工艺的传承性，其余设计均沿用A^2/O工艺参数。

a. 池容：

厌氧段：6126m^3

缺氧段：6178m^3

好氧段：13896m^3

b. 水力停留时间：

厌氧段：2.1h（名义停留时间1h≥0.75h）

缺氧段：2.1h

好氧段：4.8h

c. 总污泥龄：16d

4.3.7 二沉池

二次沉淀池的作用是泥水分离，由于沉淀水为生物池出水，污泥浓度较高，应在考虑表面负荷的情况下，用固体负荷进行校核。

1. 池体计算

二次沉淀池俯视图如图4-19所示。

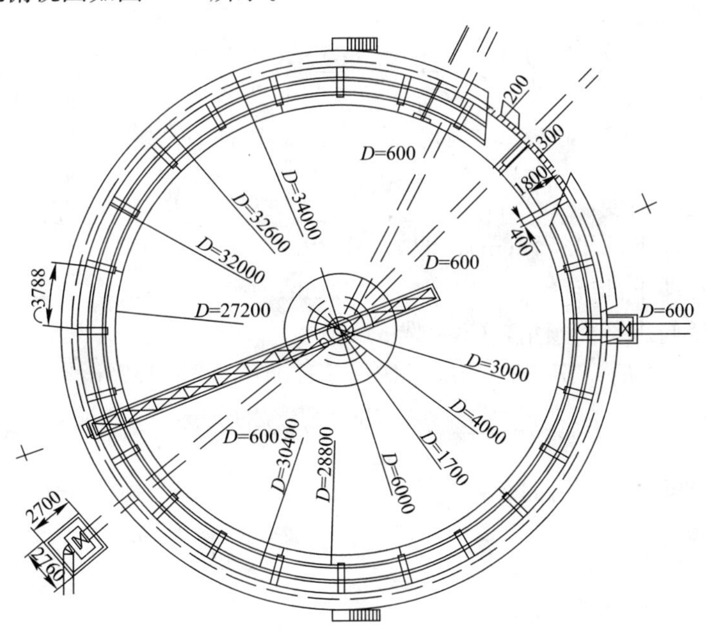

图4-19 二次沉淀池俯视图

（1）水面面积：
$$F=\frac{Q_{max}}{nq'}$$

式中 Q_{max}——最大设计流量，m^3/h，$Q_{max}=3208m^3/h$；

n——池数，个，取 $n=4$；

q'——表面负荷，$m^3/(m^2 \cdot h)$，取 $q'=1.05m^3/(m^2 \cdot h)$。

则：
$$F=\frac{Q_{max}}{nq'}=\frac{3208}{4\times1.05}=763.8m^2$$

（2）池子直径：$D=\sqrt{\frac{4F}{\pi}}=\sqrt{\frac{4\times763.8}{3.14}}=31.2m$　取 $D=32m$

（3）实际水面面积：$F_0=\frac{\pi D^2}{4}=\frac{3.14\times32^2}{4}=804m^2$

核算表面负荷：$q=\frac{Q}{nF_0}=\frac{3208}{4\times804}=1.0m^3/(m^2 \cdot h)<1.5m^3/(m^2 \cdot h)$，符合要求。

（4）沉淀部分有效水深：
$$h_2=q't$$

式中 t——沉淀时间，h，取 $t=3h$。

则：
$$h_2=q't=1.05\times3=3.15m$$

校核径深比：$D/h_1=32/3.15=10.2$，在 6～11 内，符合要求。

（5）沉淀部分有效容积：
$$V'=\frac{Q_{max}}{n}t=\frac{3208}{4}\times3=2406m^3$$

（6）污泥部分所需的容积：
$$V=\frac{4(1+R)QR}{(1+2R)}$$

式中 R——回流比；

Q——曝气池设计流量，(m^3/h)。

$$V=\frac{(1+R)QR}{(1+2R)\times2}=\frac{(1+0.66)\times3208\times0.66}{(1+2\times0.66)\times2}=757m^3$$

（7）污泥斗容积：
$$V_1=\frac{\pi h_5}{3}(r_1^2+r_1r_2+r_2^2)\quad h_5=(r_1-r_2)\tan\alpha$$

式中 h_5——污泥斗高度，(m)；

r_1——污泥斗上部半径，(m)，取 $r_1=2.0m$；

r_2——污泥斗下部半径，(m)，取 $r_2=1.0m$；

α——斗壁与水平面倾角，(°)，取 $\alpha=60°$。

则：
$$h_5=(r_1-r_2)\tan\alpha=(2.0-1.0)\tan60°=1.73m$$

$$V_1=\frac{\pi h_5}{3}(r_1^2+r_1r_2+r_2^2)=\frac{3.14\times1.73}{3}\times(2.0^2+2.0\times1.0+1.0^2)=12.7m^3$$

（8）泥斗以上圆锥部分污泥容积：
$$V_2=\frac{\pi h_4}{3}(R^2+Rr_1+r_1^2)\quad h_4=(R-r_1)i=\left(\frac{D}{2}-r_1\right)i$$

式中 h_4——圆锥体高度，(m)；

R——池子半径，(m)；

i——坡度，此处取 $i=0.05$；

则：$h_4=(R-r_1)i=\left(\frac{D}{2}-r_1\right)i=\left(\frac{32}{2}-2.0\right)\times0.05=0.7\text{m}$

$$V_2=\frac{\pi h_4}{3}(R^2+Rr_1+r_1^2)=\frac{3.14\times0.7}{3}(16^2+16\times2.0+2.0^2)=214\text{m}^3$$

(9) 沉淀池总高度：$H=h_1+h_2+h_3+h_4+h_5$

超高，取 $h_1=0.3$m；

式中 h_3——缓冲层高度，取 $h_3=0.3$m，一般值为 0.3～0.5。

h_2——有效水深，为 3.15m；

h_4——圆锥体高度，为 0.7m；

h_5——污泥斗高度，为 1.73m；

h_6——圆柱泥区高度，为 1.0m。

则：$H=h_1+h_2+h_3+h_4+h_5+h_6=0.3+3.15+0.3+0.7+1.73+1=7.18\text{m}$

(10) 沉淀池池边高：$H'=h_1+h_2+h_3+h_6=0.3+3.15+0.3+1=4.75\text{m}$

(11) 污泥总容积：$V=V_1+V_2+V_3=12.7+214+804=1030\text{m}^3>757\text{m}^3$

(12) 固体负荷：

现状二沉池的表面负荷为 1.000m³/(m²·h)，虽然已经是规范规定的最小值，但活性污泥浓度较高，固体负荷较高，故校验负荷，见表 4-2。

二沉池中 MLSS 对应的 u 值 **表 4-2**

项　目	数　值					
MLSS(mg·L⁻¹)	2000	3000	4000	5000	6000	7000
u(mm·s⁻¹)	≤0.5	0.35	0.28	0.22	0.18	0.14

活性污泥进水 MLSS 为 4000，查表可知 u 为 0.28，表面负荷为：

$$q=3.6\times\upsilon=3.6\times0.28=1.008\text{m}^3/(\text{m}^2\cdot\text{h})>1.000\text{m}^3/(\text{m}^2\cdot\text{h})$$

合格！但已是最大接纳浓度，二期扩容需增加二沉池数量。

2. 中心管计算：

(1) 进水管流速：

取 $D_0=700$mm

则 $v_0=\frac{4Q_{max}}{n\pi D_0^2}=\frac{4\times0.89(1+66.7\%)}{5\times3.14\times0.7^2}=0.96\text{m/s}$

在 0.9～1.2m/s 之间，符合设计要求

(2) 中心管设计要求，如图 4-20 所示：

$v_1=0.9\sim1.2\text{m/s}$　$v_2=0.15\sim0.20\text{m/s}$

$v_3=0.10\sim0.20\text{m/s}$

$B=(1.5\sim2.0)b$　$D=4D_1$　$h=(1/3\sim1/2)h_2$

(3) 套管直径：取 $D_1=1.7$m

则：$D=4D_1=4\times1.7=6.8\text{m}$

$$v_2=\frac{4Q_{max}}{n\pi D_1^2}=\frac{4\times0.89(1+66.7\%)}{4\times3.14\times1.7^2}=0.16\text{m/s}$$

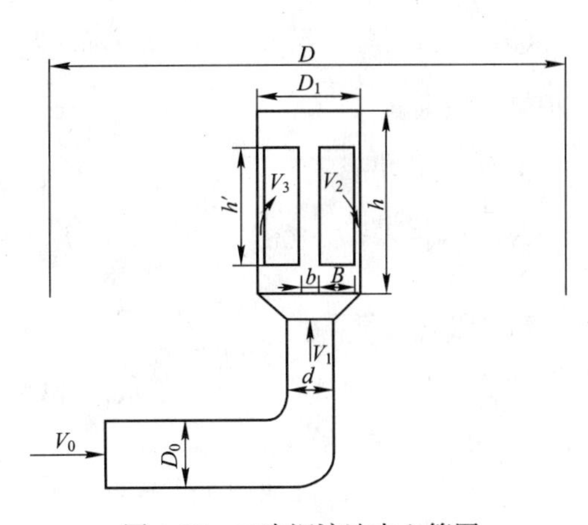

图 4-20　二次沉淀池中心管图

v_2在0.15~0.20m/s之间，符合要求

(4) 设8个进水孔，取$B=2b$　$\pi D_1=8(B+b)$

则：

$$B=2b=2\times0.2=0.4\text{m}$$

(5) h'，取$v_3=0.18\text{m/s}$

$$h'=\frac{Q_{max}}{8nBv_3}=\frac{0.89(1+66.7\%)}{8\times4\times0.4\times0.18}=0.64\text{m}$$

(6) v_1，取$d=700\text{mm}$

$$v_1=\frac{4Q_{max}}{n\pi d^2}=\frac{4\times0.89(1+66.7\%)}{4\times3.14\times0.7^2}=0.96\text{m/s}$$

v_1在0.9~1.2m/s之间，符合设计要求。

3. 出水堰的计算，见图4-21：

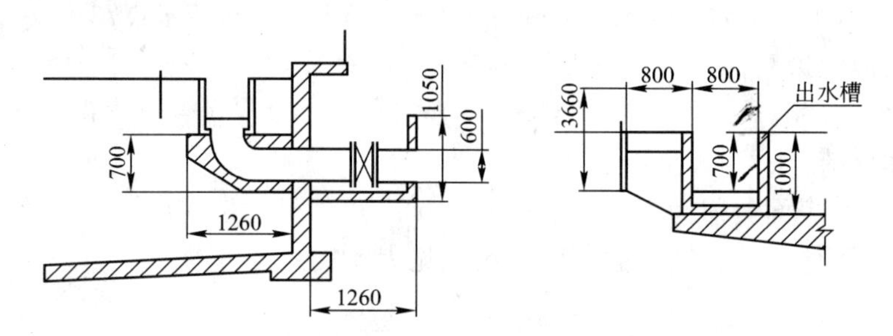

图4-21　二次沉淀池出水系统

(1) 出水堰采用直角三角堰，过水堰堰上水头取$h=0.035\text{m}$

堰口流量：

$$q=1.4h^{5/2}=0.321\text{L/S}$$

三角堰个数：

$$n=\frac{Q_{max}}{mq}=\frac{223}{0.321}=694\text{个}$$

(2) 取槽宽为0.6m，水深为0.6m，出水槽距池内壁0.8m

则：

$$D_{内}=D-0.6\times2-0.8\times2=32-1.2-1.6=29.2\text{m}$$

$$D_{外}=D-0.8\times2=32-1.6=30.4\text{m}$$

集水槽高：

$$最大高度=0.6+0.1+0.1=0.8\text{m}$$

$$最小高度=0.2+0.1+0.1=0.4\text{m}$$

(3) 出水堰总长：

$$l=\pi(D_{内}+D_{外})=3.14\times(29.2+30.4)=187.2\text{m}$$

单个堰堰宽

$$l'=\frac{l}{n}=\frac{187}{694}=0.27\text{m}$$

堰口宽0.20m

堰口高$\frac{0.20}{2}=0.10\text{m}$

(4) 堰口负荷：$q'=\frac{Q_{max}}{mnl'}=\frac{178}{694}\times4=1.0\text{L/(s·m)}$

q'在1.0~2.0L/(s·m)之间，符合设计要求。

4. 集配水井计算

(1) 设计4个二沉池用1个集配水井。

$$Q_1=0.89(1+66.7\%)=1.48\text{m}^3/\text{s}$$

(2) 配水井来水管管径 D_1 取 $D_1=1100$mm，其管内流速为 v_1

则：
$$v_1=\frac{4Q_1}{\pi D_1^2}=\frac{4\times1.48}{3.14\times1.2^2}=1.31\text{m/s}$$

(3) 上升竖管管径 D_2 取 $D_2=1300$mm，其管内流速为 v_2

则：
$$v_2=\frac{4Q_1}{\pi D_2^2}=\frac{4\times1.48}{3.14\times1.3^2}=1.12\text{m/s}$$

(4) 竖管喇叭口口径 D_3，其管内流速为 v_3

$$D_3=1.3D_2=1.3\times1300=1690\text{mm}$$

则：
$$v_3=\frac{4Q_1}{\pi D_3^2}=\frac{4\times1.48}{3.14\times1.69^2}=0.66\text{m/s}$$

(5) 喇叭口扩大部分长度 h_3，取 $\alpha=45°$

则：
$$h_3=(D_3-D_2)\tan\alpha/2=(1.69-1.30)\tan45°/2=0.195\text{m}$$

(6) 喇叭口上部水深 $h_1=0.5$m，其管内流速为 v_4

则：
$$v_4=\frac{Q_1}{\pi D_3 h}=\frac{1.48}{3.14\times1.69\times0.5}=0.56\text{m/s}$$

(7) 配水井尺寸：直径 $D_4=D_3+(1.0\sim1.6)$，取 $D_4=D_3+1.5$

则：
$$D_4=D_3+1.5=1.69+1.5=3.19\text{m}$$

(8) 集水井与配水井合建，集水井宽 $B=1.2$m，集水井直径 D_5

则：
$$D_5=D_4+2B=3.19+2\times1.2=5.59\text{m}$$

4.3.8　接触池

接触池的作用是为处理水的消毒提供一定的接触时间，池容较小，如图 4-22 所示。

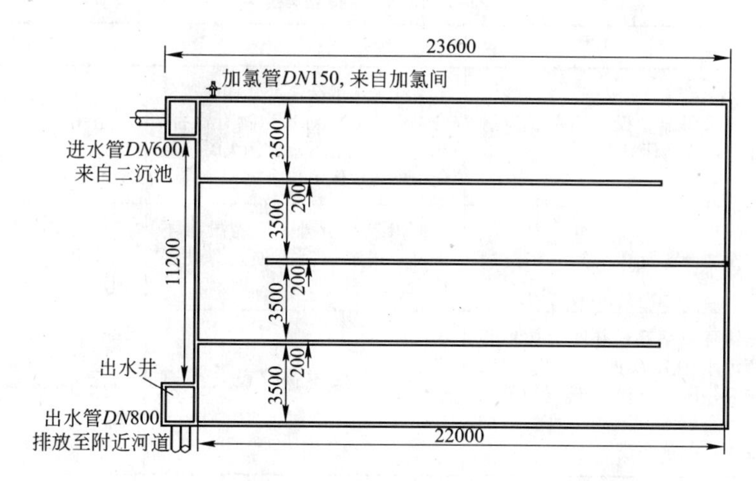

图 4-22　一个系列的接触池

(1) 接触池容积：
$$V=Qt$$

式中　Q——设计流量，(m³/d)，由设计任务书取 $Q=7.7\times10^4\text{m}^3/\text{d}$；

t——接触时间，(min)，取 $t=30$min。

则：
$$V=Qt=7.7\times10^4\times\frac{30}{60\times24}=1604\text{m}^3$$

（2）接触池平面面积： $A=\frac{V}{h_2}$

式中　h_2——有效水深，(m)，取 $h_2=2.75$m

$$A=\frac{V}{h_2}=\frac{1604}{2.75}=583.3\text{m}^2$$

（3）池长　$L=\frac{A_0}{B}$　$A_0=\frac{A}{n}$

式中　n——接触池个数，(个)，取 $n=2$；

A_0——单个池表面积，(m^2)；

B——池宽，(m)，取 $B=3.5$m。

$$A_0=\frac{A}{n}=\frac{583.3}{2}=291.6\text{m}^2$$

$$L=\frac{A_0}{B}=\frac{291.6}{3.5}=83.3\text{m}$$

（4）单廊道长：$L_0=\frac{L}{m}=\frac{83.3}{4}=20.8\text{m}$　取 22m

4.3.9　加氯量

城市污水经活性污泥法处理之后，虽然各项污染指标均已大大降低，但是，其处理水中的细菌含量仍然较高，不可忽略，并且很有可能存在病源菌，如果直接出厂将是对环境和下游人民的不负责任。故污水排入水体前，应经消毒处理。

通过比较，选用液氯作为消毒剂，见表 4-3。

消毒剂的各种特性表　　　　**表 4-3**

消毒剂	优　点	缺　点	适用条件
液氯	效果可靠、投配简单、投量准确，价格便宜	氯化形成的余氯及某些含氯化合物低浓度时对水生物有毒害，当污水含工业污水比例大时，氯化可能生成致癌化合物	适用于大、中规模的污水处理厂
漂白粉	投加设备简单，价格便宜	同液氯缺点外，尚有投量不准确，溶解调制不便，劳动强度大	适用于出水水质较好，排入水体卫生条件要求高的污水处理厂
臭氧	消毒效率高，并能有效地降解污水中残留的有机物、色、味等，污水中pH、温度对消毒效果影响小，不产生难处理的或生物积累性残余物	投资大成本高，设备管理复杂	适用于出水水质较好，排入水体卫生条件要求高的污水处理厂

$$W=Q\cdot q$$

式中　q——每日加氯量，(mg/L)，取 $q=8.5$mg/L。

$$W=Q\cdot q=7.7\times10^4\times8.5\times10^{-3}=654.5\text{kg/d}$$

4.3.10　巴氏计量槽

为了有效监控污水流量，掌握污水处理厂运行情况，在出水端设置计量槽。巴氏计量槽的优点有：水头损失小，不易发生沉淀，操作简单。但其对施工要求高。

（1）计量槽主要部分尺寸

$$A_1=0.5b+1.2$$
$$A_2=0.6\text{m}$$
$$A_3=0.9\text{m}$$
$$B_1=1.2b+0.48$$
$$B_2=b+0.3$$

式中 A_1——渐缩部分长度，(m)；

b——喉部宽度，(m)；

A_2——喉部长度，(m)；

A_3——渐扩部分长度，(m)；

B_1——上游渠道宽度，(m)；

B_2——下游渠道宽度，(m)。

设计中取：

$$b=0.75\text{m}$$
$$A_1=0.5\times0.75+1.2=1.575\text{m}$$
$$A_2=0.6\text{m}$$
$$A_3=0.9\text{m}$$
$$B_1=1.2\times0.75+0.48=1.38\text{m}$$
$$B_2=0.75+0.3=1.05\text{m}$$

（2）计量槽总长度：

计量槽应设在渠道的直线段上，直线段的长度不应小于渠道宽度的 8～10 倍，在计量槽上游，直线段不小于渠宽的 2～3 倍，下游不小于 4～5 倍。

计量槽上游直线段长：

$$L_1=3B_1=3\times1.38=4.14\text{m}$$

计量槽下游直线段长：

$$L_2=5B_2=5\times1.05=5.25\text{m}$$

计量槽总长：

$$L=L_1+A_1+A_2+A_3+L_2=4.14+1.575+0.6+0.9+5.25=12.465\text{m}$$

（3）计量槽的水位：

当 $b=0.75\text{m}$ 时，$Q=1.777\cdot H_1^{1.558}$

式中 H_1——上游水深，(m)。

$$H_1=\sqrt[1.558]{\frac{Q}{1.777}}=\sqrt[1.558]{\frac{0.81}{1.777}}=0.60\text{m}$$

当 $b=0.3-2.5\text{m}$ 时，$H_2/H_1\leqslant0.7$ 时为自由流；

$$H_2\leqslant0.7\times0.60=0.42\text{m}；取\ H_2=0.4\text{m}$$

（4）渠道水力计算：

1）上游渠道：

过水断面面积 A：

$$A=B_1\times \text{H}_1=1.38\times0.60=0.83\text{m}^2$$

湿周 f：

$$f=B_1+2H_1=1.38+2\times0.6=2.58\text{m}$$

水力半径 R：

$$R=\frac{A}{f}=\frac{0.83}{2.58}=0.32\text{m}$$

流速 v：

$$v=\frac{Q}{A}=\frac{0.81}{0.83}=0.98\text{m/s}$$

水力坡度 i：

$i=(vnR^{-\frac{2}{3}})^2$　其中 n 为粗糙系数，采用 0.013。

$i=(0.98\times0.013\times0.32^{-\frac{2}{3}})^2=0.74‰$

2）下游渠道：

过水断面面积　$A=B_2\times H_2=1.05\times0.40=0.42\text{m}^2$

湿周　$f=B_2+2H_2=1.05+2\times0.4=1.85\text{m}$

水力半径　$R=\frac{A}{f}=\frac{0.42}{1.85}=0.23\text{m}$

流速　$v=\frac{Q}{A}=\frac{0.81}{0.42}=1.93\text{m/s}$

水利坡度　$i=(1.93\times0.013\times0.23^{-\frac{2}{3}})^2=4.5‰$

（5）污水厂出水管：

采用重力流铸铁管，流量 $Q=0.81\text{m}^3/\text{s}$；$DN=1100\text{mm}$；$v=0.9\text{m/s}$；$i=0.9‰$。

4.4 污泥处理构筑物计算

4.4.1 驻泥池，污泥浓缩池，污泥投配池

1. 驻泥池

二沉池污泥直接排入驻泥池，其中一部分经回流污泥泵回流到厌氧池，另一部分剩余污泥由剩余污泥泵投配到污泥浓缩池。

驻泥池容积按最大 1h 污泥停留时间计，其容积为：

$$V=\frac{Q_d}{24}=\frac{654}{24}=27.3\text{m}^3$$

D 取 3m

$$h=\frac{V}{A}=\frac{27.3}{3.14\times1.5^2}=3.9\text{m}$$

2. 污泥浓缩池

只有二沉池的污泥排入污泥浓缩池，一沉池污泥直接排入消化池，如图 4-23 所示。

（1）剩余污泥量：

$$\Delta X=\frac{V\cdot X}{\theta_c}=\frac{26180\times4}{16.0}=6545\text{kgss/d}$$

(2) 浓缩污泥量：　$Q=\frac{Q_0}{1-P_1}$

式中　P_1——污泥浓缩前含水率，(%)，取 $P_1=99\%$；

ρ——污泥密度，(kg/m³)，取 $\rho=1000\text{kg/m}^3$。

$$Q=\frac{Q_0}{1-P_1}=\frac{6545}{1-99\%}=654500\text{kg/d}$$
$$=654\text{m}^3/\text{d}$$

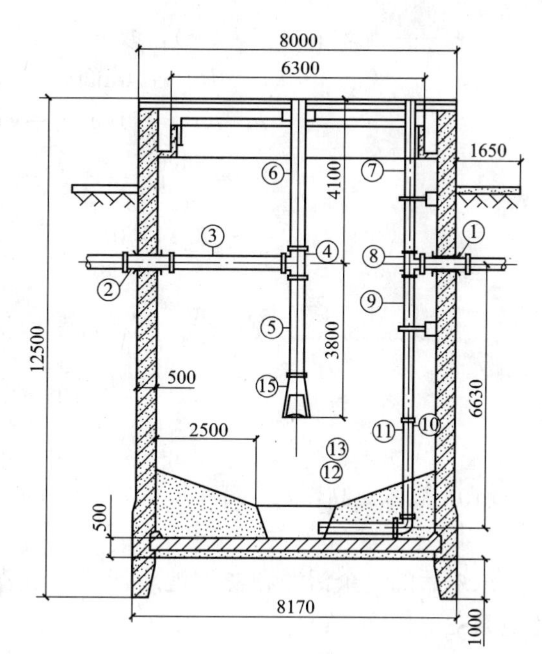

图 4-23　污泥浓缩池

(3) 浓缩池有效容积：　$V'=\frac{QT}{24}$

式中　T——停留时间，(h)，取 $T=16\text{h}$。

则：$V'=\frac{QT}{24}=\frac{654\times16}{24}=436\text{m}^3$

(4)浓缩池表面积：　$F=\frac{V'}{nh_2}$

式中　n——浓缩池个数，(个)，取 $n=2$；

h_2——有效水深，(m)，$h_2=6.5\text{m}$。

则：　$$F=\frac{V'}{nh_2}=\frac{436}{2\times6.5}=33.5\text{m}^2$$

(5) 浓缩池直径：$D=\sqrt{\frac{4F}{\pi}}=\sqrt{\frac{4\times33.5}{3.14}}=6.5\text{m}$，取 $D=7\text{m}$

(6) 浓缩后污泥量：　$$Q_{泥}=Q\times\frac{1-P_1}{1-P_2}$$

式中　P_2——浓缩后污泥含水率，(%)，$P_2=97\%$。

则：　$$Q_{泥}=Q\times\frac{1-P_1}{1-P_2}=436\times\frac{1-99\%}{1-97\%}=145.3\text{m}^3/\text{d}=6.1\text{m}^3/\text{h}$$

(7) 分离出的污水量：$Q_{水}=Q\times\frac{P_1-P_2}{1-P_2}=436\times\frac{99\%-97\%}{1-97\%}=290.7\text{m}^3/\text{d}=12.1\text{m}^3/\text{h}$

(8) 池边水深：　$H'=h_1+h_2+h_5$

式中　h_1——超高，(m)，取 $h_1=0.5\text{m}$；

h_5——缓冲层高度，(m)，$h_5=0.5\text{m}$。

则：　$$H'=h_1+h_2+h_5=0.5+6.5+0.5=7.5\text{m}$$

(9) 泥斗容积：$V_{泥}=V_1+V_2$　$V_1=\frac{\pi h_3}{3}(r_1^2+r_1R+R^2)$ $V_2=\frac{\pi h_4}{3}(r_1^2+r_1r_2+r_2^2)$

$$h_3=(R-r_1)\tan20^\circ\quad h_4=(r_1-r_2)\tan70^\circ$$

式中　V_1——泥斗以上梯形部分容积，(m³)；

V_2——泥斗容积，(m³)；

h_3——泥斗以上梯形部分高度，(m)；

h_4——泥斗高度，(m)；

r_1——泥斗上口宽，(m)，取 $r_1=1.0\text{m}$；

r_2——泥斗下口宽，(m)，取 $r_2=0.7$m。

则：
$$h_3=(R-r_1)\tan20°=(3.5-1)\tan20°=0.91\text{m}$$
$$h_4=(r_1-r_2)\tan70°=(1-0.7)\tan70°=0.8\text{m}$$
$$V_1=\frac{\pi h_3}{3}(r_1^2+r_1R+R^2)$$
$$=\frac{3.14\times0.91}{3}(3.5^2+3.5\times1+1^2)=16\text{m}^3$$
$$V_2=\frac{\pi h_4}{3}(r_1^2+r_1r_2+r_2^2)$$
$$=\frac{3.14\times0.8}{3}(1^2+1\times0.7+0.7^2)=1.8\text{m}^3$$
$$V_{泥}=V_1+V_2=16+1.8=17.8\text{m}^3$$

(10) 池体总高：$H=h_1+h_2+h_3+h_4+h_5=7.5+0.91+0.8=9.21$m

3. 污泥投配池

浓缩后的剩余污泥和初沉池污泥进入驻泥池，然后经污泥投配泵进入消化池中温消化，其主要作用为：

(1) 调节污泥量；

(2) 药剂投加池；

(3) 预加热池：

1) 投配池设计进泥量：

$$Q=Q_1+Q_2=240+654=894\text{m}^3$$

2) 投配池容积：

$$V=\frac{Q\times t}{24n}=\frac{894\times6}{24\times2}=111.8\text{m}^3$$

式中 t——驻泥时间；

n——污泥投配池个数。

污泥池设计容积：

$$V=a^2h_2+\frac{1}{3}h_3(a^2+ab+b^2)，h_3=\text{tg}\alpha(a-b)/2$$

式中 V——投配池容积；

h_2——投配池有效深度；

h_3——污泥斗高度；

a——池边长；

b——污泥斗底边长；

α——污泥斗倾角。

设计中 $n=2$，$a=5$m，$h_2=3.5$m，$b=1$m

$$h_3=\text{tg}60\left(\frac{5-1}{2}\right)=3.46\text{m}$$
$$V=87.5+35.75=123.25\text{m}^3\geqslant111.8\text{m}^3$$

投配池高度：$h=h_1+h_2+h_3=0.3+3.5+3.46=7.26$m

设计取：7.3m

4.4.2　污泥消化池

污泥经浓缩后的泥量为 $V'=145.3\text{m}^3/\text{d}=6.1\text{m}^3/\text{h}$，含水率为97%。初沉池泥量为：$V=140\text{m}^3/\text{d}=5.8\text{m}^3/\text{h}$。采用中温二级消化处理，消化池停留天数为30d，其中一级消化20d，二级消化10d。消化池控制温度为33～35℃，计算温度为35℃。

1. 一级消化池：

如图4-24所示。

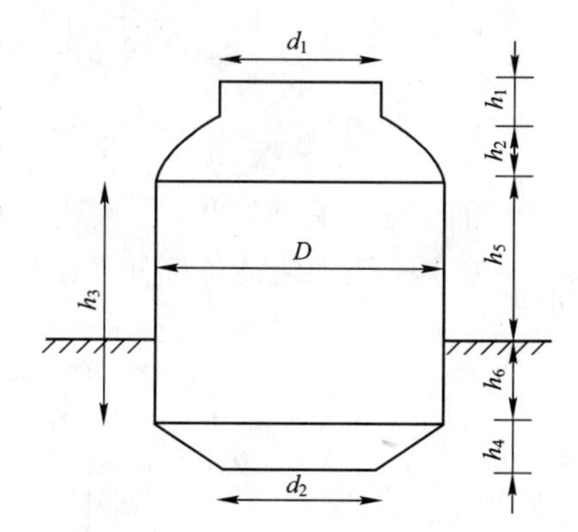

图4-24　污泥消化池计算草图

（1）一级消化池总容积：　　$V=\dfrac{100V'}{P}$

式中　V'——新鲜污泥量，(m^3/d)，取 $V'=285.3\text{m}^3/\text{d}=11.9\text{m}^3/\text{h}$；

P——污泥投配率，(%)，取 $P=6\%$。

则：　　$V=\dfrac{100V'}{P}=\dfrac{100\times285.3}{6}=4755\text{m}^3$

（2）每座消化池的有效容积：　　$V_0=\dfrac{V}{n}$

式中　n——消化池座数，(个)，取 $n=3$。

则：　　$V_0=\dfrac{V}{n}=\dfrac{4755}{3}=1585.0\text{m}^3$

（3）消化池总高度：　　$H=h_1+h_2+h_3+h_4$

式中　h_1——集气罩高度，(m)，取 $h_1=1\text{m}$；

h_2——上锥体高度，(m)，取 $h_2=1.8\text{m}$；

h_3——消化池主体部分高度，应大于 $D/2=7.5\text{m}$，(m)，取 $h_3=8\text{m}$；

h_4——下锥体高度，(m)，取 $h_4=1.8\text{m}$。

则：　　$H=h_1+h_2+h_3+h_4=1+1.8+8+1.8=13\text{m}$

（4）消化池各部分容积的计算：

集气罩容积：　　$V_1=\dfrac{\pi}{4}d_1^2h_1$

式中　d_1——集气罩直径，(m)，取 $d_1=2\text{m}$。

则：　　$V_1=\dfrac{\pi}{4}d_1^2h_1=\dfrac{3.14}{4}\times2^2\times1=3.14\text{m}^3$

弓形部分容积：　　$V_2=\dfrac{\pi}{24}h_2(3D^2+4h_2^2)$

式中　D——消化池直径，在6～35m之间，(m)，取 $D=15\text{m}$。

则：$V_2=\dfrac{\pi}{24}h_2(3D^2+4h_2^2)=\dfrac{3.14}{24}\times1.8\times(3\times15^2+4\times1.8^2)=162\text{m}^3$

圆柱部分容积：　　$V_3=\dfrac{\pi}{4}D^2h_3=\dfrac{3.14}{4}\times15^2\times8=1413\text{m}^3$

下圆锥部分容积：　　$V_4=\dfrac{\pi}{3}h_4\left[\left(\dfrac{D}{2}\right)^2+\dfrac{D}{2}\times\dfrac{d_2}{2}+\left(\dfrac{d_2}{2}\right)^2\right]$

式中　d_2——池底下锥体直径，(m)，取 $d_2=2$m。

则：
$$V_4=\frac{\pi}{3}h_4\left[\left(\frac{D}{2}\right)^2+\left(\frac{d_2}{2}\right)^2+\frac{D}{2}\times\frac{d_2}{2}\right]$$
$$=\frac{3.14}{3}\times1.8\times\left[\left(\frac{15}{2}\right)^2+\frac{15}{2}\times\frac{2}{2}+\left(\frac{2}{2}\right)^2\right]=122\text{m}^3$$

消化池的有效容积：　$V_0=V_2+V_3+V_4=162+1413+122=1697\text{m}^3>1585\text{m}^3$

(5) 一级消化池各部分表面积计算，如图 4-25 所示：

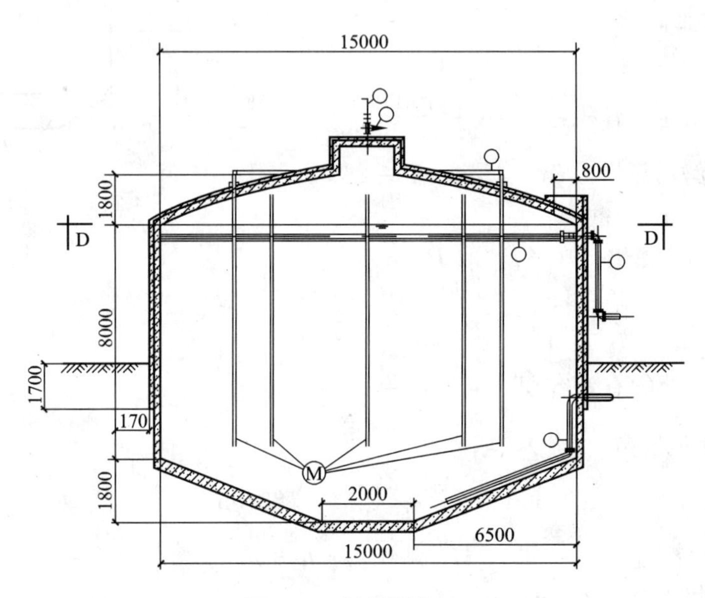

图 4-25　污泥消化池

集气罩表面积：$F_1=\frac{\pi}{4}d_1^2+\pi d_1h_1=\frac{\pi}{4}\times2^2+\pi\times2\times1=9.42\text{m}^2$

池顶表面积：$F_2=\frac{\pi}{4}\times(4h_2^2+D)=\frac{3.14}{4}\times(4\times1.8^2+15)=22\text{m}^2$

池盖表面积：　$F=F_1+F_2=9.42+22=31.42\text{m}^2$

池壁表面积(地面以上部分)：　$F_3=\pi Dh_5$

式中　h_5——池壁地面以上部分，(m)，取 $h_5=5$m。

则：　$F_3=\pi Dh_5=\pi\times15\times5=236\text{m}^2$

池壁表面积(地面以下部分)：　$F_4=\pi Dh_6$

式中　h_6——池壁地面以下部分，(m)，取 $h_6=3$m。

则：　$F_4=\pi Dh_6=3.14\times15\times3=141\text{m}^2$

池底表面积：
$$F_5=\pi d\left(\frac{D}{2}+\frac{d_2}{2}\right)$$

则：
$$d=\sqrt{h_4^2+\left(\frac{D-d_2}{2}\right)^2}=\sqrt{1.8^2+\left(\frac{15-2}{2}\right)^2}=6.7\text{m}$$
$$F_5=\pi d\left(\frac{D}{2}+\frac{d_2}{2}\right)=3.14\times6.7\times\left(\frac{15}{2}+\frac{2}{2}\right)=179\text{m}^2$$

2. 二级消化池：

投配率为9%，池子总容积为一级消化池的2/3，故设2座与一级消化池一样的池子（考虑到二期扩容，二级消化池未全负荷运转）。

(1) 二级消化池总容积： $V=\frac{100V'}{P}$

式中 V'——新鲜污泥量，(m^3/d)，取 $V'=285.3m^3/d$；

P——污泥投配率，(%)，取 $P=9\%$。

则： $$V=\frac{100V'}{P}=\frac{100\times285.3}{9}=3170m^3$$

(2) 每座消化池的有效容积：$V_0=\frac{V}{n}$

式中 n——消化池座数，(个)，取 $n=2$。

则： $$V_0=\frac{V}{n}=\frac{3170}{2}=1585m^3$$

(3) 消化池总高度： $H=h_1+h_2+h_3+h_4$

式中 h_1——集气罩高度，(m)，取 $h_1=1m$；

h_2——上锥体高度，(m)，取 $h_2=1.8m$；

h_3——消化池主体部分高度，应大于 $D/2=7.5m$，m，取 $h_3=8m$；

h_4——下锥体高度，(m)，取 $h_4=1.8m$。

则： $$H=h_1+h_2+h_3+h_4=1+1.8+8+1.8=13m$$

(4) 消化池各部分容积的计算：

集气罩容积： $V_1=\frac{\pi}{4}d_1^2h_1$

式中 d_1——集气罩直径，(m)，取 $d_1=2m$。

则： $$V_1=\frac{\pi}{4}{d_1}^2h_1=\frac{3.14}{4}\times2^2\times1=3.14m^3$$

弓形部分容积： $V_2=\frac{\pi}{24}h_2(3D^2+4h_2^2)$

式中 D——消化池直径，在6~35m之间，(m)，取 $D=15m$。

则： $$V_2=\frac{\pi}{24}h_2(3D^2+4h_2^2)=\frac{3.14}{24}\times1.8\times(3\times15^2+4\times1.8^2)=162m^3$$

圆柱部分容积： $V_3=\frac{\pi}{4}D^2h_3=\frac{3.14}{4}\times15^2\times8=1413m^3$

下圆锥部分容积： $V_4=\frac{\pi}{3}h_4\left[\left(\frac{D}{2}\right)^2+\frac{D}{2}\times\frac{d_2}{2}+\left(\frac{d_2}{2}\right)^2\right]$

式中 d_2——池底下锥体直径，(m)，取 $d_2=2m$。

则： $$V_4=\frac{\pi}{3}h_4\left[\left(\frac{D}{2}\right)^2+\left(\frac{d_2}{2}\right)^2+\frac{D}{2}\times\frac{d_2}{2}\right]$$

$$=\frac{3.14}{3}\times1.8\times\left[\left(\frac{15}{2}\right)^2+\frac{15}{2}\times\frac{2}{2}+\left(\frac{2}{2}\right)^2\right]=122m^3$$

消化池的有效容积： $V_0=V_2+V_3+V_4=162+1413+122=1697m^3>1585m^3$

(5) 二级消化池各部分表面积计算：

集气罩表面积： $F_1=\frac{\pi}{4}d_1^2+\pi d_1h_1=\frac{\pi}{4}\times2^2+\pi\times2\times1=9.42\text{m}^2$

池顶表面积： $F_2=\frac{\pi}{4}\times(4h_2^2+D)=\frac{3.14}{4}\times(4\times1.8^2+15)=22\text{m}^2$

池盖表面积： $F=F_1+F_2=9.42+22=31.42\text{m}^2$

池壁表面积(地面以上部分)： $F_3=\pi Dh_5$

式中 h_5——池壁地面以上部分，(m)，取 $h_5=5\text{m}$。

则： $F_3=\pi Dh_5=\pi\times15\times5=236\text{m}^2$

池壁表面积(地面以下部分)： $F_4=\pi Dh_6$

式中 h_6——池壁地面以下部分，(m)，取 $h_6=3\text{m}$。

则： $F_4=\pi Dh_6=3.14\times15\times3=141\text{m}^2$

池底表面积： $F_5=\pi d\left(\frac{D}{2}+\frac{d_2}{2}\right)$

则：

$$d=\sqrt{h_4^2+\left(\frac{D-d_2}{2}\right)^2}=\sqrt{1.8^2+\left(\frac{15-2}{2}\right)^2}=6.7\text{m}$$

$$F_5=\pi d\left(\frac{D}{2}+\frac{d_2}{2}\right)=3.14\times6.7\times\left(\frac{15}{2}+\frac{2}{2}\right)=179\text{m}^2$$

4.4.3 贮气柜

(1) 产气量： $V=\frac{qQ_{泥}T}{24}$

式中 q——单位体积污泥产气量，(m³沼气/m³污泥)，取 $q=8\text{m}^3$沼气/m³污泥；

T——产气时间，(h)，取 $T=8\text{h}$。

则： $V=\frac{qQ_{泥}T}{24}=\frac{8\times285.3\times8}{24}=760.8\text{m}^3$

(2) 贮气柜尺寸计算： $V_0=\frac{V}{n}=\frac{760.8}{3}=253.6\text{m}^3$

$$H=\frac{V_0}{0.785D^2}$$

$$D=7\text{m}\quad H=7\text{m}$$

$$V_0=H\cdot0.785\cdot D^2=7\times0.785\times7^2=269.3\text{m}^3\geqslant253.6\text{m}^3$$

4.4.4 消化污泥控制室

1. 一级消化污泥投配泵：(每天投配 2 次，每次投配 2h)

估算扬程 $H=h+h'=14+2=16\text{m}$

泵的流量 $Q=\frac{Q_{总}}{nt}=\frac{285.3}{3\times4}=24\text{m}^3/\text{h}$

2. 二级消化污泥投配泵：(每天投配 2 次，每次投配 3h)

估算扬程 $H=h+h'=14+2=16\text{m}$

泵的流量 $Q=\frac{Q_{总}}{nt}=\frac{285.3}{2\times6}=24\text{m}^3/\text{h}$(选用和一级投配泵相同的泵)

3. 沼气搅拌系统：

(1) 搅拌气量：

消化池搅拌气量一般按 $5\sim7m^3/(1000m^3\cdot min)$，设计取 $6m^3/(1000m^3\cdot min)$

每座消化池气体用量　$q=6\times\frac{1697}{1000}=10m^3/min=0.17m^3/s$

(2) 干管，竖管管径：

干管流速取 $v_1=10m/s$，干管管径为：

$$d_1=\sqrt{\frac{4q}{\pi\times v_1}}=\sqrt{\frac{4\times0.17}{3.14\times10}}=0.147\approx150mm$$

每座消化池设 16 根竖管，竖管流速 $v_2=5m/s$，竖管管径为：

$$d_2=\sqrt{\frac{4\times\frac{0.17}{16}}{\pi\times5}}=0.052\approx50mm$$

(3) 竖管长度：

消化池有效深度　　$H'=h_3+h_4+\frac{h_2}{2}=8+1.8+0.9=10.7m$

竖管插入液面以下的长度　$h=\frac{2}{3}H'=\frac{2\times10.7}{3}=7.2m$

(4) 压缩机功率：

$$N=VW=1697\times5=8485W=10kW$$

4. 中温消化热平衡计算：

两级中温消化共 5 座消化池，其中 3 座一级消化池加温，2 座二级消化池不加温，消化温度为 35℃，污水的年平均温度 17℃，日最低温度 12℃。

(1) 加热生污泥耗热量 Q_1：

$$Q_1=\frac{V'}{24}(T_D-T_S)\times1000$$

式中　V'——每日投入消化池的污泥量；

T_D——消化污泥温度，(℃)；

T_S——生污泥温度，(℃)。

平均耗热量：$Q_1=\frac{285.3}{3\times24}(35-17)\times1000=71325=7.1\times10^4kcal/h$

最大耗热量：$Q_1=\frac{285.3}{3\times24}(35-12)\times1000=91138=9.1\times10^4kcal/h$

(2) 消化池热损失 Q_2：

$$Q_2=\sum FK(T_D-T_A)\times1.2$$

式中　F——总散热面积；

T_A——池外介质的温度(介质为土时，采用全年平均温度)，(℃)；

K——传热系数：池盖 $K\leqslant0.7kcal/(m^2\cdot h\cdot ℃)$

池壁 $K\leqslant0.6kcal/(m^2\cdot h\cdot ℃)$(池外为空气)

池底 $K\leqslant0.45kcal/(m^2\cdot h\cdot ℃)$(池外为土壤)。

平均耗热量　　$Q_2=31.42\times0.7\times(35-8)\times1.2+236\times0.6\times(35-8)\times1.2$

$+141\times0.6\times(35-8)\times1.2+179\times0.45\times(35-8)\times1.2$

$=10651\text{kcal/h}=1.1\times10^4\text{kcal/h}$

最大耗热量 $Q_2=31.42\times0.7\times(35+8)\times1.2+236\times0.6\times(35+8)\times1.2$

$+141\times0.6\times(35-8)\times1.2+179\times0.45\times(35-8)\times1.2$

$=13792\text{kcal/h}=1.4\times10^4\text{kcal/h}$

(3) 污泥管道与热交换器的耗热量：

平均耗热量：

$$Q_3=10\%\times(Q_1+Q_2)=0.1\times(7.1+1.1)\times10^4=0.83\times10^4\text{kcal/h}$$

最大耗热量：

$$Q_3=10\%\times(Q_1+Q_2)=0.1\times(9.1+1.4)\times10^5=1.03\times10^4\text{kcal/h}$$

(4) 每座消化池总耗热量：

平均耗热量： $Q_T=Q_1+Q_2+Q_3=7.1+1.1+0.83=9.0\times10^4\text{kcal/h}$

最大耗热量： $Q_T=Q_1+Q_2+Q_3=9.1+1.4+1.03=11.2\times10^4\text{kcal/h}$

(5) 消化系统总耗热量：

平均耗热量： $Q'=n\times Q_T=3\times9.0\times10^4=27.0\times10^4\text{kcal/h}$

最大耗热量： $Q'=n\times Q_T=3\times11.2\times10^4=33.6\times10^4\text{kcal/h}$

4.4.5 脱水机房

1. 进入带式压滤机的污泥量： $Q_{泥}=\dfrac{Q(1-ab)(1-\eta_1)}{1-\eta_2}$

式中 Q——浓缩后污泥量，(m³/d)，取 $Q=285.3\text{m}^3/\text{d}$；

a——污水中干污泥的有机物含量，(%)，取 $a=60\%$；

b——污水中干污泥的有机物被消化后的百分比，(%)，取 $b=70\%$；

η_1——消化池进泥含水量，(%)，取 $\eta_1=97\%$；

η_2——消化池出泥含水率，(%)，取 $\eta_2=92\%$。

$$Q_{泥}=\frac{Q(1-ab)(1-\eta_1)}{1-\eta_2}=\frac{285.3\times(1-0.6\times0.7)\times(1-97\%)}{1-92\%}=62\text{m}^3/\text{d}$$

2. 要求泥饼含水率80%以下，泥饼体积为：

$$V=\frac{V_0\times(100-P_1)}{100-P_2}=\frac{62\times8}{20}=24.8\text{m}^3$$

3. 泥饼重量为： $m=\rho\cdot v=1300\times24.8=32240\text{kg/d}$

取： $\rho=1300\text{kg/m}^3$

4. 选用带宽2m的DY型带式压滤机，产能为350kg/(m·h)

所需台数：

$$n=\frac{32240}{350\times2\times24}=1.9$$

故，选用3台，其中2台运行，1台备用。

5. 污泥投配泵：

每台带式压滤机配1台污泥投配泵：

$$Q=\frac{62}{2\times24}=1.3\text{m}^3/\text{h}=0.36\text{L/s}$$

6. 加药系统：（有机高分子凝聚剂，聚丙烯酰胺）

$$加药量=32240\times0.3\%=97kg$$

$$配药量=97/1\%=9700L/d=10m^3/d$$

加药泵选用单螺杆泵，共 3 台，每台带式压滤机 1 台，每台泵流量 0.11L/s

4.4.6 事故干化厂

考虑机械脱水运行期间的调试和运转中有事故发生的可能性，设事故干化场一座。

$$事故干化场面积\ A=\frac{tQ}{h}=\frac{4\times62}{0.6}=420m^2$$

平面布置如图 4-26，由于事故干化厂平均利用率很低，考虑到资源利用问题，笔者建议平时可将事故干化场改造成简易停车场，将排水沟渠用铁箅子盖住，以使车辆通过。

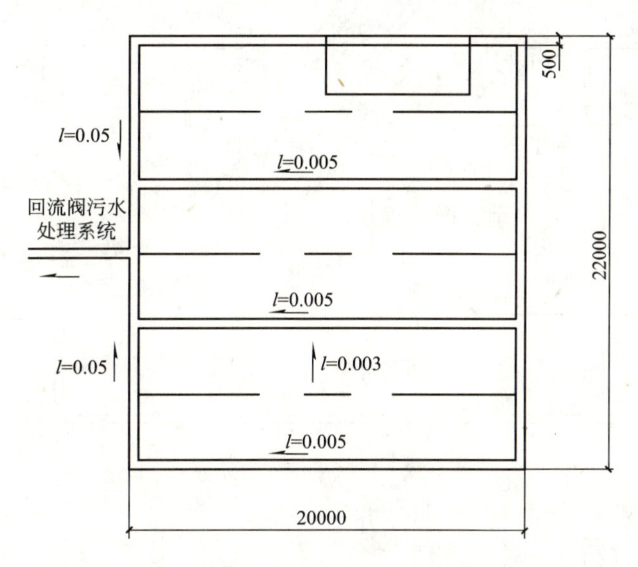

图 4-26 事故干化厂平面布置

4.5 污水厂的布置

4.5.1 平面布置

厂内雨水管沿道路两边布置，下水管道最低水位不低于进水潜污泵房前的集水井水位，故上清液以可回至泵房前集水井，综合楼内以及职工生活用水也可以排放至泵前集水井。

厂内设有三个大门，正门主要是给工作人员、小车进出，厂内如有些设备需要更换或修理也可以由此门进出。后门主要是用于方便厂内泥饼的外运。另一方面污泥处理区与工作人员的活动区分开来，给工人一个优良的环境。同时设置相对的条件，例如澡堂以及职工宿舍、食堂等方便员工的日常生活。

构筑物之间的距离一般在 10m 以上，厂内每隔一定的距离设检查井，以检修管道。构筑物尽量做到对称布置，为均匀配水，在曝气沉砂池、沉淀池、生物池进水处设置配水井以求均匀配水，管道布置合理，能够在短距离内到达下一个构筑物。

厂内的道路有双向车道的均为 7m 宽，用于人行路的为 3m 宽，转弯半径为了 6m。主干道四周以及构筑物周围均围植绿色植物花草，使厂区的绿化面积能达到 30%以上。

出水处靠近厂区东南边水体，能够使出水较近的排放。如图 4-27 所示。

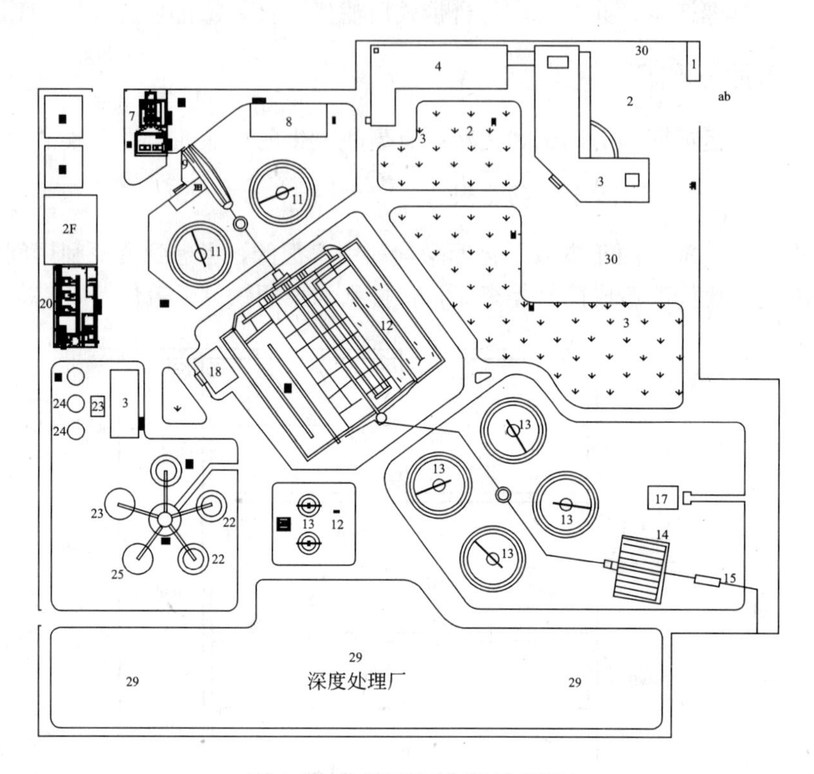

图 4-27　厂区平面布置示意图

4.5.2　高程计算

高程布置应确定控制点的标高，在本设计中，厂区控制点的标高是排放水体的最高洪水位标高，只要使得出水高度能够保证处理水的自流，并且有一定的富裕水头即可。整个污水处理部分的高程主要围绕两部分损失来进行：构筑物内水头损失，管路损失。其中构筑物损失主要是进水配水以及出水集水时会带来水头损失，管道主要是沿程阻力损失，以及管道弯头、三通具有阻力。本设计中配水井也有跌水的水头损失，需要说明的是，配水井的跌水需要通过 2 倍流量校合是否井内会有壅水的可能性。由此可以算出每一段管路上的损失，并且依次推算前一个构筑物的水面标高，从而定出每一个构筑物相对于地面的位置。所有在主干道以下的管道均需 0.7m 或 0.7m 以上的覆土厚度，在平面上相互重叠的管道在高程图上外壁必须有 0.2～0.3m 的高程差。经行高程计算时考虑管道内的经济流速，选择合适的管道。

1. 构筑物水头损失：

格栅：0.2m

平流沉砂池：0.2m

初次沉淀池：0.5m

A^2/O/UCT 生物池：0.4m

二次沉淀池：0.5m

接触池：0.3m

计量槽：0.3m

2. 管路水头损失见表 4-4：

污水管渠水力计算 **表 4-4**

管道及构筑物名称	流量(L/s)	设计参数				水头损失		
		D	I	V	L	沿程	局部	合计
出水口至计量槽	890	1000	1.39	1.13	200	0.278	0.035	0.313
计量槽至接触池	890	1000	1.39	1.13	14	0.019	0.003	0.022
接触池至集水井	890	1000	1.39	1.13	50	0.070	0.003	0.073
集水井至二沉池	178	600	0.84	0.61	40	0.034	0.020	0.054
二沉池至集水井	295	700	1.10	0.77	40	0.044	0.020	0.064
集水井至生物池	1477	1400	0.66	0.96	80	0.053	0.050	0.103
生物池至配水井	736	1000	0.99	0.94	5	0.001	0.020	0.021
配水井至集水井	890	1000	1.39	1.13	27	0.038	0.040	0.078
集水井至初沉池	445	900	0.65	0.70	23	0.015	0.010	0.025
初沉池至集水井	445	900	0.65	0.70	23	0.015	0.010	0.025
集水井至沉砂池	890	1000	1.39	1.13	6	0.007	0.004	0.011

3. 污水处理高程布置，见表 4-5：

构筑物及管渠水面标高计算(m) **表 4-5**

序号	灌渠及构筑物名称	水面上游标高	水面下游标高	构筑物水面标高	地面标高
1	出水口之计量槽	805.89	805.58		806.00
2	计量槽	806.19	805.89	806.04	806.10
3	计量槽至接触池	806.21	806.19		
4	接触池	806.51	806.21	806.36	806.15
5	接触池至集水井	806.59	806.51		
6	集水井至二沉池	806.64	806.59		
7	二沉池	807.14	806.64	806.89	806.20
8	二沉池至集水井	807.20	807.14		
9	集水井至生物池	807.30	807.20		
10	生物池	807.70	807.30	807.50	806.30
11	生物池至配水井	807.72	807.70		
12	配水井至集水井	807.80	807.72		
13	集水井至初沉池	807.82	807.80		
14	初沉池	808.32	807.82	808.05	806.40

续表

序号	灌渠及构筑物名称	水面上游标高	水面下游标高	构筑物水面标高	地面标高
15	初沉池至集水井	808.35	808.32		
16	集水井至沉砂池	808.36	808.35		
17	沉砂池	808.56	808.36	808.46	806.50
18	细格栅	808.76	808.56	808.66	806.55
19	进水系统	802.02	808.76		806.60

污水处理厂排出水位以收纳水体20年一遇洪水位为设计水位，沿污水处理流程向上倒推计算，使处理水能在洪水季节也能水利排出。

由于河流的追高水位较低，污水厂出水能够在洪水位时自流排出，因此，在污水高程布置上主要考虑土方平衡，设计中以生物池为基准，确定生物池水面标高为807.50m，由此向两边推算其他构筑物的高程。

计算结果见下表，由结果可知，出水水位为805.58m，高于20年一遇的洪水位804.32m，满足排放要求。

4.6 污水深度处理

污水资源化已是近些年的趋势，将污水深度处理，去除生物处理中剩余的悬浮物，溶解性有机物等，以满足水环境标准，防止封闭水体的富营养化和污水再利用的水质要求。

作为深度处理的原水(污水厂出水)，因其所含的悬浮物量较少，且含有难于去除的色、味和有机物，与给水处理中微污染和低浊水原水相似。故其在处理技术乃至处理流程方面都有相似之处，但又不是常规的给水处理技术所能完全替代的。

4.6.1 处理流程

当前常用的深度处理方法有混凝、澄清、过滤法，活性炭吸附法，超滤膜法，半透膜法。

1. 混凝、澄清、过滤法：

这种方法为常规处理方法，与给水处理最接近，技术较成熟，有多年经验可供参考。

其可处理水中的SS，浊度，BOD，COD，TP，色度，细菌，不可去除TN，臭味。由于A^2/O/UCT污水处理水中TN，TP较低，此种方法较为适用，而且其基建运行费用较低。

处理流程为：

(1) 混合(加$AL(SO_4)_3$)；

(2) 机械搅拌澄清；

(3) 砂滤池过滤；

(4) 加氯消毒；

(5) 清水池储备。

2. 活性炭吸附法：

此方法处理水质较好，尤其对水中臭味的去除令人满意，并且处理流程较少，构筑物简单。但是活性炭需要定期更换，再生，运行费用较高，不是一般城市可以负担的。如果不是对敏感地区供水或出水水质要求较高，不建议采用此种方法。

处理流程为：

(1) 砂滤池过滤；

(2) 活性炭吸附塔吸附；

(3) 清水池储备。

3. 超滤膜法：

超滤膜法用于去除水中大分子物质和微粒，其机理是：膜表面孔径机械分布作用，膜空阻塞，阻滞作用和膜表面及膜孔对杂质的吸附作用，而认为主要是筛分作用。

其可以去除BOD，细菌，对于SS，浊度，COD，TN，TP，色度，臭味的去除率不高。

处理流程为：

(1) 循环水池；

(2) 超滤膜装置；

(3) 清水池。

4. 半透膜法：

此方法利用半透膜的特性，向浓溶液施加大于渗透压的压力，使浓溶液中水的组分向稀溶液中流去，达到处理效果。此工艺复杂，运行与维护费用较高，非一般城市所能承担，但处理水质很好。

其可以去除水中的BOD，COD，TN，色度，臭味，细菌，但不可以去除SS，浊度，并且水中浊度会影响半透膜组件的正常运行，因此事先必须去除浊度。

处理流程为：

(1) 混凝澄清装置；

(2) 砂滤池；

(3) 安全滤塔；

(4) 高压泵；

(5) 半透膜(高浓度液体排至污水处理单元)；

(6) 后曝气；

(7) 清水池。

4.6.2 混凝，澄清，过滤法构筑物简略说明

1. 静态混合器，如图4-28所示：

虽然当流量降低时，混合效果下降，但其构造简单，无运动部件，安装方便，混合充分且快速均匀。其设计要点，水头损失与设置分流板的级数一般可取3级。

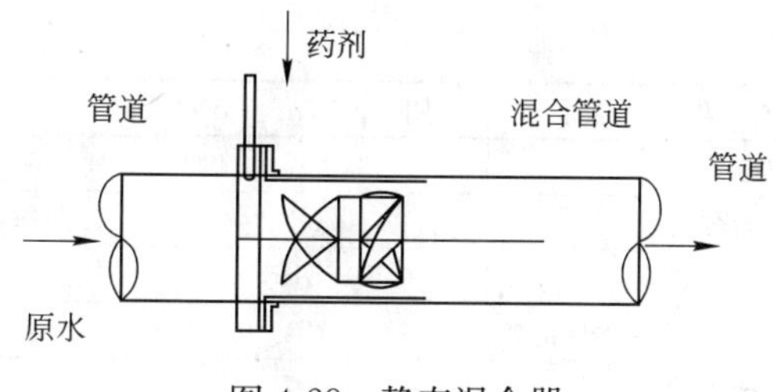

图4-28 静态混合器

2. 机械搅拌澄清池，如图4-29所示：

处理效率高，单位面积产水量较大。适应性较强，处理效果较稳定，采用机械刮泥设备后，对高浊度水处理也具有一定适应性。存在的缺点为需要机械搅拌设备，维修较麻烦。

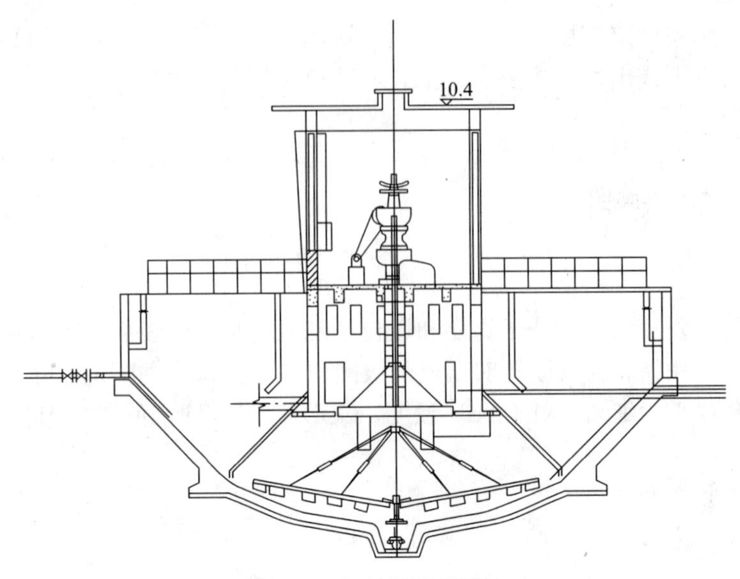

图 4-29　机械搅拌澄清池

机械搅拌澄清池是利用转动的叶轮使泥渣在池内循环流动，完成接触絮凝和澄清过程。机械搅拌澄清池由第一絮凝室、第二絮凝室和分离室组成。在第一和第二絮凝室内，原水中胶体和回流泥渣进行接触絮凝，结成大的絮体后，在分离室中分离。清水向上经集水槽排出。下沉的泥渣一部分进入泥渣浓缩室后经排泥管排除，另一部分沿回流缝再进入第一絮凝室进行絮凝。

3. 无阀滤池

它适用于小型水厂。优点是不需设置阀门；自动冲洗；管理方便；可成套定型制作，上马快。存在的缺点是运行过程看不到滤层情况；清砂不便；单池面积较小；反冲洗时要浪费部分水量；变水头等速过滤，水质不如降速过滤。虹吸滤池的优点是不需大型阀门；不需冲洗水泵或冲洗水箱；易于自动化操作。存在的缺点是土建结构较复杂；池深大，单池面积不能过大，反冲洗时要浪费一部分水量；变水头等速过滤，水质不如降速过滤。

4.7　运行费用

如表 4-6 所示。

表 4-6

项　　目	费用 [元/(m³・d)]	备　　注
电费	0.592	每 kW・h 电 1.2 元，按照常用功的用电量进行估算
药剂费	0.08	按照每天总的药剂投加量(包括加氯，化学除磷以及污泥脱水加药)
人工费	0.0519	按照平均每天 100 元/人计算
吨水直接处理成本	0.724	以上合计
维护费	0.007	年维护费用按照直接费用的 1%计算
设备折旧	0.073	按照使用 15 年期限折旧
间接处理成本	0.080	以上两项合计
总处理成本	0.804	直接处理成本加间接处理成本

运行费用=直接费+间接费

直接费=0.592×77000+0.08×77000+0.519×77000=55740 元/d

间接费=55740×0.01+0.073×77000+0.08×77000=12338 元/d

运行费=55740+12338=68078 元/d

年运行费=2485 万元

4.8 概算

本次概算参照北京市概算定额 04，且参考市场价作出了调整，见表 4-7、表 4-8。

4.8.1 土建费用

表 4-7

序号	构筑物名称	尺 寸(m)	单池有效容积(m^3)	单位造价(元/m^3)	数量	投资(万元)	备注
1	粗中格栅间	13.7×10×14.2	1945	450	1 座	87	钢混
2	潜污泵房	14.8×10×15	2220	450	1 座	100	钢混
3	细格栅与沉砂池	40×3×7.7	924	450	1 座	42	钢混
4	初次沉淀池	D=32.0，H=3.15	2533	600	2 座	304	钢混
5	生物池	87.8×80×4.3	30203	800	1 座	2416	钢混
6	二次沉淀池	D=32.0，H=4.0	3217	600	4 座	772	钢混
7	加氯混合池	22.0×29.0×3.0	1914	450	1 座	86	钢混
8	污泥浓缩池	D=8.0，H=12.5	628	450	2 座	56	钢混
9	贮泥池	5.0×5.0×3.5	87.5	450	1 座	4	钢混
10	消化池	D=8.0，H=12	603	600	5 座	181	钢混
11	污泥脱水机房	25.0×32.0×5.0	4000	400	1 间	160	砖混
12	污泥泵房	6.0×6.0×5.0	180	800	1 座	8.1	钢混
13	鼓风机房	30.0×15.0×8.0	3600	800	1 个	144	砖混
14	综合办公楼	34.0×81.0×10.0	27540	500	1 幢	1377	砖混
15	职工楼	71.0×29.0×10.0	20590	400	1 间	824	砖混
16	锅炉房	8.0×8.0×8.0	512	400	1 间	20.48	砖混
17	机修间	15.0×8.0×8.0	960	400	1 间	38.4	砖混
18	集泥井	D=5.0，H=6.8	130	450	2 座	10	钢混
19	加氯间	18.0×10.0×8.0	1440	400	1 间	57.6	砖混
20	控制间	20.0×15.0×5.0	1500	400	1 间	60	砖混
21	配水井	4.8×3.7×6.0	106	450	3 座	11.88	钢混
22	配电间	40.0×20.0×10	8000	400	1 间	320	砖混
土建费小计	7079 万元						

4.8.2 设备费用

表 4-8

名　称	型　号	个数	单价金额(万元)	备　注
粗中格栅	FH-900 型旋转式格栅除污机	4	40	
提升水泵	14PWL-12	5	150	3 用 2 备
细格栅	WXB-Ⅱ-0.8-1.5 型旋背耙式格栅除污机	2	45	
鼓风机	离心鼓风机	6	60	
砂水分离器	LSF-355 型螺旋砂水分离器	1	10	
初沉刮泥机	DZG-32 型周边转动刮泥机	2	60	
二沉刮泥机	DZG-32 型周边转动刮泥机	4	65	
曝气器	KBB 型曝气器	7216	0.02	
搅拌机	环流搅拌机 JBG-2.2	18	15	
混合液回流泵	SS066 泵	12	40	
污泥浓缩池刮泥机	GN-8000	2	15	
污泥回流泵	S3508M	4	90	4 用 4 备
压滤机	DY-1000 型带式压滤机	3	15	2 用 1 备，包括泥泵
消毒设备	加氯机	3	12	
设备费用小计	3115 万元			

4.8.3 总费用

直接费用：土建费用 A=7079 万元

设备材料费用 B=3115 万元

$A+B$=10194 万元

间接费用：运输和安装费用$(A+B)5\%$=509.7 万元

方案设计费用$(A+B)3\%$=305 万元

调试费用$(A+B)3\%$=305 万元

验收费用$(A+B)2\%$=203 万元

其他建设费用：$(A+B)15\%$=1529 万元

总投资：12770 万元

4.9 调试，操作说明

4.9.1 调试

在工程竣工，应有专业人员进行调试，待运转正常后方可投入生产。

调试的关键在于 A^2/O 内活性污泥的正常生长，调试步骤如下：

1. 接种

操作调试开始时，如果附近有处理类似废水的活性污泥，可以直接使用本厂生产废水进行培养。如果不具备上述条件，可以取生活污水处理厂的活性污泥接种，以培养。

2. 生长

将新鲜的粪便水注入生物池，开始连续曝气，24h 后停止曝气，静止沉淀，待到泥水分离后，打开排液管，排走上清液，再重新注入新鲜的粪便水进行曝气，两三天以后，活性污泥即可以具有较高的活性。

3. 驯化

运行一段时间后，将本厂的污泥逐渐替换粪便水，替换量逐渐增大，最后全部替换为本厂生产废水，驯化开始后，每天取样两次进行检测，内容有测定 BOD、COD 和镜检，待到出水符合处理要求时，镜检微生物符合要求后，驯化完成，调试结束，可投入生产。

4.9.2 操作

操作管理人员应该掌握基本的管理方法和检测方法，工作的内容为：

1. 每天三次测定 A^2/O 池中的溶解氧，并调节空气量。

2. 根据出水中的氮、磷的量，在 A^2/O 池内调节回流液的位置，以及进水的位置。如果出水中磷含量偏高，则将混合液回流点的位置推后，同时可以考虑进水的位置改变。如果是氮的含量偏高，则将回流点的位置推前。

3. 每天在二沉池取样，检测出水中的 BOD 和 SS。

4.10 作业面积，制度和劳动定员

根据《城镇污水处理厂附属建筑和附属设备设计标准》GJJ 31—89 可知，该污水厂为二级污水厂(包括污泥消化和脱水处理)。

生产管理面积共 300m^2，包括计划室，技术室，调度室，劳动工资室，财会室，技术资料室，电话总机室和活动室。

化验面积和定员：280m^2，7 人，包括水分析室，泥分析室，BOD 分析室，气体分析室，生物室，天平室，仪器室，储藏室，办公室和更衣间。

机修面积：其中车间面积 150m^2，辅助面积 70m^2，人员 10 人。

电修间面积：50m^2，定员：5 人。

仓库面积：170m^2。

食堂面积：2.2 人/m^2，包括餐厅和厨房。

浴室和锅炉房：140m^2。

管件棚面积：80m^2。

绿化面积：7m^2/人。

传达室面积：25m^2，可设置 3 间。

宿舍面积：值班宿舍：4m^2/人，人数按 50%值班人数考虑；

单身宿舍：5m^2/人，人数按 30%总人数考虑。

水厂共设定人员40人，包括生产工人28人，管理人员7人，技术员工5人，生产工人按照三班制工作。

参考文献

[1] 给水排水设计手册第二版 第一册 常用资料.

[2] 给水排水设计手册第二版 第五册 城镇排水.

[3] 给水排水设计手册第二版 第九册 专用机械.

[4] 给水排水设计手册第二版 第十册 技术经济.

[5] 给水排水设计手册第二版 第十一册 常用设备.

[6] 室外排水设计规范 GB 50014—2006.

[7] 郝晓地，张自杰. 活性污泥好氧速率的测定及其影响因素 [J]. 环境科学与技术，1991，(3)：35-39.

[8] 郝晓地，宋虹苇等. 数学模拟技术用于污水处理工艺的运行诊断与优化 [J]. 中国给水排水，2007，23(14)：94-99.

[9] 郝晓地，仇付国等. 应用数学模拟技术升级改造二级污水处理工艺 [J]. 中国给水排水，2007，23(16)：25-29.

[10] 杨云龙，闫宏远. AAO脱氮除磷工艺 山西建筑 [J]. 2004，30(22)：85-86.

[11] 周苞，周丹. AAO脱氮除磷工艺设计计算(上) [J]. 中国给水排水，2003，29(3)：26-29.

[12] 周苞，周丹. AAO脱氮除磷工艺设计计算(下) [J]. 中国给水排水，2003，29(4)：15-19.

[13] 周苞，周丹等. 活性污泥工艺的设计计算探讨 [J]. 中国给水排水，2001，17(5)：45-49.

[14] 程裕涛. 污水处理工艺除磷脱氮的实验研究 [J]. 中国市政工程，2006，(2)：46-47.

[15] 刘玉生，朱学庆，刘鸿亮，梁占彬. AO和AAO法除磷脱氮工艺影响因素及除磷动力学的研究 [J]. 环境科学研究，1992，5(2)：59-64.

[16] 李建平，邵林广. AAO法处理城市污水工程实例 [J]. 环境科学与管理，2006，31(3)：79-81.

[17] 高岩，戴兴春. AAO工艺的改进 [J]. 上海化工，2007，32(7)：1-5.

[18] 刘宝玲. AAO工艺改善污水处理除磷脱氮的措施 [J]. 污染防治技术，2003，16(2)：65-67.

[19] 李明. AAO工艺曝气池的设计改进及效果 [J]. 南京市政，2002，(2)：37-39.

[20] 卓奋，杨丽华. AAO生物除磷脱氮活性污泥法运行控制条件 [J]. 广州环境科学，1996，11(1)：21-23.

[21] 王建龙，彭永臻，王淑莹. 污泥龄对AAO工艺脱氮除磷效果的影响 [J]. 环境工程，2007，25(1)：16-18.

[22] 郝晓地，张潞平等. 生于污泥处理/处置方法的全球概览 [J]. 中国给水排水，2007，23(20)：1-5.

[23] 罗刚，徐荣险等. 污泥处理处置技术的研究进展 [J]. 广东化工，2007，12(34)：82-85.

[24] 赵兴华. 城市污泥处理与资源化利用方案探讨 [R]. 中国环境管理干部学院学报，2007，17(4)：48-50.

5　惠州石湾镇供水厂设计

李建（给水排水与环境工程，2009 届）

指导老师：冯萃敏

简　介

本设计为惠州市石湾镇供水厂设计，是为了满足该区用水量增长的需要而新建，供水设计规模为 51000m^3/d。设计内容包括取水构筑物设计、输配水管网设计、净水厂设计、工程概算和制水成本计算。

整个工程主要包括取水工程、净水工程和输配水工程三个部分，其工艺流程：原水→岸边式取水构筑物→管式静态混合器→机械搅拌澄清池→普通快滤池→清水池→送水泵房→配水管网→用户。设计中使用的混凝剂为液体硫酸铝，消毒剂为液氯。

排泥工艺流程为：澄清池排泥＋滤池反冲洗排水→综合排泥池→辐流式浓缩池→脱水机房→泥饼外运。工艺流程布置采用直线型，厂内建筑物分为生产区、辅助生产区、管理区三个区域。

管网设计中采用环状和树状结合的综合型管网，共 9 个环，28 个节点，36 条管段。管网配水管总长 35671m，最高日最高时送水泵站扬程为 $H_p=74.2m$。

5.1 工程概况

5.1.1 设计原始资料与分析

1. 城市概述

惠州市石湾镇位于珠江三角洲，毗邻港澳，与东莞市和增城市接壤，是惠州、东莞、增城的交汇点，素有“罗浮山下第一镇、东江明珠”之美誉。改革开放以来，石湾镇坚持以经济建设为中心，全镇经济迅速发展，逐步实现内向型经济向外向型经济的战略转移，并逐步形成按国际惯例和我国实际相结合的对外有吸引力的投资环境。而基础设施作为投资环境中的重要部分，直接影响外资的去留。为满足石湾镇社会经济可持续发展战略和日益提高的人民生活水平的要求，镇政府决定根据规划要求进行石湾镇供水厂的建设。

根据供水系统规划，石湾镇供水厂规划服务范围内，规划人口为5.2万人，服务范围内现已建有供水厂1座，水厂规模为2.5万m^3/d的供水能力，已不能满足镇内的用水要求。

惠州市石湾镇西侧约7.1km处有一座联合水库，是供给石湾镇供水厂惟一可靠的水源。规划供水厂拟建在石湾镇北部。

2. 工程规模

设计总规模5.1万m^3/d，即最高日用水量，包含了综合生活用水、工业企业用水、浇洒道路和绿地用水、管网漏损水量、未预见用水、消防用水，设计管网供水量时不必重复计算，但需要乘以时变化系数。

3. 联合水库水文资料

(1) 原水水质资料

1) 浊度：一般<15度，雨季最高200度。

2) 色度<10度，无嗅味。

3) pH=8，硬度符合饮用水要求，水中未发现汞、砷等毒物。

水源水质较好，可不必设计预沉设备。

(2) 联合水库水位

1) 最高56.650m。考虑到防洪要求，取水泵房地坪应高于最高水位。

2) 最低53.150m。考虑到重力自流和供水安全性，取水构筑物淹没进水孔应在最低水位下。

3) 常水位54.275m。

4) 水库死水位31.650m。

5) 现况坝高为59.150m。

(3) 水温：夏季平均28℃，冬季平均2℃。选择沉淀池或澄清池时应考虑水温变化。

4. 自然条件

石湾镇地处低纬度地区，濒临海洋，属南亚热带季风性湿润气候。

（1）风向：全年主导风向东南风。药库、加药间、氯库、加氯间等应设在主导风向的下风向，即水厂的西部或北部。锅炉房应布置在最小频率风向的上风向。

（2）气温：年平均气温 22.2℃，绝对最高温度 38.6℃（94.7.2），绝对最低温度 −0.5℃，年平均霜冻日 5.5d，最多 10d。注意气温变化对管道的影响，选用合适管材，防止管道破裂。对管道应采取保温措施。

（3）日照：年平均日照时数 1611.9～1831.9h。建筑物的设计应满足一定的日照时间，应注意水厂附属建筑物的朝向。

（4）降雨：年平均降雨量 1844mm，日最大降雨量 426mm。雨量非常充沛，注意水厂内部排水设计，防止雨季雨量过大无法及时排水而致设备被淹。初步考虑在厂内设计雨水收集设施，作为水厂的自用水和绿化、洗车等用水。

（5）湿度：年平均相对湿度 79%。湿度过高，对管道有一定的腐蚀作用，缩短管道的使用寿命，甚至造成意外事故。应该对管道采取必要的防腐措施。

5. 地质资料

（1）地震烈度按 6 度考虑，地质条件较好。

（2）冰冻深度：最大为 0.3m。管道埋深应在冰冻线以下，同时满足最小覆土要求。

6. 出水要求

（1）出水水质要求符合国家规定的《生活饮用水卫生标准》GB 5749—2006。

（2）建筑物一般不超过 5 层。即控制点最小服务水头为 24m。

（3）供水时变化系数为 $K_h=1.65$。管网最高日最高时用水量应用最高日平均时用水量乘以此系数。

7. 水厂平面尺寸

水厂东西长 150m，南北长 100m。水库在水厂西边，初步规划水厂内部处理构筑物在由西向东按工艺流程直线布置，可减少不必要的水头损失，泥路与水路平行布置。

5.1.2 毕业设计内容

设计内容包括取水工程、输配水工程、净水构筑物的工艺设计，不包括结构设计、输配电工程及采暖设施的设计，设计深度达扩初设计，部分构筑物达施工图深度。

1. 设计与计算部分

（1）输配水工程（含管网布置图、平差成果图）：输水管的管径、管网定线、管网流量分配与平差计算、水压校核。

（2）取水工程：确定取水形式和取水管管径，取水构筑物的工艺设计。

（3）净水构筑物：混合构筑物、澄清（或反应、沉淀）构筑物、滤池、清水池工艺比较与选取，详细计算过程，计算草图。参考《给水排水设计手册第 3 册・城镇给水》。

（4）泵房的设计计算：水泵流量扬程计算、水泵型号与数量的确定、泵房尺寸的确定、泵房内部布置。

（5）主要构筑物的投资估算：包括管道造价、取水工程造价、净水工程造价、清水池造价、泵房造价、建筑直接费、建筑间接费、常年运转费、单位制水成本等。

2. 图纸部分

（1）水厂总平面图，1 张。除处理构筑物外，总图中应有以下内容：

1）道路布置(车行道不窄于 4.0m，人行道不窄于 2.0m)；

2）附属建筑物：办公楼、化验室、变配电室、车库、维修车间、仓库、生活设施、围墙等；

3）厂内管道：给水生产、跨越、污泥、加药、生活给水、污水、雨水等管线。

（2）水厂高程图：水处理和泥处理两部分，1 张。

（3）配水泵房平面和剖面图，1 张。

（4）滤池工艺设计图，2 张。

（5）澄清(或反应、沉淀)构筑物工艺设计图，2 张。

（6）清水池工艺设计图，1 张。

5.2　给水管网设计说明

给水管网设计，要充分利用所在地区的有利条件，避开不利的自然条件，在现有的环境条件下，运用合理的技术，使工程投资和运行费用最低，而且安全、可靠，满足用户对水质、水量、水压的近远期要求。

5.2.1　设计水量

此管网没有水塔或高位水池等调节构筑物，仅依靠送水泵站的统一供水满足用户的用水需要，供水水源为地表水。

1. 最高日用水量

城市总用水量计算时，应包括设计年限内该给水系统所供应的全部用水：居住区综合生活用水，工业企业生产用水和职工生活用水，浇洒道路和绿地用水以及未预见水量和管网漏失量。本工程设计总规模 5.1 万 m^3/d，即最高日用水量 $Q_d=5.1\times10^4 m^3/d$，包括上述各种水量。一般最高日用水量中不计入消防用水量，仅做设计校核，这是由于消防用水是偶然发生的，其数量占总用水量比例较小。

2. 最高日最高时用水量

本工程供水时变化系数为 $K_h=1.65$。故最高日最高时用水量为：

$$Q_h=\frac{1000\times K_h\times Q_d}{24\times3600}=\frac{1000\times1.65\times51000}{24\times3600}=973.96L/s$$

5.2.2　管网定线

1. 输配水管线定线原则

（1）输配水管线应尽量做到线路短，起伏小，土方工程量小，造价经济，少占用农田或不占用农田；

（2）输水管线走向和位置应符合城市和工业企业的规划要求，并尽可能沿现有道路或规划道路敷设，以利于施工和维护；

（3）输配水管线应尽量避免穿越河谷、山背、沼泽、重要铁路和泄洪地区，并注意避开滑坡、易发生泥石流和高腐蚀性土壤地区；

（4）输配水管线应充分利用水位高差，当条件许可时优先考虑近、远期和分期实施的可能。

2. 配水管网定线原则

配水管网由干管和连接管组成，干管及连接管定线应满足下列要求：

(1) 配水管网应根据用户要求合理分布于全供水区。在满足用户对水量、水压的要求原则下，尽可能缩短配水管线总长度，一般布置成环网状；

(2) 干管延伸方向应和送水泵站输水到水池、大用户的方向一致；

(3) 干管间距根据街区情况采用 500～800m；

(4) 干管一般按城市规划道路定线，但尽量避免在高级公路或重要道路下通过，以减小今后检修时困难；

(5) 干管上每隔 400～600m 设闸阀，在高处设排气阀，在低处设泄水阀；

(6) 管线在道路下的平面位置和标高，应符合城市或厂区地下管线综合设计的要求，给水管线和建筑物、铁路以及其他道路的水平净距，均应参照有关规定；

(7) 干管定线应留有发展余地，分期建设；

(8) 配水干管之间应在适当间距处设置连接管，以形成管网。连接管的间距可根据街区大小考虑在 800～1000m 左右；

(9) 在供水范围内的道路下应敷设分配管，以便于把干管的水送到用户和消火栓；

(10) 消火栓间距不宜超过 120m，距车道不大于 2m，距外墙不大于 5m。

3. 方案比较，见图 5-1、图 5-2。

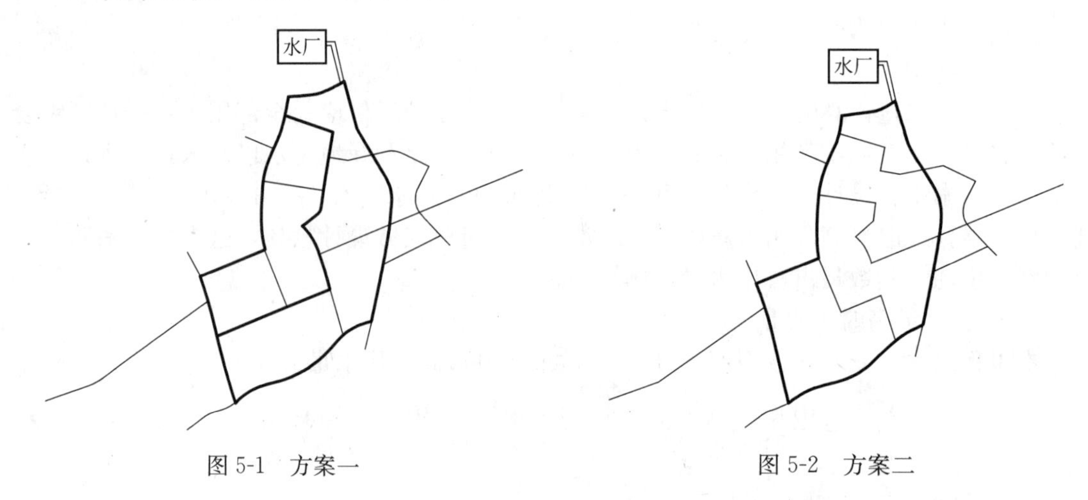

图 5-1　方案一　　　　图 5-2　方案二

根据《室外给水设计规范》7.1.3 规定，输水干管不宜少于 2 条，故本工程采用两条输水管。考虑到城镇的供水可靠性，中心管网供水应采用环状的形式，管网由主干管和连接管共同组成，具体定线遵循上述原则。由于中心管网的东部有一定的用水需求，而且树状管网使该区用水可靠性较差，故在中心环状管网的基础上，向右增加两个小环，以满足其用水要求。考虑到远期规划和工程造价，管网末端供水应采用树状的形式，在规划范围内向四周延伸。根据以上因素和管网定线原则，结合本地区地形特点和规划要求，初步拟定两种设计方案，如图 5-1、图 5-2 所示。两种方案均为中心环状、末端树状的综合型管网，以满足城镇的用水需求。图中粗线为城镇中心区环状管网的主干管，细线包括输水管、环状管网连接管、末端树状管网。表 5-1 为两种设计方案的优缺点比较。

管网定线方案比较　　表 5-1

比较项目	方　案　一	方　案　二
主干管数	3	2
环数	9	6
供水可靠性	3根主干管，使得城镇中心管网环数增加，检修时断水区域减小，供水可靠性增加	2根主干管，与方案一相比，环数较少，检修时断水区域增大，供水可靠性相对较差
工程投资和运行费用	3根主干管，总管线长，工程总投资高，但维修费用低	2根主干管，总管线短，工程总投资少，但维修费用高

经上述比较，考虑到惠州市石湾镇位于珠江三角洲，毗邻港澳，与东莞市和增城市接壤，经济发展迅速，用水安全性和可靠性要求较高。采用方案一，虽然工程投资费用较高，但是可以大大提高用水安全性和可靠性。综合各方面因素，决定采用方案一作为设计方案。并在其基础上，对管网节点和环进行编号，见图 5-3。

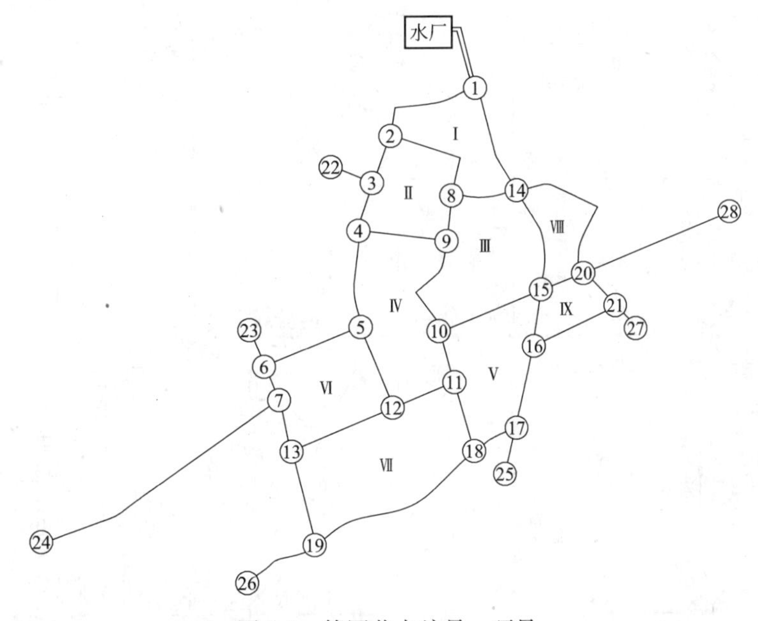

图 5-3　管网节点编号、环号

5.2.3　管网水力计算成果

1. 最高日最高时平差成果

经过详细的计算和校核，确定了管网最高日最高时的管段流量和水头损失，并绘制了成果图，如图 5-4 所示。

2. 最高日最高时兼消防时平差成果

经过详细的计算和校核，确定了管网最高日最高时兼消防时的管段流量和水头损失，并绘制了成果图，如图 5-5 所示。

3. 事故时平差成果

经过详细的计算和校核，确定了管网事故时的管段流量和水头损失，并绘制了成果图，如图 5-6 所示。

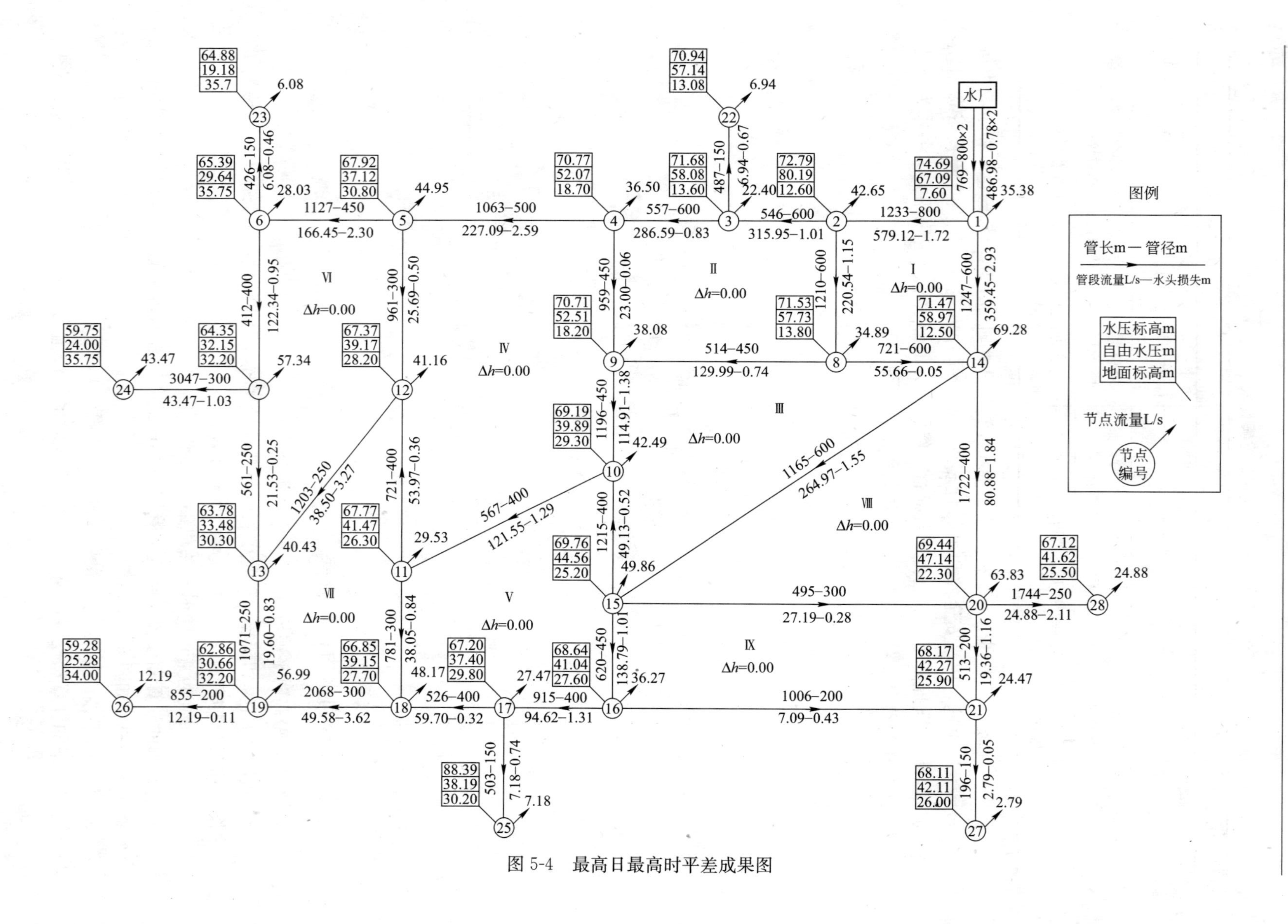

图 5-4　最高日最高时平差成果图

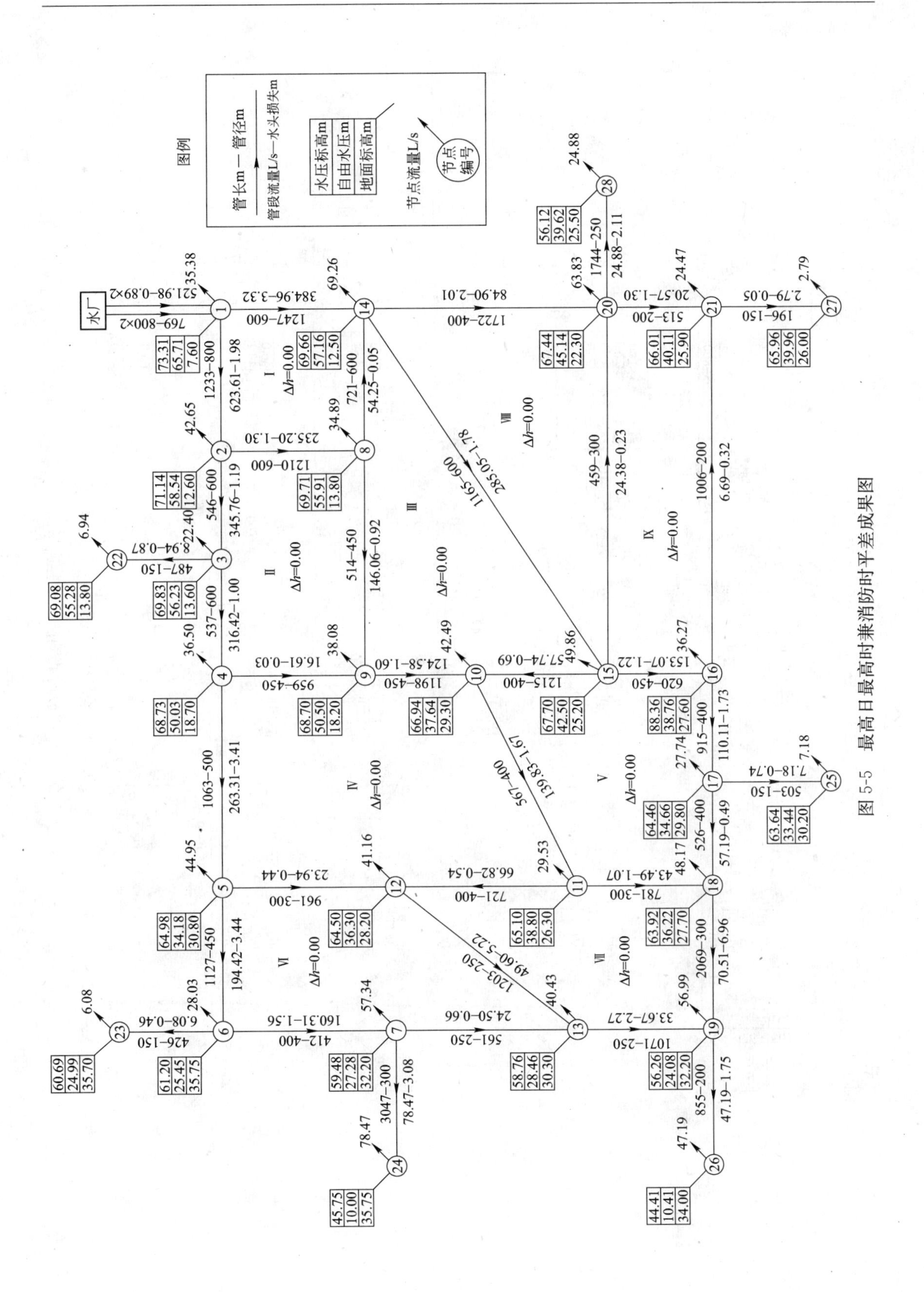

图 5-5 最高日最高时兼消防时平差成果图

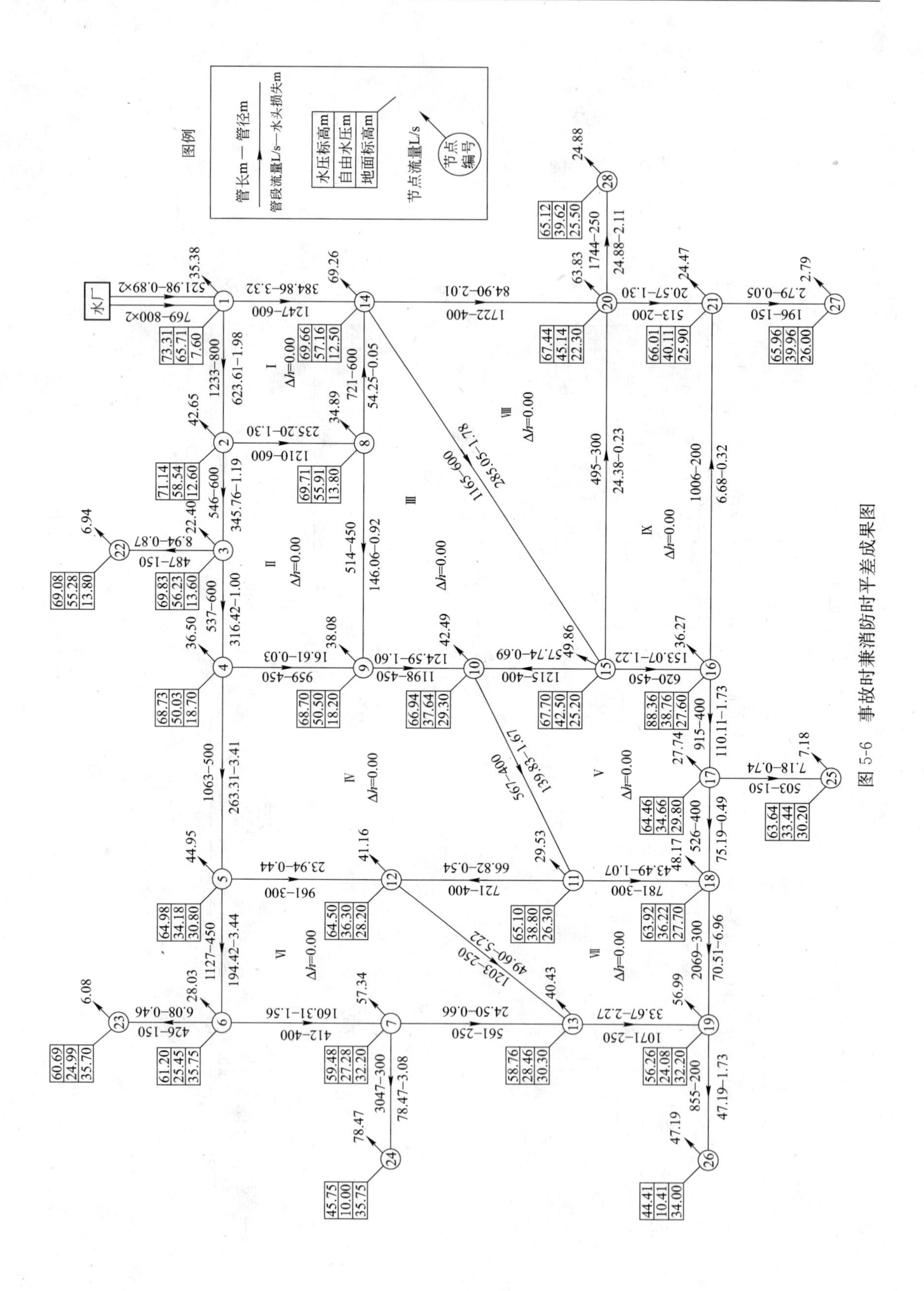

图 5-6　事故时兼消防时平差成果图

4．最高日最高时水压标高

经过详细的计算，得到管网各节点的水压标高，并绘制等值线，如图 5-7 所示。

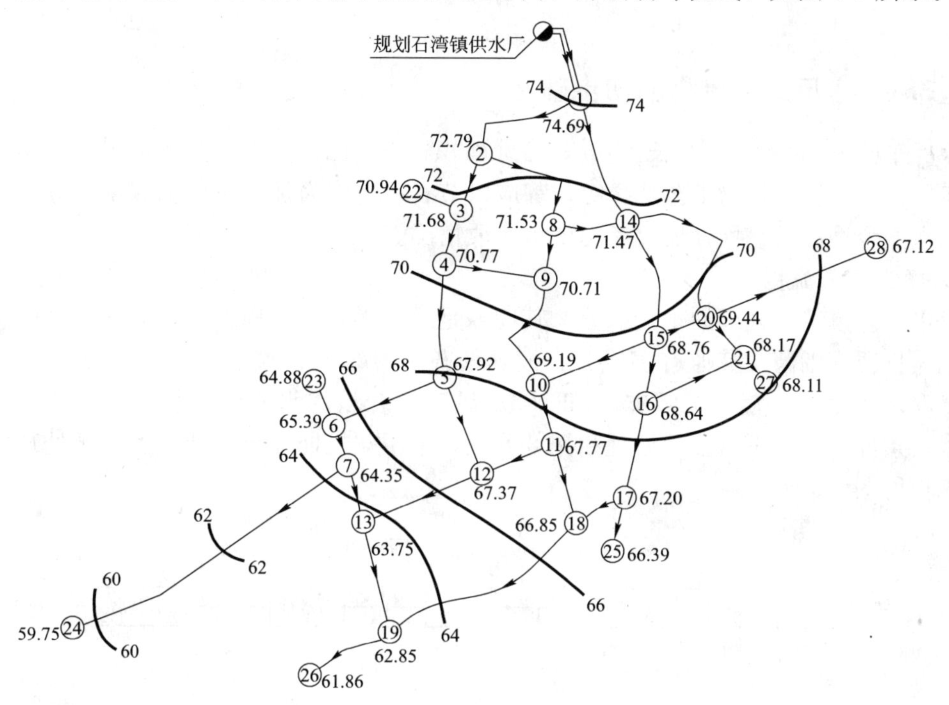

图 5-7 最高日最高时水压标高等值线

5．最高日最高时自由水压

经过详细的计算，得到管网各节点的自由水压，并绘制等值线，如图 5-8 所示。

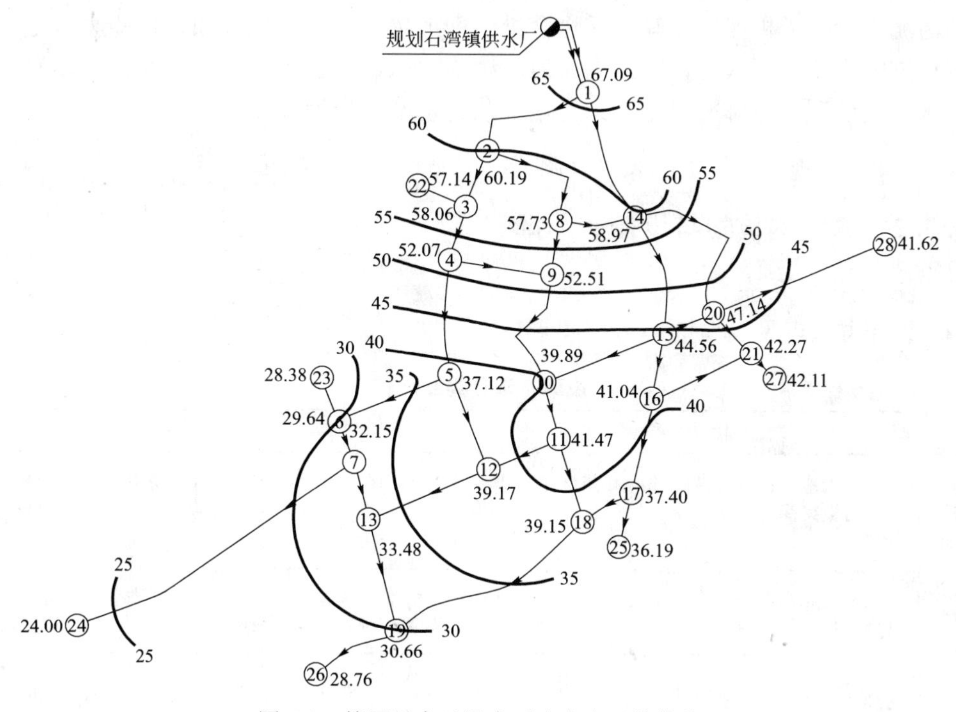

图 5-8 管网最高日最高时自由水压等值线

5.3 净水工程设计说明

5.3.1 水厂工艺流程的初步确定

水厂东西长150m，南北长100m，占地面积较小。因此，无论是净水工艺还是排泥水处理工艺，在进行构筑物工艺选择时，都应以节省占地作为优先考虑的因素。其次，为了保障用水安全性和可靠性，还要考虑出水水质情况。

1. 净水工艺流程

净水工艺是给水处理的主要部分，其任务是通过必要的处理方法，去除水中的悬浮物质、胶体物质、细菌及其他有害成分。根据任务书可知，原水浊度一般<15度，雨季最高200度；色度<10度，无嗅味；pH=8，硬度符合饮用水要求；水中未发现汞砷等毒物。水质条件较好，不需要预处理和深度处理，采用常规处理工艺即可。常规处理工艺的净水流程见图5-9所示。

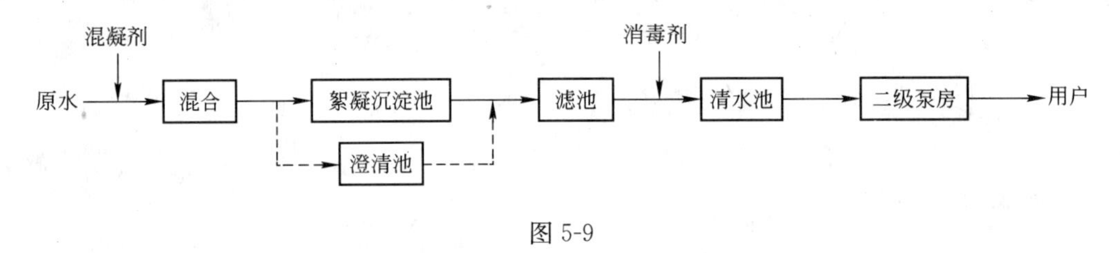

图5-9

2. 排泥水处理工艺流程

净水厂的生产废水主要包括沉淀池(或澄清池)排泥水和滤池反冲洗废水，这些废水所产生的污泥主要是无机泥砂，其悬浮物含量已远远超过国家标准，如果这些废水不加以处理，直接排入水体和下水道，将造成河道、湖泊淤积，下水道堵塞。因此，必须对水厂的生产废水进行处理后再排放。排泥水处理工艺的基本流程为：

生产废水→调节→浓缩→脱水→处置

5.3.2 净水构筑物与设备的选择

1. 混凝剂投加系统

(1) 投药方法，见表5-2。

投药方法分类及比较 表5-2

投加方法	优点	缺点
干投法	设备占地小；设备被腐蚀的可能性小；当要求加药量突变时，易于调整投加量；药液较为新鲜	当用药量大时，需要一套破碎混凝剂的设备；混凝剂用量少时，不易调节；劳动条件差；药剂与水不易混合均匀
湿投法	容易与原水充分混合；不易阻塞出口，管理方便；投量易于调节	设备占地大；人工调制时，工作量较繁重；设备容易受腐蚀；当要求加药量突变时，投药量调整较慢

考虑到湿投法容易与原水充分混合，管理方便，故设计采用湿投法。湿式投加系统根

据药品的不同分为两类，如图 5-10 所示。

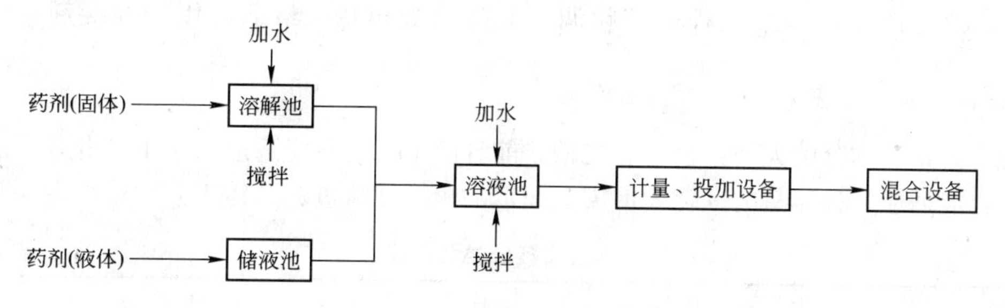

图 5-10　湿式投加系统

（2）投加方式：根据作用原理，投加方式又分为三种，见表 5-3。

投加方式分类及比较　　**表 5-3**

投加方式		作用原理	优　　点	缺　　点
重力投加		建造高位药液池，利用重力作用将药液投入水内	操作较简单、投加安全可靠	必须建造高位药液池，增加加药间层高
压力投加	水射器	利用高压水在水射器喷嘴处形成的负压将药液吸入并将药液射入压力管	设备简单，使用方便，不受药液池高程所限	效率较低，如药液浓度不当，可能引起堵塞
	加药泵	泵在药液池内直接吸取药液、加入压力水管内	可以定量投加，不受压力管压力所限	价格较贵，养护较麻烦

考虑到加药泵投加的方式可以定量投加，不受压力管压力所限，设计采用计量泵投加的方式。

（3）混凝剂的选用：混凝剂包括固体和液体两种，按照《室外给水设计规范》9.3.3 的规定，混凝剂宜采用液体原料。常用的混凝剂中，有硫酸铝液体形式，故设计采用液体硫酸铝作为混凝剂。它具有以下特点：制造工艺简单，含 Al_2O_3 约 6%，坛装或罐装车运输，配制使用比固体方便，使用范围同固体硫酸铝，易受温度及晶核存在影响形成结晶析出，近年来在南方地区较广泛采用。因此，混凝剂投加系统选用图 5-11 所示的形式。

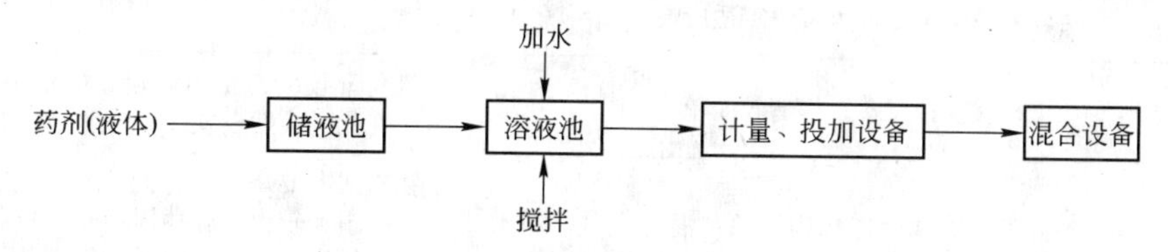

图 5-11　混凝剂投加系统

（4）贮液池：为便于投置药剂，储液池池顶宜高出地面 1m 左右；池壁需设超高，防止溶液溢出；由于药液一般都具有腐蚀性，所以池子和管道及配件都应采取防腐措施；贮液池采用钢筋混凝土池体。

（5）溶液池：池周围有工作台；池底坡度不小于 0.02，底部应设置排空管；最高工作水位处设置溢流装置。

(6) 投加计量设备：采用计量泵(柱塞泵或隔膜泵)，不必另备计量设备，泵上有计量标志，可通过改变计量泵行程或变频调速改变药液投量，最适合用于混凝剂自动控制系统。

2. 混合设备

混合方式基本分两大类：水力和机械。前者简单，但不能适应流量的变化；后者可进行调节，能适应各种流量的变化，但需要一定的机械维修量。具体工艺比较见表5-4。

混合设备分类及比较 **表5-4**

混合方式	优　点	缺　点
水泵混合	设备简单；混合充分，效果较好；不另消耗动能	管理麻烦；配合加药自动控制困难；G值相对较低
管式静态混合器	设备简单，维护管理方便；不需土建构筑物；在设计流量范围，混合效果较好；不需外加动力设备	运行水量变化影响效果；水头损失较大；混合器构造较复杂
扩散混合器	不需外加动力设备；不需土建构筑物；不占地	混合效果受水量变化有一定影响
跌水混合	利用水头的跌落扩散药剂；受水量变化影响较小；不需外加动力设备	药剂的扩散不易完全均匀；需建混合池；容易夹带气泡
机械混合	混合效果较好；水头损失较小；混合效果基本不受水量变化的影响	需耗动能；管理维护较复杂；需建混合池

综上所述，由于管式静态混合器节省占地，设备简单，维护管理方便，故设计采用管式静态混合器。

3. 澄清池

絮凝池和沉淀池与澄清池相比，占地大，土建工程量大，造价高。故设计采用澄清池代替絮凝沉淀池。根据澄清池的工作原理，澄清池又分为表5-5中的四种形式。

澄清池分类及比较 **表5-5**

形　式	优　点	缺　点
机械搅拌澄清池	处理效率高，单位面积产水量大；适应性较强，处理效果较稳定；采用机械刮泥设备后，对较高浊度水处理也有一定适应性	需要机械搅拌设备；维修较麻烦
水力循环澄清池	无机械搅拌设备；构造较简单	投药量较大；要消耗较大的水头；对水质、水温变化适应性较差
脉冲澄清池	虹吸式机械设备较为简单；混合充分，布水较均匀；池深浅便于布置	真空式需要一套真空设备，较为复杂；虹吸式水头损失较大，脉冲周期较难控制；操作管理要求较高，排泥不好影响处理效果；对原水水质和水量变化适应性较差
悬浮澄清池(无底板穿孔)	构造较简单；形式较多	需设气水分离器；对进水量、水温等因素较敏感，处理效果不稳定

综上所述，考虑到出水水质的效果，设计采用机械搅拌澄清池。沉淀下来的泥水排至综合排泥池。

4. 滤池

根据工作原理和构造的不同，滤池通常分为表 5-6 中的六种形式。

滤池分类及比较　　表 5-6

形式	特点	优　点	缺　点
普通快滤池	下向流、砂滤料的四阀式滤池	有成熟的运转经验，运行稳妥可靠；采用砂滤料，材料易得，价格便宜；采用大阻力配水系统，单池面积可做的较大，池深较浅；可采用降速过滤，水质较好	阀门多；必须有全套冲洗设备
双阀滤池	下向流、砂滤料的双阀式滤池	与普通快滤池相同，同时较之少 2 只阀门，相应降低了造价和检修工作量	必须有全套冲洗设备；增加形成虹吸的抽气设备
V 形滤池	下向流均粒砂滤料，带表面扫洗的气水反冲滤池	运行稳妥可靠；采用砂滤料，材料易得；滤床含污量大、周期长、滤速高、水质好；具有气水反洗和水表面扫洗，冲洗效果好	配套设备多；土建较复杂，池深较深
虹吸滤池	下向流、砂滤料、低水头互洗式无阀滤池	不需大型阀门；不需冲洗水泵或冲洗水箱；易于自动化操作	土建结构复杂；池深大，单池面积不能过大，反洗时要浪费一部分水量，冲洗效果不易控制；水位等速过滤，水质不如降速过滤
无阀滤池	下向流、砂滤料、低水头带水箱反洗的无阀滤池	不需设置阀门；自动冲洗，管理方便；可成套定型制作	运行过程看不到滤层情况；清砂不便；单池面积较小；冲洗效果较差，反洗时要浪费部分水量
移动罩滤池	下向流、砂滤料、低水头反洗连续过滤滤池	造价低，不需大量阀门设备；池深浅，结构简单；能自动连续运行，不需冲洗水塔或水泵；节约用地，节约电耗；降速过滤	需设移动冲洗设备，对机械加工、材质要求高；起始滤速较高，因而滤池平均设计滤速不宜过高；罩体与隔墙间的密封要求较高

综上所述，考虑到出水水质的效果、运行管理方便、材料易得、价格便宜等因素，设计采用普通快滤池。反冲洗的废水排至综合排泥池。

5. 消毒方法

水的消毒处理是生活饮用水处理工艺中的最后一道工序，其目的在于杀灭水中的有害病原微生物(病原菌、病毒等)，防止传染病的危害。常见的消毒方法包括表 5-7 中的七种形式。

消毒方法分类及比较　　表 5-7

方法	优　点	缺　点
液氯	具有余氯的持续消毒作用；价值成本较低；操作简单，投量准确；不需要庞大的设备	原水有机物高时会产生有机氯化物；原水含酚时产生氯酚味；氯气有毒，使用时需注意安全，防止漏氯
氯胺	能降低三卤甲烷和氯酚的产生；能延长管网中剩余氯的持续时间抑制细菌生成；减轻氯消毒时所产生的氯酚味或降低氯味	消毒作用比液氯进行得慢，需较长接触时间；需增加加氯设备，操作管理麻烦

续表

方法	优　点	缺　点
漂白粉	具有余氯的持续消毒作用；投加设备简单；价格低廉；漂白精含有效率达 60%～70%，使用方便	同液氯，将产生有机氯化物和氯酚味；易受光、热、潮气作用而分解失效，须注意贮存
次氯酸钠	具有余氯的持续消毒作用；操作简单，比投加液氯安全、方便；使用成本虽较液氯高，但较漂白粉低	不能贮存，必须现场制取使用；目前设备尚小，产气量少，使用受限制
二氧化氯	不会生成有机氯化物；较自有氯的杀菌效果好；具有强烈的氧化作用，可除臭、去色、氧化锰、铁等物质；投加量少，接触时间短，余氯保持时间长	成本较高；一般需现场随时制取使用；制取设备较复杂；需控制氯酸盐和亚氯酸盐等副产物
紫外线消毒	杀菌效率高，需要的接触时间短；不改变水的物理化学性质，不会生成有机氯化物和氯酚味；已具备成套设备，操作方便	没有持续的消毒作用，易受重复污染；电耗较高，灯管寿命还有待提高
臭氧消毒	具有强氧化能力，为最活泼的氧化剂之一，对微生物、病毒、芽孢等具有杀伤力，消毒效果好，接触时间短；能除臭、去色及去除铁、锰等物质；能除酚，无氯酚味；不会生成有机氯化物	基建投资大，电耗高；臭氧在水中不稳定，易挥发，无持续消毒作用；设备复杂、管理麻烦；制水成本高

综上所述，设计采用被广泛应用的氯及氯化物消毒。氯消毒的加氯过程操作简单，价格较低，且在管网中有持续消毒杀菌作用。虽然二氧化氯消毒能力较氯强而且能在管网中保持很长时间，但是由于二氧化氯价格昂贵，且其主要原料亚氯酸钠易爆炸，国内目前在净水处理方面应用尚不多。故设计采用液氯消毒。经消毒后的水排至清水池。

5.3.3　排泥水处理构筑物与设备的选择

1. 调节构筑物

两种调节池虽然总的调节容积相当，但分建式调节池的个数是综合排泥池的 2 倍，池数多，池与池之间有一定的间隔，占地面积比采用综合排泥池大，池中均质设备也多，因此基建投资也相应比综合排泥池高。综合排泥池均质均量输出，只设 1 个泵站，而分建式调节构筑物要设 2 个泵站，2 条输泥管，输出 2 种浓度。因此，其基建投资与能耗均比采用合建式综合排泥池高，见表 5-8。综上所述，设计采用合建式调节构筑物。

调节构筑物分类及比较　　表 5-8

分类	池型		功能	构造特点
分建式	排水池	Ⅰ	调量＋调质	设搅拌机等搅流设备进行均质。利用池容进行调量
		Ⅱ	调量＋沉淀	不设扰流设备均质，允许部分污泥沉淀，但应有污泥取出设施。利用池容进行调量
	排泥池	Ⅰ	调量＋调质	设搅拌机等搅流设备进行均质。利用池容进行调量
		Ⅱ	调量＋浓缩	充分利用池容进行量的调节和浓缩作用。上清液利用浮动槽均匀连续取出，设刮泥机将泥连续刮至池中心排出
合建式	综合池	Ⅰ	调量＋调质	设搅拌机等搅流设备进行均质。利用池容进行调量

2. 浓缩池

由于斜板浓缩池效率高，所需容积小，调节能力不如辐流式浓缩池，在应付高的原水浊度时，斜板浓缩池的调节能力就显得不足。因此，重力浓缩池的形式，国内目前还是以辐流式浓缩池采用较多。故设计采用辐流式浓缩池，见表 5-9。

浓缩池分类及比较　　**表 5-9**

类型		优　点	缺　点
重力浓缩	辐流式	斜板式浓缩效率高，占地少	斜板易老化，需定期更换，调节能力小，不能应付高浊度原水
	斜板式		
机械浓缩	离心浓缩	设备紧凑、用地省	能耗大，并需投加一定的高分子聚合物，在国内净水厂中尚未采用
	螺压浓缩		

3．脱水

脱水主要包括自然干化法和机械脱水法。

自然干化法是利用自然条件，在干化场上，相当于滤床，靠着渗漏和蒸发达到脱水目的，效率低、占地大、环境差、受自然条件影响大。

机械脱水是靠机械作用进行污泥脱水，具体分类见表 5-10。

机械脱水装置的类型和特点　　**表 5-10**

脱水机械设备		特　点
真空转鼓过滤机		附属设备多，工序复杂，运行费用高
压滤机	板框压滤机	构造简单，过滤推动力大，不能连续运行
	带式压滤机	不需加压或真空设备，耗能少，能连续生产
离心式脱水机		固液分离效果好，设备小，可连续生产

综上所述，考虑到带式压滤机具有脱水效率高，处理能力大，连续过滤性能稳定，操作简单，体积小，重量轻，节约能源，占地面积小等优点，设计采用带式压滤机进行脱水。

4．处置

排泥水处理的最终产品是脱水后的泥饼，是净水厂排泥水处理最后一道工序处置的主要内容。总的处置原则是不能产生新的二次污染。为了重复利用，节约资源，泥饼外运后可以制砖、做水泥原料、道路回填材料等。分离后的水作为滤池反冲洗用水的一部分。

5.3.4　取水构筑物与设备的选择

1．水库取水特点

惠州市石湾镇西侧约 7.1km 处有一座联合水库，是供给石湾镇供水厂的惟一可靠的水源。水库取水通常具有以下特点：

（1）水库可以通过年径流调节，以确保枯水期取得所需的水量。

（2）水库水含砂量少，浑浊度小，水质较好。

（3）当被淹没的河谷具有湖泊的形态及水文特征时，其取水形式及注意问题与湖泊取水类同。

（4）当水库被淹没的河谷较窄，库身狭长、弯曲、深度较小时，具有河流的形态及水文特征，其取水形式及注意问题与河流取水类同。

2．水库取水常用形式

水库取水根据水质与水量的不同，分为以下三种形式：

(1) 隧洞式取水构筑物：适用于水深大于10m以上的大型水库。

(2) 引水明渠取水：根据库岸的地形与地质条件，选择集水井与泵房合建或分建式的岸边取水构筑物形式，其中合建式适用于地质条件较好，取水量大且安全性要求较高的取水构筑物。

(3) 水深很大的水库取水：为取得浊度低、水质好的原水，可采用分层取水构筑物，或将取水构筑物与库坝合建。

根据任务书可知，水库最高水位56.650m，最低水位53.150m，常水位54.275m，死水位31.650m，现况坝高为59.150m，水深较浅。地震烈度按6度考虑，地质条件较好。因此，设计采用合建式岸边式取水构筑物。

3. 进水孔布置

采用岸边式取水构筑物，不必设置进水管，只需在构筑物侧壁开孔进水即可。进水孔在布置时应注意以下原则：

(1) 进水孔布置成侧面开孔。

(2) 进水孔在最低水位下的淹没深度不得小于0.3m。

(3) 进水孔应设置格栅。格栅设置在进水室的进水孔上，用来拦截水中粗大块漂浮物及鱼类。格栅由金属框架和栅条组成，框架外形和进水孔形状相同。栅条可直接固定在进水孔上，或放在进水孔外侧的导槽中，可以拆卸，以便清洗和检修。

5.3.5 水厂最终工艺流程

经过上述的比较和选择，确定了每个环节的工艺。但是考虑到水厂内部的维护和检修，会使供水中断，故净水部分应设计两个系列，每个系列的水量按最高日用水量的50%设计，并按70%校核。根据《室外给水设计规范》10.1.3的规定，排泥水处理系统的规模应按满足全年75%～95%日数完全处理要求确定，故排泥水处理部分在检修时，不影响水厂的正常运行，符合规范的规定，可以只设计一个系列。具体工艺流程如图5-12所示。

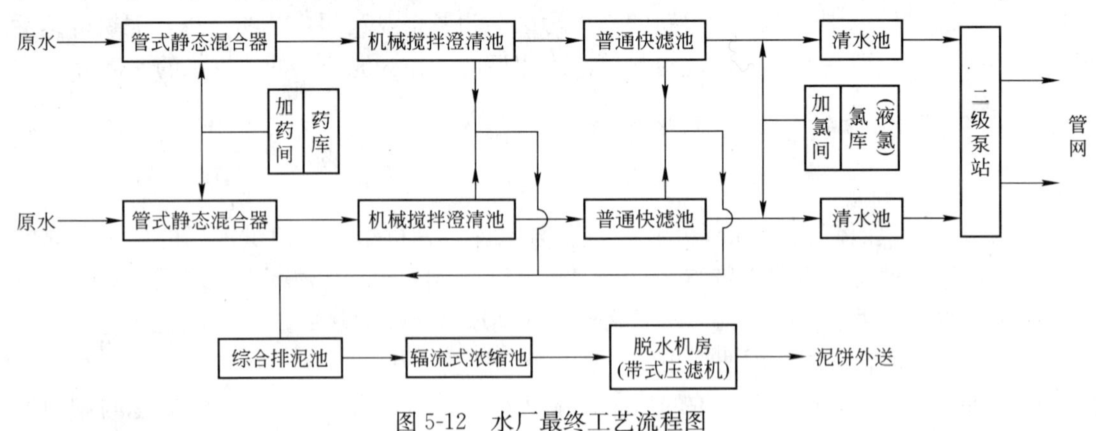

图5-12 水厂最终工艺流程图

5.3.6 水厂总体布置

1. 平面布置原则

(1) 功能分区，配置得当。按生产、辅助生产、生产管理、生活福利等不同功能分区明确，但又不能过于分散，既有利于生产，又避免非生产人员在生产区内逗留和穿行。

(2) 布置紧凑。在保证生产需要的前提下，结合地形、地质条件，结构和施工要求等因素全面考虑，力求减少占地，减少连接管(渠)的长度，便于操作管理。

(3) 顺流排列，流程简洁。厂内工艺流程总方向应与从水源到用户方向(供水方向)一致排列，避免不必要的转弯和提升。并联运行的净水构筑物间应配水均匀。

(4) 严禁将管线埋在构筑物下面(不便施工检修)。

(5) 充分利用地形，力争土方平衡，减少施工土方量和费用；同时力求重力排污。如清水池放低处，滤池(澄清池)放高，便于排水(泥)放空。

(6) 留出适当空地，便于施工检修和扩建。如堆料场，翻砂厂等。

(7) 注意建筑物朝向和风向。常有人操作的房间应南北向，有味的放下风向。

(8) 厂区内应保证一定的绿化率，在厂区空地内修建草坪、植树等。

2. 功能分区

按照功能将厂区分成以下三区，用宽 6.0m 的道路进行分隔。

(1) 生产区：由澄清池、滤池、清水池、二泵站等组成。加药间与药库合建，氯库与加氯间合建。

(2) 管理区：将行政楼、食堂、浴室、宿舍等建筑物组合在一个区内。将这一区布置在水厂大门附近，便于外来人员联系。

(3) 辅助生产区：由仓库、化验室、机修间等组成。分布在生产区周围，以便设备的检修。

3. 辅助建筑物设计

本水厂为地表水厂，水厂规模 5.1 万 m^3/d，根据《给水排水设计手册 3 册一城镇给水》，查得相关辅助建筑物面积数据见表 5-11。

辅助建筑物 **表 5-11**

辅助建筑物	规定面积(m^2)	采用面积(m^2)	采用尺寸：长×宽(m)
办公楼	210～300	210	21×10
化验楼	110～160	110	11×10
中机修间	110～130	117	13×9
小机修间	100～120	104	13×8
总配电室	—	64	8×8
晒砂场	—	30	10×3
车库	—	100	10×10
仓库	150～200	154	14×11
食堂	人均 2.2～2.0	100	10×10
传达室	20～25	21	7×3
宿舍	—	300	30×10
职工活动中心	—	200	30×10
管配件堆场	80～100	80	10×8
水表间	40～50	48	8×6
泥木工间	35～45	40	8×5
喷水池	—		直径 5

4. 高程布置原则

(1) 原水经一次提升后在各构筑物之间尽量重力流。

(2) 充分利用原有地形坡度，放空、排泥尽量重力。

(3) 挖、填土方尽量平衡 。清水池放在厂区最低处。

(4) 清水池的标高是水厂高程设计关键：一般以清水池水面为基准分别向前、后推算二泵和滤池标高。清水池有效水深按 3m 考虑。

(5) 构筑物选型应注意前后配合，综合考虑。

5.4 管网水力计算与校核

5.4.1 管网水量计算

1. 管网管线长度

根据图 5-13，测量每个管段对应在图纸上的长度，按照比例尺转化成实际长度，并计算得到管网管线实际总长度$\sum L=34314+1537=35851$m。

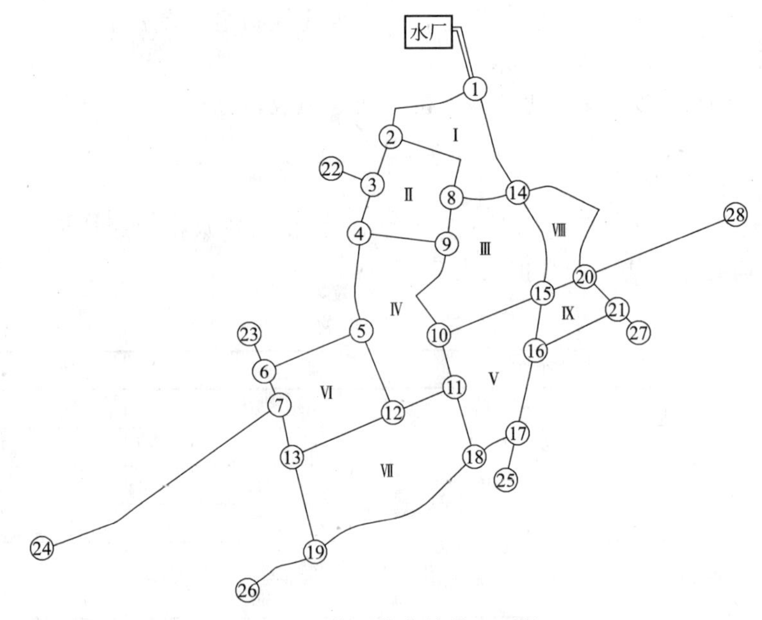

图 5-13 管网节点编号、环号

管线的配水方式有双侧配水、单侧配水、不配水三种。双侧配水的管线，计算管长按实际管长计算；单侧配水的管线，计算管长按实际管长的一半计算；不配水的管线，计算管长为零。本工程中，除输水管不配水外，其他管线均为双侧配水。根据上述配水性质，得到每个管段的计算长度，同时求得管网的计算总管长$\sum l=34314$m。

2. 比流量

$$q_s=\frac{Q_h-\sum q}{\sum l}=\frac{973.96-0}{34314}=0.02838$$

式中 q_s——比流量 [L/(s・m)]；

Q_h——管网最高日最高时设计流量，根据上文内容，$Q_h=973.96$L/s；

$\sum q$——大用户集中用水量总和(L/s)，本工程$\sum q=0$；

$\sum l$——管网计算总长度，$\sum l=34314$m。

3. 沿线流量

$$q_l=q_s l=0.02838l$$

式中　q_l——沿线流量(L/s)，计算结果见附表1；

q_s——比流量，由前面的计算知，$q_s=0.02838$L/(s·m)；

l——管段计算长度(m)。

4. 节点流量

$$q_i=\alpha\sum q_{l连}=0.5\sum q_{l邻}$$

式中　q_i——最高日最高时i节点流量(L/s)；

α——折算系数，通常统一采用$\alpha=0.5$；

$\sum q_{l连}$——与i节点相连管段的沿线流量之和(L/s)。

5. 初次分配管段流量与管径的确定

环状网的流量分配比较复杂。因各管段的流量与以后各节点流量没有直接的关系，并且在一个节点上连接几条管段，因此任一节点的流量包括该节点流量和流向以及流离该节点的几条管段流量。所以环状网在进行流量初次分配时，要保证每一节点的水流的连续性，也就是流向任一节点的流量等于流离该节点的流量，以满足节点流量平衡的条件，即：

$$q_i+\sum q_{ij}=0$$

式中　q_i——i节点流量(L/s)；

q_{ij}——从节点i到节点j的管段流量(L/s)。

初步拟定水流方向，避免同一环内水流方向相同，具体设计见图5-14。选取管段1—

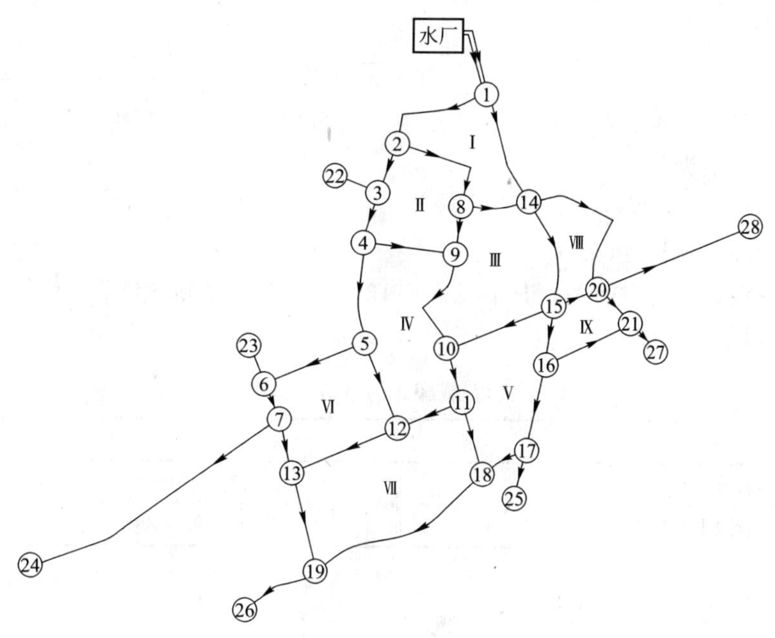

图5-14　最高日最高时水流方向初步拟定

2—3—4—5—6—7—13，1—2—8—9—10—11—12—13—19，1—14—15—16—17—18—19 为主干管，主干管中间的管段为连接管，共同组成了中心管网。在分配流量时注意主干管流量较多，连接管流量相对较少，节点与两条主干管或两条连接管相连时，应尽量均匀分配。末端树状管网只需注意节点流量平衡即可。

考虑到工程造价和事故时的流量，管径的选取既不能太大也不能太小。参考界限流量表(表 5-12)来确定管径。在确定管径时，主干管应尽量满足表 5-12 的要求，连接管考虑到事故时流量会变大，可适当放大管径，以保证事故时和消防时的扬程需要。

界限流量表 **表 5-12**

管径(mm)	界限流量(L/s)	管径(mm)	界限流量(L/s)	管径(mm)	界限流量(L/s)
100	<9	350	68～96	700	355～490
150	9～15	400	96～130	800	490～685
200	15～28.5	450	130～168	900	685～822
250	28.5～45	500	168～237	1000	822～1120
300	45～68	600	237～355		

6. 管网平差计算

环闭合差是判断平差是否合格的主要依据，只有当管网中每个环的闭合差都为零时，平差才结束。输水管和树状管网只需按照下述公式算出水头损失和平均经济流速即可。

(1) 管段水头损失

按照《室外给水设计规范》7.2.2 的要求，计算管段的沿程水头损失时，应采用海森-威廉公式：

$$h=\frac{10.67\times q^{1.852}\times L}{C^{1.852}\times D^{4.87}}$$

式中 h——管段沿程水头损失(m)，管段中水流方向在环中为顺时针，结果为正，逆时针结果为负；

q——管段流量(L/s)；

L——管段实际长度(m)；

C——系数，与管材有关，其值见表 5-13。本工程采用新铸铁管，$C=130$；

D——管径(m)。

海森-威廉式的系数 *C* 值 **表 5-13**

水管种类	*C* 值	水管种类	*C* 值
塑料管	150	混凝土管、焊接钢管	120
新铸铁管、涂沥青或水泥的铸铁管	130	旧铸铁管和旧钢管	100

(2) 环闭合差

$$\Delta h=\sum h$$

式中 Δh——环闭合差(m)，结果为正表示该环各管段的水头损失总和为顺时针，结果为负表示逆时针；

$\sum h$——该环中各管段的水头损失之和(m)。

(3) 环校正流量

$$\Delta q=-\frac{\Delta h}{2|sq|}=-\frac{\Delta h}{2|h/q|}$$

式中 Δq——环校正流量(L/s)；

Δh——环闭合差(m)；

$|sq|$——可由公式 $h=sq^2$ 推出，即 $|sq|=|h/q|$，其中 h 为管段沿程水头损失，q 为管段流量。

任一环的校正流量应包括两部分：一是受到邻环影响的校正流量 Δq_n，二是消除本环闭合差的校正流量 Δq_s。

(4) 管段校正流量

$$q_{校}=q+\Delta q_s-\Delta q_n$$

式中 $q_{校}$——校正后的管段流量(L/s)；

q——校正前的管段流量(L/s)；

Δq_s——本环的校正流量(L/s)；

Δq_n——邻环的校正流量(L/s)。

(5) 平均经济流速

$$v=\frac{q_f}{A}\times 10^{-3}=\frac{4q_f}{\pi D^2}\times 10^3$$

式中 v——平均经济流速(m/s)；

q_f——最后一次平差的管段流量(L/s)；

A——管段横截面积(m^2)；

D——管径(mm)。

最后一次平差的平均经济流速，要求至少有一半满足表 5-14 的条件。

平均经济流速 **表 5-14**

管径(mm)	平均经济流速(m/s)	管径(mm)	平均经济流速(m/s)
D=100～400	0.6～0.9	D≥400	0.9～1.4

5.4.2 管网水压计算

1. 满足节点自由水压所需扬程

$$H_p=Z_c+H_c+h_s+h_d+h_c+h_n$$

式中 H_p——满足节点自由水压所需扬程(m)；

Z_c——管网控制点地面标高和清水池最低水位的高程差(m)，管网各个节点和水厂的地面标高在规划图中已经标出，清水池没有详细计算，初步设计清水池最高水位与水厂地面齐平为 3.8m，最低水位比最高水位低 3m，即清水池最低水位为 0.8m，各个节点的地面标高分别与其列表作差即可，计算结果见附表 5；

H_c——控制点所需最小服务水头(m)，根据任务书可知，该镇建筑物一般不超过五层，即最小服务水头 $H_c=12+(5-2)\times4=24$m，但消防时所需最小服务水头 $H_f=10$m；

h_s、h_d——吸水管和输水管中的水头损失(m)，没有详细计算，初步估计为 3m；

h_c——输水管中的水头损失(m)，据计算 $h_c=0.78$m；

h_n——管网中的水头损失(m)，包括沿程和局部水头损失，沿程局部损失应列表分别算出每个节点对应的管网水头损失，其值为从节点至管网起点逆水流方向的所有管段中，任意一条完整的管段的沿程水头损失之和(绝对值)对应的局部水头损失，按照《室外给水设计规范-条文说明》7.2.3 的规定，为沿程水头损失的 5%～10%，这里取 10%。

按照上述公式可以算得最高日最高时每个节点可以满足其自由水压的最小扬程，然后取这些值中的最大值作为送水泵站在此工况下所需的扬程。最大值所对应的节点是最不利点，次大值对应的节点是次不利点。

2. 水压标高

计算节点水压时，应从最不利点的自由水压开始，其值应为该点在最高日最高时情况下的最小服务水头 24m，然后加上该点的地面标高就是最不利点的水压标高；接着以最不利点为起点，用其水压标高逐段加上或减去水头损失值(逆水流方向相加，顺水流方向相减)，就能得到管网中所有节点的水压标高。根据这些水压标高，绘制等水压标高曲线(图 5-15)，每隔 2m 画一条曲线。

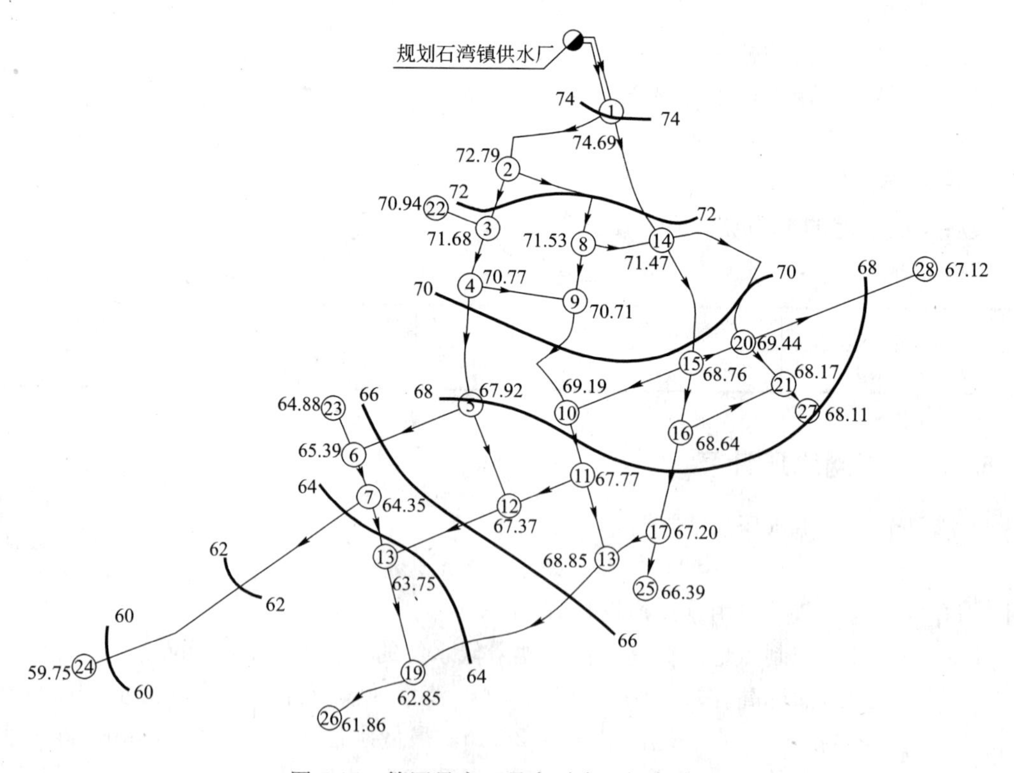

图 5-15　管网最高日最高时水压标高曲线

3．自由水压

利用公式：自由水压＝水压标高－地面标高，求得所有点的自由水压。根据这些自由水压，绘制自由水压标高曲线(图 5-16)，每隔 2m 画一条曲线。

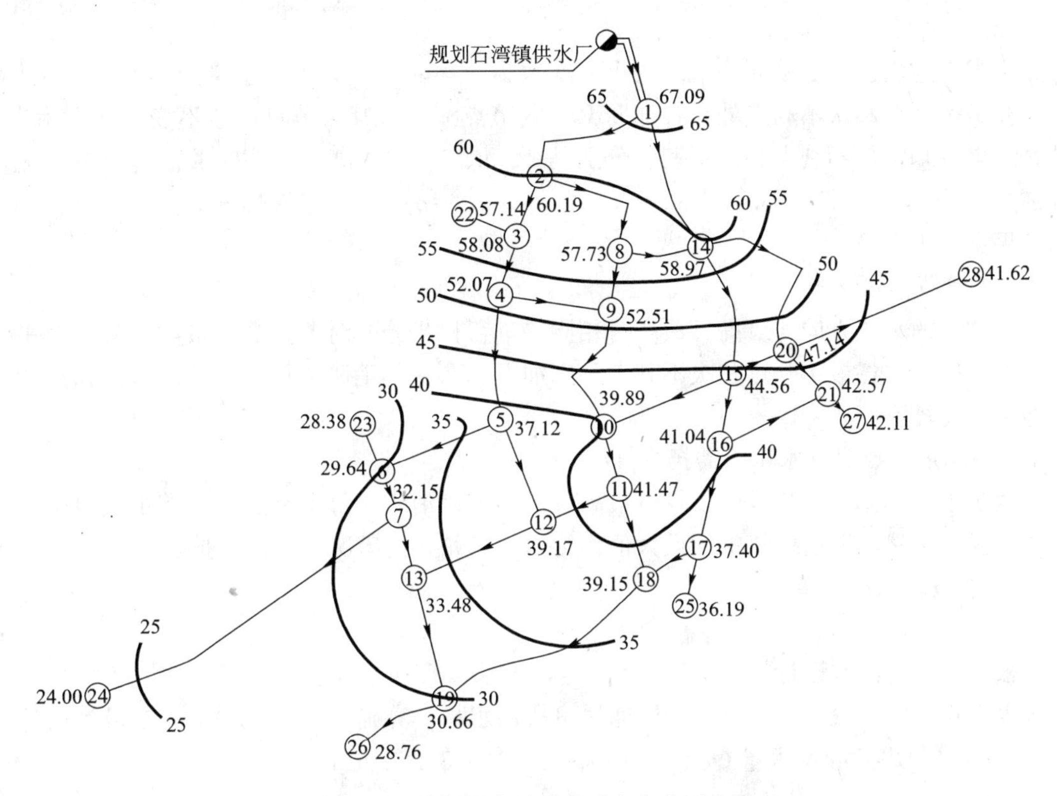

图 5-16　管网最高日最高时自由水压曲线

5.4.3　管网水压校核

1．最高日最高时兼消防时水压计算

(1) 消防用水量

城镇、居住区室外的消防用水量应根据所在地区的规划人数确定，具体见表 5-15。

城镇、居住区室外的消防用水量　　**表 5-15**

人数(万人)	同一时间内的火灾次数(次)	一次灭火用水量(L/s)	人数(万人)	同一时间内的火灾次数(次)	一次灭火用水量(L/s)
≤1.0	1	10	≤40.0	2	65
≤2.5	1	15	≤50.0	3	75
≤5.0	2	25	≤60.0	3	85
≤10.0	2	35	≤70.0	3	90
≤20.0	2	45	≤80.0	3	95
≤30.0	2	55	≤100.0	3	100

根据任务书可知，石湾镇供水厂规划服务范围内，规划人口为5.2万人，该镇同一时间的火灾次数为2次，一次灭火用水量为35L/s。故最高日最高时兼消防时用水量 $Q_{消}=Q_h+35\times2=973.96+70=1043.96$L/s

（2）节点流量

根据上述内容，该镇同一时间的火灾次数为2次，一次灭火用水量为35L/s。即计算时应在最不利点和次不利点处，各加35L/s的节点流量，其余节点流量不变。根据附表5计算结果可知，最不利点和次不利点分别是24和26，其最高日最高时兼消防时节点流量分别为：$q'_{24}=q_{24}+35=43.47+35=78.47$L/s，$q'_{26}=q_{26}+35=12.19+35=47.19$L/s。计算结果见附表2。

（3）管段流量

消防时的水流方向与最高日最高时相同，进行初步分配时，只需在最高日最高时平差结果的基础上，将最不利点和次不利点分别加上35L/s的消防流量，按照来水方向逐段加上即可，管径不变。

（4）满足节点自由水压所需扬程

按照本文5.4.2的公式可以算得最高日最高时兼消防时每个节点可以满足其自由水压的最小扬程，然后取这些值中的最大值作为送水泵站在此工况下所需的扬程。

2. 事故时水压计算

（1）事故时用水量

根据《室外给水设计规范》7.1.3规定，输水干管和连通管的管径及连通管根数，应按输水干管任何一段发生故障时仍能通过事故用水量计算确定，城镇的事故水量为设计水量的70%。故事故时用水量 $Q_{事}=70\%Q_h=0.7\times973.96=681.77$L/s。

（2）节点流量

根据上述内容，城镇的事故水量为设计水量的70%，也就是事故时各节点流量应为最高日最高时的70%，即 $q''_i=70\%q_i$。

（3）管段流量

进行事故时流量的初步分配，首先要确定最不利管段。最不利管段一般是与管网起点相连的管段，这种管段发生事故时，对整个管网的影响最大。本工程的最不利管段只能是1—14或1—2管段，根据管网最高日最高时的平差成果，1—2的最高日最高时管段流量比1—14大，故1—2为最不利管段。在分配流量时，将最不利管段断开(即此时1—2管段流量为0)，然后重新拟定水流方向，如图5-17所示，并在事故时节点流量的基础上，按照最高日最高时管段流量的分配原则进行分配，管径不变。

（4）满足节点自由水压所需扬程

按照本文5-4-2的公式可以算得事故时每个节点可以满足其自由水压的最小扬程，然后取这些值中的最大值作为送水泵站在此工况下所需的扬程。

3. 水压校核

管网最高日最高时、最高日最高时兼消防时、事故时三种情况下，送水泵站所需扬程的数量关系应满足：事故时>最高日最高时>最高日最高时兼消防时。经过计算，对应扬程分别为78.9m、74.2m、66.1m，满足要求。

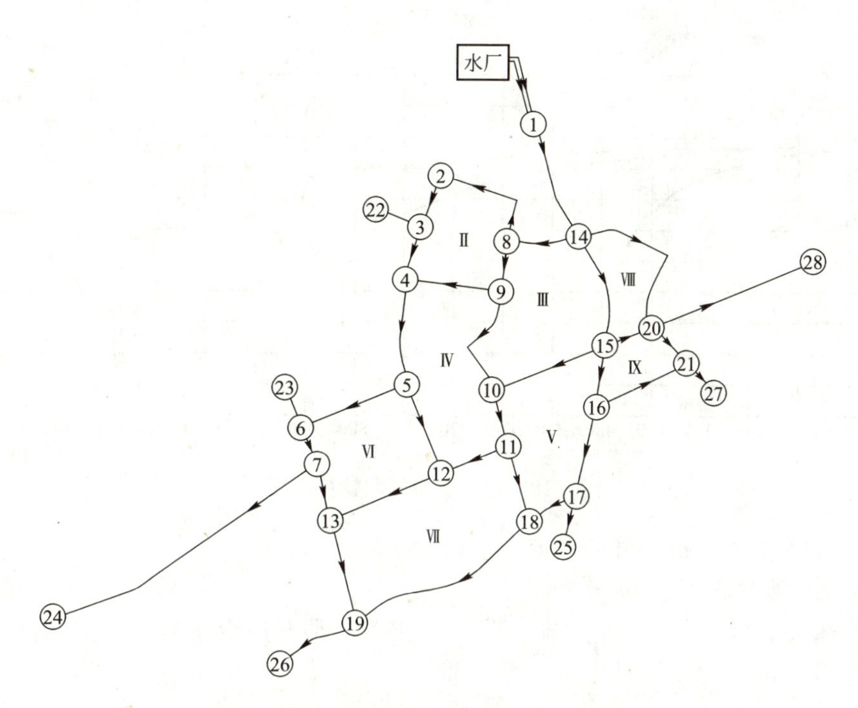

图 5-17 事故时水流方向初步拟定

5.5 送水泵站设计计算

5.5.1 选泵和电机

1. 水泵的选择

已知管网最高日最高时用水量 Q_h=973.96L/s，此时水泵所需扬程 H_p=74.2m，并以此为设计依据进行选泵。为了在城市用水量减少时进行灵活调配，并且节能，选择几台水泵并联工作来满足最高日最高时用水量和扬程需要；而在用水量减少时，减少并联水泵台数或单泵供水，并保持工作水泵在其高效段工作。故设计采用 4 台水泵，3 用 1 备，即每台水泵流量为 $Q_b=Q_h/3$=324.65L/s，水泵扬程为 H_p=74.2m。查《给水排水设计手册第 11 册常用设备》，选择满足流量和扬程需要的水泵。经过比较，最终选择 14sh-9 型水泵，并绘制出三台水泵并联情况下的水泵流量扬程特性曲线，如图 5-18 所示。同时在该图中标出最高日最高时流量和扬程对应的坐标点。

2. 水泵的校核

已知管网最高日最高时兼消防时用水量 $Q_{消}$=1043.96L/s，此时所需水泵扬程 H'_p=66.1m；事故时用水量 $Q_{事}$=681.77L/s，此时所需水泵扬程 H''_p=78.9m。并将这两种工况下的流量和扬程对应的坐标点标在图 5-18 中进行校核。三种情况下的流量关系满足：事故时<最高日最高时<最高日最高时兼消防时；所需的扬程关系满足：事故时>最高日最高时>最高日最高时兼消防时；同时，三种情况在图中的对应点均在三台水泵并联特性曲线之下。综上所述，选择 14sh-9 型水泵满足流量和扬程要求。

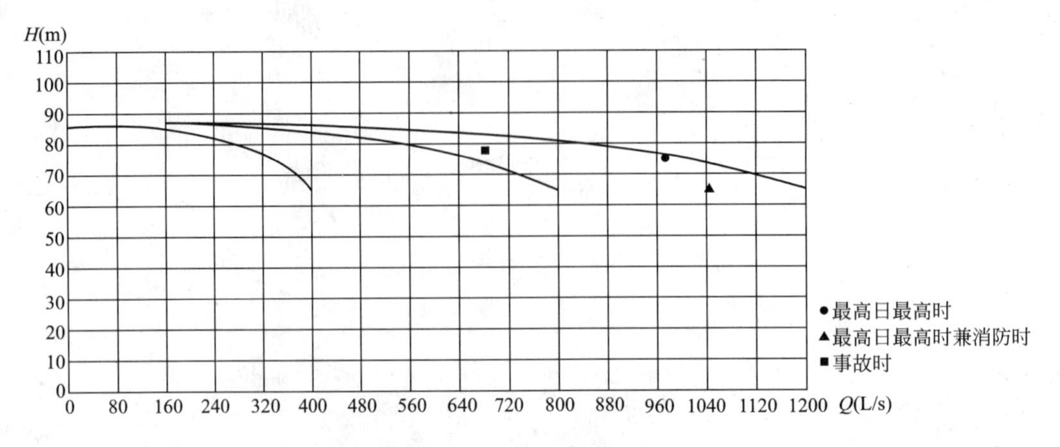

图 5-18　水泵流量扬程特性曲线

3. 水泵的参数、电机型号的确定

（1）水泵性能参数

根据上述选泵结果，查《给水排水设计手册第 11 册常用设备》，得到 14sh-9 型水泵性能参数，见表 5-16。

14sh-9 型水泵性能参数 **表 5-16**

种类	型号	流量 Q(L/s)	扬程 H(m)	转速 n(r/min)	泵轴功率 N(kW)
参数	14sh-9	270～400	65～80	1470	275～323
种类	效率 η(%)	允许吸上真空高度 H_s(m)	叶轮直径 D(mm)	泵重(kg)	
参数	77～80	3.5	500	1200	

（2）配套电机配置

根据所选水泵的型号，查《给水排水设计手册第 11 册常用设备》，选择一台配套的电机(JSQ-147-4 型)，主要参数见表 5-17。

JSQ-147-4 型电机主要参数 **表 5-17**

型号	额定电压(V)	功率(kW)	转数(r/min)	重量(kg)
JSQ-147-4	6000	360	1480	3000

4. 水泵基础计算

根据所选水泵和配套电动机的型号，查《给水排水设计手册第 11 册常用设备》，可知其基础不带底座，并查得相应泵外形尺寸及安装尺寸，见表 5-18 和表 5-19。

泵外形尺寸(单位：mm) **表 5-18**

L_1	L_2	L_4	B	B_1	B_3	H	H_1	H_3	H_4	4-d
1311	741	440	1300	650	720	1060	560	260	360	34

安装尺寸(单位：mm) **表 5-19**

L	L_6	L_7	L_8	L_9	b	H_5	H_s	C	4-d_1
3081	1091	1000	870	500	940	1130	560	5	34

(1) 水泵基础长度=水泵和电机最外端螺孔间距(长向)+(400~500),即

$$L'=L_4+L_6+L_8+499=440+1091+870+499=2900\text{mm}$$

(2) 水泵基础宽度=水泵和电机最外端螺孔间距(宽向)+(400~500),即

$$B'=b+460=940+460=1400\text{mm}$$

(3) 水泵基础高度

$$H'=\frac{(2.5\sim4.0)\times W}{L'\times B'\times\gamma}=\frac{3.0\times4200}{2.9\times1.4\times2400}=1.29\text{m}$$

式中 H'——基础高度(m);

W——机组重量,即水泵重量+电机重量=(1200+3000)=4200kg;

L'——基础长度;2.9m;

B'——基础宽度:1.4m;

γ——基础所用材料的密度,采用混凝土基础,$\gamma=2400\text{kg/m}^3$。

实际深度连泵房底板在内,应为1.79m,基础顶面高出室内地坪0.5m。

5.5.2 管路计算

1. 吸水井计算

为方便管理和减少维护费用,从清水池到吸水井的水采用重力自流,设置两根联络管。当一根联络管发生事故时,另一根联络管仍能通过设计水量。每根联络管的流量按最高日最高时流量的70%设计,即按 $Q=0.7\times Q_h=0.7\times973.96=681.77\text{L/s}$ 设计。根据《给水排水设计手册第1册常用资料》,采用 $DN800$ 钢管,查得 $v=1.356\text{m/s}$,$1000i=3.058$。设最远一个清水池到吸水井间距为10m;为减少工程造价,进出口均不修圆,每根联络管设置2个 $DN800$ 闸阀,查得相应局部阻力系数为:$\xi_{进口}=0.5$,$\xi_{出口}=0.5$,$\xi_{闸阀}=0.05$,则管道的水头损失为:

沿程水头损失:$h_1=il=3.058\times10^{-3}\times10=0.03\text{m}$

局部水头损失:$h_2=\sum\xi\frac{v^2}{2g}=(0.5+0.5+2\times0.05)\times\frac{1.356^2}{2\times9.8}=0.10\text{m}$

总水头损失:$h=h_1+h_2=0.03+0.10=0.13\text{m}$

清水池最高水面标高与地面齐平为3.80m,水深设为3m,最低水面标高为3.80-3=0.8m,取0.5m保护水深和0.3m超高,则清水池池顶标高为3.8+0.3=4.1m,池底标高为0.8-0.5=0.3m。吸水井内最高水位标高=3.80-0.13=3.67m;最低水位标高=0.8-0.13=0.67m。吸水井墙厚300mm,内宽2000mm。为了减少泵房跨度,吸水井设在泵房外,距泵房外墙壁2m。

2. 吸水管计算

根据《室外给水设计规范》6.3.1的规定,水泵吸水管和压水管的流速,宜采用表5-20中的数值:

水泵吸水管和压水管的流速 **表5-20**

管径(mm)	吸水管流速(m/s)	压水管流速(m/s)	管径(mm)	吸水管流速(m/s)	压水管流速(m/s)
<250	1.0~1.2	1.5~2.0	>1000	1.5~2.0	2.0~3.0
250~1000	1.2~1.6	2.0~2.5			

（1）管径的确定

为了合理的利用水泵的允许吸上真空高度，吸水管路每台泵都设置独立的吸水管，每个吸水管最高日最高时流量为 324.65L/s，设计采用钢管。根据《给水排水设计手册第 1 册常用资料》，采用 DN=500mm，查得 $v_{吸}$=1.59m/s，1000$i_{吸}$=6.56，满足表 5-20 中的流速要求。

（2）吸水喇叭口

为了减少吸水管路进口处的水头损失，吸水管进口为喇叭口形式，采用钢制，并在下面设置喇叭口托架。根据 $D_{吸}$=500mm，则可推求喇叭口各部分尺寸为：

喇叭口扩大部分直径：$D=(1.3\sim1.5)D_{吸}=1.5\times500=750$mm；

喇叭口在最低水位下淹没深度$=(1.0\sim1.25)D=1.2\times750=900$mm；

喇叭口底距井底距离$=(0.6\sim0.8)D=0.8\times750=600$mm。

（3）吸水管采用 DN500 钢制弯头

（4）吸水管阀门的选用

吸水管处的阀门为常开阀门，为了减少维护费用和电费，采用手动阀门。蝶阀具有结构简单、形小体轻的优点，减少了泵房跨度。故设计采用 DN500 的蝶阀，型号为 D371X（H、F）型蜗轮传动对夹式蝶阀。

（5）偏心渐缩管

吸水管路不允许漏气，否则可能会产生气蚀等现象使水泵的工作发生故障。吸水管沿水流方向应有连续上升的坡度，一般大于 0.005，以免形成气蚀，故设计采用偏心渐缩管。已知吸水管管径为 500mm，水泵进口管径为 350mm，故偏心渐缩管规格为 $DN500\times350$。

3. 压水管计算

（1）管径的确定

压水管路每台泵都设置独立的压水管，每个压水管最高日最高时流量为 324.65L/s，设计采用钢管。根据《给水排水设计手册第 1 册常用资料》，采用 DN=400mm，查得 $v_{压}$=2.51m/s，1000$i_{压}$=21.1，基本满足表 5-20 中的流速要求。

（2）同心渐扩管

已知水泵出口管径为 250mm，压水管管径为 400mm，故偏心渐缩管规格为 $DN250\times400$。

（3）止回阀的选用

设计采用 DN400 的止回阀，为了减少噪声，选择 HH49X-10 型微阻缓闭消声蝶式止回阀。

（4）压水管阀门的选用

由于日常的维护工作，压水管上的阀门经常开启和关闭，故设计采用电动阀门。同时，为了减少泵房跨度，设计采用 DN400 的蝶阀，型号为 D971X（H、F）型电动对夹式蝶阀。由于这个电动蝶阀经常使用，损坏的几率较大，为了方便检修，在它后面应设置一个手动阀门，采用 DN400 的蝶阀，型号为 D371X（H、F）型蜗轮传动对夹式蝶阀。

4. 管井计算

（1）联络管管径的确定

压水管间联络管的流量按最高日最高时流量的70%设计，即按 $Q=0.7\times Q_h=0.7\times 973.96=681.77$L/s设计。根据《给水排水设计手册第1册常用资料》，采用 $DN800$ 钢管，查得 $v=1.356$m/s，$1000i=3.058$。

（2）同心渐扩管

已知压水管管径为400mm，联络管管径为800mm，由于管径变化过大，没有相应规格的渐扩管。故设计采用两个同心渐扩管，规格分别为 $DN400\times600$，$DN600\times800$。

（3）弯头和四通

采用2个 $DN800$ 的钢制弯头和2个 $DN800$ 的同径四通，两个四通之间设置一个手动阀门，采用 $DN800$ 蝶阀，型号为D371X(H、F)型蜗轮传动对夹式蝶阀。

（4）输水管

根据管网部分的计算结果，两条输水管管径均为800mm，各设置一个手动阀门，采用 $DN800$ 蝶阀，型号为D371X(H、F)型蜗轮传动对夹式蝶阀。

5. 管路附件尺寸和局部阻力系数

根据《给水排水设计手册第1册常用资料》、《给水排水设计手册第12册器材与装置》、《给水排水标准图集》，查得管路各个附件的主要尺寸和局部阻力系数，见表5-21。

管路附件尺寸和局部损失系数 **表5-21**

编号	名称及型号	规格	主要尺寸(mm)	局部阻力系数 ζ
1	喇叭口托架	$DN750$		2.5
2	钢制喇叭口	500×750	$H_1=530$ $H_2=119$	1.0
3	90°钢制弯头	$DN500$	$L_a=500$	0.96
4	D371X(H、F)型蜗轮传动对夹式蝶阀	$DN500$	$L=127$	0.3
5	偏心渐缩管	500×350	$l=508$ $H_1=87$ $H_2=100$	0.19
6	同心渐扩管	250×400	$l=448$ $H_1=70$ $H_2=70$	0.24
7	HH49X-10型微阻缓闭消声蝶式止回阀	$DN400$	$L=310$	2.5
8	D971X(H、F)型电动对夹式蝶阀	$DN400$	$L=102$	0.3
9	D371X(H、F)型蜗轮传动对夹式蝶阀	$DN400$	$L=102$	0.3
10	同心渐扩管	400×600	$l=548$ $H_1=70$ $H_2=80$	0.26
11	同心渐扩管	600×800	$l=548$ $H_1=70$ $H_2=70$	0.21
12	90°钢制弯头	$DN800$	$L_a=690$	1.05
13	同径四通	$DN800$	$L_1=1400$	6.0
14	D371X(H、F)型蜗轮传动对夹式蝶阀	$DN800$	$L=190$	0.3

5.5.3 泵站工艺设计

1. 水头损失的计算

取一条最不利线路，即从吸水井进口到管井中输水管出口为止为计算线路，进行水头损失的计算。

(1) 吸水管路中水头损失：

$$\sum h_s=\sum h_{fs}+\sum h_{ls}=0.07+0.66=0.73\text{m}$$

$$\sum h_{fs}=i_{吸}l_{吸}=6.56\times10^{-3}\times10=0.07\text{m}$$

$$\sum h_{js}=(\zeta_1+\zeta_2+\zeta_3+\zeta_4)\times\frac{v_{吸}^2}{2g}+\zeta_5\times\frac{v_{进}^2}{2g}$$

$$=(2.5+1.0+0.96+0.3)\times\frac{1.59^2}{2\times9.8}+0.19\times\frac{2.27^2}{2\times9.8}$$

$$=0.66\text{m}$$

式中 $\sum h_s$——吸水管总水头损失(m)；

$\sum h_{fs}$——吸水管沿程水头损失(m)；

$\sum h_{js}$——吸水管局部水头损失(m)；

$i_{吸}$——吸水管水力坡度，根据上文可知 $1000i=6.65$；

$l_{吸}$——吸水管总长(m)，假设 $l_{吸}=10$m；

ζ——管道附件局部阻力系数，具体见表 5.6；

$v_{吸}$——吸水管流速(m/s)，根据上文内容可知 $v_{吸}=1.59$m/s；

$v_{进}$——水泵进口处流速(m/s)，根据 $Q=A_1v_1=A_2v_2$ 可知，$D_1^2v_1=D_2^2v_2$，即 $v_{进}=v_{吸}\times D_{吸}^2/D_{进}^2=1.59\times500^2/350^2=3.24$m/s。

(2) 压水管路中水头损失：

$$\sum h_d=\sum h_{fd}+\sum h_{ld}=0.2+2.00=2.20\text{m}$$

$$\sum h_{fd}=i_{压}l_{压}=21.1\times10^{-3}\times10=0.2\text{m}$$

$$\sum h_{jd}=\zeta_6\times\frac{v_{出}^2}{2g}+(\zeta_7+\zeta_8+\zeta_9+\zeta_{10})\times\frac{v_{压}^2}{2g}+\zeta_{11}\times\frac{v_1^2}{2g}+(\zeta_{12}+\zeta_{13}+\zeta_{14})\times\frac{v_{联}^2}{2g}$$

$$=0.24\times\frac{4.02^2}{2\times9.8}+(2.5+0.3+0.3+0.26)\times\frac{2.51^2}{2\times9.8}$$

$$+0.21\times\frac{1.81^2}{2\times9.8}+(1.05+6.0+0.3)\times\frac{1.356^2}{2\times9.8}$$

$$=2.00\text{m}$$

式中 $\sum h_d$——压水管总水头损失(m)；

$\sum h_{fd}$——压水管沿程水头损失(m)；

$\sum h_{jd}$——压水管局部水头损失(m)；

$i_{压}$——压水管水力坡度，根据上文可知 $1000i=21.1$；

$l_{压}$——压水管总长(m)，假设 $l_{压}=10$m；

ζ——管道附件局部阻力系数，具体见表 5-21；

$v_{压}$——压水管流速(m/s)，根据上文内容可知 $v_{吸}=2.51m/s$；

$v_{出}$——水泵出进口处流速(m/s)，根据 $Q=A_1v_1=A_2v_2$ 可知，$D_1^2v_1=D_2^2v_2$，即 $v_{出}=v_{压}\times D_{压}^2/D_{出}^2=2.51\times 400^2/250^2=6.43m/s$；

$v_{联}$——联络管流速(m/s)，根据本文 5.5.2 节 4 内容可知 $v_{联}=1.356m/s$；

v_1——$v_1=v_{联}\times D_{联}^2/D_1^2=1.356\times 800^2/600^2=2.41m/s$。

(3) 管路全部水头损失：

$$\sum h=\sum h_s+\sum h_d=0.73+2.20=2.93m$$

在进行管网水压计算时，估取的泵站吸、压水管水头损失为 3.0m＞2.93m，符合要求。

2. 水泵安装高度计算

$$H_s'=H_s-(10.3-H_g)-(H_z-0.24)=3.5-(10.3-10.3)-(0.39-0.24)=3.35m$$

式中 H_s'——修正后的水泵允许吸上真空高度(m)；

H_s——水泵在标准状况下最大允许吸上真空高度，根据表 5-16，$H_s=3.5m$；

H_g——水泵安装地点的大气压力(m)，其值与海拔高度有关，水厂地面高程为 3.8m，查《给水排水设计手册第 3 册城镇给水》，可知 $H_g=10.3m$；

H_z——液体相应温度下的饱和蒸汽压力水头(m)，其值与水温有关，根据设计任务书可知，夏季平均水温为 28℃，冬季平均水温为 2℃，查《给水排水设计手册第 3 册城镇给水》，对应饱和蒸汽压力水头分别为 0.39m 和 0.01m。应按照最不利情况进行设计，H_s'越小越不利，即 H_z 越大越不利，所以 $H_z=0.39m$。

$$Z_s=[H_s]-\left(\frac{v_{进}^2}{2g}+\sum h_s\right)=3.02-\left(\frac{2.27^2}{2\times 9.8}+0.73\right)=2.02m$$

式中 Z_s——吸水高度(泵轴中心与吸水处水面高差)(m)；

$[H_s]$——实际所需的真空吸上高度(m)，为考虑安全，一般采用 $[H_s]\leqslant(90\%\sim 95\%)H_s'$，$[H_s]=0.9\times 3.35=3.02m$；

$v_{进}$——水泵进水口流速，根据上文内容，$v_{进}=2.27m/s$；

$\sum h_s$——吸水管总水头损失，根据上文内容，$\sum h_s=0.73m$。

3. 标高的确定

水泵轴线到基础表面的高度：$H_1=560mm$；

水泵轴线到进水口中心线高度：$H_3=260mm$；

水泵轴线到出水口中心线高度：$H_4=360mm$；

水泵轴线到吸水管轴线高度：$H'=H_3+(D_{吸}-D_{进})/2=260+(500-350)/2=335mm$；

泵轴标高＝吸水井最低水位＋Z_s＝0.67＋2.02＝2.69m；

泵站的地面标高＝泵轴标高－H_1－地面上基础高＝2.69－0.56－0.5＝1.63m；

进水口标高＝泵轴标高－H_3＝2.69－0.26＝2.43m；

出水口标高＝泵轴标高－H_4＝2.69－0.36＝2.33m；

吸水管标高＝泵轴标高－H'＝2.69－0.335＝2.36m；

压水管标高＝出水口标高＝2.33m。

4. 附属设备

(1) 起重设备

设备中最大质量为电机重3000kg，考虑安全，起重量为5t。为灵活搬运设备，同时降低造价，采用电动单梁式起重机。由于泵房跨度较小，桥式起重机无法满足，故采用悬挂式起重机。综上所述，采用DX型电动单梁悬挂起重机，起重量为5t。

(2) 真空泵

根据流量和扬程选真空泵SZZ-8型，抽气量为30m^3/h，真空值520mmHg，电动机功率为3.0kW，总共两台，一用一备。

(3) 排水泵

选用$1\frac{1}{2}$B17型，转速2900r/min，配套电机JO_2-21，电动机功率1.5kW。

5. 泵房平面计算(图5-19)

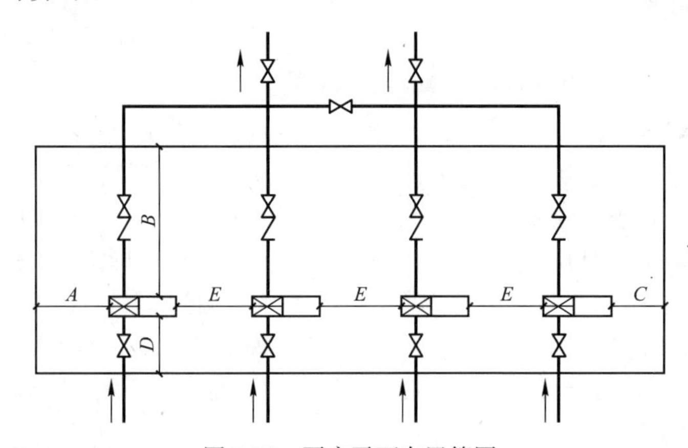

图5-19 泵房平面布置简图

(1) 泵房横向排列平面尺寸确定有以下要求：

① 水泵突出部分到墙壁的净距A=最大设备宽度+1m，但不得小于2m；

② 出水侧水泵基础与墙壁的净距B应按水管配件安装的需要确定，但考虑到泵出水侧是管理操作的主要通道，不宜小于3m；

③ 进水侧水泵基础与墙壁的净距D也应根据管道配件的要求确定，但不小于1m；

④ 电机突出部分与C应保证电机转子在检修时，能拆卸并保持一定的安全距离，其值要求为电机轴长+0.5m，但是对低压配电设备C值不小于1.5m，对高压配电设备，C值不小于2.0m；

⑤ 水泵基础之间的净距E与C要求相同；

⑥ 为了减小泵房跨度，也可考虑将吸水阀门设置在泵房的外面。

(2) 泵房平面尺寸确定：

① 机器间长度$L=2.9\times4+2.1\times4+2=22$m

② 机器间宽度$W=1.0+3.1+1.4=5.5$m

6. 泵房高度计算

室外地面标高为3.80m，泵房地面标高为1.63m，故泵房为半地下式。

(1) 地下部分

室内设检修平台，平台高出地面0.3m，则平台的地面标高为4.10m。室内地面标高为1.63m。地下部分高度为$H_2=4.10-1.63=2.47$m。

(2) 地上部分

$$H_1=a_1+c_1+d+e+h=0.94+1.18+1.68+1.13+0.5=5.43\text{m}$$

式中　a_1——行车梁高度，0.94m；

c_1——行梁底部到起重物的中心距，1.18m；

d——起重绳垂直长度，水泵为 $0.85x$，电动机为 $1.2x$，x 为起重部件宽度(m)。由于电机比水泵宽，按电机宽进行计算，即 $x=1.4\text{m}$，则 $d=1.2x=1.68\text{m}$；

e——最大设备高度，按电机高计算，即 $e=1.13\text{m}$；

h——吊起物底部与泵房进口处室内地坪或平台的高度：0.5m；

故泵房高度 $H=H_1+H_2=5.53+2.47=8.00\text{m}$。

5.6　净水工程设计计算

按已选定的净水流程和构筑物形式，分别进行各净水构筑物的工艺设计：根据处理水量及所确定的设计数据，计算出各构筑物的尺寸，并绘出单线草图。用于设计计算的数据主要来自各种设计参考资料(设计手册、教材、规范等)。

水厂的设计水量应为处理水量与水厂自用水量之和。本工程处理水量为 5.1 万 m^3/d，水厂自用水量取 5%，则水厂的设计水量：

$$Q=5.1\times10^4\times1.05=53550\text{m}^3/\text{d}=2231.25\text{m}^3/\text{h}=0.62\text{m}^3/\text{s}$$

5.6.1　药剂投加系统设计计算

混凝剂原料用浓度为 6%的液体硫酸铝，药剂存放在储存池内，储量以 15d 计。水厂混凝剂最大投药量为 40mg/L，混凝剂投加采用液体投加，投加方式选用计量泵，在溶液池内直接吸取药液，加入压力水管内。

1. 溶液池

(1) 溶液池容积

$$W_2=\frac{aQ}{417cn}=\frac{40\times2231.25}{417\times10\times3}=7.2\text{m}^3$$

式中　W_2——溶液池总容积(m^3)；

Q——设计水量，$2231.25\text{m}^3/\text{h}$；

a——混凝剂最大投加量，取 40mg/L；

c——溶液浓度，一般采用 5～20，这里取 10；

n——每日调制次数，取 $n=3$。

溶液池设置四个，单池容积 $W_2'=1.8\text{m}^3$，两用两备，以便交替使用，保证连续投药。

(2) 溶液池高度

$$H=H_1+H_2=1.0+0.3=1.3\text{m}$$

式中　H——溶液池高度(m)；

H_1——有效水深，取 1.0m；

H_2——保护高，取 0.3m；

(3) 溶液池面积

$$A=W_2/H_1=1.8/1.0=1.8\text{m}^2$$

溶液池采用矩形，平面尺寸为长×宽=1.8m×1.0m。

(4) 溶液池有效容积

溶液池尺寸为长×宽×高=1.8m×1.0m×1.3m，有效容积 2.3m³。

(5) 溶液池和管道选材

溶液池材料采用钢筋混凝土，内壁涂衬聚乙烯板。投药管、放空管和排渣管均采用普通钢管，管体做防腐处理。

2. 加药间

(1) 长度

四个溶液池并排布置，每个池宽 1.0m，壁厚 0.3m，旁边设有 1.5m 宽的走道。走道旁边有 3m 宽的值班室和配电室，房间壁厚 0.3m。故加药间长度为 4×(1+0.3)+1.5+0.3+3=10m。

(2) 宽度

四个溶液池并排布置，每个池长 1.8m，壁厚 0.3m。溶液池一边设有 1.5m 宽的走道，另一边设有 3m 宽机器间，放水泵等设备。故加药间宽度为 1.8+0.3×2+1.5+3=6.9m。值班室和配电室之间有 0.3m 的墙厚，故配电室长 3m，值班室长 3.6m。加药间平面布置单线草图如图 5-20 所示(不考虑壁厚)。

(3) 主要设备的选用

溶液池搅拌设备采用挂壁式机械搅拌机，一共四台，两用两备。

计量泵采用隔膜式，一共四台，两用两备。

3. 储液池

(1) 药剂储备量

$$m=\frac{24Qat}{1000}=\frac{24\times2231.25\times40\times15}{1000}=32130\text{kg}$$

式中 m——药剂储备量(kg)；

Q——水厂设计水量，2231.25m³/h；

a——混凝剂最大投药量，取 40mg/L；

t——药剂储存期，宜按最大投加量的 7～15d 设计，这里取 15d。

(2) 储存池容积

$$V=\frac{m}{\rho}=\frac{32130}{1200}=26.8\text{m}^3$$

式中 V——储液池容积(m³)；

m——药剂储备量，32130kg；

ρ——聚合氯化铝密度，约取 1200kg/m³。

(3) 储存池高度

$$H=H_1+H_2=1.0+0.3=1.3\text{m}$$

式中 H——溶液池高度(m)；

H_1——有效水深，取 1.0m；

H_2——保护高，取 0.3m。

（4）储存池面积

$$A=V/H_1=26.8/1.0=26.8\text{m}^2$$

储液池采用矩形，与加药间合建，储液池长度与加药间长度相同为10m。故储液池平面尺寸为长×宽＝10m×2.7m。储液池平面布置单线草图如图5-20所示（不考虑壁厚）。

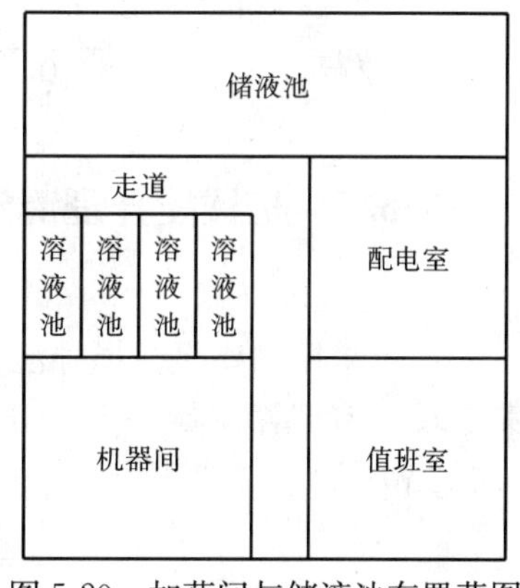

图5-20　加药间与储液池布置草图

（5）储存池有效容积

储存池尺寸为长×宽×高＝1.8m×1.0m×1.3m，有效容积2.3m³。

（6）储存池和管道选材

储存池材料采用钢筋混凝土，内壁涂衬聚乙烯板。投药管、放空管和排渣管均采用普通钢管，管体做防腐处理。

5.6.2　管式静态混合器设计计算

在给水排水处理过程中原水与混凝剂、助凝剂等药剂的充分混合是使反应完善，从而使得后处理流程取得良好效果的最基本条件，同时只有原水与药剂的充分混合，才能有效提高药剂使用率，从而节约用药量，降低运行成本。

管式静态混合器是处理水与混凝剂、助凝剂、消毒剂实行瞬间混合的理想设备，具有高效混合、节约用药、设备小等特点，它是由两个一组的混合单元件组成，在不需外动力情况下，水流通过混合器产生对分流、交叉混合和反向旋流三个作用，混合效益达90%～95%。加药点设于靠近混合器进水的一端，投药管插入管径的1/3处，且投药管管壁上开多个孔，使药液均匀分布。构造如图5-21所示。

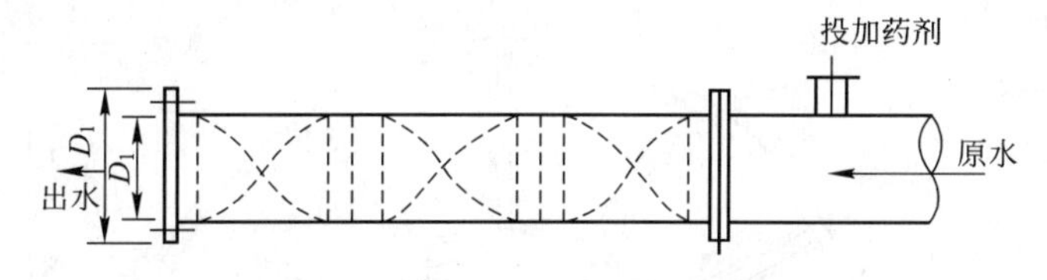

图5-21　管式静态混合器构造示意图

（1）采用2个混合器，设计流量$Q=2231.25\text{m}^3/\text{h}=0.62\text{m}^3/\text{s}$，单混合器$Q'=0.31\text{m}^3/\text{s}$。

（2）设计流速：静态混合器设在澄清池进水管中，设计流速可采用0.8～1.0m/s，取$v=1.0\text{m/s}$，则管径为

$$D=\sqrt{\frac{4Q}{\pi v^2}}=\sqrt{\frac{4\times0.31}{3.14\times1^2}}=0.63\text{m}=630\text{mm}$$

采用$D=700\text{mm}$，则实际流速$v=0.9\text{m/s}$。

（3）混合单元数$N\geqslant2.36v^{-0.5}D^{-0.3}=2.36\times0.9^{-0.5}\times0.7^{-0.3}=2.8$，取$N=3$，则混合器的混合长度为$L=1.1ND=1.1\times3\times0.7=2.31\text{m}$。

（4）混合时间$T=L/v=2.31/0.9=2.6\text{s}$。

（5）水头损失 $h=\zeta\frac{v^2}{2g}N=\left(\frac{1.43}{D^{0.4}}\right)\times\left(\frac{v^2}{2g}\right)\times N=\left(\frac{1.43}{0.7^{0.4}}\right)\times\left(\frac{0.9^2}{2\times9.8}\right)\times3=0.20\text{m}$

（6）校核 G 值（温度为 20℃）

$G=\sqrt{\frac{gh}{vT}}=\sqrt{\frac{9.8\times0.2}{1.005\times10^{-6}\times2.6}}=866.1\text{s}^{-1}<1000\text{s}^{-1}$，符合要求。

5.6.3 机械搅拌澄清池设计计算

1. 第二絮凝室

设计采用两座机械搅拌澄清池，计算草图如图 5-22 所示。每池的流量 $Q=0.31\text{m}^3/\text{s}$，第二反应室计算流量一般为出水流量的 3～5 倍，即 $Q'=5Q=1.55\text{m}^3/\text{s}$，取流速 $u_1=0.055\text{m/s}$。

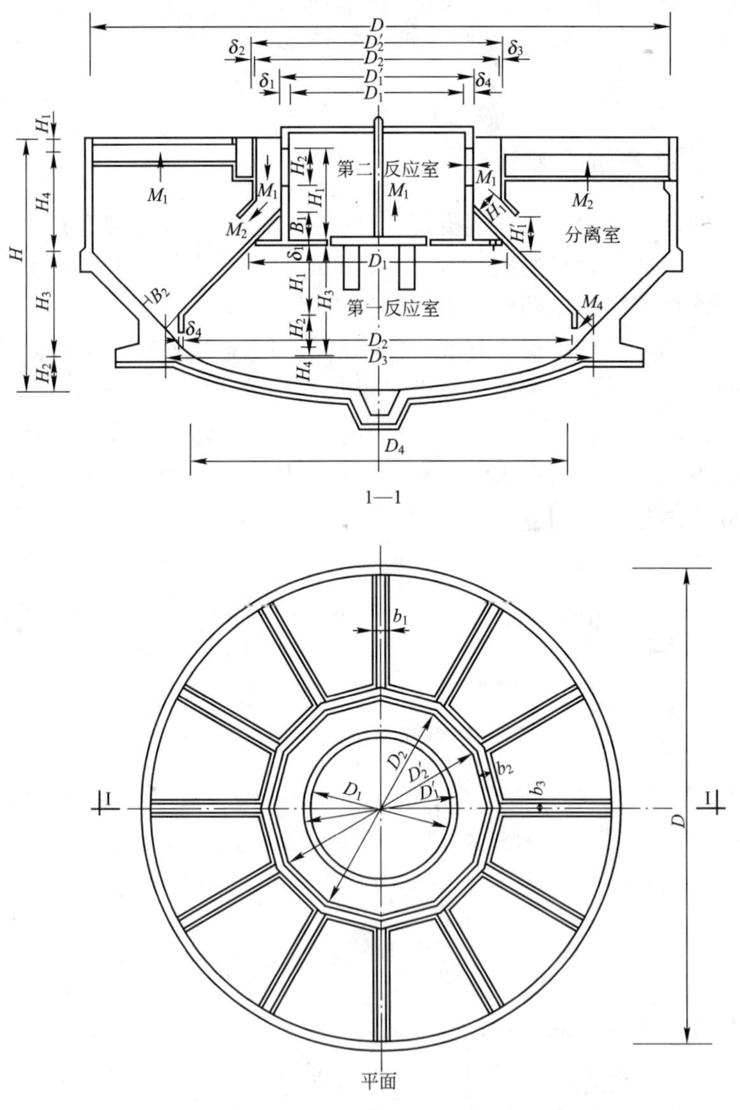

图 5-22 机械搅拌澄清池计算草图

第二反应室截面积 $\omega_1=\dfrac{Q'}{u_1}=\dfrac{1.55}{0.055}=28.18\text{m}^2$

第二絮凝室导流板截面积 $A_1=0.035\text{m}^2$

第二反应室内径 $D_1=\sqrt{\dfrac{4(w_1+A_1)}{\pi}}=\sqrt{\dfrac{4\times(28.18+0.035)}{3.14}}=5.99\text{m}$

取第二反应室内径 $D_1=6.0\text{m}$，反应室壁厚 $\delta_1=0.25\text{m}$

则第二反应室外径 $D_1'=D_1+2\delta_1=6.0+0.5=6.5\text{m}$

第二反应室高度 $H_1=\dfrac{Q't_1}{w_1}=\dfrac{1.55\times60}{28.18}=3.3\text{m}(t_1=60\text{s})$

2. 导流室

导流室内导流板截面积 $A_2=A_1=0.035\text{m}^2$

导流室面积 $\omega_1=\omega_2=28.18\text{m}^2$

导流室内径

$$D_2=\sqrt{\frac{4(\pi D_1^2/4+\omega_2+A_2)}{\pi}}=\sqrt{\frac{4\times(3.14\times6^2/4+28.18+0.035)}{3.14}}=8.48\text{m}$$

取导流室内径 $D_2=8.9\text{m}$，导流室壁厚 $\delta_2=0.2\text{m}$

则导流室外径 $D_2'=D_2+2\delta_2=8.9+2\times0.2=9.3\text{m}$

第二反应室出水窗高度 $H_2=\dfrac{D_2-D_1'}{2}=\dfrac{8.9-6.5}{2}=1.2\text{m}$，取 1.3m。

倒流室出口流速 $u_6=0.04\text{m/s}$

出口面积 $A_3=Q'/u_6=1.55/0.04=38.75\text{m}^2$

出口截面宽 $H_3=\dfrac{2A_3}{\pi(D_2+D_1')}=\dfrac{2\times38.75}{3.14\times(8.9+6.5)}=1.60\text{m}$，取 1.7m

出口垂直高度 $H_3'=\sqrt{2}H_3=1.414\times1.7=2.40\text{m}$，取 2.4m

3. 分离室

取分离室流速 $u_2=0.0011\text{m/s}$

分离室面积为 $\omega_3=Q/u_2=0.31/0.0011=282\text{m}^2$

澄清池总面积为 $\omega=\omega_3+\dfrac{\pi}{4}D_2'^2=282+\dfrac{3.14}{4}\times9.3^2=349.89\text{m}^2$

澄清池直径为

$D=\sqrt{\dfrac{4\omega}{\pi}}=\sqrt{\dfrac{4\times349.89}{3.14}}=21.1\text{m}$，取直径 21.2m，半径为 10.6m

4. 池深(图 5-23)

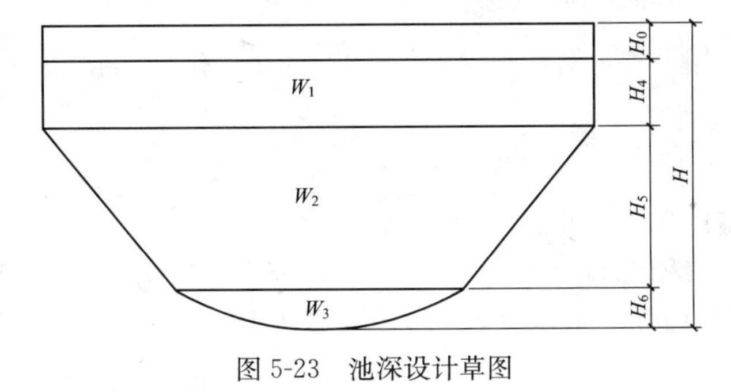

图 5-23 池深设计草图

取水停留时间取为 $T=1.45\text{h}$

池子有效容积：$V'=3600QT=3600\times0.31\times1.45=1618.2\text{m}^3$

考虑增加 4%的结构容积，则池子计算总容积：$V=(1+4\%)V'=1682.93\text{m}^3$

取池子超高 $H_0=0.30\text{m}$

设池子直壁部分高度：$H_4=1.9\text{m}$

池子直壁部分容积为：$W_1=\frac{\pi}{4}D^2H_4=\frac{3.14\times21.2^2\times1.9}{4}=670.34\text{m}^2$

$W_2+W_3=V-W_1=1682.93-670.34=1012.59\text{m}^3$

设圆台部分高度为：$H_5=4.4\text{m}$；池子圆台斜边倾角为 45°

底部直径为：$D_T=D-2H_5=21.2-2\times4.4=12.4\text{m}$

澄清池底部采用球壳式结构，球冠高度 $H_6=1.1\text{m}$

圆台容积

$$W_2=\frac{\pi H_5}{3}\left[\left(\frac{D}{2}\right)^2+\frac{D}{2}\times\frac{D_T}{2}+\left(\frac{D_T}{2}\right)^2\right]$$

$$=\frac{3.14\times4.4}{3}\times[10.6^2+10.6\times6.2+6.2^2]=997.15\text{m}^3$$

球冠半径 $R=\frac{D_T^2+4H_6^2}{8H_6}=\frac{12.4^2+4\times1.1^2}{8\times1.1}=18.02\text{m}$

球冠容积 $W_3=\pi\times H_6^2\left(R-\frac{H_6}{3}\right)=3.14\times1.1^2\times\left(18.02-\frac{1.1}{3}\right)=67.08\text{m}^3$

池子实际有效容积 $V=W_1+W_2+W_3=670.34+997.15+67.08=1734.57\text{m}^3$

实际总停留时间 $V'=V/1.04=1734.57/1.04=1667.85\text{m}^3$

$$T=1667.85\times1.5/1618.2=1.55\text{h}$$

池子总高度：$H=H_0+H_4+H_5+H_6=0.3+1.9+4.4+1.1=7.7\text{m}$

5. 配水三角堰

逆水流量增加 10%的排泥水量，取槽内流速 $u_3=0.5\text{m/s}$。

三角槽直角边长 $B_1=\sqrt{\frac{1.10\times0.30}{u_3}}=\sqrt{\frac{1.10\times0.30}{0.5}}=0.81\text{m}$，取 0.85m

三角配水槽采用孔口出流，孔口流速同 u_3

出水孔总面积$=\frac{1.10Q}{u_3}=\frac{1.10\times0.31}{0.5}=0.68\text{m}^2$

采用孔口 $d=0.1\text{m}$，单孔面积为$\frac{\pi d^2}{4}=\frac{3.14\times0.1^2}{4}=0.00785\text{m}^2$

出水孔数=出水孔总面积/单孔面积=0.68/0.00785=86.62 个

为施工方便，采用沿三角槽每 4°设置一孔共 90 孔，孔口实际流速 $u_3=\frac{1.1\times0.31}{90\times0.00785}=0.48\text{m}^2$。

6. 第一絮凝室

第二絮凝室底板厚度 $\delta_3=0.15\text{m}$

第一絮凝室上端直径为 $D_3=D_1'+2B_1+2\delta_3=6.5+2\times0.85+2\times0.15=8.50\text{m}$

第一絮凝室高度为 $H_7=H_4+H_5-H_1-\delta_3=1.9+4.4-3.4-0.15=2.75\text{m}$

伞形板延长线交点处直径为 $D_4=\frac{D_T+D_3}{2}+H_7=\frac{12.4+8.5}{2}+2.75=13.2\text{m}$

泥渣回流量为 $Q''=4Q$，回流速度 $u_4=0.2\text{m/s}$

回流缝宽度：$B_2=\frac{4Q}{\pi D_4 u_4}=\frac{4\times0.31}{3.14\times13.3\times0.2}=0.15\text{m}$，取 0.18m

裙板厚度为 $\delta_4=0.06\text{m}$，伞形板下端圆柱直径

$$D_5=D_4-2(\sqrt{2}B_2+\delta_4)=13.2-2\times(\sqrt{2}\times0.18+0.06)=12.57\text{m}$$

按照等腰三角形计算，伞形板下端圆柱体高度

$$H_8=D_4-D_5=13.2-12.57=0.63\text{m}$$

伞形板离池体高度 $H_{10}=(D_5-D_T)/2=(12.57-12.4)/2=0.09\text{m}$

伞形板锥部高度 $H_9=H_7-H_8-H_{10}=2.75-0.63-0.09=2.03\text{m}$

7. 容积计算

第一反应室：

$$V_1=\frac{\pi H_9}{12}(D_3^2+D_3D_5+D_5^2)+\frac{\pi D_5^2}{5}H_8+\frac{\pi H_{10}}{12}(D_5^2+D_5D_T+D_T^2)+W_3$$

$$=\frac{3.14\times2.04}{12}\times(8.5^2+8.5\times12.57+12.57^2)+\frac{3.14\times12.57^2}{5}\times0.63$$

$$+\frac{3.14\times0.14}{12}\times(12.57^2+12.57\times12.4+12.4^2)+67.08$$

$$=335.14\text{m}^3$$

第二反应室：

$$V_2=\frac{\pi}{4}D_1^2H_1+\frac{\pi}{4}(D_2^2-D_1^2)(H_1-B_1)$$

$$=\frac{3.14}{4}\times6^2\times3.4+\frac{3.14}{4}\times(8.9^2-6^2)\times(3.4-0.85)$$

$$=170.07\text{m}^3$$

分离室：

$$V_3=V'-(V_1+V_2)=1667.85-(335.14+170.14)=1162.57\text{m}^3$$

各室容积之比：

第二反应室：第一反应室：分离室 $=V_2:V_1:V_3=1:1.97:6.84$

池各室停留时间：

第二反应室 $=\frac{170.07\times60}{1162.65}=8.8\text{min}$

第一反应室 $=8.5\times1.97=16.7\text{min}$

分离室 $=8.5\times6.84=58.14\text{min}$

8. 进水系统

进水流速为 $v_6'=1.10\text{m/s}$

进水管管径 $d=\sqrt{\frac{4Q}{\pi v}}=0.600\text{m}(DN600)$

9. 集水系统

集水槽采用辐射式集水槽和环形集水槽，设计时，辐射槽、环形槽、总出水槽之间按

水面连接考虑。计算草图如图 5-24 所示。

(1) 辐流式集水槽(全池共设 12 根)

$$q_1=\frac{Q}{12}=\frac{0.31}{12}=0.0258\text{m}^3/\text{s}$$

设辐射槽宽 $b_1=0.3$，槽内水流流速为 $v_{51}=0.4\text{m/s}$，槽底坡降 $il=0.1\text{m}$

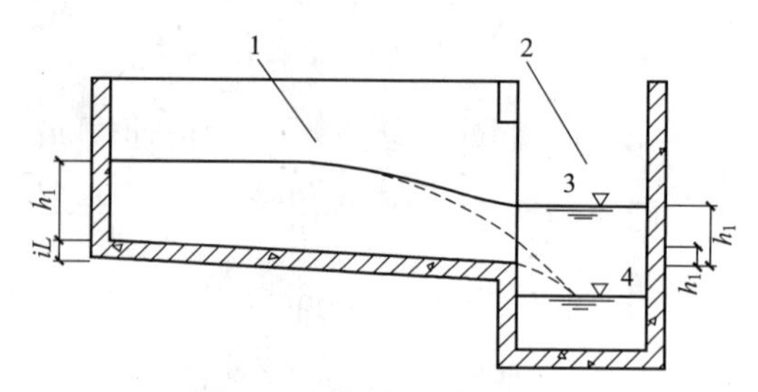

图 5-24 集水槽计算草图

1—辐射集水槽；2—环形集水槽；3—淹没出流；4—自由出流

槽内终点水深 $h_2=\dfrac{q_1}{v_{51}b_1}=\dfrac{0.0258}{0.4\times0.3}=0.215\text{m}$

槽内起点水深 $h_1=\sqrt{\dfrac{2h_k^3}{h_2}+\left(h_2-\dfrac{il}{3}\right)^2}-\dfrac{2}{3}il$

其中 $h_k=\sqrt[3]{\dfrac{aq_1^2}{gb^2}}=\sqrt[3]{\dfrac{1\times0.0258^2}{9.81\times0.3^2}}=0.091\text{m}$

所以 $h_1=\sqrt{\dfrac{2\times0.091^3}{0.215}+(0.215-0.033)^2}-\dfrac{2\times0.1}{3}=0.134\text{m}$

按 $2q_1$ 校核，取槽内水流流速 $v'_{51}=0.6\text{m/s}$

$$h'_2=\frac{2q_1}{v_{51}b_1}=\frac{2\times0.0258}{0.6\times0.3}=0.287\text{m}$$

$$h'_k=\sqrt[3]{\frac{aq_1^2}{gb^2}}=\sqrt[3]{\frac{1\times0.0516^2}{9.81\times0.3^2}}=0.145\text{m}$$

$$h'_1=\sqrt{\frac{2\times0.145^3}{0.287}+(0.287-0.033)^2}-\frac{2\times0.1}{3}=0.226\text{m}$$

槽内终点水深：0.3m，槽内起点水深：0.2m

出流前水位：0.05m，出流后水位：0.07m

超高取：0.2m

槽起点断面高为：0.2+0.05+0.07+0.2=0.52m

槽终点断面高位：0.3+0.05+0.07+0.2=0.62m

(2) 环形集水槽：

$$q_2=\frac{Q}{2}=\frac{0.31}{2}=0.15\text{m}^3/\text{s}$$

$b_2=0.5$，槽内水流流速为 $v_{51}=0.6\text{m/s}$，槽底坡降 $il=0\text{m}$

槽内终点水深：$h_4=\dfrac{0.15}{0.5\times0.6}=0.516\text{m}$

$$h_k=\sqrt[3]{\frac{1\times0.15^2}{9.81\times0.5^2}}=0.214\text{m}$$

槽内起点水深：$h_3=\sqrt{\dfrac{2\times0.214^3}{0.516}+(0.516-0.214)^2}-\dfrac{2\times0.1}{3}=0.293\text{m}$

流量增加一倍，设槽内流速 $v'_{52}=0.8\text{m/s}$

$$h'_k=\sqrt[3]{\frac{1\times0.31^2}{9.81\times0.5^2}}=0.34\text{m}$$

$$h'_4=\frac{0.31}{0.5\times0.8}=0.775\text{m}$$

$$h_3'=\sqrt{\frac{2\times 0.34^3}{0.775}+(0.775-0.033)^2}-\frac{2\times 0.1}{3}=0.741\text{m}$$

环槽内水深取 0.6m，槽断面高 0.6+0.07+0.05+0.3=1.02(槽超高 0.3m)

(3) 总出水槽：

槽宽 $b_3=0.8$m，槽内坡降为 0.20m，槽长 6.15m，出水流速 0.8m/s，设计流量 0.31m³/s

槽内终点水深：$h_6=\frac{Q}{V_{53}b_3}=\frac{0.31}{0.8\times 0.8}=0.484\text{m}$

$$n=0.013$$

$$A=\frac{Q}{v_{53}}=\frac{0.31}{0.8}=0.39\text{m}^2$$

$$R=\frac{A}{\rho}=\frac{0.39}{2\times 0.484+0.8}=0.2206\text{m}$$

$$\begin{aligned}y&=2.5\sqrt{n}-0.13-0.75\sqrt{R}(\sqrt{n}-0.10)\\&=2.5\times\sqrt{0.013}-0.13-0.75\times\sqrt{0.2190}\times(\sqrt{0.013}-0.1)\\&=0.1501\end{aligned}$$

$$C=\frac{1}{n}R^{Y}=\frac{0.2190^{0.1501}}{0.013}=61.243$$

$$i=\frac{v_{53}^2}{RC^2}=\frac{0.64}{0.2190\times 61.243^2}=7.8\times 10^{-4}$$

槽内起点水深：$h_5=h_6-il+0.00078\times 6=0.289\text{m}$

流量增加一倍 $Q=0.62\text{m}^3/\text{s}$，槽宽 0.8m，取槽内流速 $v_{53}'=0.9\text{m/s}$

槽内终点水深：$h_6'=\frac{0.62}{V_{53}b_3}=\frac{0.62}{0.9\times 0.8}=0.861\text{m}$

$$n=0.013$$

$$A'=\frac{Q}{v_{53}}=\frac{0.62}{0.9}=0.689\text{m}^2$$

$$R'=\frac{A}{\rho}=\frac{0.689}{2\times 0.861+0.8}=0.2731$$

$$\begin{aligned}y'&=2.5\sqrt{n}-0.13-0.75\sqrt{R}(\sqrt{n}-0.10)\\&=2.5\times\sqrt{0.013}-0.13-0.75\times\sqrt{0.2731}\times(\sqrt{0.013}-0.1)\\&=0.1495\end{aligned}$$

$$C=\frac{1}{n}R^{Y}=\frac{0.2731^{0.1500}}{0.013}=63.35$$

$$i=\frac{v_{53}^2}{RC^2}=\frac{0.81}{0.2731\times 63.35^2}=7.4\times 10^{-4}$$

槽内起点水深：$h_5=h_6-il+0.00074\times 6=0.665\text{m}$

设计槽起点水深 0.6m，终点水深 0.8m，槽超高设为 0.3m

按设计流量计算得从辐射起点至总出水槽终点的水面坡降为

$$h=(h_1+il-h_2)+(h_3-h_4)+il=0.059\text{m}$$

设计流量增加一倍从辐射起点至总出水槽终点的水面坡降为

$$h'=106\text{m}$$

10. 排泥及排水的计算

污泥浓缩室总容积根据经验，按池总容积 1%考虑，$V_4=0.01V'=0.01\times1667.85=16.68\text{m}^3$

分设四个斗，每斗 $V'_{斗}=V'/4=4.17\text{m}^3$

设污泥上斗底面积

$$S_{上}=3\times2+\frac{2}{3}\times3\times h_{斗}=5.89\text{m}^3，其中\ h_{斗}=R_1-\sqrt{R_1-\left(\frac{3}{2}\right)^2}=0.10\text{m}$$

下底面积 $S_{下}=0.5\times0.5=0.25\text{m}^3$

污泥斗容积 $V_{斗}=\frac{2.1}{4}(5.89+0.25+\sqrt{5.89\times0.25})=3.86\text{m}^3$

四斗容积 $V_4=3.86\times4=15.45\text{m}^3$

污泥斗总容积为池容积的 $\frac{15.45}{1667.85}=0.93\%$

5.6.4 普通快滤池设计计算

本工程采用普通快滤池(图 5-25、图 5-26)，数据如下：滤速 $v=10\text{m/h}$，冲洗强度 $q=14\text{L/(s·m}^2)$，冲洗时间 $t_0=6\text{min}$，冲洗周期 $T_{冲}=12\text{h}$，工作时间 $T=24\text{h}$，滤层膨胀度 $e=40\%$，承托层厚 $Z=0.45\text{m}$，孔口流量系数 $\mu=0.62$；滤料密度为 $\rho_p=2.62\text{g/cm}^3$；滤层厚 $L_0=70\text{cm}$，滤层孔隙率为 $m_0=0.4$，大阻力配水系统开孔比 $\alpha=0.24\%$。

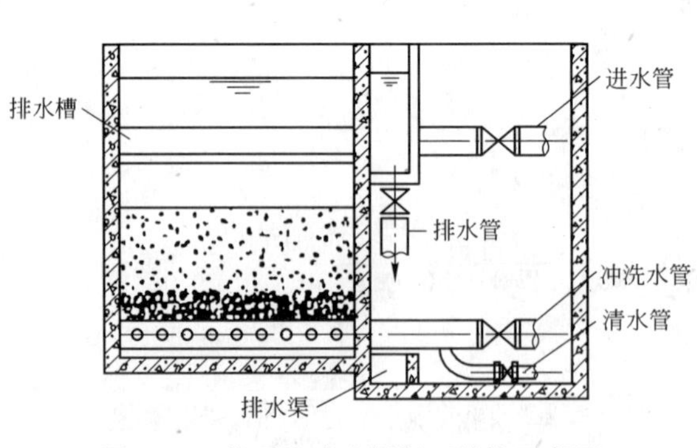

图 5-25 普通快滤池侧剖面结构示意图

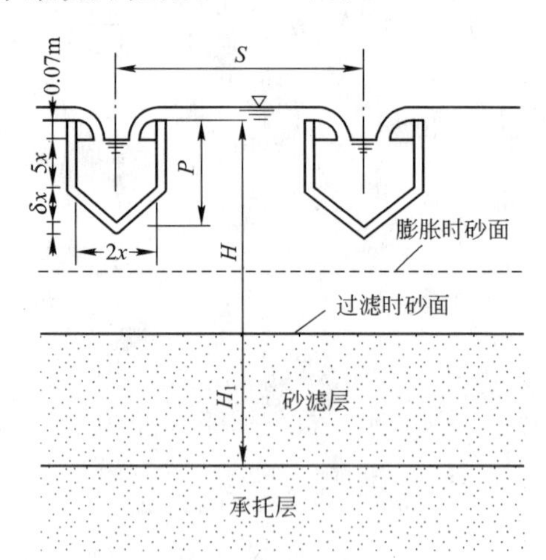

图 5-26 普通快滤池正剖面结构示意图

1. 设计流量

$$Q=51000\text{m}^3/\text{d}=2231.25\text{m}^3/\text{h}=0.62\text{m}^3/\text{s}$$

2. 滤池面积

实际工作时间 $T_{实}=T-t_0\times T/T_{冲}=24-0.1\times24/12=23.8\text{h}$

滤池总面积 $F=Q/(vT_{实})=51000/(10\times23.8)=214.3\text{m}^2$

滤池个数采用 $N=6$ 个，成双排对称布置

单池面积 $f=F/N=214.3/6=35.7\text{m}^2$，取 $36\text{m}^2>30\text{m}^2$，滤池长宽比应在 2∶1～4∶1 之间，故每池平面尺寸采用 $L\times B=8.5\text{m}\times4.2\text{m}$，$L:B=2:1$，符合要求校核强制滤速 $v'=Nv/(N-1)=6\times10/(6-1)=12\text{m}^3/\text{h}$

3. 滤池高度

承托层高度 $H_1=0.75\text{m}$

滤层高度 $H_2=0.7\text{m}$

砂面上水深 $H_3=1.6\text{m}$

保护高 $H_4=0.3\text{m}$

滤池总高 $H=H_1+H_2+H_3+H_4=0.75+0.7+1.6+0.3=3.35\text{m}$

4. 冲洗排水槽

单池冲洗流量：$q_{冲}=fq=36\times14=504\text{L/s}=0.5\text{m}^3/\text{s}$

(1) 断面尺寸

两排水槽中心距 a 应在 1.5～2.1m 之间，这里采用 $a=2.1\text{m}$

排水槽个数 $n_1=B/a=4.2/2.1=2$ 个

每条排水槽出口流量 $Q'=qf/n_1=14\times36/2=252\text{L/s}=0.25\text{m}^3/\text{s}$

槽长 $l=L=8.5\text{m}$

槽内流速一般采用 $u_{槽}=0.6\text{m/s}$

排水槽断面采用图 5-27 形式。

(2) 设置高度

断面模数 $x=0.45Q'^{0.4}=0.45\times0.25^{0.4}=0.26\text{m}$

滤料层厚度采用 $L_0=0.7\text{m}$

排水槽底厚度采用 $\delta=0.05\text{m}$

超高采用 0.07m

槽顶位于滤层面以上的高度为：

$$H=eL_0+2.5x+\delta+0.07=0.4\times0.7+2.5\times0.26+0.05+0.07=1.05\text{m}$$

排水槽总面积与滤池面积之比 $=n\times l\times2x/f=2\times8.5\times2\times0.26/36=0.245<0.25$，符合要求。

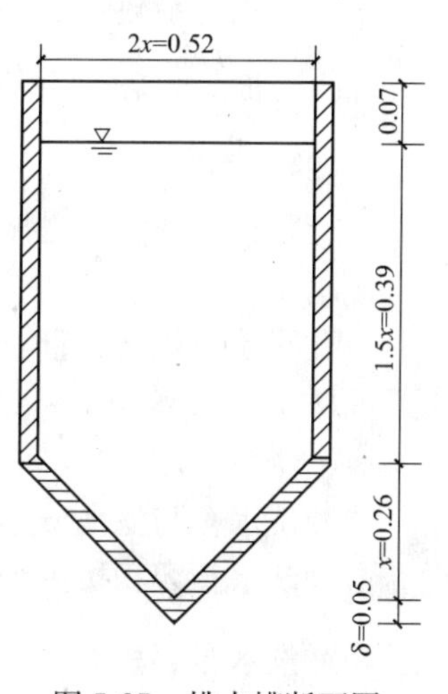

图 5-27　排水槽断面图

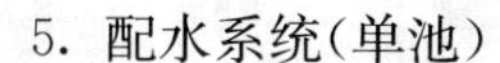
5. 配水系统(单池)

采用大阻力配水系统。

(1) 配水干管

干管始端流速采用 $v_{干}=1.1\text{m/s}$

干管始端流量 $Q_{干}=q_{冲}=0.5\text{m}^3/\text{s}$

干管断面积 $A=Q_{干}/v_{干}=0.5/1.1=0.46\text{m}^2$

干管直径 $d_{干}=2\times\sqrt{\dfrac{A}{\pi}}=2\times\sqrt{\dfrac{0.46}{3.14}}=0.76\text{m}$

干管断面尺寸采用 $DN800$

(2) 配水支管

支管中心距采用 $s=0.25$m

支管总数 $n_2=2l/s=2\times8.5/0.25=68$ 根

支管流量 $Q_{支}=Q_{干}/n_2=0.5/68=0.00735\text{m}^3/\text{s}=7.35\text{L/s}$

支管直径采用 $d_{支}=70$mm，支管始端流速 $v_{支}=1.93$m/s，在 1.5～2.0 之间，符合要求。

(3) 支管孔眼

孔眼总面积 $\Omega=\alpha f=0.0024\times36=0.0864\text{m}^2$

孔径采用 $d_0=12\text{mm}=0.012\text{m}$

单孔面积 $\omega=\pi d_0^2/4=3.14\times0.012^2/4=113\times10^{-6}\text{m}^2$

孔眼总数 $n_3=\Omega/\omega=0.086/113\times10^{-6}=764$ 个

每一支管孔眼数为：$n_4=n_3/n_2=764/68=11$ 个

孔眼布置成两排，与垂线成 45°夹角向下交错排列

支管长度 $l_1=\dfrac{B-(0.8+2\times0.1)+0.2}{2}=\dfrac{4.2-(0.8+2\times0.1)+0.2}{2}=1.7\text{m}$

孔眼中心距 $s_0=2l_1/n_4=2\times1.7/11=0.31\text{m}$

孔眼平均流速 $v_0=q/10\alpha=14/(0.24\times10)=5.8\text{m/s}$

(4) 孔眼水头损失

孔口流量系数：$\mu=0.62$

水头损失：$h_k=\dfrac{1}{2g}\left(\dfrac{q}{10\mu\alpha}\right)^2=\dfrac{1}{2\times9.8}\left(\dfrac{14}{10\times0.62\times0.24}\right)^2=4.5\text{m}$

(5) 校核

支管长度与直径之比：

$l_1/d_{支}=1.8/0.07=25<60$，满足要求。

孔眼总面积与支管总横截面积之比：

$\Omega/n_2f_2=4\times0.0864/(68\times3.14\times0.07^2)=0.33<0.5$，满足要求。

6. 冲洗水箱

冲洗水箱与滤池分建，置于滤池某建筑物屋顶上。

冲洗水箱容积按单个滤池冲洗水量的 1.5 倍计算。

冲洗水箱容积 $V=\dfrac{1.5qft\times60}{1000}=0.09qft=0.09\times14\times36\times6=272.16\text{m}^3$

冲洗水箱底至滤池排水冲洗槽高度 $H_0=h_1+h_2+h_3+h_4+h_5$

冲洗水箱至滤池的管道中总水头损失 $h_1=1.0\text{m}$

滤池排水系统水头损失 $h_2=[q/(10\times\alpha\times\mu)]^2/2g=[14/(10\times0.24\times0.62)]^2/(2\times9.8)=4.52\text{m}$

承托层水头损失 $h_3=0.022qZ=0.022\times14\times0.45=0.14\text{m}$

滤料层水头损失 $h_4=[(\rho_p-\rho)/\rho](1-m_0)L_0=[(2.62-1)/1]\times(1-0.4)\times0.7=0.68\text{m}$

备用水头 $h_5=1.5\sim2.0\text{m}$，这里取 1.5m

因此，冲洗水箱底至滤池排水冲洗槽高度 $H_0=0.6+4.52+0.14+0.68+1.5=7.44\text{m}$。

7. 各种管渠计算

水厂净水工程分两个系列，故 6 个滤池成对双排布置，共有两套管渠。以下计算是按

其中一套，流量按一半设计。

(1) 进水

进水流量 $Q_1=Q/2=0.62/2=0.31m^3/s$

采用矩形断面，渠宽采用 $B_1=0.6m$，水深为 $H_1=0.5m$

渠中流速 $v_1=Q_1/B_1H_1=0.31/(0.6\times0.5)=1.03m/s$，在 0.8～1.2 之间，符合要求。

取进水干管管径 $D_2=600mm$，进水流量 $Q_2=Q_1=0.31m^3/s$

管中流速 $v_2=4Q_2/(\pi D_2^2)=4\times0.31/(3.14\times0.6^2)=1.1m/s$，在 0.8～1.2 之间，符合要求。

每个滤池进水支管流量 $Q_3=Q_1/3=0.31/3=0.103m^3/s$

取进水支管管径 $D_3=400mm$

管中流速 $v_3=4Q_3/(\pi D_3^2)=4\times0.103/(3.14\times0.4^2)=0.82m/s$，在 0.8～1.2 之间，符合要求。

(2) 冲洗水

冲洗水总流量 $Q_4=qf=14\times35.7=0.5m^3/s$

取冲洗水管管径 $D_4=500mm$

管中流速 $v_5=4Q_5/(\pi D_5^2)=4\times0.5/(3.14\times0.5^2)=2.57m/s$，虽不在 2.0～2.5 之间，但基本符合要求。

(3) 清水

清水总流量 $Q_5=Q_1=0.31m^3/s$

取清水干管管径 $D_5=600mm$

管中流速 $v_5=4Q_5/(\pi D_5^2)=4\times0.31/(3.14\times0.6^2)=1.1m/s$，在 1.0～1.5 之间，符合要求。

每个滤池进水支管流量 $Q_6=Q_3=0.103m^3/s$

取清水支管管径 $D_3=300mm$

管中流速 $v_6=4Q_6/(\pi D_6^2)=4\times0.103/(3.14\times0.3^2)=1.46m/s$，在 1.0～1.5 之间，符合要求。

(4) 排水

排水流量 $Q_7=Q_4=0.5m^3/s$

采用矩形断面，渠宽采用 $B_7=0.6m$，水深为 $H_7=0.6m$

渠中流速 $v_7=Q_7/B_7H_7=0.5/(0.6\times0.6)=1.4m/s$，在 1.1～1.5 之间，符合要求。

5.6.5 消毒设备设计计算

本工程采用加氯消毒的方法。

1. 加氯量和储氯量的确定

已知水厂设计流量 $Q=53550m^3/d$，设计最大投氯量为 $a=3mg/L$。

氯与水接触时间不小于 30min。

加氯量为 $Q_{Cl}=0.001aQ=0.001\times3\times53550=160.65kg/d$

储氯量(按 15d 考虑)为 $G=15\times Q_{Cl}=15\times160.65=2409.75kg$

2. 主要设备的选用

氯瓶数量：采用容量为1000kg的焊接液氯钢瓶，其外形尺寸ϕ800，L=2020mm，共四个，三用一备。

加氯设备数量：采用Advance(先进)型加氯机四台，三台同时工作，一台备用。加氯机型号为WX4102C，加氯量为4kg/h，外形尺寸为：868mm×786mm。

加氯系统发生氯泄漏将造成严重的环境影响，故宜采用给水喷淋，使之发生反应以吸收漏氯。

设计中在氯库内设置DN32mm的自来水管，位于氯瓶的正上方帮助液氯汽化。

3. 加氯间和氯库的布置

水厂所在地主导风向为东南风，加氯间靠近滤池和清水池，设在水厂北部。

采用加氯间与氯库合建方式，中间用隔墙分开，并留有供人通行的小门。四台加氯机平行布置，考虑到设备间距和走道尺寸，加氯间平面尺寸为长×宽=8.0m×3.0m；氯库平面尺寸为长×宽=8.0m×3.0m。旁边有一间值班室，值班室尺寸为长×宽=6.0m×3.0m。布置草图见图5-28。

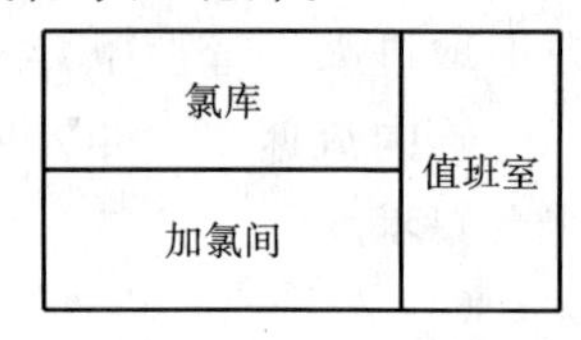

图5-28 加氯间布置草图

在加氯间、氯库低处各设排风扇一个，换气量每小时8～12次，并安装漏气探测器，其位置在室内地面以上20cm。设置漏气报警仪，当检测的漏气量达到2～3mg/kg时即报警，切换有关阀门，切断氯源，同时启动排风扇。

为搬运氯瓶方便，氯库内设单轨捯链一个，轨道在氯瓶正上方，并且通到氯库大门以外。

加氯间外布置防毒面具、抢救材料和工具箱，照明和通风设备在室外设开关。

5.6.6 清水池设计计算

1. 清水池容积

$$W=W_1+W_2+W_3+W_4=5100+504+510+1019=7133\text{m}^3$$

式中 W——清水池总容积(m^3)；

W_1——调节容积(m^3)，无实际数据，根据经验估算，应为最高日用水量的10%～20%，这里取10%，即$W_1=10\%\times Q_d=10\%\times 51000=5100\text{m}^3$；

W_2——消防贮水量，m^3，W_2=一次火灾用水量×同一时间火灾次数×两小时灭火时间$=0.035\times 2\times 2\times 3600=504\text{m}^3$；

W_3——水厂自用水量(m^3)，按最高日用水量的1%设计，即$W_3=1\%\times Q_d=1\%\times 51000=510\text{m}^3$；

W_4——安全贮水量(m^3)，取0.5m的安全水深，已知有效水深为3m，则$W_4=0.5\times(W_1+W_2+W_3)/3=0.5\times(5100+504+510)/3=1019\text{m}^3$。

2. 清水池尺寸

本工程采用半地下式清水池，共设2座，则单池容积为$W'=W/2=3566.6\text{m}^3$。清水池实际水深=有效水深+保护深度，即h=3.5m，则单池平面面积为：

$$A=W/h=3567/3.5=1019\text{m}^2$$

故清水池平面尺寸采用长×宽=42.5m×24m。

清水池超高取 0.5m，则清水池总高度为 4m。

3. 管道计算

(1) 进水管

进水管按最高日平均时水量计算

$$D_1=\sqrt{\frac{2Q_1}{\pi v_1}}=\sqrt{\frac{2\times 0.62}{3.14\times 0.8}}=0.702\text{m}$$

式中　D_1——清水池进水管管径(m)；

Q_1——最高日平均时水量，为 $0.62\text{m}^3/\text{s}$；

v_1——进水管管内流速，一般采用 0.7～1.0m/s，设计中取 $v=0.8\text{m/s}$。

取进水管管径为 $DN700$，进水管内实际流速为 0.81m/s。

(2) 出水管

由于用户用水量的变化，清水池的出水管应按最高日最高时用水量设计：

$$D_2=\sqrt{\frac{2Q_2}{\pi v_2}}=\sqrt{\frac{2\times 0.97}{3.14\times 0.8}}=0.879\text{m}$$

式中　D_2——清水池出水管管径(m)；

Q_2——最高日最高时水量，为 $0.97\text{m}^3/\text{s}$；

v_2——出水管管内流速，一般采用 0.7～1.0m/s，设计中取 $v=0.8\text{m/s}$。

取出水管管径为 $DN900$，进水管内实际流速为 0.77m/s。

(3) 溢流管

溢流管的直径与进水管的直径相同，取为 $DN700$。在溢流管管端设喇叭口，管上不设阀门。出口设置网罩，防止虫类进入池内。

(4) 排水管

清水池内设置导流墙，需要放空，因此应设置排水管。排水管的管径按 2h 放空时间计算，放空的水量与安全贮水量 W_4 相同，管内流速按 1.0m/s 估计，则排水管管径为

$$D_3=\sqrt{\frac{W_2}{t\times 3600\times v_4}}=\sqrt{\frac{1019}{2\times 3600\times 1}}=0.376\text{m}$$

式中　D_3——清水池排水管管径(m)；

W_2——清水池安全贮水量，为 1019m^3；

t——放空时间，按 2h 设计；

v_4——排水管管内流速，估取 $v_4=1.0\text{m/s}$。

取排水管管径为 $DN300$。

4. 清水池布置

(1) 为避免池内水的短流和满足加氯后的接触时间需要，池内设两个导流墙，间距 8m，将清水池分为 3 格。同时为排水方便，在导流墙底部每隔 1m 设置 0.1m×0.1m 的过水方孔。

(2) 为使空气流通，池顶设置通气孔，成对设置。矮的 0.7m，进气；高的 1.2m，出气。共设置 6 个通气孔，每格设 2 个，管径为 200mm。

(3) 为便于排空池水，池底应有一定坡度，并设置排水集水坑，集水坑长度与清水池一格宽相同，为 8m，集水坑宽度为 2.5m，深度为 2m。

(4) 检修孔设 2 个，直径为 1200mm，1 个设置在集水坑上方，另 1 个设置在清水池对

角线的位置。

(5) 在清水池顶部覆盖1m厚的覆土，并加以绿化，美化环境。

5.6.7 污泥处理构筑物设计计算

1. 干泥量计算

$S=(K_1C_0\times4+K_2D)\times Q\times10^{-6}=(1\times15\times4+0.456\times40)\times51000\times10^{-6}=3.99$t/d

式中 S——设计处理干泥量(t/d)；

K_1——原水浊度单位NTU与悬浮物SS单位mg/L的换算系数，应经过实验确定。在无具体数据的情况下，采用$K_1=1$；

C_0——原水浊度设计取值，NTU，根据任务书可知原水浊度为15，应按其4倍进行设计；

K_2——药剂转化成泥量的系数，以硫酸铝液体作为混凝剂时，$K_2=0.456$；

D——混凝剂投加量，40mg/L；

Q——原水流量，51000m^3/d。

2. 综合排泥池设计计算

综合排泥池包括机械搅拌澄清池的排泥和普通快滤池的反冲洗废水，其容积应为这两部分的水量之和。

(1) 排水部分

按只调节滤池反冲洗废水计算，调节容积按大于滤池最大一次反冲洗水量确定。本设计按2倍反冲洗水量确定排水池容积，即：

$$V=2\frac{qft}{1000}=2\times\frac{14\times36\times6\times60}{1000}=362.9\text{m}^3$$

(2) 排泥部分

从机械搅拌澄清池的计算可知，一次排泥容积为4.2m^3。

(3) 综合排泥池

综合排泥池总容积=362.9+4.2=367.1m^3；

综合排泥池有效水深取4m，超高取0.5m，则综合排泥池面积=367.1/3.7=100m^2；

综合排泥池设置为正方形，边长为10m。

3. 浓缩池设计计算

(1) 设浓缩池污泥含水率为99.5%，泥水密度约为1t/m^3。

(2) 泥水混合量=干泥量/(1-污泥含水率)=3.99/(1-99.5%)=798.1t/d泥水密度约为1t/m^3，泥水混合量=798.1m^3/d。

(3) 浓缩池停留时间设为12h，则浓缩池容积V=798.1×12/24=399.1m^3。

(4) 设有效水深4m，超高0.3m，保护水深0.8m，则浓缩池面积=399.1/(4+0.8)=83.1m^2；浓缩池设置为圆形，直径为10m。

4. 脱水机房设计计算

脱水机房尺寸定为长×宽×高=20m×10m×8m。脱水机房中设置污泥提升泵。

5.6.8 水厂高程计算

1. 构筑物水头损失确定(表5-22)

构筑物水头损失表 表 5-22

构筑物名称	水头损失(m)	构筑物名称	水头损失(m)
管式静态混合器	0.5	普通快滤池	2.0
机械搅拌澄清池	0.6		

2. 连接管水头损失确定(表 5-23)

连接管水头损失表 表 5-23

连接管段	水头损失(m)	连接管段	水头损失(m)
第二反应室→导流室	0.20	浑水渠→普通快滤池	0.10
导流室→分离室	0.10	普通快滤池→清水池	0.30
分离室→辐流式集水槽	0.07	清水池→吸水井	0.13
辐流式集水槽→环形集水槽	0.05	机械搅拌澄清池→综合排泥池	2.00
环形集水槽→浑水渠	0.60	普通快滤池→综合排泥池	2.00

3. 构筑物水面高程计算

(1) 清水池最高水位=清水池所在地面标高=3.80m;

清水池最低水位=清水池最高水位-有效水深=3.80-3=0.80m;

(2) 吸水井最高水面标高=清水池最高水面标高-清水池至吸水井间损失=3.80-0.13=3.67m;

吸水井最低水面标高=清水池最低水面标高-清水池至吸水井间损失=0.80-0.13=0.67m;

(3) 滤池水面标高=清水池最高水位+清水池到滤池出水连接管水头损失+滤池的最大作用水头=3.80+0.30+2.00=6.10m;

滤池混水渠标高=滤池水面标高+0.1=6.10+0.10=6.20m;

(4) 澄清池环形集水槽水面标高=滤池混水渠标高+滤池进水管到澄清池出水渠之间的水头损失=6.20+0.60=6.80m;

澄清池辐流式集水槽水面标高=澄清池环形集水槽水面标高+0.05=6.80+0.05=6.85m;

澄清池分离室水面标高=澄清池辐流式集水槽水面标高+0.07=6.85+0.07=6.92m;

澄清池导流室水面标高=澄清池分离室水面标高+0.10=6.92+0.10=7.02m;

澄清池第二反应室水面标高=澄清池导流室水面标高+0.20=7.02+0.20=7.22m;

(5) 综合排泥池水面标高=机械搅拌澄清池排水管中心标高-滤池至排水池间的损失=-0.48-2.00=-2.48m;

4. 构筑物池体高程计算

池顶标高=水面标高+保护高度,具体见表 5-24。

池底标高=池顶标高-池体高度,具体见表 5-24。

构筑物池体高程(单位:m) 表 5-24

构筑物	水面标高	保护高度	池顶标高	池体高度	池底标高
机械搅拌澄清池(分离室)	7.02	0.30	7.32	7.40	-0.18
普通快滤池	6.10	0.30	6.10	3.35	2.75
清水池	3.80	0.50	3.80	4.00	-0.20

5.6.9 取水构筑物设计计算

主要设计资料：设计取水量 $Q=5.1\times10^4\times1.05=53550m^3/d=2231.25m^3/h=0.62m^3/s$，采用地表水取水，最高水位 56.650m，最低水位 53.150m，常水位 54.275m，水库死水位 31.650m，现况坝高为 59.150m。

岸边式取水构筑物由集水井和泵房及其附属设备组成，而集水井又分为进水室和吸水室。

1. 进水室设计

(1) 将进水间分为 4 格，单格尺寸为 5100mm×2000mm。

(2) 进水室每格有 2 个进水孔。

(3) 进水孔的大小尽量配合标准格栅和阀门的尺寸，并设有格栅槽和闸门槽，以便格栅和闸门沿槽上下移动。

2. 进水间格栅的计算

格栅设置在进水室的进水孔上，用来拦截水中粗大块漂浮物及鱼类。格栅由金属框架和栅条组成，框架外形和进水孔形状相同。栅条可直接固定在进水孔上，或放在进水孔外侧的导槽中，可以拆卸，以便清洗和检修。

(1) 进水孔面积计算

$$F_1=\frac{Q}{v_0K_1K_2}=\frac{0.62}{0.8\times0.75\times0.833}=1.24m^2$$

式中 F_1——进水孔面积(m^2)；

Q——设计流量，$0.62m^3/s$；

K_1——堵塞系数，采用 0.75；

K_2——栅条的面积系数，$K_2=\frac{b}{b+s}=\frac{50}{50+10}=0.833$，

其中 b——栅条间净距，取 50mm；

s——栅条厚度或直径，取 10mm；

v_0——过栅流速(m/s)，岸边式取水构筑物，惠州市位于广东地区，为 0.4～1.0m/s，取 0.8m/s。

(2) 通过格栅的水头损失取 0.1m。

(3) 格栅尺寸的确定

本设计河流水位变化幅度不是很大，为 3.5m，采用单层进水孔，设计时，按河流最低水位确定进水口位置，进水孔的上缘一般在设计最低水位以下 0.8～1.0m，取 0.8m，下缘应高于河底 0.5～1.0m，取 0.8m。设置 2 个进水孔。

单个进水孔的面积为 $A_1=F_1/2=1.24/2=0.62m^2$

单个进水孔的尺寸 $B_1\times H_1=790mm\times790mm$

格栅尺寸 $B\times H=800mm\times790mm$

栅条间孔数 21 孔，栅条根数 22 根。

3. 吸水间设计

(1) 吸水间长度和进水间相同。

(2) 吸水间宽度取决于吸水管布置，设计要求和一般泵房吸水井相同。

(3) 进入吸水间内的水流要求顺畅、速度小、分布均匀、不产生旋涡。

(4) 吸水间单格尺寸为 5100mm×3000mm，设 4 格。

4. 格网计算

格网设置在进水间内，用以拦截水中细小漂浮物，分平板格网和旋转格网两种。本设计采用平板格网，放置在进水室和吸水室的隔墙前后，设置在槽钢或钢轨制成的导槽或导轨内。

(1) 平板格网面积计算

$$F_2=\frac{Q}{v_1K_1K_2\varepsilon}=\frac{0.62}{0.8\times0.5\times0.79\times0.8}=2.45\text{m}^2$$

式中 F_2——平板格网面积，m^2；

Q——设计流量，$0.62\text{m}^3/\text{s}$；

v_1——过网流速，取 0.5m/s(0.3～0.5)；

K_1——因网丝所减小的过水面积系数，$K_1=\frac{b^2}{(b+d)^2}=\frac{8^2}{(8+1)^2}=0.79$，

其中 b——网眼尺寸，取 8mm×8mm；

d——网丝直径，取 1mm；

K_2——格网堵塞后面积减小系数，取 0.5；

ε——水流收缩系数，取 0.8(0.64～0.8)。

(2) 通过格网的水头损失取 0.15m。

(3) 平板格网的选用

设置 4 个格网

单个格网的面积为 $A_2=F_2/2=2.45/2=1.23\text{m}^2$

单个进水口的尺寸 $L\times B=1200\text{mm}\times1000\text{mm}$

格网尺寸 $L\times B=1230\text{mm}\times1030\text{mm}$。

(4) 平行设置两道平板格网，其中一道作为备用。冲洗时，应先用起吊设备放下备用网，然后提起工作网至操作平台。

(5) 设有高压水冲洗管，水压为 0.3～0.35MPa，冲洗后废水经排水槽排往河道下游。

5. 水泵扬程计算

(1) 水泵静扬程

已知水库死水位 31.65m，水厂内最高水位为 7.22m，则

水泵静扬程 $H_{ST}=7.22-31.65=-24.43\text{m}$。

(2) 输水干管中的水头损失

输水干管长度为 7100m，采用 2 条输水管，$DN600$ 铸铁管，则输水干管中的水头损失：

$$h=\frac{10.67\times q^{1.852}\times L}{C^{1.852}\times D^{4.87}}=\frac{10.67\times310^{1.852}\times7100}{130^{1.852}\times0.6^{4.87}}=12.67\text{m}$$

管内流速 $v=4Q/\pi d^2=4\times310/(3.14\times0.6^2)=1.096\text{m/s}$

(3) 泵站内管路中的水头损失，粗略估为 3m。

(4) 安全工作水头，取为 2m。

(5) 水泵设计扬程 $H=-24.43+12.67+3+2=-6.76\text{m}$

由于设计水泵扬程为负值，故不需设计取水泵站，仅依靠重力就可以输水。

参考文献

[1] 姜乃昌. 水泵及水泵站. 北京：中国建筑工业出版社，1998.

[2] 严煦世，范瑾初. 给水工程(第四版). 北京：中国建筑工业出版社，1998.

[3] 张志刚. 给水排水工程专业工艺设计. 北京：化学工业出版社，2004.

[4] 张勤. 水工程经济. 北京：中国建筑工业出版社，2002.

6　同层排水技术降噪性能试验研究

王佳旭（给水排水与环境工程，2009届）

指导老师：吴俊奇

简　介

随着住房政策的调整，人们生活水平日益提高，发达国家中人们在室内滞留的时间已占全天的90%，对住宅舒适度、室内整洁度、卫生程度及私密性的要求也越来越高，“卫生间”在建筑中的重要性不断提高，其不论在住宅还是公共建筑中都代表了一种卫浴文化，故人们对它的品质要求也越来越高。因此排水噪声小，漏水几率低，房屋产权明确，卫生器具不受限制，解决了水封问题的同层排水被越来越广泛地应用，将成为建筑排水管道的主流敷设方式。

本文对同层排水方式和传统排水方式进行排水噪声比较，分析同层排水降噪性能。并且分别在恒流量和变流量情况下，对同层排水和传统排水两种方式排水立管的噪声频率、A声级及振动值进行了测试。

6.1 绪论

6.1.1 排水系统的噪声

1. 噪声的产生及危害

近几年来，噪声已成为社会日益关注的环境问题，人居住环境也成为评价居住品质的重要指标之一。

噪声时刻影响着人类的生活。它的显著特点是：无污染物存在、不产生能量积累、时间有限、传播不远、振动源停止振动噪声消失、不能集中治理。噪声的危害无所不在，无所不及。调查表明，噪声会引起耳部的不适，如耳鸣、耳痛、听力损伤，当人连续听摩托车声 8h 后就会产生听力受损。若是在摇滚音乐厅半小时后，人的听力就会受损。实验指出，噪声会损害心血管，是心血管疾病的危险因子，能加速心脏衰老，增加心肌梗塞发病率。地区的噪声每上升 1dB，该地区的高血压发病率就增加 3%。另外，噪声对人的神经系统也会产生严重影响，相关文献指出，人在强噪声环境中，会出现头痛，耳鸣多梦、记忆力减退、全身无力等症状，在法国每四个神经病患者中有 3 人是噪声引起的。在巴黎和东京的自杀事件中有 35%是由噪声引起的，另有 35%的犯罪狂与噪声有牵连。再者，噪声会影响人的视力、智力和工作状态，有人做过调查，当噪声强度达到 90dB 时，有 40%的人瞳孔放大，视觉模糊；而噪声达到 115dB 时多数人的眼球对光亮度的适应性都有不同程度的减弱，长时间处于噪声环境中的人也很容易发生眼疲劳、眼痛和视物流泪等眼损伤现象，在噪声环境下的儿童的智力比在安静环境下的儿童低 20%，医生为病人听诊时正确率仅为 8%。如噪声达到 100～200dB 时，几乎每个人都会从睡梦中醒过来。最让人吃惊的发现是：噪声竟然和死亡率有关。伦敦大学的听力学教授迪帕克说："新的研究资料表明过早死亡，与噪声有关"。可见，噪声严重危害着人们的身体健康和正常生活。

随着社会飞速发展，生活水平逐渐提高，影响人们正常生活和工作的噪声问题越来越受到大家的关注。根据我国环保局的标准，城市区域环境噪声的质量分别如下：重度污染：＞65.0dB；中度污染：60.0～65.0dB；轻度污染：55.0～60.0dB；较好：50.0～55.0dB；好：≤50.0dB。著名声学家马大猷教授曾总结和研究了国内外现有各类噪声的危害和标准，提出了三条建议：①为了保护人们的听力和身体健康，噪声的允许值在 75～90dB；②保障交谈和通信联络，环境噪声的允许值在 45～60dB；③对于睡眠时间建议在 35～50dB。

除家用电器外，建筑排水管道系统噪声是建筑噪声最主要的来源之一，直接影响着人们的正常生活和工作，甚至会影响健康。排水管道的噪声源主要包括以下几类：①管道连接处的噪声，这主要是由排水横管的水流冲击弯管、T 形管、十字形管引起，水流在管道内通过连接配件时，水流水击配件或因水流方向急剧改变将会产生噪声。②卫生器具产生的噪声：卫生器具排水时出现涡流并产生抽气声，特别是坐便器排水时因虹吸现象而发出噪声。若卫生器具内已存有水，在开始排水和排水过程中，所产生的噪声都不大。而在卫生器具内的水快排尽时，排出的水流卷带着空气一起排放，这时产生的噪声是由气塞流引起的。③排水立管中的噪声：是由排水横管与排水立管交接处的水流形成水舌产生阻隔作用，水在下落过程中形成旋转水膜层及气塞流。这两种状态急剧地随机变化，使立管中气体压缩、膨胀，水流在与排水管壁撞击的同时也与气流相互碰击，共同引发出噪声。排水流量和流速越大，管壁越薄，噪声越大。④排水横管中的噪声：主要是水由卫生器具排水管至横管引起水体与横管壁的冲击噪声，排水横管中水跃作用和横管中压力波动引起水封冒气泡发生的噪声，这种噪声是排水管道常见的噪声。⑤污水流经管道时会产生摩擦噪声，经过管件时会产生冲击噪声，这些噪声的大小与排水量和管壁有关，排水量越大，噪声越大，并因共鸣而加强。⑥洗涤器具及地漏在排水终了时带入空气亦会导致噪声。⑦排水管在正、负压绝对值大于水封高度时，水封冒气泡，涌动产生的噪声。

综上所述，可以看出排水管道、管道连接件形式、卫生器具构造、气压波动均是排水时引起噪声的原因。

2. 噪声标准

目前我国对住宅噪声控制执行的标准主要有：①《建筑隔声评价标准》GB/T 50121—2005；②《住宅设计规范》GB 50096—1999(2003 年版)，隔声减噪设计等级标准见表 6-1，民用建筑房间允许噪声标准见表 6-2。

隔声减噪设计等级标准 **表 6-1**

特 级	一 级	二 级	三 级
特殊标准	较高标准	一般标准	最低标准

民用建筑允许噪声标准 **表 6-2**

房 间 名 称	允许噪声标准 dB(A 声级)			
	一 级	二 级	三 级	四 级
卧室(卧室兼起居室)	≤40	≤45	≤50	
起居室	≤45	≤50	≤50	
病房、医护人员休息室	≤40	≤45	≤50	
手术室		≤45	≤50	
旅馆客房	≤35	≤40	≤45	≤50
会议室	≤40	≤45	≤50	
办公室	≤45	≤50	≤50	

3. 噪声的控制

我国住宅、公寓等居住建筑噪声问题一直以来是居民对住宅质量投诉最多的问题之一。对于噪声的控制可采取以下方法：

(1) 通过隔声、吸声、声波干涉控制噪声。

1) 隔声：隔声的定义就是空气传播过程中用不同的构件隔离或隔绝声音，以降低接受者的接受声级。包括空气传声隔声和固体传声隔声。空气传声隔声方法有实体结构隔声、采用隔声材料隔声、采用空气层隔声。固定传声隔声方法有在楼板表面铺设弹性面层，以减少楼板本身的振动；楼板采用浮筑层，即在结构层与面层之间增设一道弹性垫层，可以满铺或间断设置；楼板进行吊顶处理。

2) 吸声：利用吸声装置(如吸声饰面、空气吸声体)吸收室内的混响声以降低噪声的方法称为吸声减噪法。

3）声波干涉：国外的制造商曾利用噪声抵消技术研制出一款耳机，这一技术利用微处理器对外界噪声进行分析并产生一种与外界噪声相反的声波，然后将相反的声波传到耳机里，于是两种波基本上就可以抵消了，人们戴上耳机后自然能够有效地隔离外界的噪声。

（2）建筑平面和给水排水设备应该合理布置。应尽可能将发生噪声的房间和发出噪声的工作室相邻布置，各种设备共用一个设备墙。排水立管不应布置在起居室、卧室和工作室的邻墙上，最好布置在管道井中。在同一住宅中，宜采用带空气隔声措施的门，起居室、卧室、工作室与产生噪声的房间之间的隔墙应采用面密度大、隔声性能好的墙体。

（3）减小立管与横支管的连接角度，或者采用特制配件，该配件应具备控制形成理想的空气芯、减缓立管内流速、防止横支管水流横断立管空气的功能；排水横管连接采用45°、60°三通、四通和110°或曲率半径大的弯头；加大横干管管径和立管与横干管连接弯头的曲率半径，或装设具有减小水跃高度，稳定排水管内气压功能的下部特制配件，以改善横干管的排水工况；保证水封高度，降低排水管内的正负压绝对值，避免水封冒气、涌动噪声；设置环形通气管或器具通气管，减少横支管的长度和流速。

（4）采用低噪声的管材。目前市场上有中空消声管道，该管道的管壁中间隔设有轴向通孔，能够吸收管内排水声音，有效消除排水噪声对周围环境造成的污染，可广泛应用于工业生产中以及建筑物上，使人们能够处于安静的工作和生活环境中；另外，HDPE消声管道也被广泛应用于广大国外同层排水系统中，管道内部设有消声棉，可有效地吸收噪声，达到减噪目的；除此之外，在普通PVC-U管道基础上，为改善噪声问题出现了种类繁多的改良塑料管道，包括芯层发泡管（PSP）、实壁螺旋管、双壁管和双壁螺旋管等几种。

（5）采用同层排水方式替代传统排水方式。墙前安装，假墙可有效隔离卫生间内的噪声。采用吉博力同层排水系统及相应的减噪措施后，噪声会从传统PVC-U排水系统的65dB，降至30dB左右。

所以，应从噪声源和噪声传播途径分析排水管道噪声控制。建筑设计时，应选择降噪性能优秀的管材，合理布局，尽量采用同层排水方式来阻隔噪声，使人们摆脱噪声的干扰，有一个宁静、惬意的生活环境。

6.1.2 研究背景

20世纪90年代，我国大多数住宅均采用下排水方式。该系统排水连接管穿越本层楼板接下层排水横支管，是室内排水横支管敷设的传统方式。传统排水的优点是排水通畅，安装方便，维修简单，土建造价低，配套管道和卫生洁具市场成熟，但长期使用后，发现该方式同样具有很多不足，其主要缺点是对下层造成不利影响，干扰下层用户。主要表现在：管道穿越楼板较多，容易在穿楼板处造成漏水；下层顶板处排水管道多，不美观，排水时下层横支管噪声大；另外本层用户横支管漏水或严重堵塞时，需要到下层住宅进行清通；而且在潮湿季节，管道外壁易结露，出现凝水下滴现象。

20世纪90年代以后，随着住房政策的调整，人们生活水平日益提高，发达国家中人们在室内滞留的时间已占全天的90%，对住宅舒适度、室内整洁度、卫生程度及私密性的要求也越来越高，“卫生间”在建筑中的重要性不断提高，其不论在住宅还是公共建筑中都代表了一种卫浴文化，故人们对它的品质要求也越来越高。

传统排水方式，上层用户排水时产生的噪声严重影响下层用户。因此各方面均具有优势的同层排水方式逐步被大家所接受，将成为建筑排水管道敷设的主流方式。

综上所述，我们将重点研究同层排水和传统排水产生的噪声大小，通过比较来评价同层排水技术降噪的可行性，减少可危害我们的噪声。

6.1.3 研究现状

1. 国外研究现状

(1) 苏维脱单立管排水系统

同层排水系统在我国尚未普遍使用，但在欧洲国家大部分地区已被广泛应用。瑞士弗里茨·苏玛于1959年研制开发出一种能使气水混合或分离的特制配件替代一般管件的单立管排水系统即苏维脱单立管排水系统，如图6-1所示。它由混流器和跑气器两部分组成。混流器设置在立管与每层的横支管连接处，起到限制立管内液体与气体流速的作用。跑气器设置在立管底部，它的作用是将气体从污水中分离出来，并且通过一根跑气管将其引到排出管的下端，从而避免了立管底部产生过大的正压力和壅水，保证排水通畅。可见，苏维脱气水混合器，不仅为排水系统创造了良好的水力工况，排水通畅，而且噪声低，是现在广泛应用，技术比较成熟的一种降低噪声的排水方式。

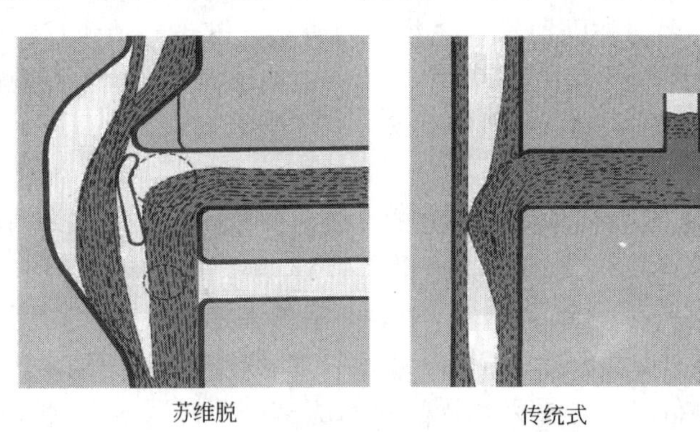

图6-1 苏维脱特制配件与传统三通比较

(2) 速微特单立管排水系统

20世纪90年代中后期，随着建筑排水技术的发展，日本在苏维脱单立管排水系统基础上发展出速微特单立管排水系统。速微特由螺旋乙字弯和混合器构成，螺旋乙字弯的作用是将排水立管中的排水流向从自上而下，改为旋回流向，起到减低排水流速，使各层排水流速保持一致，缓解排水过程中固液分离现象的作用。混合器内设有挡板，使横管水流和立管水流分开，避免互相冲击和干扰。挡板上部缝隙使挡板两侧气压平衡，下部空间使立管水流和横管水流充分混合。速微特全称是旋式速微特，它的特点是乙字管的螺旋形构造进一步抑制水流向下的流速，同时在管内产生并保持连续的空气芯，完善的消解了乱流、水塞等现象，因此比一般的混合器具有更好的排水性能。与旋式速微特上部特制配件配套的下部特制配件是L形弯头，又称角笛弯头，如图6-2、图6-3所示。L形弯头具有较大弧度的转弯半径，有较大的空间，出口端直径大于进口端直径，因此有利于立管的水流较通畅地移向横干管，不形成满流，从而消除了立管底部壅水和正压过大现象的发生。

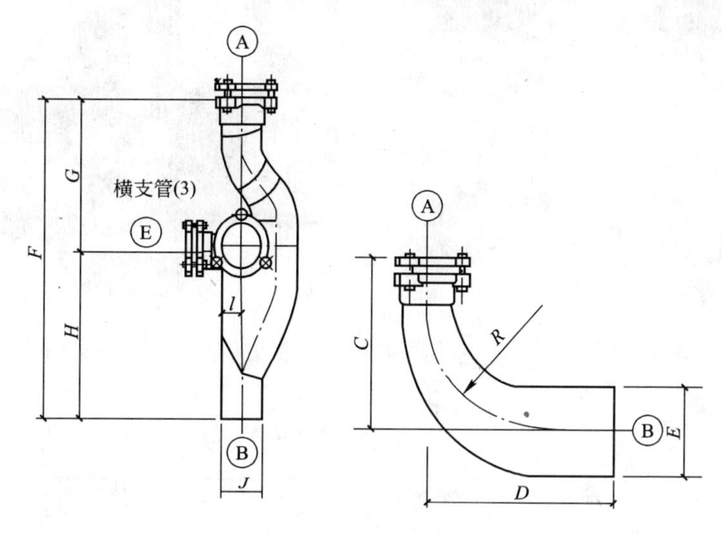

图 6-2　角笛弯头

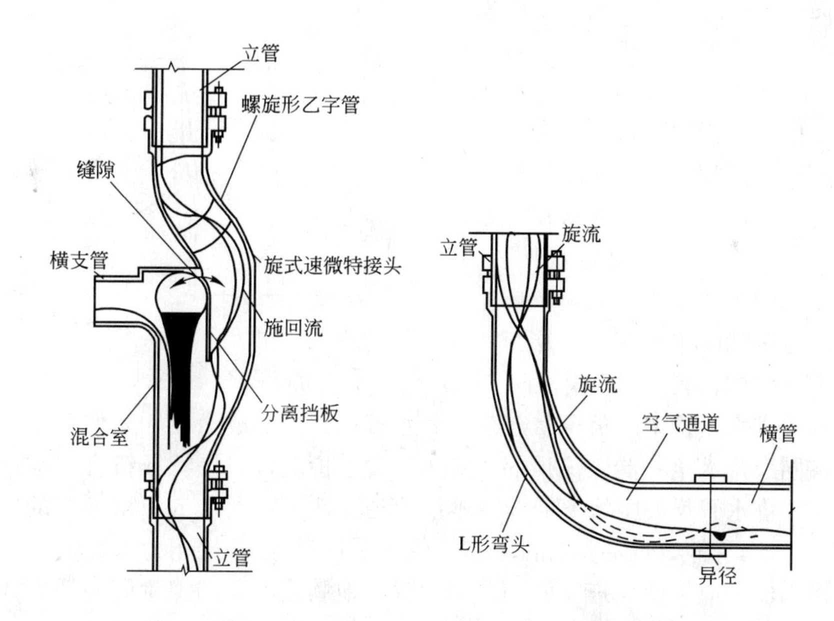

图 6-3　速微特单立管排水系统

（3）韩国曾开发出一种新型的 PVC-U 单立管排水系统，它是将专用的 DRF/X 型三通与内螺旋消声管相接不对中，*DN*100 的管子错位 54mm，在三通水流方向的下端还设有防止水流逆流的特殊构造。这一由内螺旋消声管和 DRF 排水管件所组成的管路系统的噪声比一般光塑料管低。

（4）瑞士吉博力公司研制开发的 HDPE 消声管材可大幅度降低通过物体传播的噪声，如图 6-4 所示。

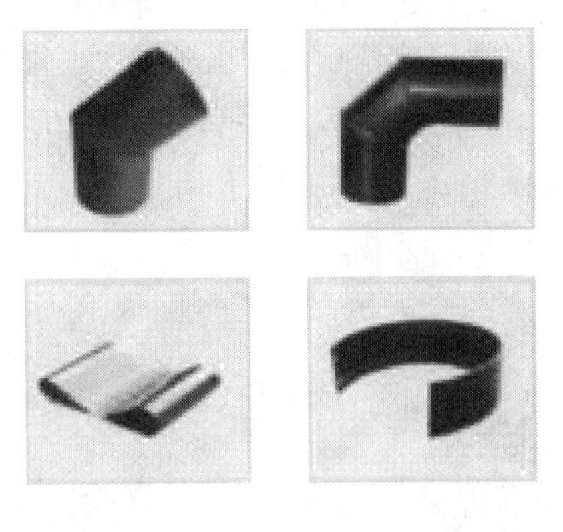

图 6-4 HDPE 排水管

2. 国内研究现状

(1) 同层排水接入器的引入

同层排水技术在国内渐渐兴起，先进的建筑技术使我们生活在更加舒适的环境中。

值得一提的是在同层排水技术不断发展的过程中，引进了一种同层排水接入器，如图 6-5 所示。同层排水接入器的特征是把水封部分设置在排水立管的附近，所有的卫生器具(大便器除外，住宅用大便器本身均已含有水封)公用一个水封，水封的补充水源较多，不易干涸。采用了同层排水接入器，只需设一个公用的排水立管预留洞，解决楼板渗漏水的问题也就简单很多。同层排水接入器设有乙字形结构，具有消能作用，减小水流速，改善了排水立管中的负压状态。同时水流在此处形成紊流，类似于苏维脱排水立管的功能。在同层排水接入器壳体顶部，专门设置了检查口。该特征符合规范规定的清扫口应设于本层，排水管道发生堵塞时能在本层清通，而不需要进入下层住户的要求。排水横管可通过各个洁具排水口(洁具各排水口立管无需设存水弯)接压力水冲洗。

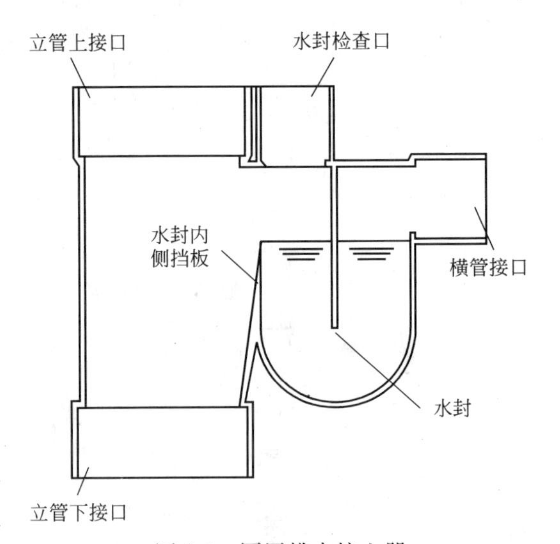

图 6-5 同层排水接入器

可见，接入器的应用使同户型的用户最大限度地满足不同的卫生间布置方式，充分体现了个性化设计。对应开发商而言，也可以向用户提供更多的卫生间布置方式，从而提高房产品味。由此可见，同层排水接入器的引入更加有效地推动了同层排水技术的发展。

(2) PVC-U 消声管材

管道系统中的水流和水落产生的噪声也是排水系统中的噪声之一，改善排水管材，可有效减少噪声的产生。目前国内市场中涌现了很多塑料排水管道，在 PVC-U 排水管的基础上，为了改善普通排水塑料管的噪声问题，又研制出了改进芯层发泡管(PSP)、实壁螺旋管、双壁管和双壁螺旋管等几种管材。张学伟在背景噪声为 32dB 的环境下，用衡阳仪表厂生产的 HY104 型声级计，对各种管材的噪声进行了测定。普通铸铁排水管、内壁光滑的 PVC-U 排水管、PVC-U 螺旋管的排水噪声测试结果见表 6-3。

各种管材的噪声比较　　单位：dB(A)　　表 6-3

房间名称	塑料管	铸铁排水管	螺旋管
卧室	40	<30	30
会客厅	—	35	36
卫生间	56	45	45

试验表明，PVC-U 螺旋管噪声低于普通 PVC-U 塑料管，达到了降噪的目的。

6.1.4 研究内容及目的

传统排水中，上层用户排水时产生的噪声严重影响下层用户，引起用户对此的忧虑与不满，同层排水方式有效缓解了噪声问题对下层用户的干扰。但不同排水方式噪声值的差异、流量大小对噪声值高低的影响仍需进一步研究。

本文主要研究同层排水和传统排水的噪声，通过实验比较分析同层排水的降噪性能。研究内容分为以下三个方面：

(1) 可行的同层排水方式设计，找出合理的设计、试验方案；

(2) 对不同排水方式进行噪声大小的测定及分析；

(3) 与传统的排水技术的降噪效果进行比较。

6.1.5 研究方法与步骤

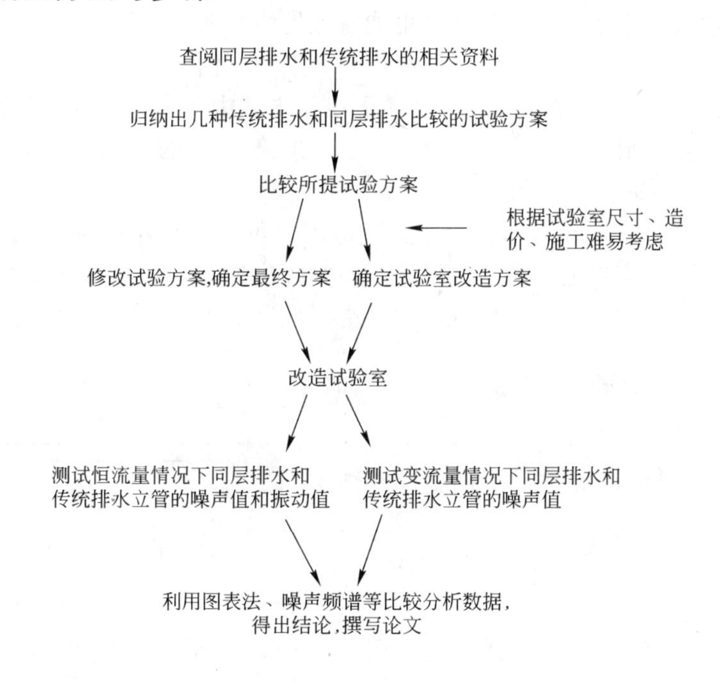

6.2 同层排水概况

新技术的发展使我们生活在更好的环境中，为改善传统排水的不足而引入了同层排水技术，该技术在欧洲已经是建筑排水系统中比较典型、普遍的管道布置方式，但在我国建筑技术中还有待大力开发。

6.2.1 同层排水系统

同层排水技术亦称上排水敷设方式，顾名思义，该系统卫生器具排水支管不穿越楼板，只有排水立管穿越楼板，管道的维护和检修均在本层进行，不需到下一层去清通排堵，不干扰下层用户。

可以认为在不久的将来，同层排水技术将成为住宅和公共建筑排水管道敷设方式的主流。

6.2.2 同层排水系统特点

同层排水系统是一种新型的排水系统，它从根本上解决了诸多问题。较传统排水，该技术具备很多突出优点，主要有以下几方面：

(1) 房屋产权明确。卫生间排水管路系统布置在本层住户内，管道检修可以在本户内进行，不干扰下层住户。

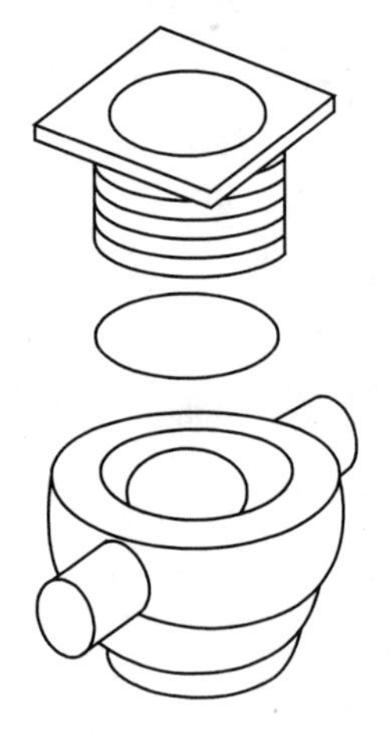

图 6-6　同层排水多通道地漏

(2) 卫生器具的布置不受限制。用户可自由布置卫生器具的位置，满足卫生洁具个性化的要求，开发商可提供卫生间多样化的布置格局，提高了房屋的品位。

(3) 排水噪声小。排水管布置在楼板上或墙内，被回填垫层覆盖后有较好的隔声效果，从而使排水噪声大大减小。

(4) 渗漏水几率低。卫生间楼板不被卫生器具管道穿越，减小了渗漏水的几率，也能有效地防止病菌的传播。

(5) 不需要P形弯或S形弯。由一只共用的“多通道地漏”或“接入器”取代了传统下排水方式中各个卫生器具设置的P形弯或S形弯，解决了P形弯与S形弯产生的自身无法克服的弊端，如图 6-6 所示。

同层排水的特点使得用户可以最大限度地利用卫生间的空间，实现最个性化的设计，最大程度地减少噪声和漏水几率，以及水封问题，比起传统排水，更好地满足了人们对卫生间的需求。

6.2.3 同层排水模式

1. 分类

国内外有多种同层排水形式，总体可概括为三大类。

(1) 无专用管件的同层排水方式，即中国模式，目前有三种做法。

第一种做法是在部分地区得到广泛应用的降板法，即下沉式卫生间，把卫生间结构板做成下沉300～400mm 的混凝土箱体，排水管敷设于下沉空间内。各洁具排水接口预留至回填垫层以上，如图 6-7 所示。

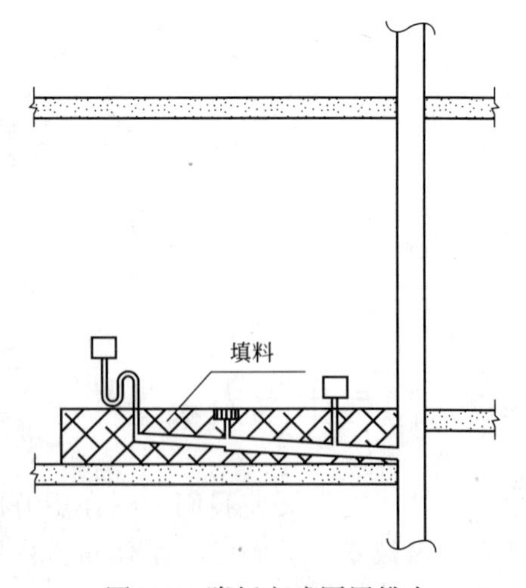

图 6-7　降板方式同层排水

第二做法是广州、深圳等部分南方地区应用的不降板户外法，这种排水系统的排水管道均设置在建筑物外部，而不在卫生间内出现。

第三种做法是综合以上两种方式提出的专用卫生间检查井排水方式，即在卫生间外增设检查井，排水立管及横支管设于检查井内，或立管设于检查井内，横支管置于专用设备层内(设备层高度为 0.6～1m 的架空层)。设备层为结构降板或局部降板后的下沉空间，如图 6-8 所示。

(2) 排水集水器同层排水方式，即日本模式。设置排水集水器，卫生器具排水支管均接入排水集水器。排水集水器设置在楼板上的架空层内，高度为 300mm，升高后的卫生间地面与卧室、客厅相平。

(3) 墙体隐蔽式安装模式的同层排水方式，即欧洲模式。是将卫浴系统整合在墙体内，在墙体内设置隐蔽式支架。排水和给水管道也设置在隐蔽式支架内，并与支架充分固定，卫生器具也直接与支架固定。安装时先安装固定支架，接着安装排水管道和给水管道，然后安装卫生器具和表面装饰材料，如图 6-9 所示。

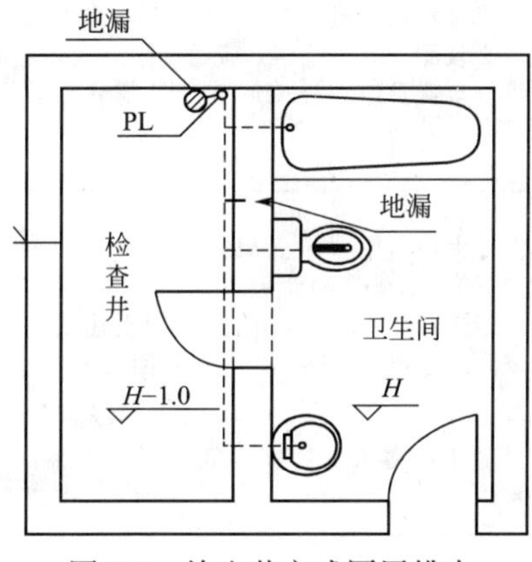

图 6-8　检查井方式同层排水

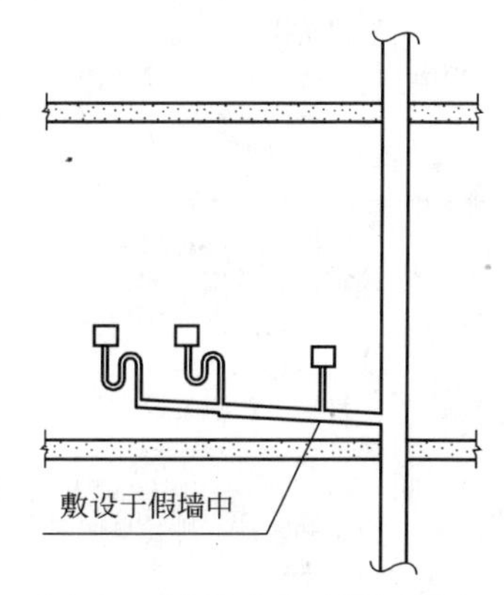

图 6-9　墙排水方式同层排水

2. 各种模式特点及比较

各国各地区根据实际情况，以及人们的居住方式、习惯、排水体制等形成了适合本国本地区的同层排水模式。每种模式都具备各自的特点，同样也都相应的存在不足之处。

通过特点、适用范围、利与弊、管材、性价比等方面综合比较各种同层排水形式，总结见表 6-4、表 6-5。

各种同层排水形式特点及使用范围比较　　　**表 6-4**

	无专用管件的同层排水方式(中国模式)			排水集水器同层排水方式(日本模式)	墙体隐蔽式安装模式的同层排水方式(欧洲模式)
	降板法	不降板户外法	卫生间检查井排水方式		
特点	采用卫生间降板，回填轻质混凝土并掩埋 pvc-u 管道	排水管道穿越建筑外墙，排水立管设于建筑物阴角或布置在建筑物外	在卫生间外增设检查井(尺寸同管径要求)，排水立管及横支管设于检查井内，或立管设于检查井内，横支管置于专用设备层内	设置排水集水器，卫生器具排水支管均接入排水集水器，通过集水器排入立管	采用 HDPE 管材，隐蔽式水箱及挂式或落地后排坐便器，假墙及挂厕是其最明显的特征
使用范围	国内小部分项目中使用	广州、深圳等部分南方地区	建筑面积较大的建筑物	在日本被小范围使用，属于日本的排水新技术	欧洲国家最普遍采用的排水方式，国内部分地区应用

各种同层排水形式利与弊 **表 6-5**

性能 形式		优　点	缺　点
无专用管件的同层排水方式（中国模式）	降板法	美观：卫生间回填后无明装排水管道便于装修。 洁具安装方便：各洁具排水接口预留至回填垫层以上，很好地满足了规范要求，在我国也是可行的	漏水：排水管道设于回填垫层，一旦发生渗漏难于及时发现。结构板防水层质量难以保证，防水材料有效期不够长，故久用都会发生漏水现象。所下沉的空间一旦充水，使地面静荷载加大，且破坏建筑和环境卫生。 维修难：漏水后维修难度大、造价高。 管道安装不便：因结构层不在同一平面，若日后将紧邻卫生间的部分空间经改造归入其中，横管延伸敷设将受到影响。 施工难：卫生间楼板即使按单向板考虑设计，至少其两端应为承重墙或结构梁，同时相邻房间的楼板也可能因支座问题做加厚处理。设计、施工难度有所增加
	不降板户外法	美观：卫生间的排水管道在卫生间均不外露，故卫生间整洁美观、节约装修费用。 经济：省了部分降板的土建费用。 防渗漏：管道不降板，若发生渗漏能及时发现	施工难：经济技术上可行，但排水管道穿越建筑外墙，对洁具排水预留孔洞精度要求高，施工较困难。卫生间洁具必须靠外墙布置，其应用受限制太多。 维修难：管道在外墙影响建筑物立面效果，维修亦较困难
	卫生间检查井排水方式	防渗漏：设备层为结构降板或局部降板后的下沉空间，卫生间漏水几率会大大降低。 易维修：日后维修方便。 易施工：施工较方便	占地大：占用建筑面积太大，一个排水检查井至少要占用 0.8～1.0m² 的面积。 不经济：结构板下降也会增加土建费用，这样的代价开发商和住户都不愿承担，推广阻力太大
排水集水器同层排水方式(日本模式)		适用范围广：针对 PVC 系统，适合各种落地下排式坐便器	易漏水：集水器占据空间，所以需抬高或降低楼板，漏水隐患大
墙体隐蔽式安装模式的同层排水方式(欧洲模式)		美观：不受坑距的限制，可在卫生间内实现自由布局防渗漏，通过选用合理管材，特殊技术的应用达到完全防渗漏。 节水：同样水量的情况下，隐蔽式水箱的冲水效果最佳，使节水最大化。 易施工：施工简单方便不会破坏任何建筑结构。 降噪：通过假墙安装，管材选择，管道布置达到低噪声的效果	1. 适用范围较小：卫生器具必须是后排水，这样的洁具我国市场上也不少，但明显没有下排水洁具选择范围广。 2. 地漏设置：对地漏的设置带来了困难

结论：通过以上四个角度的综合比较，墙体隐蔽式安装模式的同层排水方式为理论上综合效果最好的排水方式。

6.2.4　同层排水系统卫生器具及管件的改进

1. 卫生器具

同层排水系统和传统排水系统排水形式上的主要区别是排水横支管的位置不同。同层排水系统的排水横支管不穿越楼板至下层，而在同一楼层内敷设并和排水立管相连；传统排水横支管穿越本层楼板至下层，然后连接到排水立管。排水管道的连接为卫生器具排水管连入排水横支管，排水横支管连入排水立管。基于此原因，两种排水系统所用的卫生器具也会有所差异。主要是坐便器和浴盆的改变。

(1) 坐便器

一是坐便器安装位置的改变：传统排水陶瓷坐便器为楼层上面安装便器，楼层下面安装排水横支管，造成邻居间噪声相互干扰，漏水处理、维修、更换等诸多不便。因此挂壁式坐便器被大量引入市场，取代了传统式的坐便器，见图 6-10。

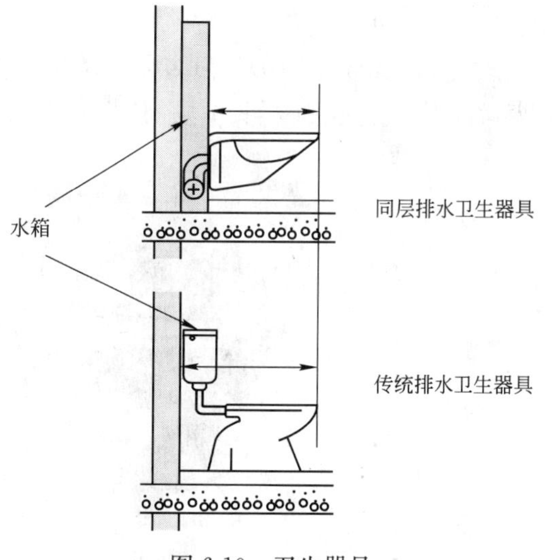

图 6-10　卫生器具

二是坐便器水箱冲洗水量的改变：随着《节约能源法》和《国家循环经济法》的相继出台和不断发展，节约资源，避免浪费严重成为人们日益关注的问题，节水型坐便器越来越受到大家欢迎。1993 年前，卫生间水箱贮水量为 9L，用水规章制度将它改为 7.5L，2002 年将它降为 6L。而目前的同层排水所用坐便器大多为双冲洗水箱，满流出水为 6L，小水量为 4L。6/4 双冲洗水箱比单冲洗水箱更常用，平均来说用水量为 4.5L，是 1993 年前水箱用水量的一半。

(2) 浴盆

浴盆安装位置的改变：同坐便器一样，大多数落地浴盆被挂壁式浴盆所取代。

2. 管件

同层排水与传统排水的管道连接件也存在差异。已设计出了一系列更适用于同层排水的管件，解决了传统排水管件上存在的诸多问题。

(1) 存水弯

存水弯是可以在卫生器具排水管上或卫生器具内部存贮有一定高度的水柱，以防止排水管道系统中的气体窜入室内的附件。一旦存水弯中水封失效，气体将会透过水封进入建筑物内部，影响环境。传统排水方式中的存水弯失效问题一直困扰着人们的生活。因此同层排水中引入了“多通道地漏”或“接入器”，解决了 P 形弯 S 形弯水封易破坏的弊端，且不易产生异味，如图 6-11 所示。

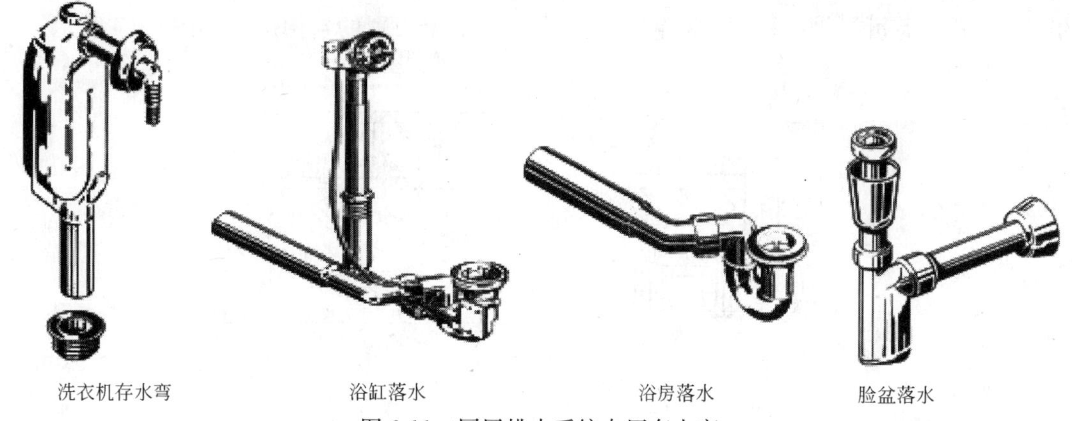

图 6-11　同层排水系统专用存水弯

（2）废物处理设备

同层排水系统中引进了很多废物处理设备，设置在小便斗、洗涤盆、洗脸盆中，用于拦截废料，当人们向以上器具中投入各种东西时，它可以防止存水弯或废水管堵塞，图 6-12。

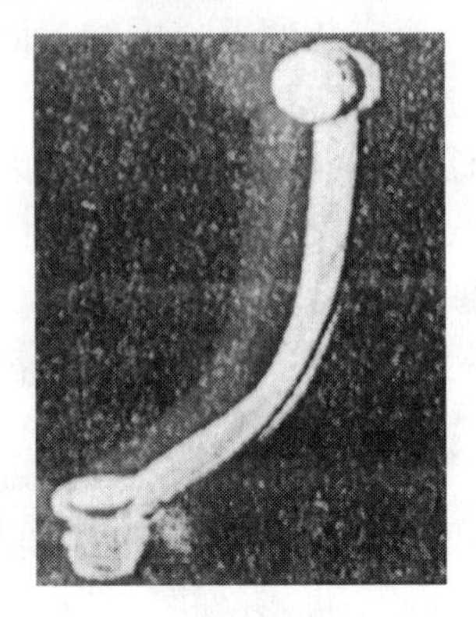

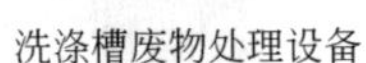

洗涤槽废物处理设备　　浴盆废物处理设备

图 6-12　废物处理设备

6.2.5　同层排水系统降噪性能

同层排水方式的排水横支管不穿越楼板，因此上层用户排水时对下层用户的影响大大减小。欧洲的墙排水模式，由于假墙的设置，有效阻隔了噪声的传播。同时，HDPE 管材能大幅降低通过物体传播的噪声。

6.2.6　同层排水系统与传统排水系统比较

同层排水在布置、美观、水封元件、管道、卫生方面具有优势，但在价格、设计难度、维修技术方面和传统的下排水相比也有一定的劣势。下面从几个方面比较传统排水方式和同层排水方式。

1. 洁具布置方面

传统排水方式上下层用户的卫生间必须对齐，卫生洁具不能灵活布置，只能根据原有设计的要求进行。而同层排水方式可以很好地解决这一问题，卫生器具可以灵活布置，楼板上没有卫生器具的排水预留洞，用户可自由布置卫生器具的位置，满足卫生器具个性化的要求，开发商可提供多样化的布置格局，提高了房屋布置的自由度，如图 6-13 所示。

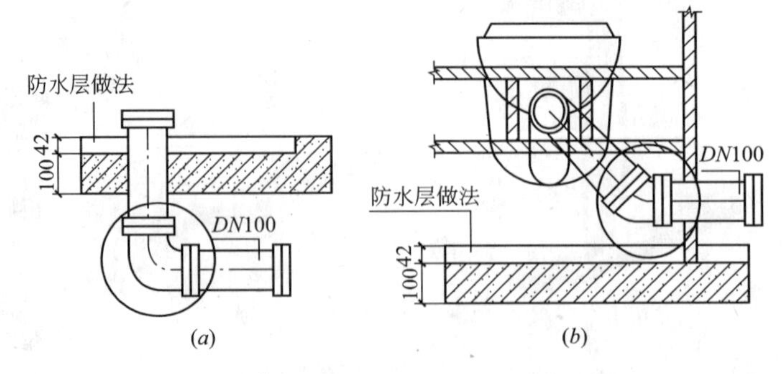

图 6-13　传统下排式系统与同层排水系统对比图

(*a*)传统下排水系统；(*b*)同层排水系统

2. 先进性方面

传统排水技术，垂直干线与水平管道没有区分。随着排水技术的迅速发展，同层排水技术在这方面优于传统方式，同层排水管道布置分为垂直干线和水平子系统，这种分段清晰的系统有利于设计和楼宇管理，同时也有利于楼宇的综合治理。

3. 水封元件方面

传统排水系统中每个卫生器具必须附加一个P形弯或S形弯存水水封。传统的下排水的排水横管包括P形弯与S形弯，是穿过楼板在下层敷设，占用了下层顶板空间。同层排水系统针对这一问题做了很大改进，该系统中的卫生器具不需要P形弯与S形弯存水水封。同层排水的排水横管在本层敷设。

4. 卫生方面

传统排水方式的坐厕和立盆背后存在卫生死角，清洁困难，而且容易滴水。同层排水方式在卫生这方面较传统排水方式有很大优势，由于卫生器具主要采用挂壁式，因此地面整洁，清洁极为方便。

5. 噪声方面

传统排水系统排水时呈直落式90°变向，阻力大、噪声大；在高层楼宇中较大的水流导致的噪声容易干扰人们的正常生活。而同层排水系统本层排水横支管不穿越楼板，在本层连入排水立管，声音被封在假墙内，使上层用户排水时，下层用户感受到的噪声明显降低。

6. 节水方面

随着人们的生活水平日益提高，节能环保逐渐成为人们关注的话题，传统排水坐便器水箱冲水量一般在12～13L之间，现在一些地区规定新标准为9L以下。而同层排水坐便器冲水量已实现了6L和4L，并在水箱和冲水阀及控制器上进行了合理的改进。

7. 价格方面

在这一方面，传统排水较同层排水略占优势，传统排水方式技术成熟，材料价格低廉，施工难度小，不需要额外培训。而同层排水技术，由于大部分技术专利由外国公司控制，所以造成价格上比普通排水系统要高100％～150％。

6.3 传统排水系统与同层排水系统降噪性能试验研究

6.3.1 排水管道测试方法研究现状

1. 国外排水管道噪声测试方法

目前，欧洲各国排水管道噪声的测量均采用现行欧标，该标准提出的测试条件、测试装置和方法是：设立两间相邻的试验室体积不小于50m^3，室内高度不小于3±0.5m，试验室宽度不小于3.5m，试验墙由砖、石块和预制混凝土构成，不能使用中空材料；在顶棚和地板上预留安装洞；排水管道由立管、一个试验室外的三通和一个试验室内的三通组成，两个三通的开口都封上，排水管道底部由两个与试验材料相同的45°弯头构成；试验室底板外侧距离立管底端的距离为10～20cm；同时测量空气传声和结构传声。该排水管道噪声测试装置见图6-14。该方法测试装置试验室建设费用较高，底部弯头距离楼板距离太近，水流对弯头的冲击会影响到噪声测试结果。

2. 国内排水管道噪声测试方法

(1) 同济大学声学研究所曾对 PVC-U 螺旋管的排水噪声进行过测试，并同时对普通 PVC-U 排水管的排水噪声进行了对比测试。测试地点为一栋 12 层的学生宿舍楼，排水系统安装在宿舍楼紧靠室外消防楼梯外侧墙壁处，并在每层通往消防楼梯平台上安装抽水坐便器一只，利用坐便器放水产生噪声。测试分四组进行。A 组：第 11 层排水；B 组：第 11、12 层同时排水；C 组：第 9、10、11 层同时排水；D 组：第 8、9、10、11 层同时排水。测试结果见表 6-6。从表 6-6 中可以看出在各种排水条件下 PVC-U 螺旋管的排水噪声均比普通 UPVC 排水管的排水噪声低 5～7dBA。

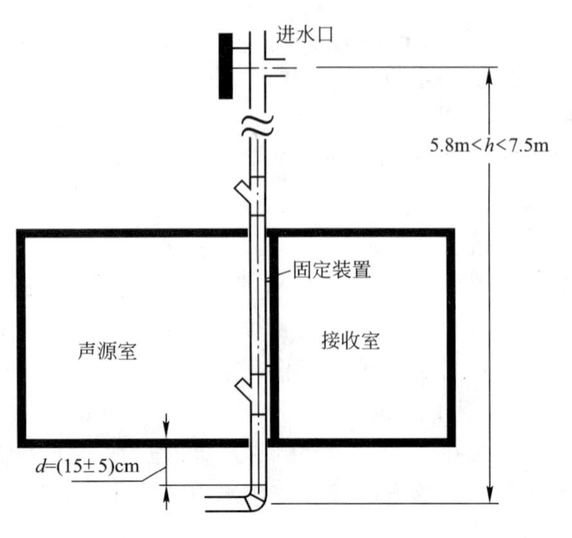

图 6-14　排水管道噪声测试装置

排水管道噪声 A 计权声级(dBA)　　**表 6-6**

排水条件	A组	B组	C组	D组
普通管道噪声(dBA)	60	61	62	64
螺旋管道噪声(dBA)	53	54	57	59

(2) 北京建筑工程学院吴俊奇教授等人进行了排水立管噪声的测定。试验地点是学校噪声检测室，对一个二层单立管排水系统进行测试，室外噪声 56dB(A)，管道噪声检测室内背景噪声 23dB(A)，测定并分析铸铁管、普通 PVC-U 管、空壁 PVC-U 管、空壁螺旋 PVC-U 管，在不同排水工况下的管道噪声。试验表明，U-PVC 管的排水噪声大于铸铁管的排水噪声，二者噪声差值均在 20dB 左右。

6.3.2　排水管道噪声检测室及试验原理

1. 排水管道噪声检测室

排水管道噪声试验在噪声检测室中进行，因此检测室的结构、防噪效果对试验结果均有影响。应尽量避免外界干扰，降低检测室背景噪声，使试验在较理想的环境下进行。

排水管道噪声检测室采用钢框架结构，分为上、下两层，均为测试间。一层检测室设计尺寸为长 3.9m、宽 2.1m、层高 2.4m，二层测试设计尺寸为长 3.9m、宽 2.1m、层高 2.3m，楼板和墙体均采取隔声措施，采用厚为 10cm 的丙烯腈-苯乙烯-丙烯酸酯板(ASA)隔声板。检测室的外墙先粘贴厚为 5cm 的发泡聚氨酯板，其外再粘贴厚为 5cm 泡沫水泥板作为隔声材料。检测室每层均设一门一窗，门的材质采用 1cm 厚的中空玻璃，门窗外侧贴 2cm 厚的发泡聚氨酯板用于隔声。检测室内墙和顶棚铺设 5cm 厚的吸声棉，用细线固定在墙上，用于吸声和隔声作用。检测室一层、二层地面同样也采取隔声减振措施，每层地面由上至下分别铺设 2cm 的橡胶地垫，厚为 5cm 的大芯板和厚为 5cm 的泡沫聚苯板。

检测室各层西南和东南两个墙角处分别留有两个直径160mm的孔洞，用于安装排水管。一根给水管从检测室二层穿过孔洞进入下层，通过变径连接至排水立管，一根给水管不穿越楼板，通过变径直接从二层连入排水立管。穿楼板和窗户的缝隙用发泡剂密封。在检测室一层地下设有集水池，集水池中的水通过水泵供给给水管道，接入检测室二层，分别向两根给水横支管供水。排水立管末端连接排水横干管，将水输送回集水池，循环利用。排水管道噪声检测室外立面照片见图6-15。

图6-15 管道噪声检测室外立面照片

试验分为恒流量法和变流量法，每种方法包含两个方案。

恒流量法：

恒流量法分为传统排水方式和同层排水方式两种试验方案，方案一为传统排水方式，管道布置为横支管一，方案二为同层排水方式，管道布置为横支管二，平面图见图6-16，系统图见图6-17。

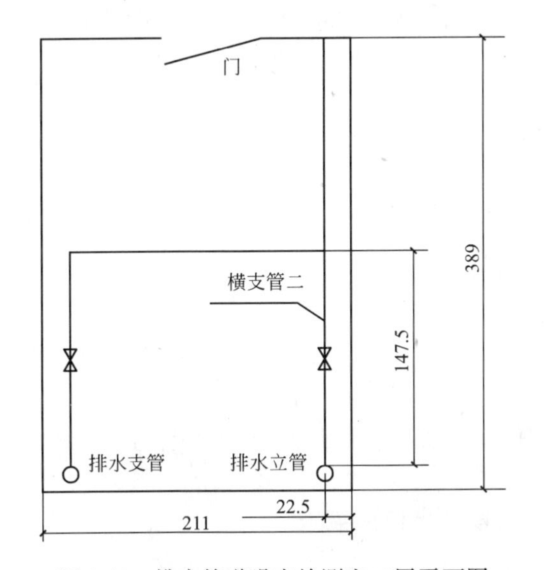

图6-16 排水管道噪声检测室二层平面图

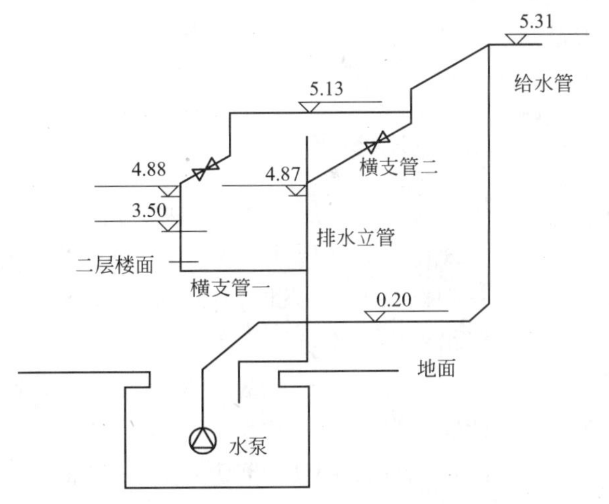

图6-17 排水管道噪声检测室系统图

变流量法：

变流量法分为传统排水方式＋卫生器具和同层排水方式＋卫生器具两种试验方案，方案一为传统排水方式＋卫生器具，管道布置为横支管一，方案二为同层排水方式＋卫生器具，管道布置为横支管二，平面图见图6-18，系统图见图6-19。

2. 试验原理

传统排水即排水横支管穿越楼板，进入下层后再接入排水立管。同层排水，顾名思义，就是指排水横支管不穿越楼板，在本层直接连入排水立管。检测室中一根给水管穿越楼板后，通过变径连入排水立管，模拟了传统排水方式；另一根给水管不穿越楼板，通过

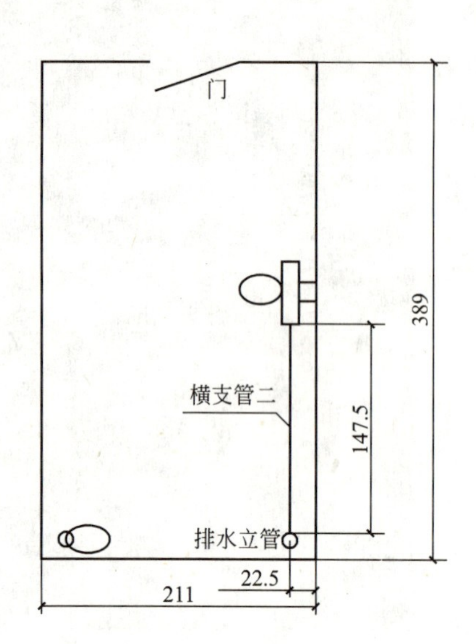

图6-18　排水管道噪声检测室二层平面图

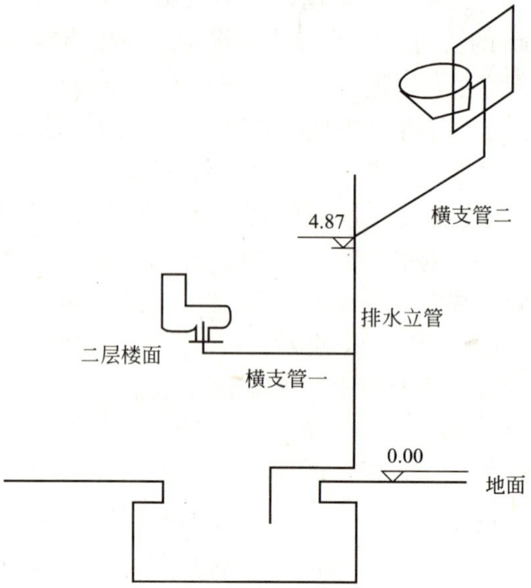

横支管二
4.87
排水立管
二层楼面
横支管一
0.00
地面

图 6-19　排水管道噪声检测室管道系统图

变径直接连到排水立管，模拟了同层排水方式。两个阀门分别控制两个排水系统的开关。试验测试恒流量情况下的噪声值、振动值和变流量情况下的噪声值，比较大小并分析。恒流量法通过变频泵调节给水管的不同流量。变流量法在管路中连入卫生器具，通过向水箱中注入不同容积的水，调节排水量。

6.3.3　测试装置

(1) 传统排水和同层排水管道系统(安装在检测室内)；

(2) 传统排水和同层排水卫生器具(安装在检测室内)；

(3) 三脚架一个(用以调整测量高度)；

(4) 双路稳压稳流电源一台；

(5) 日本理音 NL-22 精密声级计一台(图 6-21)，量程 20～130dB，频率范围在 10～20kHz。计权网络采用 A 声级；

(6) PORTAFLOWTM300 流量计(图 6-20)，流量计量单位采用“L/s”；

图 6-20　PORTAFLOWTM300 流量计

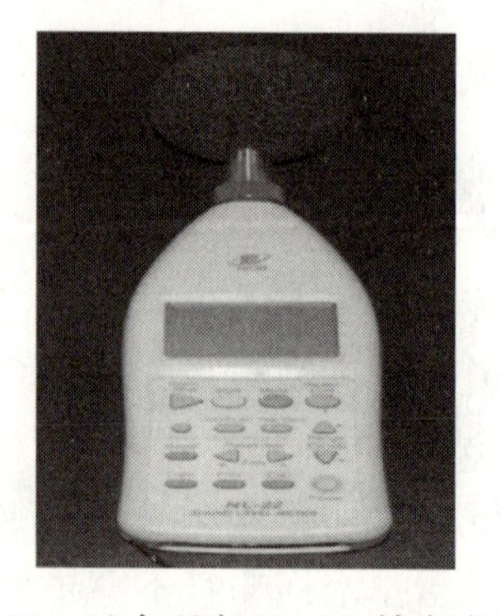

图 6-21　日本理音 NL-22 精密声级计

(7) 变频器一台，用于调节流量；

(8) 振动测量采用 VA-11 型振动分析仪；

(9) 笔记本电脑一台用以安装数据采集卡。

6.3.4 试验方法

1. 恒流量法

(1) 将声级器用三脚架固定在检测室一层房间中，距地面 1.2m，距被测立管 1m。测一层检测室背景噪声。

(2) 启动给水横支管上的阀门。

(3) 将声级器探头指向被测管道，通过变频泵调整给水流量，分别为 1L/s、1.5L/s、2L/s、2.5L/s、3L/s、3.5L/s、4L/s、4.5L/s、5L/s。记录不同流量下排水管道的噪声平均值大小。

(4) 测试距地面 1.2m 处，不同流量下排水立管的振动值。

2. 变流量法

(1) 将卫生器具连接到排水系统中。

(2) 将声级器用三脚架固定在检测室一层房间中，距地面 1.2m，距被测立管 1m。测一层检测室背景噪声。

(3) 向卫生器具水箱中注水，水量分别为 6L、4.5L。

(4) 使卫生器具排水，记录噪声最大值。

6.4 试验数据分析

6.4.1 噪声分析方法

为了更好地了解同层排水降噪性能，有必要对排水噪声进行测试和频谱分析，以便更好地了解声学特性，分析降噪性能。为了解同层和传统两种排水方式的差异，并分析比较，也应对传统排水方式的噪声进行测试和频谱分析。因此采用恒流量和变流量两种工况，分别比较传统排水和同层排水的噪声大小。具体分析方法如下。

计权声级一般有 A、B、C 三种，它们是分别用设置有计权网络“A”、“B”、“C”的声学测量仪测得的噪声值，记做 dB(A)、dB(B)、dB(C)。A 计权网络是模拟人耳 40phon 等响曲线设计的，使接受的声音通过时，对于人耳不敏感的低频声有较大的衰减，中频衰减次之，高频不衰减。B 网络是按 70phon 等响曲线设计的，仅在低频段有一定衰减。C 网络则仿效 100phon 等响曲线，在整个可听频率范围内几乎无衰减。在以上三种计权声级中，A 声级最能反映出人耳的听觉特性，目前使用广泛。本文计权网络即采用 A 声级。

噪声按声音的频率可分为：小于 400Hz 的低频噪声、400～1000Hz 的中频噪声、高于 1000Hz 的高频噪声。根据倍频程分析叠加可以得到低、中、高频的声压级(L_{pi})以及噪声的总声压级(L_p)，进而得出各自的声压(p)，然后利用声能量(ΔE)与声压(p)平方成正比的关系，得出各频段能量在噪声总能量中所占的比例。以计算低频段能量在噪声总能量中的比例为例，过程如下：

$$L_P = 10\lg(10^{0.1\times L_{12.5Hz}} + 10^{0.1\times L_{16Hz}} + \cdots + 10^{0.1\times L_{16000Hz}}) \quad (6\text{-}1)$$

式中 L_p——声压级(dB)；

L_{iHz}——i 频率的声压级，i=12.5、16、…、16000。

声压级定义为：

$$L_P = 20\lg\frac{p}{p_0} \quad (6\text{-}2)$$

式中 L_p——声压级(dB)；

p——声压(Pa)；

p_0——基准声压，$P_0 = 2\times10^{-5}$Pa。

由式(6-2)可以得到 $p = p_0\times10^{0.05L_P}$。

声能量可以由下式表示：

$$\Delta E = \frac{1}{2}V_0\frac{p^2}{\rho_0 c^2} \quad (6\text{-}3)$$

式中 ΔE——声能量(J)；

V_0——声场体积元静态体积(m^3)；

p——声压(Pa)；

ρ_0——声场体积元密度(kg/m^3)；

c——声速(m/s)。

由式(6-3)可以得到：

$$\frac{\Delta E_{低频}}{\Delta E_{总}} = \frac{p_{低频}^2}{p_{总}^2}$$

其中小于 400Hz 的低频段声压级可由式(6-1)得：

$$L_{低频} = 10\lg(10^{0.1\times L_{12.5Hz}} + 10^{0.1\times L_{16Hz}} + \cdots + 10^{0.1\times L_{315Hz}})$$

中频段和高频段的能量百分比可以类推得到。

6.4.2 恒流量法传统排水和同层排水噪声比较

实验选用标准 U-PVC 塑料管道，给水管直径 75mm，排水管直径 110mm，管壁厚 3.69mm，密度 1.66g/cm³。1.0L/s、2.0L/s、3.0L/s、4.0L/s、5.0L/s 五个流量的排水噪声各频带声压级见附表 1-1～附表 1-2；排水噪声频谱见图 6-22～图 6-26；排水噪声各频段能量百分比见表 6-7。1.0L/s、1.5L/s、2.0L/s、2.5L/s、3.0L/s、3.5L/s、4.0L/s、4.5L/s、5.0L/s、5.5L/s 十个流量的排水 A 声级及振动加速度见附表 1-3；噪声和流量关系图见图 6-27～图 6-29。振动和流量关系图见图 6-30。

1. 传统排水方式与同层排水方式噪声频谱分析

根据式(6-1)～式(6-3)可分别算出低频段、中频段、高频段能量在噪声总能量中所占比例，见表 6-7。

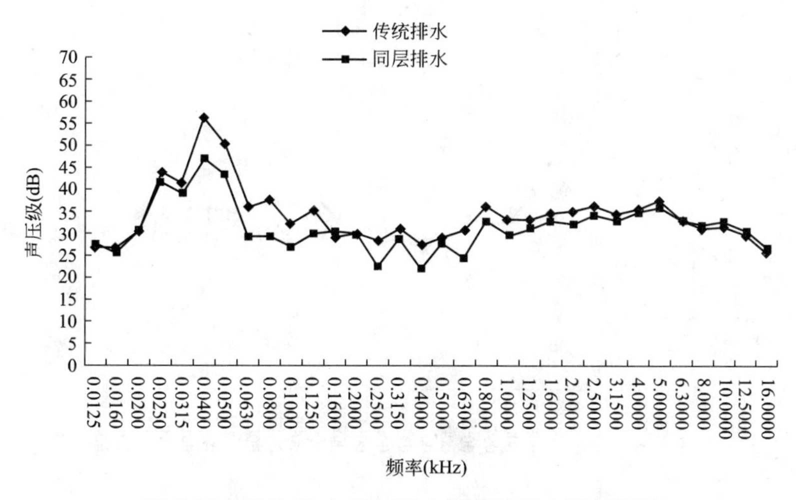

图 6-22　流量 1L/s 同层排水和传统排水噪声频谱

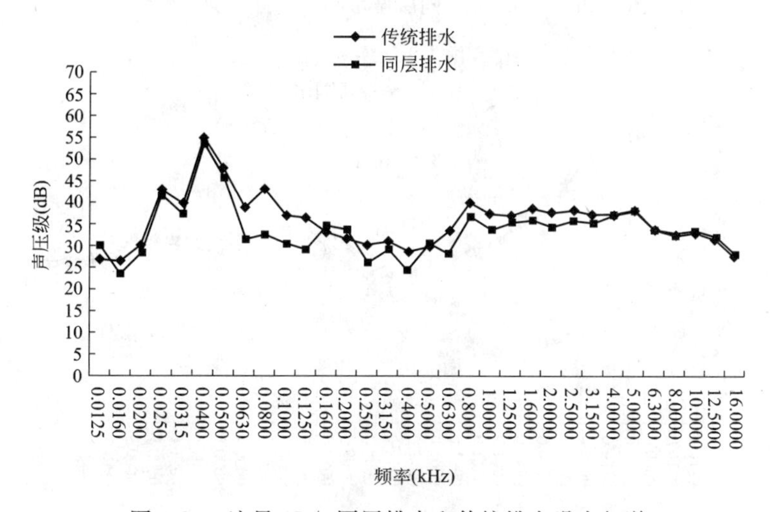

图 6-23　流量 2L/s 同层排水和传统排水噪声频谱

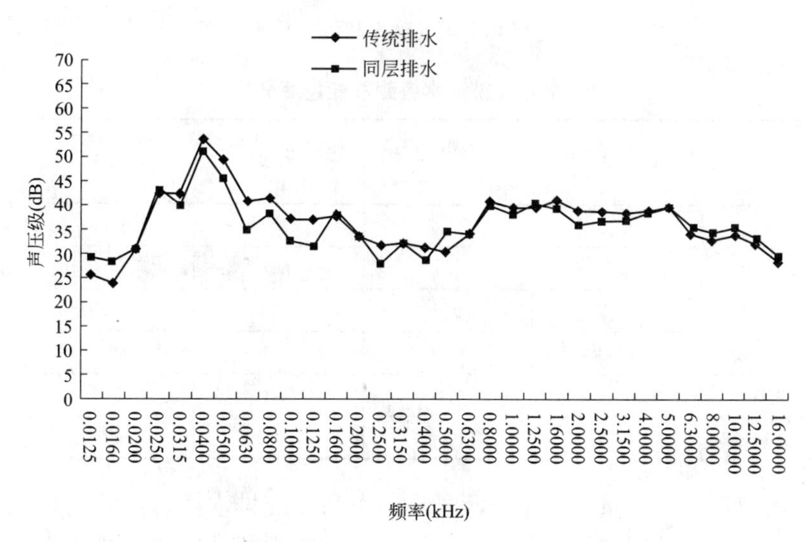

图 6-24　流量 3L/s 同层排水和传统排水噪声频谱

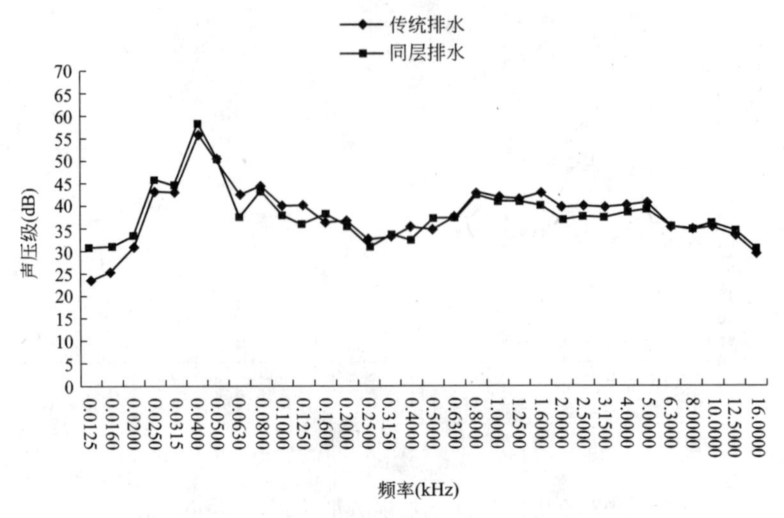

图 6-25　流量 4L/s 同层排水和传统排水噪声频谱

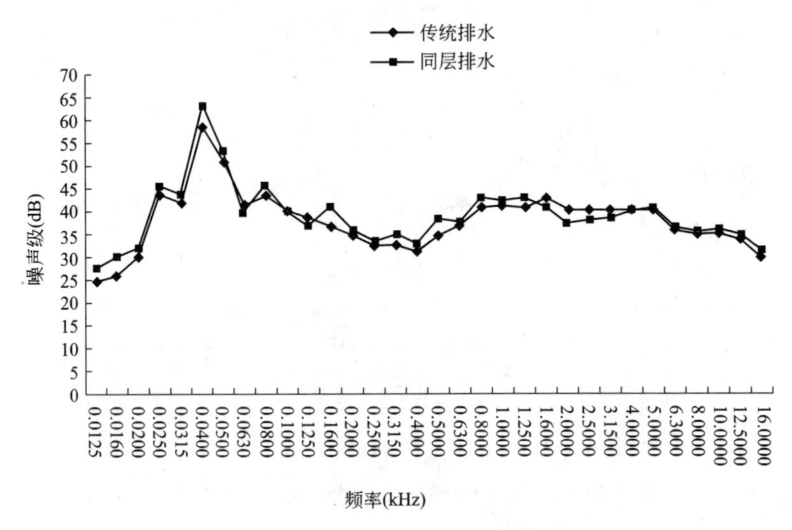

图 6-26　流量 5L/s 同层排水和传统排水噪声频谱

同层排水和传统排水各频段能量百分比(%)　　**表 6-7**

形式	频率段 \ 流量(L/s)	1.0	2.0	3.0	4.0	5.0
同层排水	低频段	93.4	86.7	81.8	83.3	88.6
	中频段	1.5	3.7	4.9	5.4	3.0
	高频段	5.1	9.6	13.3	11.3	8.4
传统排水	低频段	79.4	86.6	73.9	89.6	94.7
	中频段	2.9	2.6	7.1	3.9	1.9
	高频段	17.7	10.8	19.0	6.5	3.4

由表 6-7 可以看出：流量 1～5L/s，同层排水和传统排水两种方式的低频段能量占总能量的比例分别为 88.6%～93.4%和 79.4%～94.7%。可见，两种排水方式均表现出明

显的低频特性，同时，高频段能量百分比均大于中频段能量百分比。低频噪声的声学特性与中频段和高频噪声的声学特性有所不同，高频噪声随着距离越远或遭遇障碍物，能迅速衰减，如高频噪声的点声源，每10m距离就能下降6dB。中频段噪声衰减速度次之。而低频噪声却递减得很慢，声波又较长，能轻易穿越障碍物，长距离传播和穿墙透壁直入人耳。低频噪声在排水管道中传播时衰减较少，中高频噪声在排水管道中衰减较多，因而出现了表中所呈现的数据，总能量中主要以低频段能量为主。

本文计权网络即采用A声级，因此测出的低频段能量百分比和中频段能量百分比均小于实际情况，高频段能量百分比接近实际情况。低频段噪声能量远高于中高频段噪声能量，所以采用A级声计权方法导致衰减后的能量百分比仍大于二者，中频段噪声传播时的能量衰减虽小于高频段噪声衰减，但采用A级声计权法导致的衰减度大于高频段能量衰减度，这也是高频段能量百分比低于低频段能量百分比，而高于中频段能量百分比的原因。

由图6-22～图6-26可以看出，二者频谱曲线基本拟合，同层排水和传统排水声压级的峰值均出现在40Hz处，峰值过后，声压级呈下降趋势，至400Hz出现小拐点，声压级呈微小上升趋势，至800Hz，声压级趋于平缓，几乎无上升或下降趋势。这个由下降趋势转为上升趋势的拐点和曲线趋于平缓的起始点基本上是低、中、高频段的划分点。

2. 传统排水方式和同层排水方式的噪声值和流量值分析

由图6-27～图6-29可以看出，排水噪声值随流量值上升而增大，1～4.5L/s范围内，噪声随流量上升而增大的幅度较大；4.5～5.5L/s同层排水方式噪声随流量上升而增大的幅度相对较小。建筑内部排水管道中的水流按非满流设计，是水、气、固三相流的复杂运动。立管中水流状态因排水量的不同而不同。排水系统水流状态的复杂性决定了排水管道噪声也具有复杂性。当排水流量较小时，排水立管内部水气混合不明显，立管中心形成上下贯通的空气柱，管内气压稳定，尚不存在水气之间、水体之间的剧烈碰撞，所以排水噪声较小。当排水流量加大时，水流下落过程中形成有一定厚度的带有横向隔膜的附壁环状水膜流，横向隔膜阻断了立管内气体的贯通，形成水气混合状态，立管内气体难以及时排出，延迟了部分水流下落的速度，从而产生先后水滴的撞击以及水流冲击气体产生噪声，因而管内排水噪声增大。当排水量继续增大时，排水管内充水率也相继增大，横向隔膜厚度有所增加，导致排水噪声加大。因此，排水噪声值随流量值上升而增大。

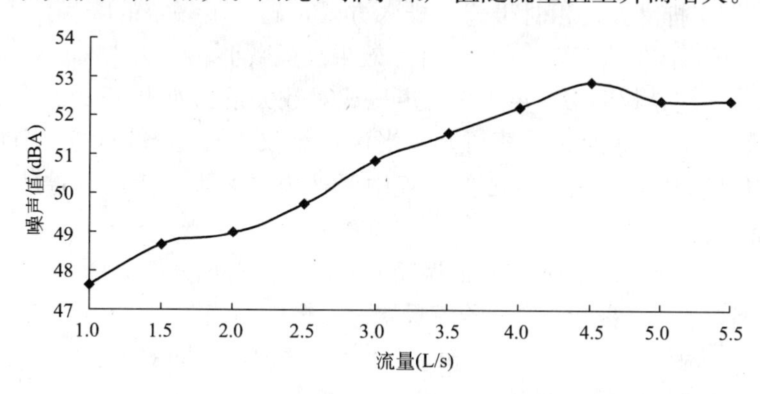

图6-27 传统排水方式噪声和流量关系图

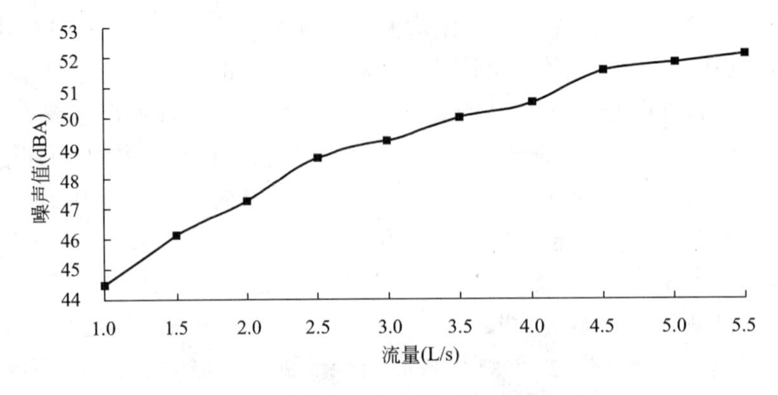

图 6-28 同层排水方式噪声和流量关系图

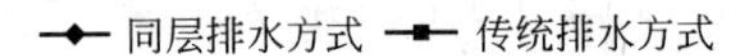

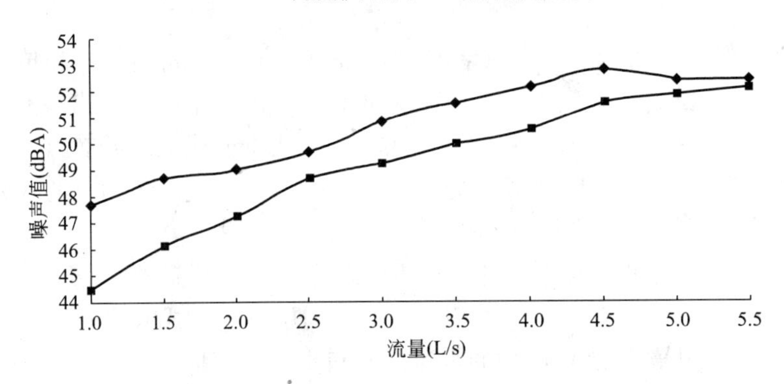

图 6-29 不同排水方式噪声和流量关系的对比图

当流量为 2.8L/s 时，传统排水噪声值上升趋势(斜率为 1.33)小于同层排水噪声值上升趋势(斜率为 1.53)。这与流量与振动关系图 6-30 中所显示的流量为 2.8L/s 时，传统排水振动值上升趋势减小，同层排水振动值上升趋势增大相一致。可见，振动也是引起噪声的主要因素。

由图 6-29 可以看出，同层排水噪声低于传统排水噪声 0.3～2.2dB。其中，排水流量为 1L/s 时，噪声差值最大，相差 2.2dB；排水流量为 5.5L/s 时，噪声差值最小，相差 0.3dB。可见，同层排水方式相对于传统排水方式，起到了一定的降噪效果。小流量时，降噪效果更加明显，流量大于 5L/s 时，降噪效果已很微小。

本文采用 A 声级计权网络，声压级与声压成对数关系，如式(6-2)。声能量与声压的平方成正比，如式(6-3)。通过计算可知，当声压级仅上升 3dB 时，声压就可上升 1000 倍，则声能量上升 10^6 倍。因此，虽然试验中两种排水方式的声压级差值不大，最大仅 2.2dB，但声能量已相差很大。

3. 传统排水方式和同层排水方式的振动值和流量值对比分析

由图 6-30 可以看出，振动值有随着流量增加而增大的趋势，这一点与噪声随着流量增加而增大相吻合。两者在 2.8L/s 和 4.5L/s 时出现振动值相同的点。2.8L/s 前和 4.5L/s 后，传统排水振动值大于同层排水振动值。当流量为 2.8L/s 时，传统排水振动值上升趋势减小，同层排水振动值上升趋势增大。这与流量与噪声关系图 6-29 中所显示的流量为

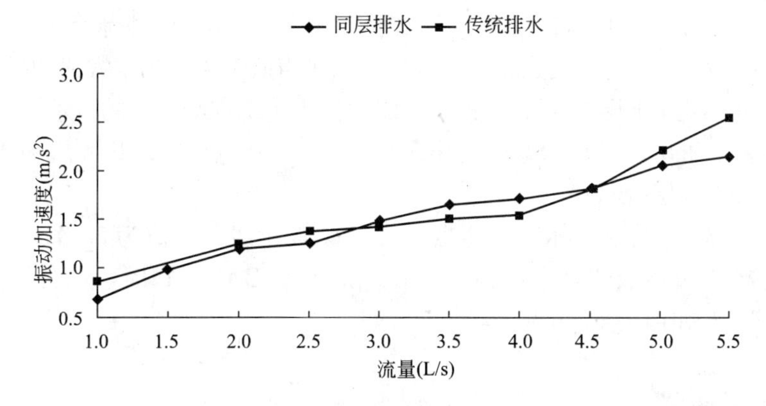

图 6-30 不同排水方式振动和流量关系的对比图

2.8L/s 时，传统排水噪声值上升趋势小于同层排水噪声值上升趋势相一致。由此推断出振动是产生噪声的主要因素。

6.4.3 变流量下传统排水和同层排水噪声比较

实验采用传统排水卫生器具和同层排水卫生器具，容积均为 9L，目前国内常用卫生器具容积大多为 4.5L 和 6.0L。分别向水箱中注入 4.5L 和 6L 的水，排水 A 声级见附表 1-4，噪声和流量关系见图 6-31。

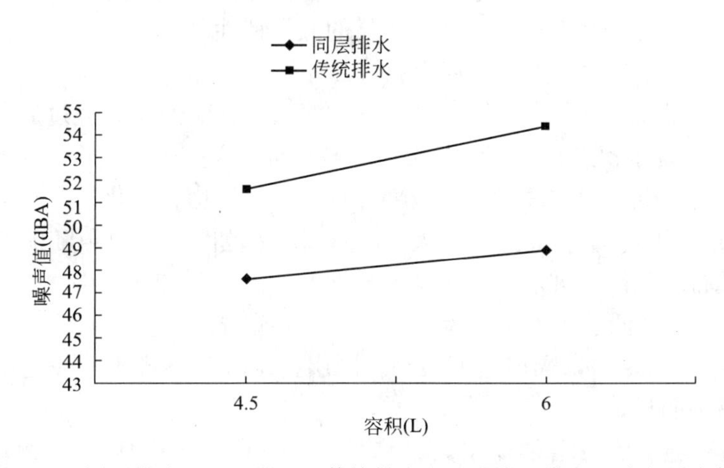

图 6-31 同层排水＋卫生器具和传统排水＋卫生器具排水 A 声级最大值

由图 6-31 可以看出，同层排水＋卫生器具的排水 A 声级最大值高于传统排水＋卫生器具的 A 声级最大值，差值在 4.1～5.5dB 之间。主要原因与排水方式和卫生器具本身结构有关。同层排水横支管在本层连入排水立管，传统排水横支管穿越楼板，进入下层，因此本层排水时对下层产生的噪声会相对较大。传统排水方式＋卫生器具排水噪声随排水量增大而上升的趋势较同层排水方式＋卫生器具排水噪声随排水量增大而上升的趋势快。

6.4.4 本章小结

(1) 同层排水和传统排水两种方式的低频段能量百分比分别为 88.6%～93.4%和

79.4%～94.7%。1～4.5L/s 范围内，传统排水和同层排水的排水噪声分别上升 5.2～6.1dB。排水流量为 1L/s 时，同层排水方式的排水噪声低于传统排水方式的排水噪声 2.2dB，排水流量为 5.5L/s 时，同层排水方式的排水噪声低于传统排水方式的排水噪声 0.3dB。

（2）振动值在 2.8L/s 和 4.5L/s 时出现振动值相同的点。2.8L/s 前和 4.5L/s 后，传统排水振动值大于同层排水振动值。

（3）4.5L 和 6L 时传统排水＋卫生器具的排水 A 声级最大值为 51.7dB 和 54.4dB，同层排水＋卫生器具 A 声级的最大值为 47.6dB 和 48.9dB。4.5L 时，两种排水方式噪声差值为 4.1dB，6L 时差值为 5.5dB。

6.5 结论与建议

6.5.1 结论

本文以传统排水和同层排水两种排水方式的排水噪声为研究对象，比较分析同层排水技术的降噪性能。在排水管道布置形式和噪声综合评价方面展开研究，对传统排水方式和同层排水方式的排水噪声进行测试和分析，归纳出以下结论：

恒流量法：

（1）同层排水和传统排水两种方式的低频段能量百分比分别为 88.6%～93.4%和 79.4%～94.7%。两种排水方式均表现出明显的低频特性。

（2）高频段能量百分比均大于中频段能量百分比。

（3）同层排水和传统排水声压级的峰值均出现在 40Hz 处，峰值过后，声压级呈下降趋势，至 400Hz 出现小拐点，声压级呈微小上升趋势，至 800Hz，声压级趋于平缓，几乎无上升或下降趋势。低、中、高噪声频段划分点的声压级均有变化。

（4）排水噪声值随流量值上升而增大，1～4.5L/s 范围内，噪声随流量上升而增大的幅度较大，传统排水和同层排水的排水噪声分别上升 5.2dB 和 6.1dB。

（5）同层排水噪声低于传统排水噪声 0.3～2.2dB。排水流量为 1L/s 时，噪声差值最大；排水流量为 5.5L/s 时，噪声差值最小。同层排水较传统排水有一定降噪效果，小流量时降噪效果更为明显。

（6）振动值有随着流量增加而增大的趋势，这一点与噪声随着流量增加而增大相吻合，两者在 2.8L/s 和 4.5L/s 时出现共振点。2.8L/s 前和 4.5L/s 后，传统排水振动值大于同层排水振动值。

（7）当流量为 2.8L/s 时，传统排水振动值上升趋势减小，同层排水振动值上升趋势增大。这与流量与噪声关系图 6-29 中所显示的流量为 2.8L/s 时，传统排水噪声值上升趋势(斜率为 1.33)小于同层排水噪声值上升趋势(斜率为 1.53)相一致。可见，振动是引起噪声的主要因素。

变流量法：

（1）由图 6-31 可以看出，4.5L 和 6L 时传统排水＋卫生器具的排水 A 声级最大值为 51.7dB 和 54.4dB，高于同层排水＋卫生器具 A 声级的最大值 47.6dB 和 48.9dB。

（2）传统排水方式＋卫生器具的排水噪声随排水量增大而上升的趋势较同层排水方

式+卫生器具的排水噪声随排水量增大而上升的趋势快。4.5L 时差值为 4.1dB，6L 时差值为 5.5dB。

6.5.2 建议

课题可在以下几方面进行更深入的讨论：

(1) 本文采用变流量法测试传统排水方式与同层排水方式的排水噪声时，选用的卫生器具是坐便器。由于同层排水逐渐成为建筑排水主要敷设方式，同层排水卫生器具也将被广泛应用，因此为了更好地了解同层排水技术降噪性能，建议采用变流量法对其他同层排水卫生器具的排水噪声进行测试研究。

(2) 管件连接处噪声也是排水噪声的主要来源，目前研制出很多同层排水系统专用管件，建议对管件连接处噪声进行测试研究。

附录 1 试验数据表

传统排水方式排水噪声的各频段声压级(单位：dB) **附表 1-1**

频率(kHz) \ 流量(L/s)	1.0	2.0	3.0	4.0	5.0
0.0125	26.9	26.9	25.8	23.4	24.7
0.0160	26.5	26.4	24.1	25.3	26.1
0.0200	30.3	30.2	31.2	30.8	30.1
0.0250	43.6	42.7	43.1	43.5	43.8
0.0315	41.1	39.8	42.6	43.2	41.7
0.0400	56.0	54.9	54.1	56.5	59.0
0.0500	50.0	47.9	49.6	50.9	51.2
0.0630	35.9	38.8	40.9	42.3	41.5
0.0800	37.9	43.3	41.6	44.5	43.7
0.1000	32.2	36.8	37.1	40.3	40.0
0.1250	35.2	36.6	37.3	40.3	38.5
0.1600	29.4	33.1	37.8	36.5	36.9
0.2000	30.3	31.7	33.7	36.3	34.6
0.2500	28.4	30.2	31.8	32.6	32.5
0.3150	30.7	30.9	32.1	33.3	32.5
0.4000	27.3	28.9	31.4	34.9	30.9
0.5000	28.7	30.1	30.5	34.8	34.4
0.6300	31.0	33.8	34.1	37.4	37.1
0.8000	36.1	39.9	40.9	42.8	41.1
1.0000	33.2	37.2	39.6	41.5	41.3
1.2500	33.1	36.7	39.7	41.4	40.9

续表

流量(L/s) 频率(kHz)	1.0	2.0	3.0	4.0	5.0
1.6000	34.8	38.8	41.1	42.6	42.4
2.0000	35.3	37.7	38.8	39.7	40.3
2.5000	36.3	38.0	38.8	40.0	40.3
3.1500	34.4	37.2	38.6	39.7	40.4
4.0000	35.6	37.2	38.9	39.9	40.5
5.0000	37.1	38.3	39.4	40.5	40.4
6.3000	32.8	33.3	34.5	35.4	36.2
8.0000	31.2	32.3	33.3	34.5	34.9
10.000	31.6	33.1	34.1	35.4	35.3
12.500	29.7	31.4	32.4	33.6	33.8
16.000	26.1	27.6	28.3	29.5	29.8
L_A	47.7	49.0	50.9	52.2	52.4

同层排水方式排水噪声的各频段声压级(单位：dB) **附表 1-2**

流量(L/s) 频率(kHz)	1.0	2.0	3.0	4.0	5.0
0.0125	27.9	29.8	29.2	30.8	28.0
0.0160	25.8	23.4	28.2	30.7	30.1
0.0200	30.6	28.7	31.6	33.3	32.0
0.0250	42.0	41.8	44.0	45.9	45.7
0.0315	39.6	37.3	40.1	44.6	44.0
0.0400	47.0	53.7	51.5	58.6	63.4
0.0500	43.5	46.0	45.6	50.5	53.4
0.0630	29.6	31.2	34.8	38.3	40.0
0.0800	29.5	32.9	38.1	43.5	45.1
0.1000	26.8	30.4	32.5	37.8	39.9
0.1250	29.9	29.1	31.8	35.8	36.9
0.1600	30.5	35.0	38.8	38.5	41.2
0.2000	30.1	33.7	34.2	35.4	36.3
0.2500	22.8	26.0	28.1	30.8	33.0
0.3150	28.7	29.6	32.1	33.7	34.9
0.4000	22.3	24.5	28.7	32.1	33.1
0.5000	28.2	30.8	34.8	37.6	38.8
0.6300	24.6	28.2	33.7	36.6	38.0
0.8000	32.8	36.9	40.1	42.5	42.9
1.0000	29.6	33.7	38.3	40.9	42.3

续表

频率(kHz) \ 流量(L/s)	1.0	2.0	3.0	4.0	5.0
1.2500	31.3	35.4	40.2	41.0	42.9
1.6000	32.7	35.8	39.4	40.1	41.0
2.0000	31.9	34.4	36.2	37.0	37.7
2.5000	34.2	36.0	36.9	37.4	38.3
3.1500	33.1	35.5	36.9	37.4	38.6
4.0000	34.9	37.3	38.5	38.9	40.1
5.0000	36.1	38.1	39.5	39.6	40.6
6.3000	33.0	33.8	35.4	35.6	36.4
8.0000	31.8	32.9	34.5	34.8	35.7
10.000	32.7	33.6	35.4	35.9	36.3
12.500	30.5	32	33.6	34.2	34.8
16.000	26.8	28.3	29.9	30.4	31.2
L_A	44.5	47.3	49.3	50.5	51.9

同层排水和传统排水 A 声级及同层排水和传统排水振动加速度(单位：dB 及 m/s^2)　**附表 1-3**

流量(L/s) \ 排水方式	噪声值		振动值	
	传统排水方式	同层排水方式	传统排水方式	同层排水方式
1.0	47.7	44.5	0.85	0.69
1.5	48.7	46.2	1.05	0.97
2.0	49.0	47.3	1.25	1.19
2.5	49.7	48.7	1.37	1.26
3.0	50.9	49.3	1.41	1.48
3.5	51.6	50.0	1.51	1.65
4.0	52.2	50.5	1.52	1.7
4.5	52.9	51.6	1.79	1.81
5.0	52.4	51.9	2.19	2.05
5.5	52.4	52.1	2.54	2.13

同层排水＋卫生器具和传统排水＋卫生器具排水 A 声级(单位：dB)　**附表 1-4**

流量(L/s) \ 排水方式	同层排水＋卫生器具	传统排水＋卫生器具
4.5	47.6	51.7
6.0	48.9	54.4

参考文献

[1] 徐连. 浅谈噪声污染及危害. 2007.

[2] 史瑜．浅谈城区道路交通噪声污染危害及控制方法．2006.
[3] 周善华．噪声的危害与控制．职业卫生．2007.
[4] 崔力争．噪声对人体的影响不容忽视．中国个体防护装备，2005，4.
[5] Organization for Economic Co-operation and Development. Roadside Noise Abatement. France：OECD. 1995.
[6] Probst，Wolfqang. Calculation and Assessment of Traffic Noise Exposure. S V sound and Vibration，2000，34(7)：16-20.
[7] Lam Kin Che. Urban noise surveys. Applied Acoustics，1978，20：23-39.
[8] http：//news. sina. com. cn/c/2003-07-1/0207295561s. shtml
[9] 中华人民共和国城市区域环境噪声标准.
[10] 马大猷．噪声的危害和标准.
[11] 刘国勇，曹向华，王德民，付昆明．室内排水噪声的分析与控制探讨．能源研究与信息，2006，22(3)：141-143.
[12] 住宅设计规范 GB 50096—1999(2003 年版).
[13] 周新祥．噪声控制及应用实例．北京：海洋出版社，1999.
[14] 潘仲麟，翟国庆．噪声控制技术．北京：化学工业出版社，2006.
[15] 曹孝振，曹勤，姚安子．建筑中的噪声控制．北京：国防工业出版社，2005.
[16] 张林．噪声及其控制．哈尔滨：哈尔滨工程大学出版社，2001.
[17] 王颂，刘英奇．室内给水排水噪声的产生与控制．工程建设与设计，2001，6.
[18] 徐志通，陈景山，吕震．硬聚氯乙烯螺旋单立管排水系统的技术特性与设计方法．暖通给水排水，2000，2：57-63.
[19] 邓晓丽．同层排水技术的发展与未来．黑龙江水利科技，2008，1.
[20] 中国工程建设协会标准.
[21] 姜文源，从苏维脱到速微特.
[22] 夏欣欣，夏向荣．同层排水接入器简介.
[23] 张学伟．建筑给水排水噪声的分析与控制．山西建筑，2004，30(17)：30-33.
[24] 马绍波，沈际．同层排水的利与弊.
[25] 韩瑞华．谈卫生设备同层排水系统现状及发展趋势．陕西建筑，2007，145.
[26] 周河宣，张敏龙．同层排水在卫生间的应用．管道纵横.
[27] 余忠兴，余红健．不降板的同层排水系统设计．建筑给水排水.
[28] 汪宏，沈致和，饶德田．同层排水技术.
[29] 于红．同层排水的优势．建筑行业专版.
[30] 陈栋．同层排水技术难题的解决．管道纵横.
[31] unit7 above ground discharge systems
[32] 汪宏，沈致和，饶德田．同层排水技术．2007.
[33] 孟锦根，刘晓波．同层排水和异层排水．工程技术.
[34] 叶方．同层排水技术在实践应用中的几点讨论．福建建设，2007，5.
[35] EN 14366：2004 Laboratory measurement of noise from waste water installations
[36] 钟军文．UPVC 螺旋管在排水系统中的应用．住宅科技，2002，9：34-36.
[37] 吴俊奇，滕华，杜燕军，刘琦．排水立管噪声的测定和分析．北京建筑工程学院学报，2002，18(2)：9-12.

7　我国南、北方城市雨水利用不同特点的比较研究

唐宁远（给水排水与环境工程，2006届）

指导老师：车伍

简　介

本文根据多年气象资料，分析了南、北方地区城市的降雨量、暴雨强度、蒸发量的特点。根据这些特点，着重研究了南、北方地区城市在雨洪控制设施调节池、雨水间接利用措施—渗透设施、雨水的综合利用设施—水景观的不同特点，并对南、北方城市雨水利用提出了一定的建议。

7.1 概述

7.1.1 课题概要

我国的城市雨水利用发展较晚。城市水源几乎是全部来自于地下水、地表水，因此不重视对城市雨水资源的收集利用，并将其视为危害城市安全的祸患，尽可能地排走，这样造成了宝贵的雨水资源大量流失。随着城市化进程的加快和经济的高速发展，水资源不足的矛盾和城市生态问题在我国许多地区愈显突出，近年来，很多地方都不同程度地出现水荒，全国600多城市中就有400多城市缺水或严重缺水。

1983年以来，世界上召开了12届国际雨水收集系统会议，掀起了世界各国利用雨水的热潮，40多个国家和地区开展了不同规模的雨洪利用研究，其中美国、日本和德国雨洪利用的起步较早，也比较完善。这些国家的成功经验和成熟的技术为本文的研究提供了一定的技术支持。

自20世纪80年代末以来，我国北方有的地区已经实施了一系列的雨水利用工程，取得了良好的经济效益、社会效益和生态效益。近年来，北京城市雨水利用研究已取得了很多成果，建成了一系列的雨水利用工程。其他许多城市也开始重视并积极开展雨洪利用的规划设计和实施。这些是本文写作的重要技术基础。

我国幅员广大，各地的自然、环境等条件相差很大，如何科学合理、因地制宜地开展城市雨洪控制与利用，推广适用技术，使雨水利用工程具有较高的投入产出比和持续性是一个重要的课题。

本文将以北京雨水利用多年的研究为基础，选择南、北方有代表性的城市，对南、北方城市雨水利用的主要特点进行比较研究，同时，借鉴发达国家一些新的观念和经验，为我国更科学、合理地开展城市雨洪的控制与利用提供理论依据和技术支持。

7.1.2 典型城市的选择

南、北方地域的划分说明：

在本文中，南、北区域的界限是以长江为界，长江以南为南方区域，长江以北为北方区域。本文以下述十个城市作为代表南、北方城市雨水利用不同特点的研究对象，其中北方地区城市五个，南方地区城市五个，对这些南、北方地区典型城市雨水利用特点的研究起到以点带面的辐射作用，能在一定程度上反映南、北方地区城市雨水利用的基本特点。

北方典型城市

东北地区—沈阳　　华北地区—北京　　山东半岛地区—济南

华中地区—合肥　　西北地区—西安

南方典型城市

长江三角洲地区—上海　　西南地区—成都　　中南地区—长沙

东南地区—福州　　华南地区—广州

7.1.3 气象资料和城市雨水利用的联系

城市雨水利用是指在城市范围内，对汇水面积内的径流雨水采取各种措施或方式进行直接、间接或综合利用，这样既改善了城市水环境和生态环境，又降低了城市防洪、防涝的压力。

气象资料是被研究地区的降雨量、蒸发量、一定重现期和降雨历时的暴雨强度、一定重现期下 24h 的最大降雨量等资料的集合。

雨水利用的对象是雨水，采取何种方式或措施利用它，是要根据所研究地区气象资料的特点做出不断的调整和改进的。降雨是随机性的，一场雨的雨量、发生的频率，全年降雨总量的月份分布等，这些都是多年统计的结果。它们的变化都直接影响到雨水利用设施的设计规模和雨水利用技术的使用等。

7.1.4 论文的内容和结构简介

本文在结构上，首先整理搜集的各个典型城市的降雨资料，并对这些资料的数据进行处理分析，得出南、北方城市降雨的特点，并对其对城市雨水利用的影响做出说明。在此基础上，结合雨水利用对资料的需要，将对这些资料的搜集、整理、分析的必要性进行简单地阐述，接着简单地对雨水利用进行概述。在此之后，对雨水的防洪、雨水的间接利用—渗透、雨水的综合利用—水景观这些雨水利用设施的一些具体内容，结合上面已经整理出的气象资料，进行分析研究，找出南、北方城市雨水利用的不同特点，结合南、北方城市的实际，提出一点建议。本文的结构关系图如图 7-1 所示。

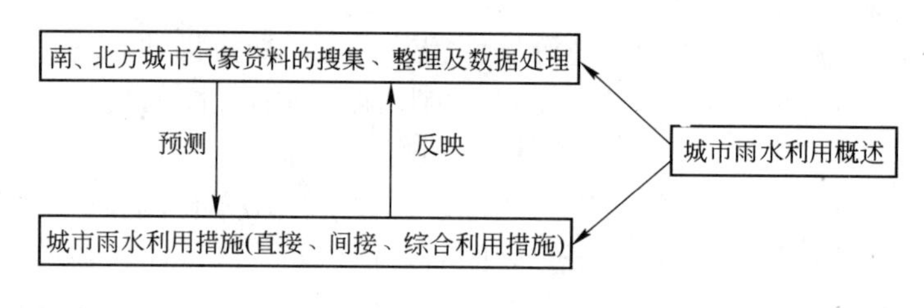

图 7-1　本文结构关系图

7.2 南、北方城市多年降雨不均匀性的研究

根据南、北方典型城市降雨的多年月均值，进行数据整理和比较，可以知道有的月份的降雨量很多，甚至个别月份的降雨量占到全年的20%～30%，有的全年降雨就集中在少数几个月份(我们称之为雨季)，还有不同地区的降雨量也不同，这些都是降雨不均匀性的表现，它们对雨水利用技术的选择和设施的设计都有一定的影响。例如雨水直接利用设施是对雨水进行收集、贮存、处理和利用的装置，它的规模与一定时间降雨量的多少有直接的关系。又如在一定的建筑区域内，用雨水作为水源的水景，当水景水位的上下限值确定后，建造一个多大的水景才合适，才能不需要从外界人工补水或仅需极少的外界人工补水呢？这些都直接与雨水的多年的月均值有关。有的地区某月份的降雨量均值就占到了全年降雨总量的20%以上，这样就造成了在这样的月份，水景水位超过上限值，不得不溢流，白白浪费大量宝贵的雨水资源。而使水景在其他月份需维持正常运行时，不得不从外界调集其他水源进行人工补水。现在很多城市水资源的供应都很紧张，如出现上述情况，将使水景的运行成本大幅度的上升，也使城市水资源的供应有点力不从心，上述这

些都与各地区全年降雨的均匀性有关。因此，对南、北方城市的降雨的不均匀性研究是必要的。

7.2.1　不均匀性的表示方法

上面讲到了对南、北方地区全年降雨不均匀性的研究的必要性，及其对城市雨水利用的一些影响，以下就是从不同的角度，对南、北方地区城市全年降雨的不均匀性进行阐述、分析、比较。

1. 不均匀系数

不均匀系数是指定量描述多年每月平均降雨量之间在全年降雨量的分布状况，不均匀系数越大就表明全年降雨越不均匀。

不均匀系数的定义式：

$$Ue=\sum_{i=1}^{12}\left(\frac{\text{多年每月平均值}-\text{年月均值}}{\text{年月均值}}\right)^2$$

在这里首先对南方城市的不均匀性进行分析比较，接下来比较北方地区城市的不均匀性，最后综合比较分析南、北方城市的不均匀性特点。

（1）根据上式计算南方城市不均匀系数见表 7-1：

南方地区城市不均匀系数　　**表 7-1**

城市	重庆	昆明	贵阳	南昌	武汉	南京
Ue 值	4.74	8.92	6.08	4.41	3.74	4.24
Ue 平均值	5.17	5.17	5.17	5.17	5.17	5.17
城市	成都	长沙	上海	福州	广州	杭州
Ue 值	12.07	2.7	4.76	3.42	4.91	2.06
Ue 平均值	5.17	5.17	5.17	5.17	5.17	5.17

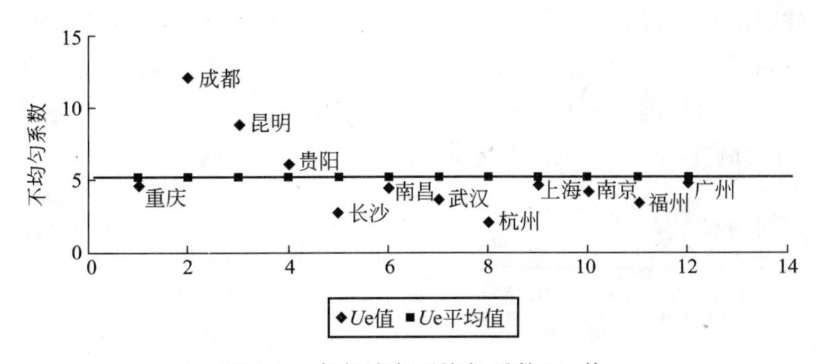

图 7-2　南方城市不均匀系数 Ue 值

从图 7-2 和表 7-1 中可以很明显地看到西南地区城市的降雨很不均匀，都在南方地区城市 Ue 平均值之上。在西南区域内，从东往西看不均匀系数呈增大之势，全年的降雨也就越不均匀了。其他地区城市的全年降雨都在平均不均匀系数以下，其中长江三角洲地区和中南地区的全年降雨比较均匀，其次是东南地区和华南地区的城市。由于全年降雨量的不均匀性，给雨水利用措施的雨水收集贮存系统的设计带来很大的不便。如选择多大的收集贮存系统，才能使收集系统的利用率、雨水量和造价达到统一。除此之外，也影响到了城市雨水利用其他各项措施。

（2）根据上式计算北方城市不均匀系数见表 7-2。

北方地区城市不均匀系数 **表 7-2**

城市	天津	石家庄	太原	哈尔滨	长春	郑州
*U*e 值	17.22	15.06	11.39	13.34	13.45	7.94
*U*e 平均值	11.76	11.76	11.76	11.76	11.76	11.76
城市	北京	沈阳	合肥	济南	西安	兰州
*U*e 值	18.93	10.6	3.03	13.99	5.27	10.84
*U*e 平均值	11.76	11.76	11.76	11.76	11.76	11.76

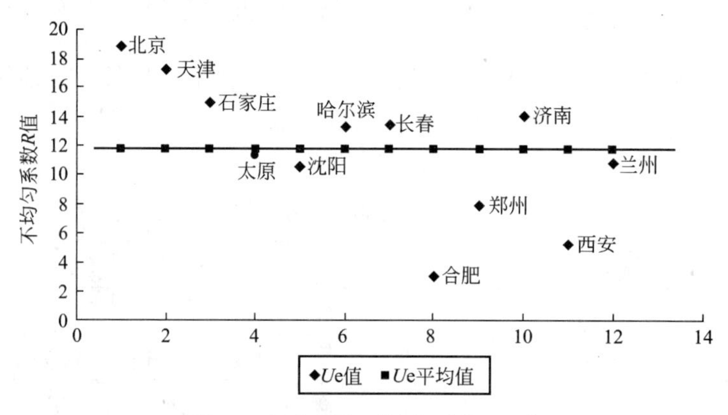

图 7-3 北方城市不均匀系数 *U*e 值

在图 7-3 和表 7-2 中，可以知道华北、东北、山东半岛地区城市的全年降雨很不均匀，这些地区城市的 *U*e 值都在 12 以上。华中、西北地区的全年降雨相对而言比较均匀。全年降雨的均匀性对雨水利用设施的规模的确定、雨水的可利用量的估计以及收集设施成本的控制都是十分有利的。相反如果全年降雨不均匀，这样就给雨水利用收集设施的设计带来极大地不便，并且将增加雨水利用设施的建造成本。

（3）综合比较分析南、北方城市不均匀系数

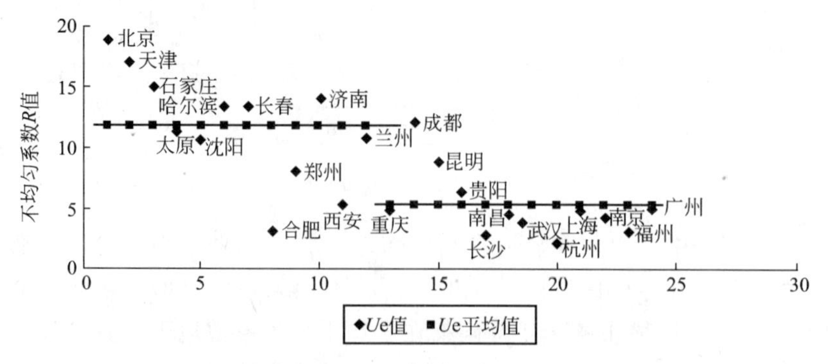

图 7-4 南、北方城市降雨不均匀系数 *U*e 值

从图 7-4 很明显看出北方地区城市和南方地区城市的 Ue 值相差接近于 6，这说明北方地区城市的全年降雨比南方城市不均匀。南、北方地区城市如华北、东北、山东半岛、西南地区的 Ue 值大都在 12 以上，这意味着这些地区的全年降雨是很不均匀的。在这些地区的城市雨水利用，应根据当地的实际情况，综合城市水资源的现状及防洪、防涝情况，考虑全年降雨的不均匀性对雨水利用的不利影响，制定出合理的城市雨水利用方案。在全年降雨丰富和均匀的地区城市，要充分利用该地区在气候条件方面的优势，合理利用宝贵的雨水资源，使雨水的利用率达到较高的程度。

2. 季节折减系数

在上一节中，用不均匀系数比较全面整体地反映了南、北方地区城市全年降雨在时间上的均匀性问题，在这一节中将集中数月的降雨量和全年的降雨量的比值，从全年降雨量的集中性方面反映南、北方地区城市降雨的不均匀性。

季节折减系数是指：从城市多年的每月平均降雨量中，选出 6 个全年降雨比较集中月份的降雨量与全年的降雨量的比值。季节折减系数是通过比较全年雨水总量的分布来反映全年降雨的不均匀性的一个参数。在一定程度上，可以反映城市雨水资源的可利用量。

在这里首先对南方城市的季节折减系数进行分析比较，接下来比较北方地区城市的季节折减系数，最后综合比较分析南、北方城市的季节折减系数特点。

(1) 南方城市季节折减系数及雨季的雨量范围(表 7-3、图 7-5)

南方地区典型城市季节折减系数　　**表 7-3**

城　市	长沙	上海	成都	广州	福州
雨　季	3～8	3、5～9	4～9	4～9	3～6、8～9
季节折减系数	0.70	0.80	0.89	0.73	0.76

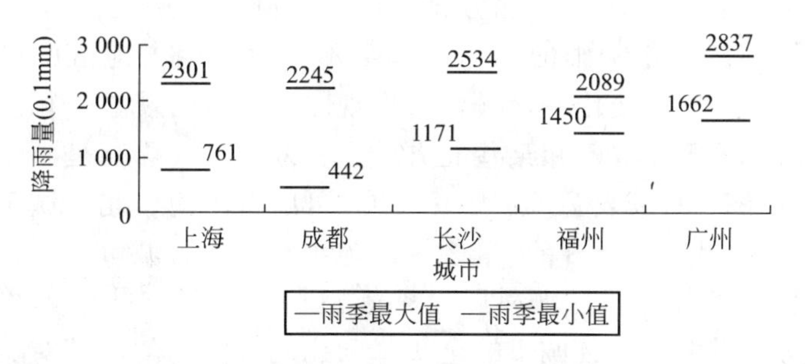

图 7-5　南方城市雨季降雨量变化范围

(2) 北方城市季节折减系数及雨季的雨量范围(表 7-4、图 7-6)

北方地区典型城市季节折减系数　　**表 7-4**

城　市	沈阳	北京	西安	合肥	济南
雨　季	5～10	5～10	5～10	3～8	5～10
季节折减系数	0.87	0.93	0.79	0.70	0.89

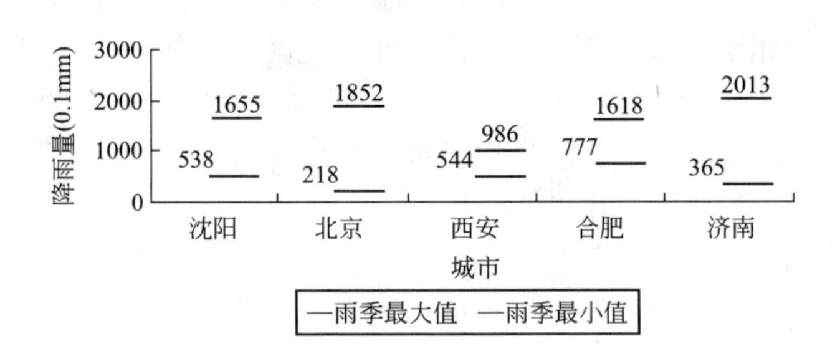

图 7-6 北方城市雨季降雨量变化范围

(3) 综合比较分析南、北方城市的季节折减系数(图 7-7)

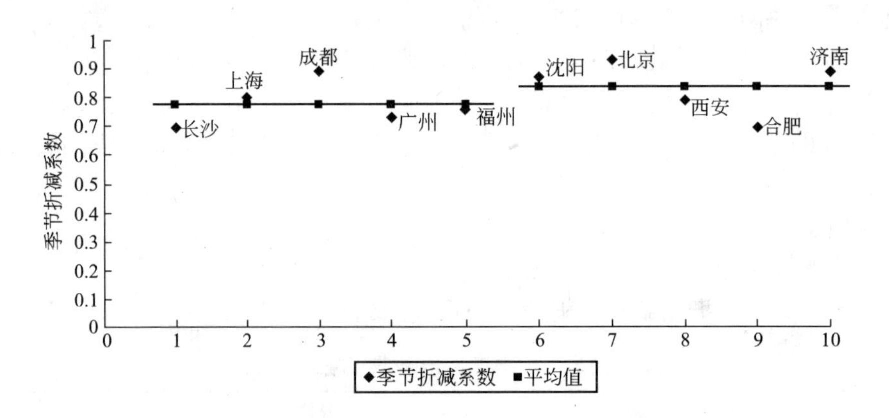

图 7-7 南、北方典型城市季节折减系数

从图 7-7 中，可以知道北方地区城市的季节折减系数一般比南方城市高，它们之间大概相差 0.1，折减系数越高，表明全年的降雨越集中在少数几个月份，越说明全年降雨的不均匀性。就上图而言，北方城市的全年降雨普遍比南方不均匀。但是北方地区的华中地区城市的全年降雨的均匀性丝毫不逊色于南方地区的城市，可能是由于这些地区离南方很近，气候变化不显著，才出现图中所示的现象；相反南方的西南地区城市的不均匀性也是异于寻常，和某些北方城市相差不大，可能是由于处于内陆地区所造成的。从图 7-5、图 7-6 及表 7-3、表 7-4 中，可以看出南、北方城市雨季的降雨量范围也不一样，南方地区城市雨季降雨量之间差距比北方地区城市小，这既说明南方城市的雨水资源量比北方城市多，雨水利用设施规模相应比北方城市大，利用的雨水量也多，在另一方面又说明南方地区城市的全年降雨比北方的均匀，其对城市雨水利用设施的设计、运营都是有利的。

3. 雨水的可利用系数

前两节从分散和集中两种方式对南、北方地区城市降雨的不均匀性进行了比较分析，在这一节，从雨水的可利用性方面对各地降雨的不均匀性进行分析研究。

雨水的可利用系数是指以每月的多年平均降雨量的某个值为基准，将多年平均月降雨量大于它的月份的降雨量之和与全年的多年平均降雨量的比值。它在一定程度上，能反映城市雨水资源的利用总量。

通过计算见表 7-5。

南、北方地区典型城市的雨水可利用系数　　表 7-5

标准＼城市	北京	沈阳	西安	济南	合肥	上海	成都	长沙	福州	广州
20～30	0.95	0.91	0.92	0.96	1.00	1.00	0.95	1.00	1.00	1.00
30～40	0.88	0.91	0.88	0.86	0.98	1.00	0.93	1.00	1.00	1.00
40～50	0.82	0.86	0.83	0.86	0.94	0.97	0.89	1.00	0.98	0.96
50～60	0.74	0.79	0.76	0.79	0.94	0.90	0.84	0.97	0.88	0.94
≥60	0.74	0.72	0.67	0.58	0.84	0.90	0.84	0.97	0.88	0.94

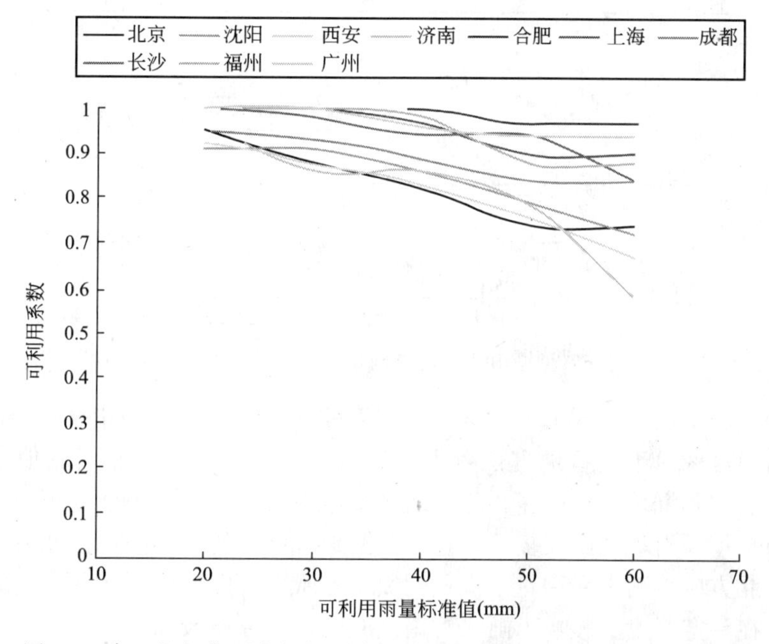

图 7-8　南、北方典型城市在不同可利用雨量标准值下，雨水可利用率

从表 7-5 和后附的雨水可利用率图 7-8 中，我们可以知道：随着标准值的变大，如果雨水的利用率变小是很正常的，但是有的地区的城市变化的幅度是很小的，从 20～60mm 的变化范围内，变化很少的不到 10%，而有的地区城市的变化达到近 50%，变化幅度很大，其原因有二：①该地区的全年降雨量本身就很少。②全年降雨量各个月份分布不均。这样就造成一些地区虽然全年降雨量分布比较均匀，但在一定标准下，雨水可利用系数不高。有的地区则是上述两方面原因所造成的雨水利用系数不高。总之，南方城市的全年降雨是比较丰富的，可利用的雨水很多。相反北方城市的降雨是相对少的，可利用的雨水也是少的。如图 7-8 是根据不同的标准，做出的不同地区的雨水利用率。可以根据雨水利用率，选用不同的标准，设计雨水利用的收集设施。

7.2.2　南、北方地区城市多年年平均降雨量不均匀性分析

前几节都是直接或间接地反映南、北方地区全年各个月份之间降雨的不均匀性，在这一节将从地区城市之间的年降雨量的多少，来反映南、北方地区降雨的不均匀性。

北方地区典型城市多年(1970～2001)年均降雨量和北方地区的年均降雨量见表7-6。

北方地区典型城市多年年均降雨量和北方地区的年均降雨量　　表7-6

城市	合肥	济南	北京	沈阳	西安	平均值
降雨量(0.1mm)	9953	6727	5719	6903	5533	6967

南方地区典型城市多年(1971～2000)年均降雨量和南方地区的年均降雨量见表7-7。

南方地区典型城市多年年均降雨量和南方地区的年均降雨量　　表7-7

城市	长沙	广州	成都	上海	福州	平均值
降雨量(0.1mm)	15464	17361	8701	11840	13936	13461

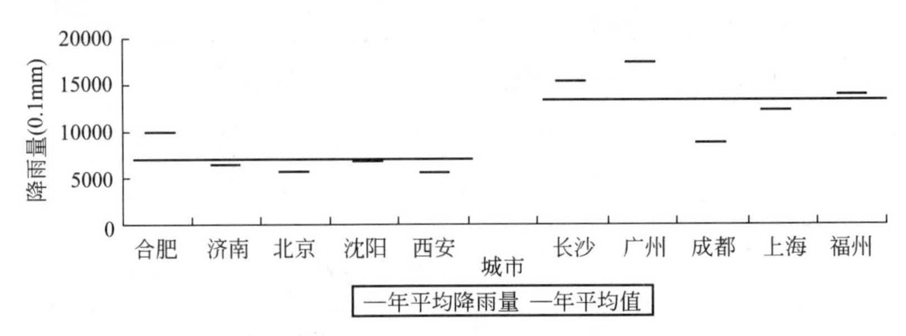

图7-9　南、北方典型城市年平均降雨量和南、北方地区年降雨量平均值

分析比较上面图表，从图7-9和表7-6、表7-7中，南、北方城市全年降雨总的来说是南多北少，西南地区由于某些地理位置上的原因，全年的降雨量相对其他南方地区城市少，但是比一般的北方地区城市多。北方地区城市中，同样也是由于地理位置的原因，华中地区城市的全年降雨量是比较多的，它和西南地区城市的全年降雨量相差不多。这种差异造成了南、北方城市雨水利用量之间的悬殊，也将影响到雨水利用设施和技术的选择，除此之外，还在一定程度上影响了雨水利用设施的规模。比较而言，就是在相同条件下南方城市的雨水利用设施一般大于北方城市，采用的雨水利用技术和措施也会不同。再根据南、北方水资源的现状，北方应尽可能多地考虑渗透，让本来就不多的宝贵的雨水资源补充水位日益下降的地下水。南方城市可大规模地采用以一些耗水量大的雨水综合利用设施，来改善城市生态环境，使城市水循环能很好地运行。

7.2.3　南、北方地区城市降雨不均匀性的特点分析

根据上述几小节的分析、比较，对南、北方地区城市全年降雨的不均匀性，从以下5点进行总结。

(1) 北方地区的全年降雨量总体上比南方地区少，也就是说雨水资源量相对而言比较贫乏。就年平均水平来说，北方地区的雨水资源总量约为南方地区的50%。就南方地区而言，华中、华南、东南地区城市的全年降雨量比较丰富，其次是长江三角洲地区，西南地区最少。就北方地区而言，华中地区的全年降雨量比较多，其次是东北、山东半岛，最少的是西北地区的城市。

(2) 北方地区的全年降雨大约集中在5～10月，但是合肥的降雨集中在3～8月。雨

季的降雨量大多占全年降雨量的70%以上。以北京的最高，占到了全年的93%。综合北方地区的不均匀系数、季节折减系数和雨水的可利用系数，从地区分布来看，西北、华中地区的城市降雨比较均匀，其次是东北地区，山东半岛、华北地区城市的降雨很不均匀。

(3) 南方地区的全年降雨大约集中在4～9月，但是福州和上海的有一些波动，有的月份的降雨量偶尔比较大或比较小。雨季的降雨量大多占全年降雨量的70%以上。以成都的最高，占到了全年降雨量的89%。综合南方地区不均匀系数、季节折减系数和雨水利用系数，从地区分布来看，华中地区的城市全年降雨比较均匀，其次是东南、华南、长江三角洲地区，西南地区城市的降雨很不均匀。

(4) 北方地区的降雨量没有南方地区的多，在一定标准下，可利用的雨水量也比较少。其原因有二：一是本身降雨量就少，二是全年降雨量不够均匀。

(5) 根据上述分析，可以在雨水利用上做一点规划建议。在这里，将考虑南、北方地区城市水资源的实际情况。北方地区城市水资源供应随着经济社会的发展越来越紧张，而该地区雨水资源也不是很丰富，一般都在600mm上下，在这些地区，由于近些年对地下水的掠夺式开采，使地下水位急剧降低，局部地区开始下沉，甚至造成很多严重的后果。并且，有些城市较老的市政排水管网的承受能力有限，不能承受暴雨重现期较大的暴雨径流，造成城市在重现期大的暴雨来临时，出现不同程度的水涝等现象。建议这些地区多建一些分散式的雨水直接利用设施，这样既在一定程度上能降低排入市政管网的径流雨水量，削减径流洪峰，又降低了城市防洪压力，提高了城市的保险系数。在南方城市应该多建造一些耗水量比较大的雨水综合利用工程，降低城市对沿江、沿河、沿湖的雨水排放量，减轻河、江、湖的汛期压力。同时，也极大地改善了城市的生态环境，促进了城市水环境的健康发展。

7.3 南、北方城市暴雨强度特点的研究

7.2节着重研究了全年降雨量的分布及各地区的降雨量，比较并讨论了南、北方地区全年降雨量在时间上、地域上和可利用性上的不均匀性。在本章里，将讨论暴雨强度方面的内容。暴雨强度是反映一场降雨的性质，它直接决定着一场雨的雨量等参数，这些都是雨洪控制和雨水利用设施设计的必要参数。然而，每个地区的暴雨强度是不同的，在这一章，将以南、北方典型城市的暴雨强度为研究对象，讨论并分析它们之间的特点和关系。

这一章主要从以下几个方面阐述南、北方地区城市暴雨强度的特点：①取定一降雨时间，在不同的降雨重现期下，比较南、北方地区典型城市暴雨强度的特点。②在①的条件下，分析特殊城市成都的暴雨强度特点。③从暴雨强度变化率上，分析比较了暴雨强度的特点。④列出了在一定重现期下，24h的最大降雨量，并对其在一定重现期下，24h最大降雨量趋势线进行分析。

7.3.1 当重现期分别取0.5、1、3、5、10年时，降雨时间取15min时，南、北方典型城市的暴雨强度的特点

在这一节里主要讨论一定时间下，南、北方典型城市暴雨强度和暴雨的降雨重现期之

间的关系。

在北方地区(图 7-10)，东北、西北地区城市的暴雨强度相对而言是比较小的。以华北地区城市的暴雨强度最大，其次是华中和山东半岛地区。所以华北地区城市应注意城市防洪、防涝。

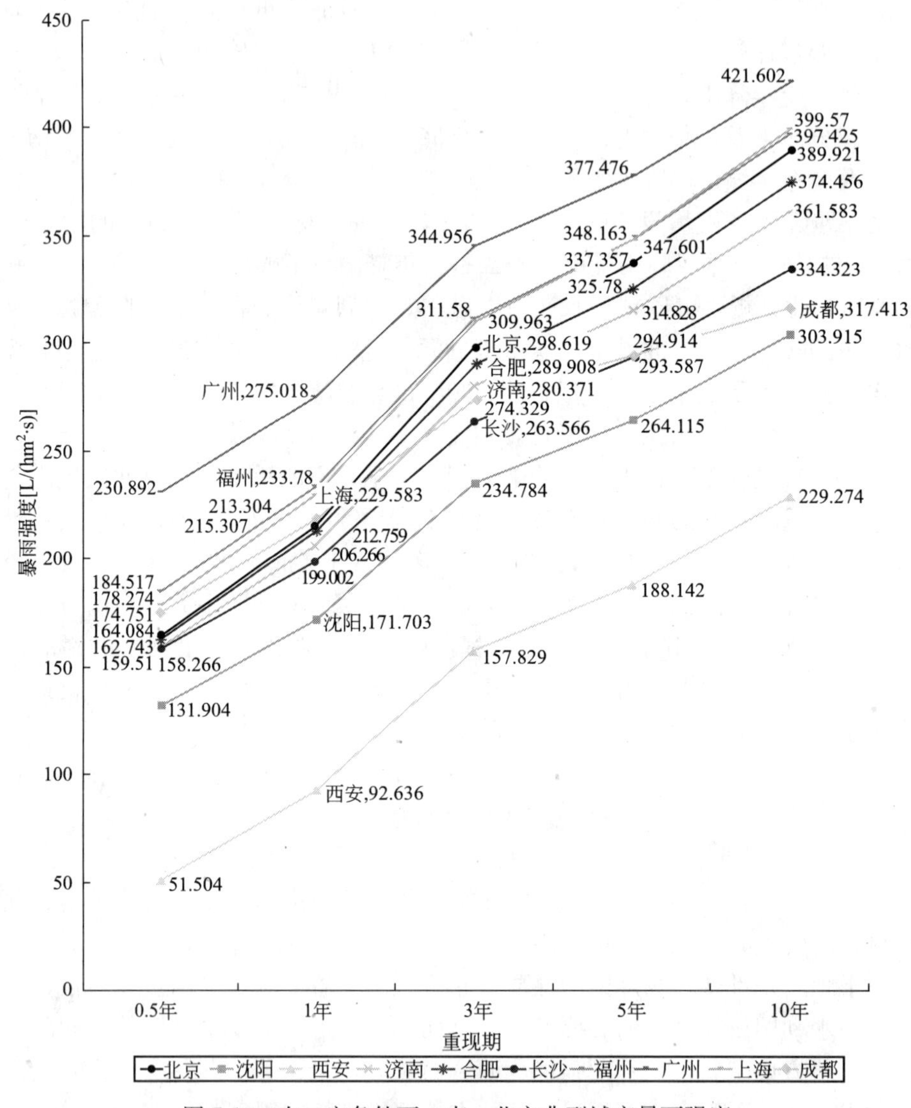

图 7-10　在一定条件下，南、北方典型城市暴雨强度

在南方地区(图 7-10)，西南和华中地区平分秋色，当重现期比较小时，西南地区城市暴雨强度比华中地区的大，而在重现期大于 10 年时，华中地区的暴雨强度比较大。但两个地区的暴雨强度相对其他地区而言是比较小的，华南地区的暴雨强度最大，其次是东南和长江三角洲地区的暴雨强度。

在雨水利用设施中，一般都是在某个重现期下，取降雨历时为 120min 的一场暴雨的降雨量为设计标准的。在降雨历时这段时间内暴雨强度的变化趋势缓慢或急剧，这些都对南、北方城市在相同条件下的降雨径流量有直接影响，相应的可能出现与图 7-10 上相反的结果。总而言之，暴雨强度是一个决定某些雨水利用设施规模、投资大小的因素。这些情况都会在以后章节的某些雨水利用设施的设计中有所体现如第五章雨水调节池的比较、第六章渗透面积的比较等。从图 7-10 中，可以发现南方城市的雨水利用设施的规模一般大于北方地区城市。但是，某些北方城市在一定重现期下的暴雨强度一点也不弱于南方城市，如华北和华中地区的城市。

7.3.2 成都市暴雨强度和其他典型城市暴雨强度的比较

在上一节的条件下，成都市的暴雨强度表现出不同于南、北方其他典型城市的特点，本节将专门讨论它的暴雨强度的特点，为其在以后的雨水利用中，打下良好基础。

本节将成都市在一定条件下的暴雨强度分别与北方和南方其他城市的暴雨强度进行比较分析。

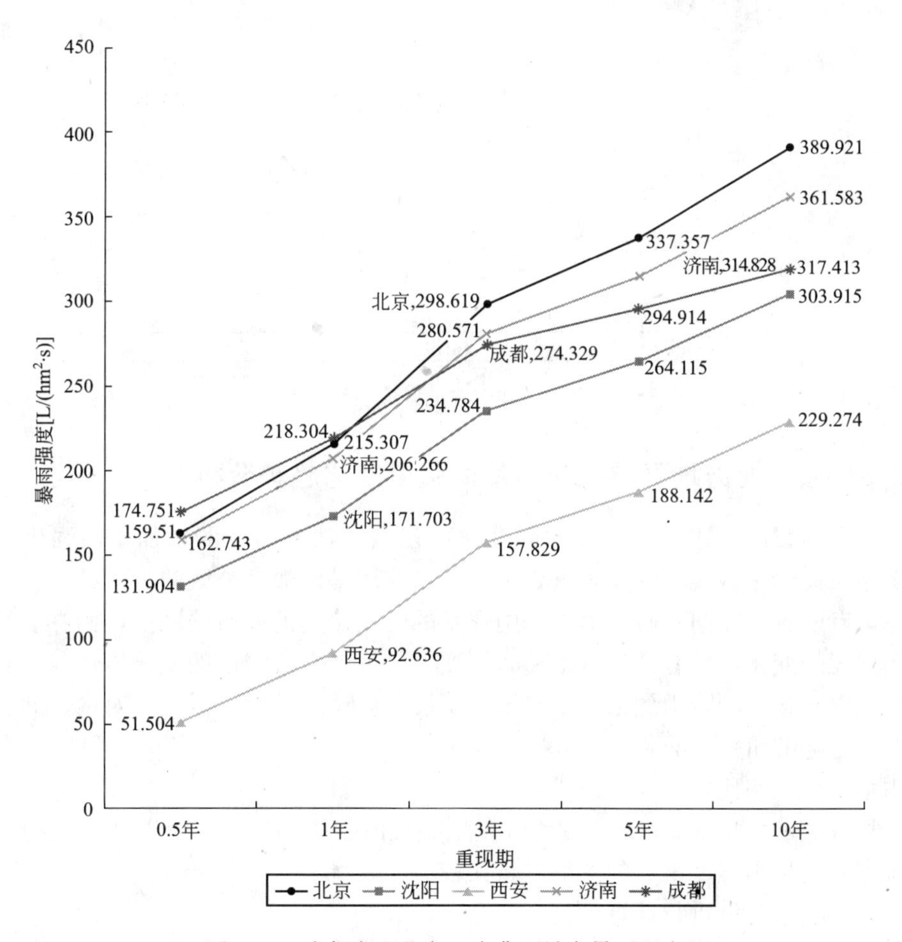

图 7-11 成都市和北方四个典型城市暴雨强度

从图 7-11、图 7-12 中，可以看出成都市的暴雨强度在重现期是 0.5～3 年时的增长比较缓慢，到重现期是 5～10 年时的增长更加缓慢，这些是与其他地区城市不同的地方。这些在一定程度上说明成都市的暴雨强度在南、北方城市中是一个特例，就是它的变化趋势既不同于南方城市，又不同于北方城市。在雨水利用设施的设计时，应该注意到这一点。

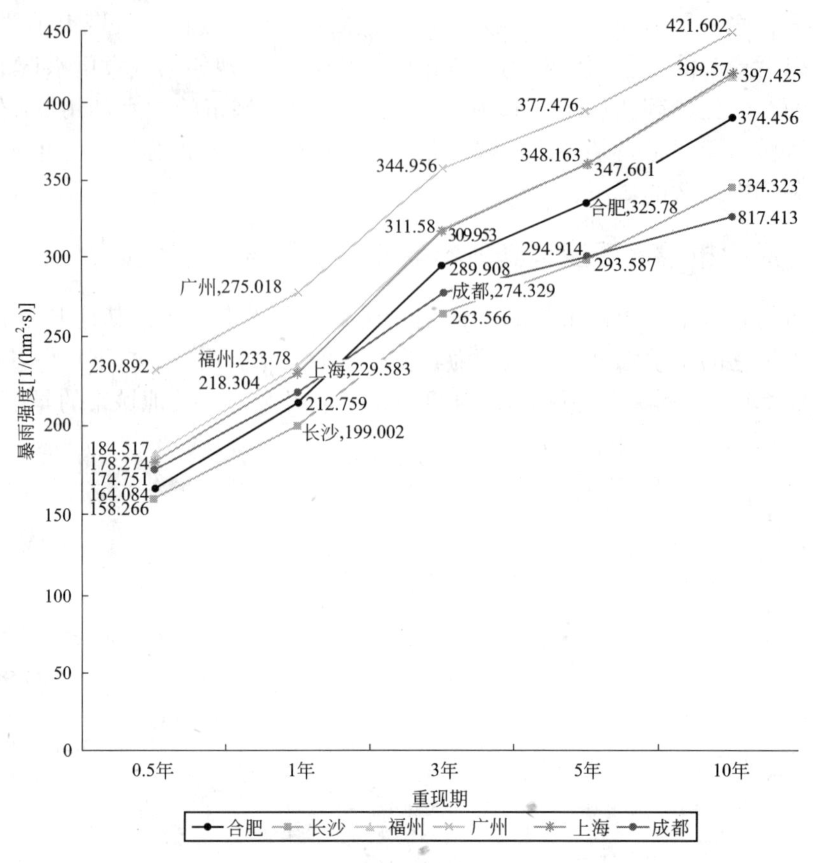

图 7-12　合肥市和南方地区典型城市暴雨强度

7.3.3　南、北方地区典型城市暴雨强度变化趋势分析

降雨的暴雨强度公式是一个随时间变化的函数，随着时间的增加暴雨强度渐渐地减小。这个结果无论是在实际的降雨过程中，还是在用暴雨强度公式的计算结果中都是一致的。但是，有的城市在前一时间段内暴雨强度的变化比其他城市的剧烈，而在后续的时间段内暴雨强度的变化却没有其他城市那么剧烈了，可是有的城市的变化恰恰与此相反，这些都影响到以一场雨的降雨量来决定雨水利用设施规模的计算。因此，对南、北方城市暴雨强度变化趋势的研究是必要。

暴雨强度变化率比较的计算说明

在这里取 $P=1$ 年，以南、北方地区典型城市的暴雨强度公式为基础，进行求导，然后做出求完导的暴雨强度函数的图形进行比较。

下面以北京市为例进行计算：

北京市的暴雨强度公式
$$q(t)=\frac{2001\times(1+0.811\times \mathrm{Lg}P)}{(t+8)^{0.711}} \tag{7-1}$$

接着对暴雨强度公式求导并代入计算条件得
$$\frac{\mathrm{d}(q(t))}{\mathrm{d}t}=\frac{2001\times(-0.711)}{(t+8)^{1.711}} \tag{7-2}$$

一般一场暴雨的降雨历时 120min，就可做出式(7-2)在(0，120)min 的图像来。图 7-13 是南、北方各典型城市的暴雨强度变化趋势图。

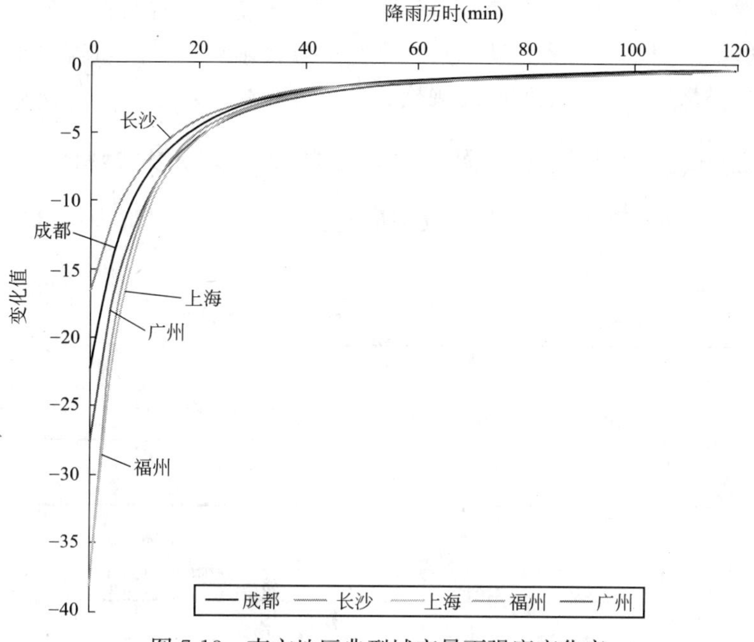

图 7-13　南方地区典型城市暴雨强度变化率

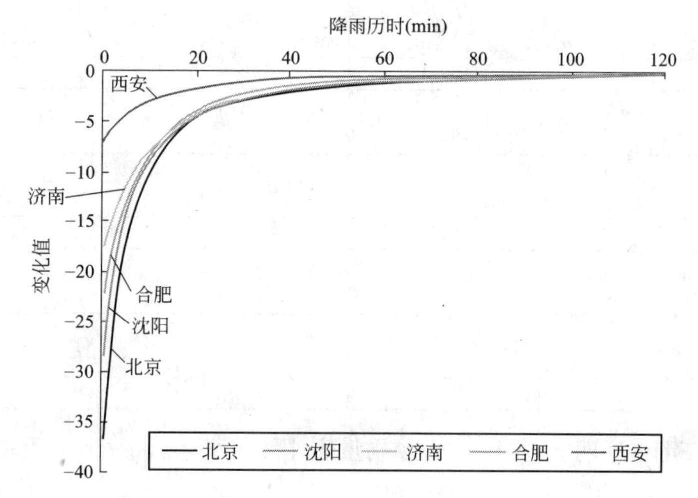

图 7-14　北方地区典型城市暴雨强度变化率

从图 7-13、图 7-14 中，可以看到在开始时间内，南、北方地区典型城市的暴雨强度的变化率都急剧地升高，在以后的时段内暴雨强度的变化趋势开始缓慢，并渐渐趋于平缓。这都和在一定重现期下，每个城市的暴雨强度公式图的变化趋势相吻合。但是南、北方地区暴雨强度变化率也是有差别的，南方地区典型城市(0，40)min 内，暴雨强度变化率急剧增大，且各典型城市变化区别明显。而在(40，120)min 内暴雨强度变化率平缓，各典型城市的暴雨强度变化率曲线胶合在一起。而北方地区典型城市在(0，60)min 内，暴雨强度变化率急剧，且各典型城市变化区别明显。在随后的时间内，各典型城市的暴雨强度变化率曲线胶合在一起。通过这两幅图，可以了解到有的城市在开始阶段(这个时间段不长)急剧上升比其他城市更剧烈，这说明它的暴雨强度变化在初期急剧。反之，则比较平缓。不过在开始时段比其他城市变化急剧的城市，在随后的时间段内，变化比其他城市缓慢。这些都对一定重现期下，雨水量的多少有直接关系，有时得出的给果与 7.3.1 节的结果相反，这都说明暴雨强度是动态过程，它能直接影响在一定重现期下一场雨的降雨量的多少，其结果都对雨水利用设施的规模、造价等有影响。

7.3.4 在一定的重现期下，南、北方典型城市 24h 最大降雨量的特点分析

南方城市在一定重现期下，24h 最大降雨量见表 7-8～表 7-15(降雨量单位 0.1mm、重现期单位：年)

表 7-8

城市 \ 重现期	14	5	3	1	0.5
上海	1759	1395	1199	698	304

表 7-9

城市 \ 重现期	24	5	3	1	0.5
成都	2013	1200	1023	686	357

表 7-10

城市 \ 重现期	18	5	3	1	0.5
长沙	2495		981	771	424

表 7-11

城市 \ 重现期	25	5	3	1	0.5
福州	1709	1410	1261	735	406

表 7-12

城市 \ 重现期	25	5	3	1	0.5
广州	2390	1684	1564	994	434

北方城市在一定重现期下，24h 最大降雨量表(降雨量单位 0.1mm、重现期单位：年)

表 7-13

城市 \ 重现期	25	5	3	1	0.5
沈阳	1457	1032	956	577	273

表 7-14

城市 \ 重现期	25	5	3	1	0.5
合肥	2384	967	869	677	431

表 7-15

城市 \ 重现期	25	5	3	1	0.5
北京	1562	1004	906	560	176

根据上述南、北方城市在不同暴雨重现期下的24h的最大降雨量，可以做出折线图，并以此做出趋势线。其他重现期的24h的最大降雨量就可以相应地查出来，在这里以上海市为例说明。

在图7-15中，趋势线公式的回归值$R^2=0.99$，这就说明依据趋势线公式能比较精确地计算出上海市在各不同重现期下，24h的最大降雨量。其他城市都可以依据上述方法得到在不同重现期下，24h最大降雨量的结果。表7-16是根据趋势线公式计算的上海市24h的最大降雨量。

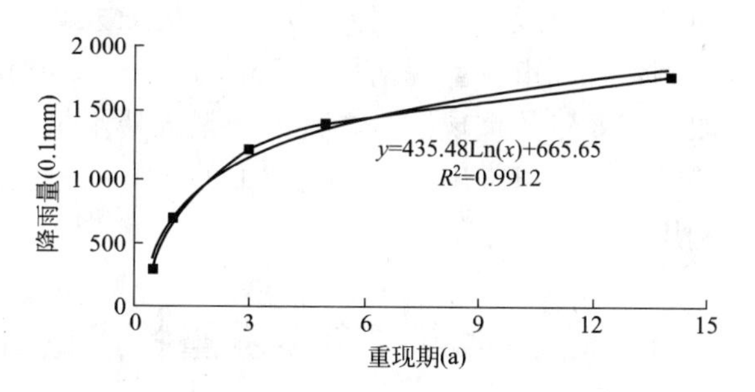

图7-15　上海市在各不同重现期下，24h最大降雨量曲线及趋势线

根据趋势线公式计算的上海市在不同重现期下的24h最大降雨量　　表7-16

重现期(a)	0.5	1	3	5	10	15	20	25
降雨量(0.1mm)	363.8	665.6	1144.1	1366.5	1668.4	1845	1970.2	2067.4

根据上述方法将图7-15的南、北方几个城市在不同重现期下的24h最大降雨量列表7-17如下。

根据趋势线公式计算的南、北方部分城市在不同重现期下的24h最大降雨量(单位0.1mm) **表7-17**

城市＼重现期(a)	0.5	1	3	5	10	15	20	25
上海	363.8	665.6	1144.1	1366.5	1668.4	1845	1970.2	2067.4
成都	338.3	625.5	1080.7	1292.3	1579.5	1747.5	1866.7	1959.2
长沙	476.8	684.8	1014.4	1167.6	1375.5	1497.2	1583.4	1650.4
广州	572.8	907.6	1438.2	1684.5	2020	2215.6	2354.6	2462.3
福州	516.3	750.5	1121.7	1294.3	1528.5	1665.5	1762.7	1838.1
沈阳	343.1	548.6	874.4	1025.8	1231.3	1351.6	1436.9	1503
合肥	442	586.2	917.3	1129.6	1498.2	1767.4	1987.2	2176.4
北京	250.4	486	859.2	1032.8	1268.3	1406	1503.8	1579.6

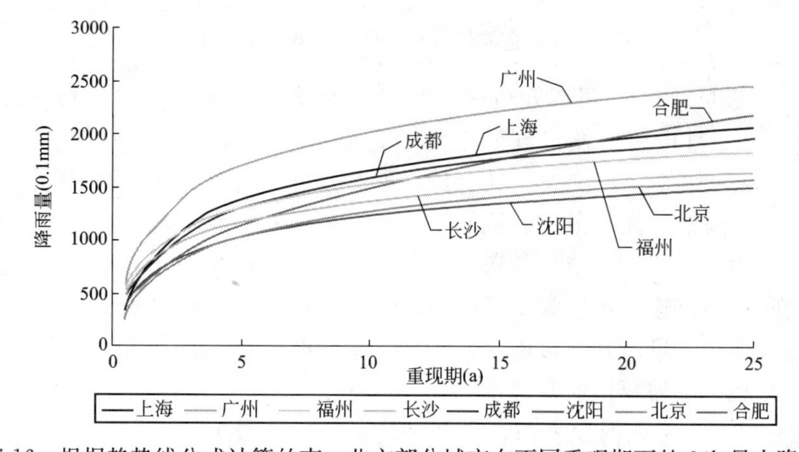

图7-16　根据趋势线公式计算的南、北方部分城市在不同重现期下的24h最大降雨量

从图 7-16、表 7-17 可以看出，南、北方地区的 24h 的最大降雨量随重现期的增大，而增大。一般而言，南方城市 24h 的最大暴雨强度在北方城市之上。可是，合肥市是一个特例，合肥市在重现期是 0～5 年时，其 24h 最大降雨量比南方地区城市的小，但是，当取大于 5 年的重现期时，其 24h 最大降雨量分别超过长沙、福州、成都、上海。通过上述趋势线，可以查出一定重现期下的 24h 的最大降雨量，依据得到的数据可以计算雨水直接利用设施调蓄池的容积。

7.4 南、北方城市蒸发量特点的比较分析

蒸发量是一个地区水循环的重要参数。在雨水利用中，它是水量平衡中重要的一项，对第 8 章的水景观的设计有重要的影响，它直接影响到水景的规模，是否需要外界人工补水等。总之，它在城市雨水利用设施设计中，是进行水量平衡计算的不可缺少的因素。

在这一章里，将分别对南、北方地区城市的蒸发量进行比较分析，了解其全年分布、变化趋势以及峰值的范围等，这些都是第 8 章水景观设计的一些结果的重要原因。

（1）南方地区典型城市月蒸发量范围和平均值数据见表 7-18。

南方地区典型城市月蒸发量范围和平均值(单位：0.1mm)　　**表 7-18**

月　份	1	2	3	4	5	6	7	8	9	10	11	12
最大值	332	410	620	915	1275	1304	1283	1241	841	618	452	320
最小值	877	676	851	1251	1673	1510	2193	1985	1641	1681	1352	1157
平均值	555	557	743	1046	1403	1443	1881	1722	1401	1198	891	702

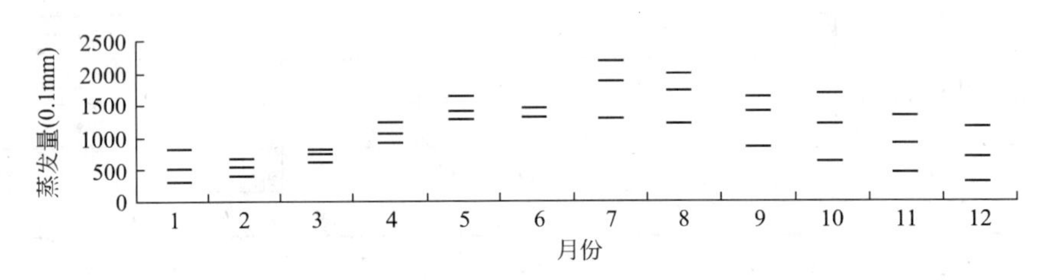

图 7-17　南方地区典型城市月蒸发量范围和平均值

在图 7-17 和表 7-18 中，可以知道在南方城市中蒸发量在 1～4 月份比较弱，变化范围比较小。在 5～9 月份后蒸发量开始增加并达到高峰时期，以后月份的蒸发量开始下降，6 月后的月份变化范围比较大。结合雨水利用设施水景设计中的水量平衡可以知道，南方地区全年的降雨量一般都很大，虽然全年降雨分配有一点不均匀的现象，但是每个月的降雨还是不少的。再加之，全年的蒸发量分布和全年降雨量分布在走势上有着相同的趋势，所以使在南方城市建造水景观这样的多功能调蓄设施，显得十分的协调。在某些南方地区可以大规模地造水景，并且以雨水作为水景水源时，也只需补充少量的其他水源，甚至有的地区城市几乎不需要任何其他水源。

（2）北方地区典型城市月蒸发量范围和平均值数据见表 7-19。

北方地区典型城市月蒸发量范围和平均值(单位：0.1mm) **表 7-19**

月　份	1	2	3	4	5	6	7	8	9	10	11	12
最大值	323	493	983	1488	2036	1843	1883	1728	1527	1138	605	368
最小值	520	757	1548	2335	2775	2602	2602	1938	1544	1199	820	638
平均值	449	629	1185	1935	2442	2250	2250	1802	1535	1162	736	513

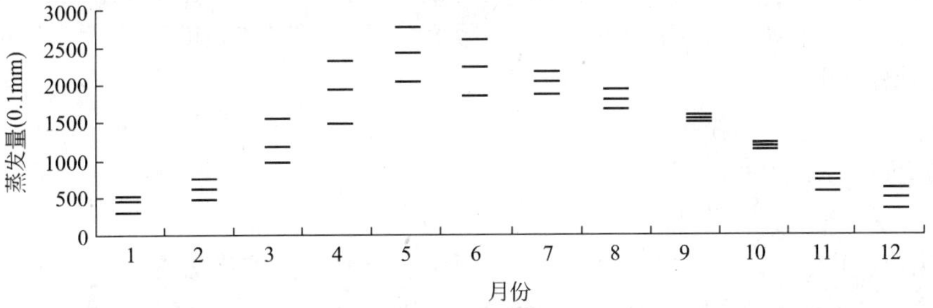

图 7-18 南方地区典型城市月蒸发量范围和平均值

在图 7-18 和表 7-19 中，可以知道在北方城市中从 3～7 月份是全年蒸发量的集中时期，其中 5～7 月份是高峰期，变化范围也比较大。其他月份的蒸发量比较少，变化范围也比较小。将上述情况放到多功能调蓄设施水景观的水量平衡中，在水景观的水面蒸发量是整个水量平衡的支出项，它的大小和变化趋势直接影响到水量平衡的某些其他量的变化。而在北方地区全年降雨量的变化和全年蒸发量的不协调，造成各自的高峰期错位，从而严重影响了北方水景的正常运行。如为维持水景观的运行，有的月份不得不从外界调入大量其他水源进行人工补水，而有的月份不得不向外界排出大量宝贵的雨水资源。

南方城市多年全年蒸发量平均值—13543(单位 0.1mm)

北方城市多年全年蒸发量平均值—16688(单位 0.1mm)

南、北方城市多年(1980～2004)蒸发量特点分析

从图 7-19 中，结合前面的一些图表得到如下结论：

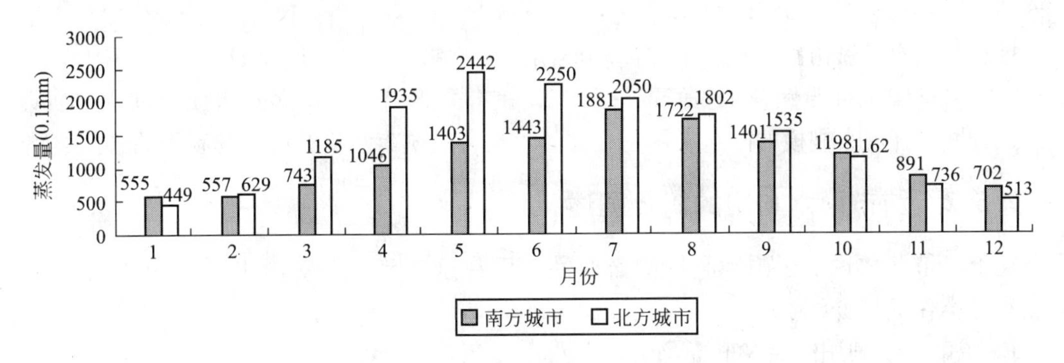

图 7-19 南、北方地区城市月蒸发量

南方城市的多年月均蒸发量多集中在雨季，北方城市多年月均蒸发量集中月份比其雨季错位，并且北方城市的雨季月均蒸发量大于南方城市。这在很大程度上影响到第 8 章着重讨论的以雨水作为水源的水景观的设计和运行。

南方城市全年蒸发量平均值明显比北方的少，这是南方气候潮湿所造成的。

南方城市的蒸发量集中在5～9月份，高峰期在6～8月份。而北方城市的蒸发量集中在3～10月份，高峰期在4～7月份。也就是说南方城市的高峰期相对于北方城市后移，可是南方地区的全年蒸发量和降雨量的变化趋势协调一致，这样有利于以雨水为水源的水景观在枯水期在外界很少量的人工补水或根本不需人工补水的条件下，维持正常运行。在丰水期调蓄一定的水量，提高城市在丰水期的防洪防涝能力。而北方地区的全年蒸发量、降雨量的错位分布，以及本身的水资源的供应紧张形势，极大地影响到雨水利用设施和技术的选择，可能水景观这种生态和社会效益很好的雨水利用措施就不能大规模的采用，甚至将受到严格限制。

7.5 城市雨水利用的概述

以上几章就南、北方地区典型城市的降雨量、暴雨强度和蒸发量的一些特点进行了比较分析研究，这些都是为以后的雨水利用章节打下一个良好的基础，对以后章节的城市雨水利用起着重要的支持作用。本章将从各个方面对雨水利用进行阐述。

7.5.1 城市雨水利用的必要性

现在很多城市都不同程度地出现城市供水紧张，经过分析有两个原因：

1. 资源性缺水

资源性缺水：在这个地区水资源本身就比较少，随着城市的发展，城市人口急剧增加，所需的用水量也急剧增加，这种用水量的增加使原本不多的水资源急剧减少，也就出现了用水紧张的局面。上面所说的就是资源性缺水。这样的城市多出现在北方地区，如华北地区的北京、石家庄，西北地区的西安、兰州等。

2. 水质性缺水

水质性缺水：在这些地区水资源本身比较丰富，但是由于经济的发展，大量污染性企业将污染物直接或间接地排向水体，造成水资源的污染，使之不适合人类使用，这就是污染性缺水。这样的城市多出现在南方城市。

现在我国有的城市缺水是受上述两种原因的双重影响，有的则是其中某一原因造成的。北方城市多是属于资源性缺水，但不乏有二者兼有之。南方城市多是水质性缺水，所以在南、北方城市开展大规模的雨水利用是必要的，是实现城市水资源可持续利用的必经之路。

7.5.2 城市雨水利用的简要阐述

在上一节简要说明了雨水利用的必要性，而在这一节主要对雨水利用的定义、意义、特点和分类作简单介绍。

1. 城市雨水利用的定义和意义

城市雨水利用的定义：在城市范围内，有目的地采取各种措施对于水资源进行利用。

开展城市雨水利用的意义是：

(1) 在雨季时，缓解城市雨水所造成的防洪、防涝的压力。

(2) 就缺水城市而言，对雨水的直接利用能降低城市水供用的压力。对过量开采地下水造成地面沉降的城市，以雨水补充地下水能缓解地面沉降。

(3) 兼顾以上两个方面，将城市的生态环境和社会人文环境有机结合起来，坚持技术和非技术措施并重，因地制宜，促进城市的可持续发展。

(4) 能强化雨水的管理和调度。

2. 城市雨水利用的特点

城市雨水利用的特点有以下八个方面：

(1) 雨水是再生速度最快的水资源；

(2) 雨水是地表水和地下水最主要的补给来源；

(3) 雨水广泛分布，适合于分散集落的使用；

(4) 雨水可就地使用；

(5) 雨水大多集中在夏、秋两季；

(6) 雨水来水的强度远比河流的水流速度小；

(7) 广义的城市雨水利用还包括人工增雨和水平降水的利用；

(8) 城市雨水除直接利用外，还有间接利用和综合利用。

3. 城市雨水利用的分类和简介

根据用途的不同，雨水利用分为三类：

(1) 雨水的直接利用(回用)。对城市汇水面的雨水进行收集、贮存、净化利用。比如绿化、喷洒道路、洗车、景观补充水等。

(2) 间接利用(渗透)。就是将雨水下渗回灌地下或贮存在地下一定的空间，补充涵养地下水源，改善生态环境，缓解地面沉降、用水压力，减少水涝等。

(3) 雨水的综合利用。从实际条件出发，因地制宜，对以上两种方法和其他技术措施进行合理选择、配置，实现与自然环境的和谐统一，改善城市景观和生态环境等。

7.5.3 城市雨洪控制的简要阐述

1. 城市雨洪控制的定义和意义

城市雨洪控制的定义：在城市范围内，对雨水造成的城市洪涝采取各种针对性的技术措施对其进行控制和最终消除。

开展雨洪控制的意义：最大限度地降低雨水对城市的影响。保证人民群众的生命和财产安全，充分体现以人为本的思想和可持续发展的思想。

2. 城市雨洪控制的设施

根据最终目的不同，将雨洪控制分为两类：

(1) 以单纯的城市雨洪控制、降低洪峰流量为目的的雨洪控制措施，如雨水调节池等。

(2) 以城市雨水利用为目的的，间接缓解了城市雨洪控制的压力。

7.5.4 城市雨水利用和雨洪控制的联系及区别

城市雨水利用和雨洪控制的区别：

雨水利用的目的和雨洪控制的不同，雨水利用的目的是将雨水以资源的形式进行利用，包括直接、间接、综合利用措施。在将雨水进行利用时，间接地控制雨洪。简言之就是能和雨洪控制达到殊途同归的目的。而雨洪控制就是以单一的城市防洪、防涝为目的，最大限度地将雨水排出城区，达到雨洪控制的目的。

雨水利用和雨洪控制措施的不同，它们唯一有同一目的的措施是收集装置，雨水利用的收集装置是雨水调蓄池，雨洪控制的收集装置是雨水调节池。雨水调蓄池是收集至最大池容后即溢流。基本原理如图 7-20 所示，即雨水调蓄池在降雨初期就让雨水径流汇入其内，等到收集的雨水达到了它的最大调蓄容积，再汇入其中的雨水将会被溢流出调蓄池。

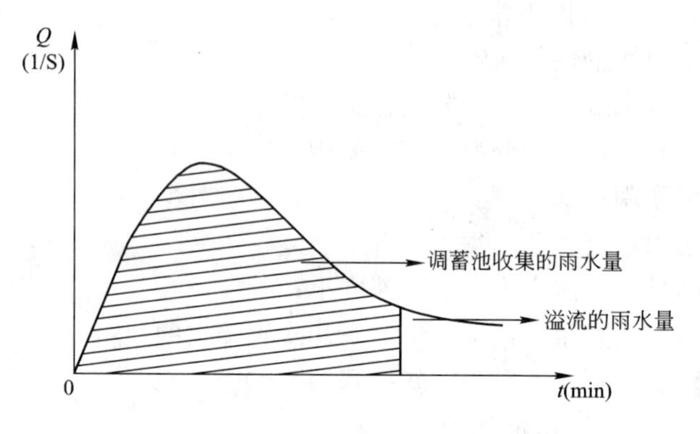

图 7-20　雨水调蓄简单的模型图

而雨洪控制雨水调节池以削减洪峰流量为目的，在保证一定雨水量从市政管网排出后，峰值流量暂时贮存在调节池内，慢慢排出。基本原理如图 7-21 所示，即当雨水径流量超过了市政管网的最大排放能力时，超过排放能力的雨水径流将进入雨水调节池暂时储存起来，等到雨水径流量小于最大排放能力时再由雨水调节池排入市政管网。

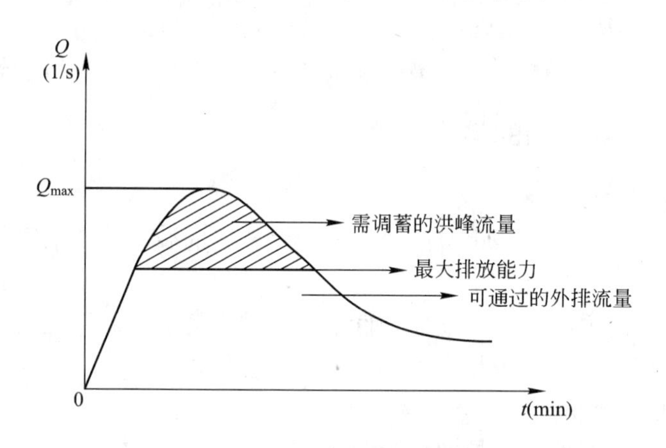

图 7-21　雨洪控制简单的模型图

城市雨水利用和雨洪控制的联系：

城市雨水利用在一定程度上降低了城市雨水外排量，缓解了城市防洪压力，在这一作用上是与单一的以城市防洪、防涝为目的的雨洪控制唯一的可联系之处。

7.6　南、北方城市雨水调节池特点的研究

上一章简单介绍雨水利用方面的一些东西，在这一章将从雨洪控制调节池方面对南、

北方雨洪控制特点进行分析，接下来分析在南、北方城市建造调节池的利弊，从而做出合理的建议。

7.6.1　南、北方城市雨水调节池容积的计算

雨水调节池是对超过市政排放能力的雨水进行暂时调节的装置，在这一节中将对在一定条件下，南、北方城市的雨水调节池池容进行计算。

1. 计算方法的说明

降雨径流过程线法：

降雨径流过程线法是指通过绘制一定重现期下降雨径流过程线，利用曲线积分或图解的方法计算调节池的容积。在这里采用图解和曲线积分相结合的方法。

2. 具体计算

设一场暴雨的重现期是 10 年，降雨历时取 120min

汇流面积是 $4hm^2$，其中绿地面积是 $1.5hm^2$，剩下的是建筑面积或道路。

则综合径流系数 $\Psi=\dfrac{\sum F_i\times\Psi_i}{F}=\dfrac{2.5\times0.9+0.15\times1.5}{4}=0.619$

排水管道的最大排放量 $Q_{max}=500l/s$

在汇流区域上，雨水的集流时间 $t=5min$

下面以北京市为例进行计算：

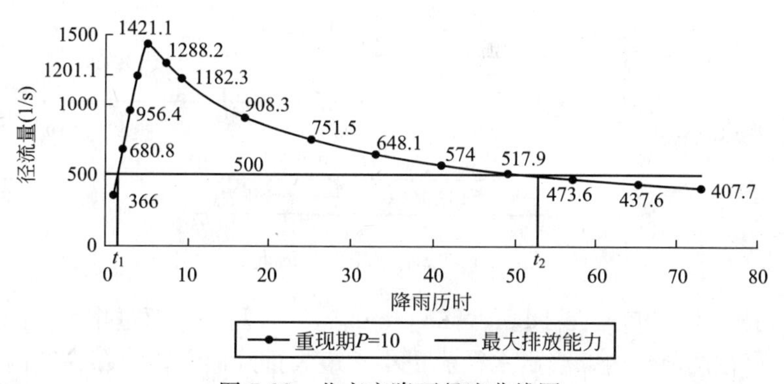

图 7-22　北京市降雨径流曲线图

从图 7-22 中，可以知道在［t_1，t_2］也就是［1.5，52］min 这段时间里，降雨径流量大于 500l/s，大于排水管网最大排放量的雨水将进入调节池暂时贮存在调节池中，等降雨径流量小于排水管网的最大排放量时再排出。

计算详细过程如下：

$$V=\frac{60}{1000}\times\int_{1.5}^{52}(Q(t)-500)\,dt=\frac{60}{1000}\times\int_{1.5}^{5}(Q(t)-500)\,dt+\frac{60}{1000}\times\int_{5}^{52}(Q(t)-500)\,dt$$

$$=\frac{60}{1000}\times\int_{1.5}^{5}\left(\Psi\times\frac{4}{5}\times\frac{2001\times1.811\times t}{(t+8)^{0.711}}-500\right)dt+\frac{60}{1000}\times\int_{5}^{52}\left(\Psi\times4\times\frac{2001\times1.811}{(t+8)^{0.711}}-500\right)dt$$

$$=895.74m^3$$

在这里 $Q(t)=\Psi\times F(t)\times q(t)$

依据上述方法，对南、北方其他几个典型城市，在相同条件下的调节池计算如下：

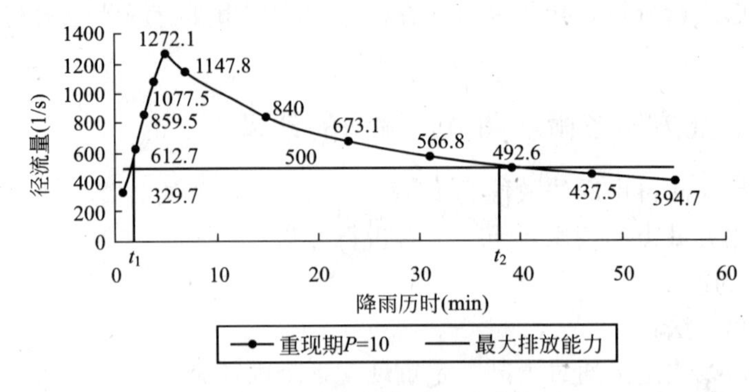

图 7-23 沈阳市降雨径流曲线图

从图 7-23 中，可以知道在［1.58，38］min 这段时间内，超过排水管网排水能力的雨水开始暂时贮存在调节池内，当雨水径流量小于最大排放量时，贮存在其内的雨水开始排入排水管网，其容积计算如下：

$$V=\frac{60}{1000}\times\int_{1.58}^{38}(Q(t)-500)\mathrm{d}t=\frac{60}{1000}\times\int_{1.58}^{38}(\Psi\times F(t)\times q(t)-500)\mathrm{d}t=410.9\mathrm{m}^3$$

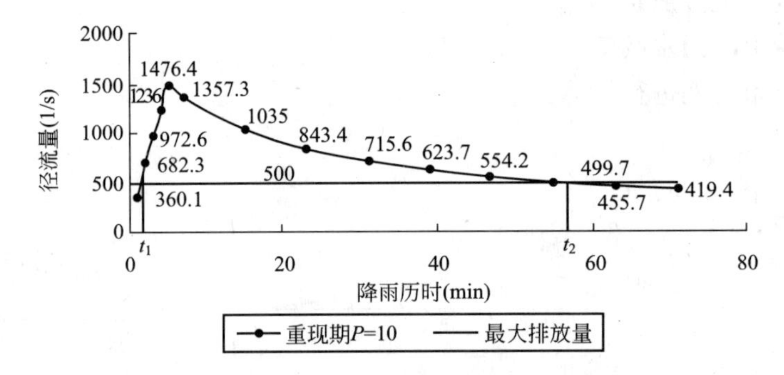

图 7-24 合肥市降雨径流曲线

从图 7-24 中，可以知道在［1.42，55］min 这段时间内，超过排水管网排水能力的雨水开始暂时贮存在调节池内，当雨水径流量小于最大排放量时，贮存在其内的雨水开始排入排水管网，其容积计算如下：

$$V=\frac{60}{1000}\times\int_{1.42}^{55}(Q(t)-500)\mathrm{d}t=\frac{60}{1000}\times\int_{1.42}^{55}(\Psi\times F(t)\times q(t)-500)\mathrm{d}t=988.6\mathrm{m}^3$$

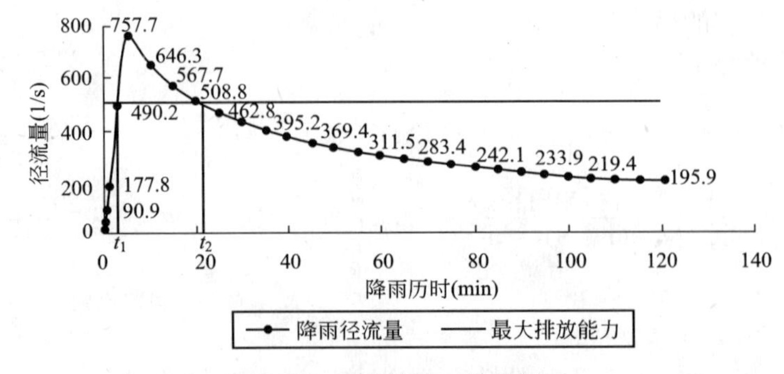

图 7-25 西安市降雨径流曲线

从图 7-25 中，可以知道在［3.08，20.8］min 这段时间内，超过排水管网排水能力的雨水开始暂时贮存在调节池内，当雨水径流量小于最大排放量时，贮存在其内的雨水开始排入排水管道排走，其容积计算如下：

$$V=\frac{60}{1000}\times\int_{3.08}^{20.8}(Q(t)-500)\mathrm{d}t=\frac{60}{1000}\times\int_{3.08}^{20.8}(\Psi\times F(t)\times q(t)-500)\mathrm{d}t=116.03\mathrm{m}^3$$

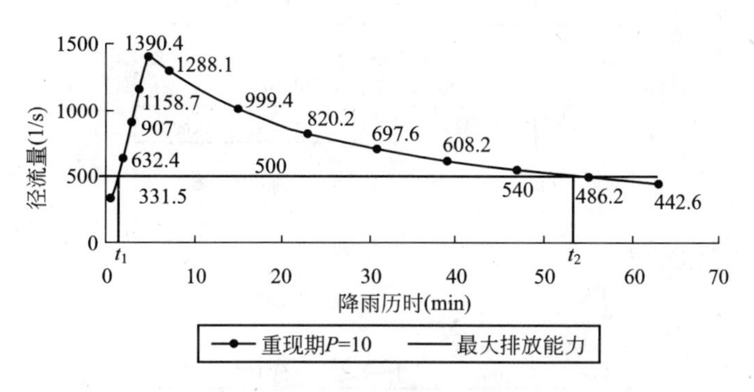

图 7-26　济南市降雨径流曲线

从图 7-26 中，可以知道在［1.55，52.7］min 这段时间内，超过排水管网排水能力的雨水开始暂时贮存在调节池内，当雨水径流量小于排水管道的最大排放量时，贮存在其内的雨水开始排出，进入排水管道排走，其容积计算如下：

$$V=\frac{60}{1000}\times\int_{1.55}^{52.7}(Q(t)-500)\mathrm{d}t=\frac{60}{1000}\times\int_{1.55}^{52.7}(\Psi\times F(t)\times q(t)-500)\mathrm{d}t=676.04\mathrm{m}^3$$

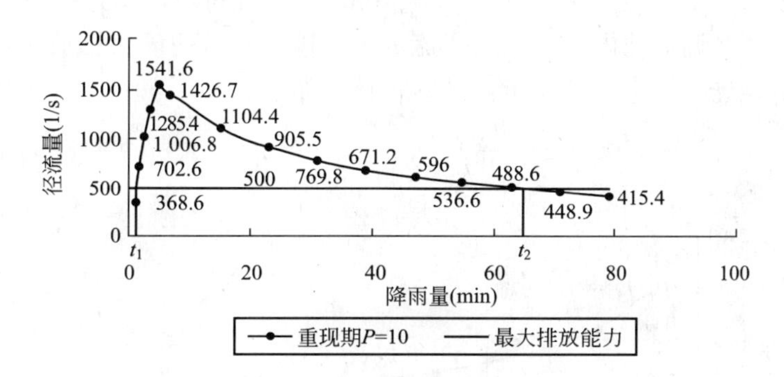

图 7-27　上海市降雨径流曲线

从图 7-27 中，可以知道在［1.55，52.7］min 这段时间内，超过排水管网排水能力的雨水开始暂时贮存在调节池内，当雨水径流量小于排水管道的最大排放量时，贮存在其内的雨水开始排出，进入排水管道排走，其容积计算如下：

$$V=\frac{60}{1000}\times\int_{1.55}^{52.7}(Q(t)-500)\mathrm{d}t=\frac{60}{1000}\times\int_{1.55}^{52.7}(\Psi\times F(t)\times q(t)-500)\mathrm{d}t=901.72\mathrm{m}^3$$

从图 7-28 中，可以知道在［2.04，54.72］min 这段时间内，超过排水管网排水能力的雨水开始暂时贮存在调节池内，当雨水径流量小于排水管道的最大排放量时，贮存在其内的雨水开始排出，进入排水管道排走，其容积计算如下：

$$V=\frac{60}{1000}\times\int_{2.04}^{54.72}(Q(t)-500)\mathrm{d}t=\frac{60}{1000}\times\int_{2.04}^{54.72}(\Psi\times F(t)\times q(t)-500)\mathrm{d}t=466.95\mathrm{m}^3$$

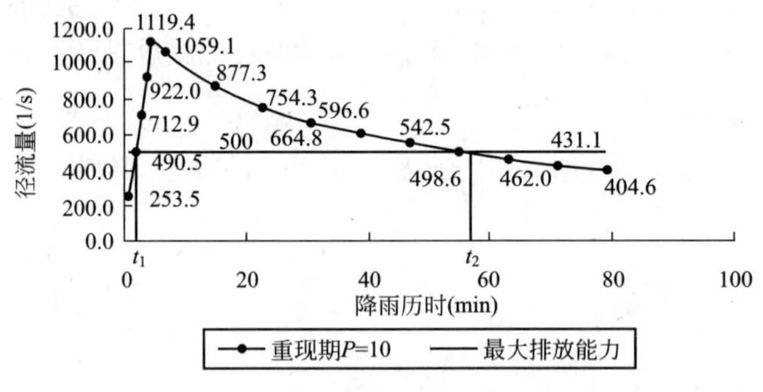

图 7-28 成都市降雨径流曲线图

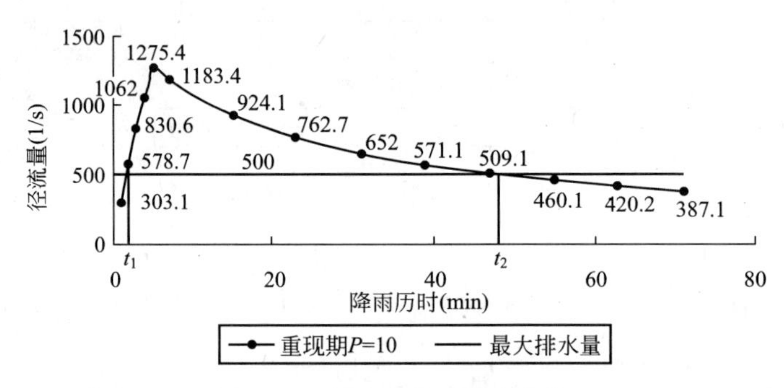

图 7-29 长沙市降雨径流曲线

从图 7-29 中，可以知道在［1.7，48.3］min 这段时间内，超过排水管网排水能力的雨水开始暂时贮存在调节池内，当雨水径流量小于排水管道的最大排放量时，贮存在其内的雨水开始排出，进入排水管道排走，其容积计算如下：

$$V=\frac{60}{1000}\times\int_{1.7}^{48.3}(Q(t)-500)\mathrm{d}t=\frac{60}{1000}\times\int_{1.7}^{48.3}(\Psi\times F(t)\times q(t)-500)\mathrm{d}t=533.28\mathrm{m}^3$$

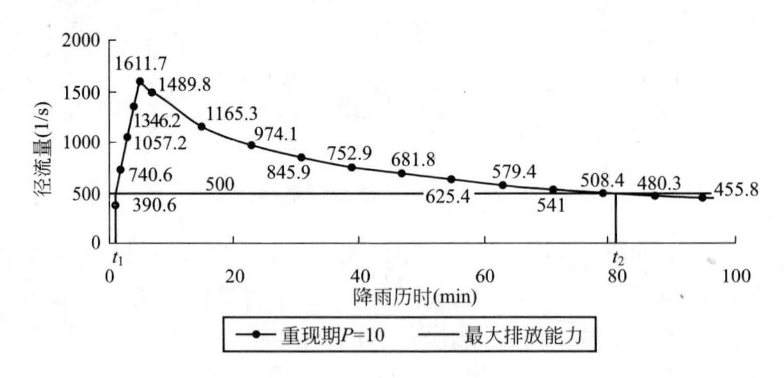

图 7-30 广州市降雨径流曲线

从图 7-30 中，可以知道在［1.3，81.28］min 这段时间内，超过排水管网排水能力的雨水开始暂时贮存在调节池内，当雨水径流量小于排水管道的最大排放量时，贮存在其内的雨水开始排出，进入排水管道排走，其容积计算如下：

$$V=\frac{60}{1000}\times\int_{1.3}^{81.28}(Q(t)-500)\mathrm{d}t=\frac{60}{1000}\times\int_{1.3}^{81.28}(\Psi\times F(t)\times q(t)-500)\mathrm{d}t=1112.97\mathrm{m}^3$$

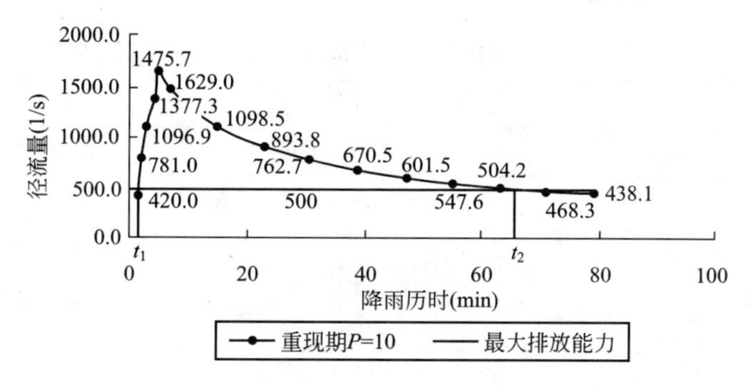

图 7-31　福州市降雨径流曲线

从图 7-31 中，可以知道在［1.21，63.85］min 这段时间内，超过排水管网排水能力的雨水开始暂时贮存在调节池内，当雨水径流量小于排水管道的最大排放量时，贮存在其内的雨水开始排出，进入排水管道排走，其容积计算如下：

$$V=\frac{60}{1000}\times\int_{1.21}^{63.85}(Q(t)-500)\mathrm{d}t=\frac{60}{1000}\times\int_{1.21}^{63.85}(\Psi\times F(t)\times q(t)-500)=908.54\mathrm{m}^3$$

7.6.2　南、北方城市雨水调节池特点的分析比较

上一节中，计算了南、北方城市在一定条件下调节池的容积，这些数据对分析南、北方城市雨洪控制有重要作用，在本节里将根据上节的结果结合容积和造价等方面的知识，讨论南、北方地区城市的雨洪控制应采取何种方法。

从容积、造价方面，比较南、北方城市雨水调节池的特点

现在将在上述条件下，经计算得到的调节池容积列表如下：

南方地区典型城市的调节池容积见表 7-20：(P=10、t_1=5min、Ψ=0.619、F=4hm^2)

南方地区典型城市的调节池容积　　**表 7-20**

城市	成都	上海	长沙	福州	广州
调节池容积(m^3)	466.95	901.72	533.28	908.54	1112.97

北方地区典型城市的调节池容积见表 7-21(P=10、t_1=5min、Ψ=0.619、F=4hm^2)

北方地区典型城市的调节池容积　　**表 7-21**

城市	沈阳	北京	西安	合肥	济南
调节池容积(m^3)	410.92	895.75	116.03	988.64	676.04

根据表 7-20、表 7-21，可以知道就调节池的平均大小而言，南方城市的明显大于北方城市的。但是，有的北方城市的调节池也不小，如华中地区的城市。在这里，雨水调节池仅仅是作为调蓄降雨洪峰的一种措施而以，实际上，所有的宝贵雨水资源最后还是被白白排掉了。

调节池采用钢筋混凝土结构时，每立方米造价 800～1200 元，取 1000 元/m^3。这样就可以知道在 P=10、t_1=5min、Ψ=0.619、F=4hm^2 时，南、北方雨水调节池的造价了。

南方典型城市调节池的造价见表7-22。

南方典型城市调节池的造价　　表7-22

城市	成都	长沙	上海	福州	广州
调节池造价(万元)	46.7	53.4	90.2	90.9	111.3

北方典型城市调节池的造价见表7-23。

北方典型城市调节池的造价　　表7-23

城市	沈阳	北京	合肥	西安	济南
调节池造价(万元)	41.1	89.6	98.9	11.6	67.6

计算中所取得P=10a，4hm^{2}汇水面积上，大概是37.5%的绿化率，市政排水管道的最大排洪能力是500L/s，南、北方城市的调节池的造价上，一般南方城市要高于北方城市。有的北方城市的调节池造价也不低，如华北地区城市合肥，达到了近100万元。

调节池仅仅是为了调蓄洪峰，让雨水尽可能的排走，降低市政管网的排水压力。一般城市的防洪标准在10年以上，也就是说，在一年的绝大多数时候，调节池是空闲的，处于闲置状态。而就整个城市的防洪来说，如果通过市政管网将雨水排出的话，这样的雨水调节池在每个城市将造1000个以上，那将是一笔巨大的投资。这是每个城市的经济状况所不允许的，也是没有必要的，是不能在根本上解决城市雨洪控制的实际问题的。尽管如此，现在大多数城市多处于供水紧张时期，随着今后经济的快速发展，这种情况会越来越严重。而现在建造这么多仅仅起到调节洪峰作用的调节池，把宝贵的雨水资源白白地排掉，不仅是造成了极大地资源浪费(包括水资源、经济资源等)，还带来很严重的后果。因此，没有必要建造这么多的仅仅起到调蓄洪峰作用的调节池，而应该采取其他措施对雨水进行收集利用，这样做，既在一定程度上缓解了供水压力，又降低了市政建设的投资，提高了城市的防洪能力。最后，建议北方城市将单一功能的调节池改造成具有多功能的调蓄沉淀池，这样既调节了洪峰，又可收集利用一定量雨水，经过简单的净化处理就可以使用，南、北方地区城市可以适当考虑。

7.7 南、北方城市渗透系统特性分析

前一章从雨洪控制方面研究了雨水利用的设施，由于近年来对地下水的掠夺性开采，导致地下水位的下降，严重的地区出现了地面沉降。因此利用雨水下渗补充地下水是一个比较不错的措施，本章将讨论雨水渗透方面的内容。

7.7.1 采用渗透系统的必要性和雨水渗透的概述

1. 采用渗透系统的必要性

随着城市硬化面积率大幅上升，这将给城市防洪、防涝带来极大的压力。同时，由于城市人口的增加，用水量也急剧增加，很多城市便开始大规模的开采地下水，造成了地下水资源的大量减少，甚至出现地面沉降等严重后果。雨水是一种相对廉价的水资源，只要经过稍许处理就可以补充并涵养地下水资源，缓解城市用水的紧张局面，并且在改善生态

环境，缓解地面的沉降，减少水涝等方面起到重要作用。

2. 雨水渗透技术的概述

雨水渗透技术的定义：在一定的时间、渗透面积下，通过一定的技术措施让雨水慢慢进入地下的过程。

雨水渗透设施及其优缺点：

(1) 低势绿地

将一定汇流面积上的雨水汇流到一个种有耐水植物的低势洼地，让雨水慢慢下渗的过程。

低势绿地的优缺点：

优点：透水性好；节省投资；可减少绿化用水并改善城市环境；对雨水中的一些污染物具有较强的截流和净化作用。

缺点：

渗透流量受土壤性质的限制，雨水中如含有较多的杂质和悬浮物，将会影响绿地的质量和渗透性能。

(2) 人造透水地面

利用各种人工材料铺设的透水的地面，如多孔的嵌草砖、碎石地面、透水性混凝土地面等。

人造透水地面的优缺点：

优点：

能利用表层土壤对雨水的净化能力，对预处理要求相对低；技术简单、便于管理；城区有大量的地面，如停车场、步行道、广场等可以利用。

缺点：

渗透能力受土质限制，需要较大的透水面积，无调蓄能力。

(3) 渗透管(渠)

就是将传统的雨水管渠改成多空管渠，让雨水向管渠周围土壤层渗透。

渗透管(渠)的优缺点：

优点：

施工简单、费用低，可利用表层土壤的净化功能。

缺点：

受地面条件限制。

(4) 渗透井

就是将井底和井壁做成透水的，让井里的雨水慢慢向周围土壤层渗透。

渗透井的优缺点：

优点：

占地面积和所需地下空间小，便于集中控制管理。

缺点：

净化能力低，水质要求高，不能含过多的悬浮固体，需要预处理。

(5) 渗透塘

就是利用地面水塘、低洼地或地下水池对雨水进行渗透的设施。

渗透塘的优缺点：

优点：

渗透和储水容量大，净化能力强，对水质和预处理要求低，管理方便，可有渗透、调节、净化、改善景观等多重功能。

缺点：

占地面积大，在拥挤的城区应用受到限制；设计管理不当会使水质恶化和滋生蚊蝇，干燥缺水地区，蒸发损失大。

（6）综合渗透设施

就是依据设计区域的实际情况，因地制宜，在既不影响设计区域周围环境，又和周围环境和谐统一甚至改善周围环境的前提下，将上述的渗透设施有机地结合起来的综合渗透设施。

综合渗透设施的优缺点：

优点：根据现场条件的多变选用不同类型的渗透装置，取长补短，效果显著。

缺点：技术措施比较复杂。

7.7.2 有关渗透模型的原理及计算

1. 渗透模型原理的简要说明

上一节已经就渗透这种雨水间接利用设施的作用作了简单的介绍，在这一节里，将在一定条件下构建渗透设施模型，通过这个模型中的诸如降雨重现期、渗透面积率、外排系数、渗透系数的关系说明南、北方地区城市在渗透设施特点方面的异同。

下面是渗透设施简要模型及渗透设施原理曲线：

如图 7-32、图 7-33 所示，根据水量平衡原理，列出上述渗透设施水量平衡式：

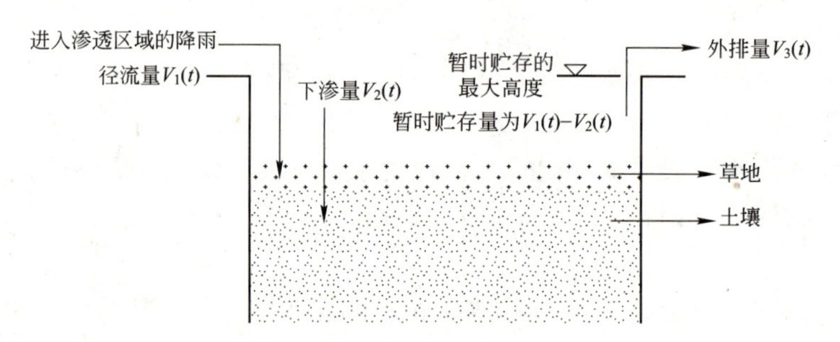

图 7-32　渗透设施简要模型

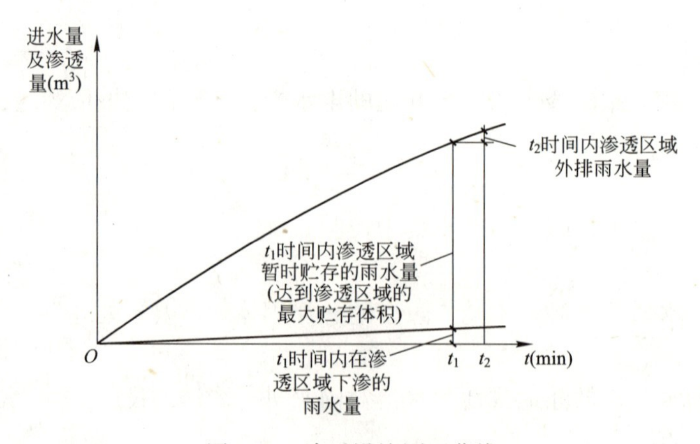

图 7-33　渗透设施原理曲线

渗透的水量平衡式：

进入渗透区域的雨水量 $V_1(t)$ = 暂时贮存量 $<V_1(t)-V_2(t)>$ + 下渗量 $V_2(t)$ + 外排量 $V_3(t)$

即 $V_1(t)=V_0(t)+V_2(t)+V_3(t)$，其中 $V_0(t)=V_1(t)-V_2(t)$

$\mathrm{Max}<V_1(t)-V_2(t)>$ 渗透工作面积 A 与雨水水面最大高度之积

$V_1(t)$ 为经过初期弃流后而进入渗透区域的径流雨水量

b 为初期弃流系数(其取值随当地雨水水质而定)

渗透计算说明：

从图 7-32 中，可以知道上述设施是一个带有暂时贮存功能的渗透设施，在这里没有考虑蒸发量，当汇水面积上经过初期弃流的雨水进入渗透工作区域时，渗透区域开始工作。同时由于在一定时间内，进入渗透区域的雨水量远远大于渗透量，使其暂时贮存在渗透区域内，随着流入的雨水量越来越多，超过了渗透区域的贮存最大极限，将溢流外排。雨水进入渗透区域的过程是总量逐渐增大，进水流量一般逐渐变小；为简化计算，渗透过程被认为是匀速下渗，溢流外排总量是从开始溢流外排时到外排终止这段时间的总量。三者的关系如图 7-33 所示。

依据上述渗透设施水量平衡式，对渗透模型的一些重要参数的计算，做归纳总结。具体计算式如下。

(1) 降雨径流量的计算

$$V(t)=\frac{60}{1000}\times\Psi\times\int_0^T q(t)\times F(t)\mathrm{d}t \tag{7-3}$$

式中 $q(t)$——各地的暴雨强度公式 $[1/(\mathrm{hm^2\cdot s})]$；

Ψ——综合径流系数；

F——汇水面积 $\mathrm{hm^2}$；

T——设计降雨历时(min)；

$V(t)$——降雨径流量($\mathrm{m^3}$)。

(2) 渗透区域所能暂时贮存的最大雨水量

$$V_4=A\times c \tag{7-4}$$

式中 A——渗透区域的面积($\mathrm{m^2}$)；

c——渗透区域所能承受的雨水高度(m)；

V_4——渗透区域所能暂时贮存的最大雨水量($\mathrm{m^3}$)。

(3) 外排系数的计算

$$\text{外排系数}\ a=\frac{\text{外排水量}}{\text{总雨水量}}\times100\%$$

渗透区域的面积是确定已知的：

$$a(t)=\frac{V_3(t)}{V(t)}=\frac{V_1(t)-V_4-V_2(t)}{V(t)}=\frac{(1-b)\times V(t)-A\times c-K\times J\times A\times T}{V(t)} \tag{7-5}$$

式中 $V_3(t)$——某段时间内需要外排的雨水总量($\mathrm{m^3}$)；

$V_2(t)$——某段时间内渗透区域内所渗透的雨水总量($\mathrm{m^3}$)；

$V(t)$——某段时间内所下降的雨水总量($\mathrm{m^3}$)；

A——渗透区域面积(m^2);

V_4——渗透区域所能暂时贮存的最大雨水量(m^3)。

(4) 暂时贮存的雨水体积及贮存雨水深度的计算

$V_2(t)$为在径流时间内，所能渗透的雨水体积：

$$V_2(t)=K\times J\times T\times A \tag{7-6}$$

$V_0(t)$为在某段径流时间内，所贮存的雨水体积：

$$\begin{aligned}V_0(t)&=(1-b)\times V(t)-V_2(t)\\&=(1-b)\times\frac{60}{1000}\times\Psi\times\int_0^T q(t)\times F(t)\mathrm{d}t-V_2(t)\mathrm{d}t\end{aligned} \tag{7-7}$$

根据(1)和(2)式可以推出(3)式

$$H(t)=\frac{V_0(t)}{A}=\frac{(1-b)\times\frac{60}{1000}\times\Psi\times\int_0^T q(t)\times F(t)\mathrm{d}t-V_2(t)}{A}\quad[0,t_1] \tag{7-8}$$

式中 $H(t)$——渗透工作区域上所贮存的雨水深度。

在t_1时刻，渗透区域的最大暂时贮存能力已经饱和，这时流入的径流雨水开始溢流外排。

$$H(t)=c\quad[t_1,\ 120]$$

在t_1时刻后，渗透区域的水位保持在最高水位。

(5) 渗透面积率

设S为渗透面积率：

$$S=\frac{\text{渗透面积}}{\text{所承担的汇水面积}}\times100\%$$

7.7.3 模型的应用

在假设条件下，南、北方典型城市渗透面积的计算

假设条件：(1) 现在设有$4hm^2$的汇水面积，其中绿地有$1.2hm^2$，其他的地方为建筑面积和混凝土路面，而渗透区域建设在绿地区域，则综合径流系数是$\Psi=0.67$;

(2) 暴雨的重现期是1年；

(3) 土壤的渗透系数取$K=2\times10^{-5}m/s$;

(4) 渗透时间$T=20h$;

(5) 取$b=0.1$，$a=0.2$(b为初期弃流系数，a为一场雨结束时，渗透区域溢流外排的总外排系数);

(6) 设渗透为垂直土壤渗透，$J=1$。

计算南、北方城市所需的渗透面积：

以北京为例进行计算：

在计算中，取一场雨的降雨历时是120min，在此降雨历时内，一定汇水面积上的雨水总量为V，计算方法有两种。

方法(1)如图7-34所示，用相似和面积分割互补的方法可以近似得到这场重现期为1年，降雨历时为120min，一定汇水面积的雨水总量。

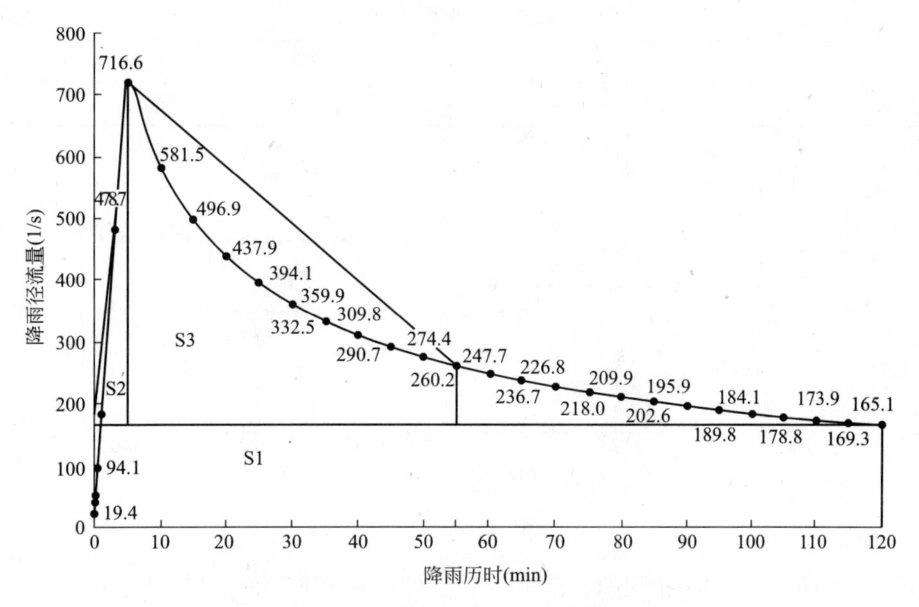

图 7-34　北京市降雨径流曲线图

$$V=S_1+S_2+S_3=\frac{165.1\times120\times60}{1000}+\frac{0.5\times(716.6+260.2-165.1\times2)\times50\times60}{1000}$$
$$+\frac{0.5\times(716.6-165.1)\times5\times60}{1000}$$
$$=1188.7+969.9+82.7=2241.3\text{m}^3$$

方法(2)采用曲线积分的方法：

$$V=\frac{60\times\Psi}{1000}\times\int_0^T F(t)\times Q(t)\mathrm{d}t$$
$$=\frac{60\times0.675}{1000}\times\int_0^5\frac{4}{5}\times t\times\frac{2001}{(t+8)^{0.711}}\mathrm{d}t+\frac{60\times0.675\times4}{1000}\times\int_5^{120}\frac{2001}{(t+8)^{0.711}}\mathrm{d}t$$
$$=145.2+2204.3=2349.5\text{m}^3$$

现在将两种方法的误差计算比较一下，两者之间相差不到 5%，相互之间差别不是很大，所以可以说明用相似分割法计算降雨总量，从总体而言是正确的，数据是可信的。

根据达西定理，可知渗透面积的计算公式如下：

$$A=\frac{V_1}{K\times J\times T}=\frac{(1-b-a)\times V_1}{K\times J\times T}\quad\text{代入数据经计算得}$$
$$=\frac{2241.3\times(1-0.1-0.2)}{0.00002\times1\times72000}=1089.5\text{m}^2$$

在相同的假设条件下，分别计算南、北方典型城市所需的渗透面积并列表如下：

北方地区典型城市在相同条件下所需渗透面积见表 7-24。

北方地区典型城市所需渗透面积　　表 7-24

城市	沈阳	北京	济南	西安	合肥	平均值
渗透面积(m^2)	932.6	1089.5	1077.0	527.1	1119.8	959.7

南方地区典型城市在相同条件下所需渗透面积见表 7-25。

南方地区典型城市所需渗透面积　　表 7-25

城市	成都	长沙	上海	福州	广州	平均值
渗透面积(m^2)	1241.1	1054.7	1185.8	1308.9	1503.3	1258.8

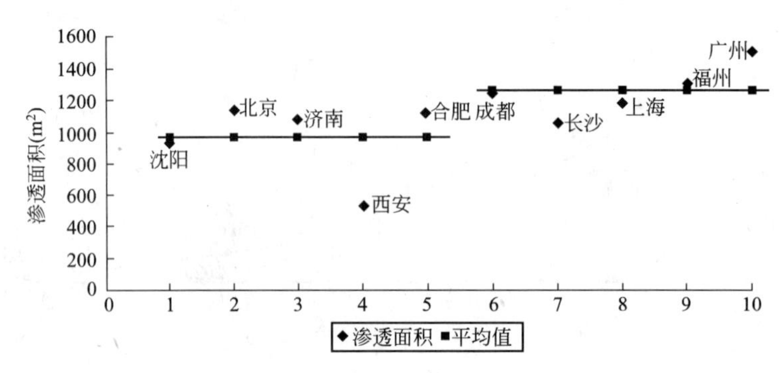

图 7-35　南、北方所需渗透面积

从图 7-35 可以看出：在相同的假设条件下，南方城市处理重现期为 1 年的一场雨所需的渗透面积明显高于北方城市，在仔细观察一下每个典型城市的渗透面积并相互比较，就会发现，这就是暴雨强度曲线在一定条件下的一个变形，也充分反映了暴雨强度所反映的特点。

7.7.4　南、北方城市渗透设计的影响因素

根据 7.7.2 所述的模型，就模型涉及的参数进行比较分析，研究得出适合南、北方地区城市的参数范围。

1. 渗透面积率和降雨重现期的关系

取不同的重现期时，渗透面积率的关系

(1) 取汇水面积为 $4hm^2$，绿地面积为 $1.2hm^2$，其他的地方为建筑面积和混凝土路面，而渗透区域建设在绿地区域，则综合径流系数是 0.67；

(2) 渗透时间 T 为 20h；

(3) 重现期分别为 0.5 年、1 年、3.33 年、5 年；

(4) 取 $a=0.2$，$b=0.1$(b 为初期弃流系数，a 为一场雨结束时，渗透区域溢流外排的总外排系数)；

(5) 取渗透系数 $K=10^{-5}$m/s；

(6) 设渗透为垂直土壤渗透，$J=1$。

渗透面积率和降雨重现期的关系：

当重现期分别取 0.5 年、1 年、3.33 年、5 年时，南、北方典型城市的渗透面积率见表 7-26。

南、北方典型城市的渗透面积率　　表 7-26

重现期 \ 城市	沈阳	北京	西安	合肥	济南	上海	成都	长沙	广州	福州
0.5 年	3.4	4.1	1.5	4.2	3.8	4.4	4.6	4.0	6.3	5.0
1 年	4.7	5.7	2.6	5.6	5.4	5.9	6.2	5.3	7.5	6.5

续表

重现期＼城市	沈阳	北京	西安	合肥	济南	上海	成都	长沙	广州	福州
3.33年	6.2	7.8	4.6	7.6	7.5	8.0	7.7	7.1	9.6	8.2
5年	6.9	8.8	5.1	8.3	8.2	8.7	8.2	7.5	10.3	9.4

从图7-36中，可以看出随着一场雨的重现期的取值的增大，相应的渗透面积率也呈增加的趋势。总体而言，南方城市所需的渗透面积普遍比北方城市大。在图7-36中，可以发现在重现期取到5年时，最大的渗透面积率才达到整个汇水面积的10%多一点，当然其中不包括20%的外排雨水量和10%的初期弃流量。而现在的建筑小区内，一般得考虑20%以上的绿地覆盖率，才能达到国家或地方上的要求，如果考虑将这些绿地做成有渗透功能的区域，那将既可减轻小区防洪的压力，降低排水设施的造价，直接降低建筑成本，又可改善周围的生态环境。

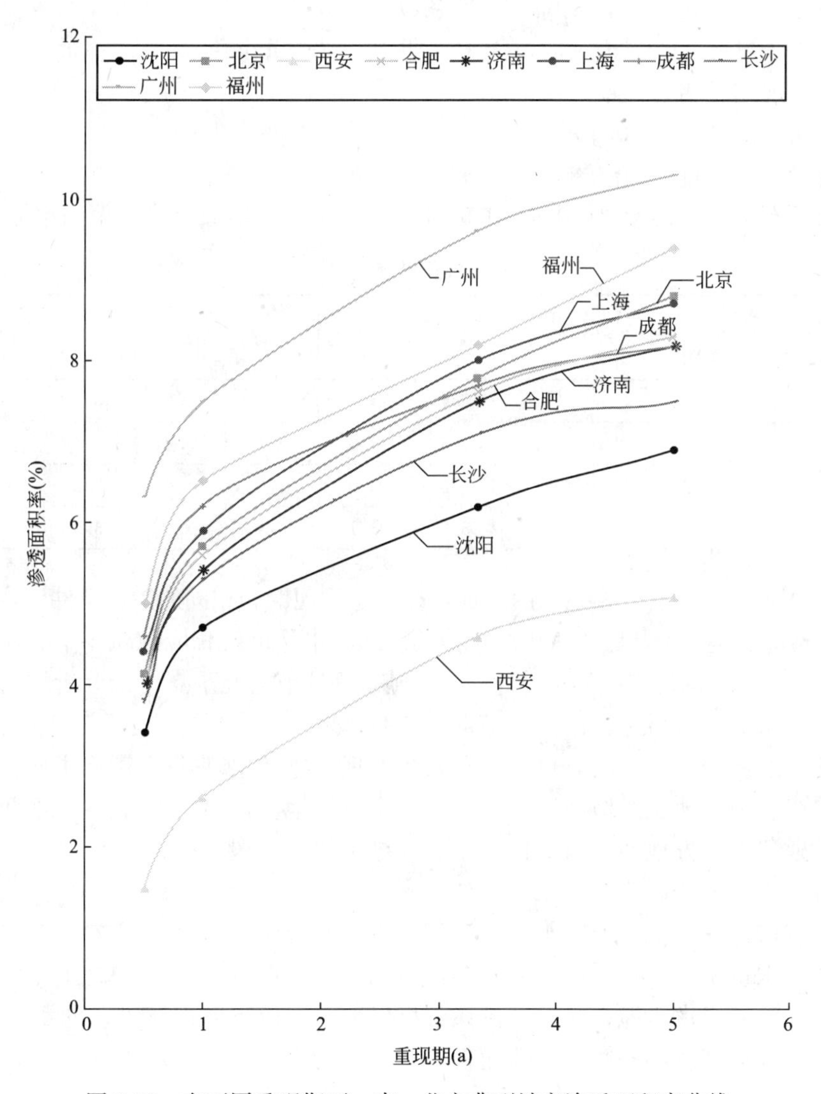

图7-36 在不同重现期下，南、北方典型城市渗透面积率曲线

在北方地区城市，由于水资源少，一直以来大量地开采地下水，随着经济、社会的发展，对水资源的需求也大幅度的增加，使原本就紧张的供水压力变得更大，但又由于多年对地下水的掠夺性开采，不注意及时补给地下水资源，现在已经造成很严重的后果，有的地区的地面不同程度地出现了下沉，又由于在上一段提到过渗透区域所占的面积率比较低，所以建议在北方地区城市考虑适当多做一些渗透设施，以缓解由于过度开采地下水资源带来的种种不良影响。建议北方地区在城市地形适当的区域建造一些绿地渗透设施。

在南方地区由于水资源比较丰富，地下水水位普遍比较高，地表水资源也比较丰富，再加之渗透设施所占面积不大，且可降低排水管网的造价，减轻城市的防洪压力，可以适当加以考虑。

2. 渗透面积率和外排系数的关系

取不同的外排系数 b=0.2、0.3、0.4、0.5 时，外排系数渗透面积率的关系

(1) 取汇水面积为 $4hm^2$，绿地面积为 $1.2hm^2$，其他的地方为建筑面积和混凝土路面，而渗透区域建设在绿地区域，则综合径流系数是 0.67

(2) 渗透系数 $K=10^{-5}$m/s 时，配水周期为 T 为 20h

(3) 取降雨重现期为 1 年

(4) 初期弃流系数 a=0.1

(5) 设渗透为垂直土壤渗透，J=1

当外排系数 b=0.2、0.3、0.4、0.5 时，南、北方典型城市渗透面积率见表 7-27。

南、北方典型城市渗透面积率 **表 7-27**

外排系数 \ 城市	沈阳	北京	西安	合肥	济南	上海	成都	长沙	广州	福州
b=0.2	4.7	5.4	2.6	5.6	5.4	5.9	6.2	5.3	7.5	6.5
b=0.3	4.0	4.7	2.2	4.8	4.6	5.1	5.3	4.5	6.4	5.6
b=0.4	3.3	3.4	1.9	4.0	3.8	4.2	4.4	3.8	5.4	4.7
b=0.5	2.7	2.7	1.5	3.2	3.1	3.4	3.5	3.0	4.3	3.7

如图 7-37 所示，随着外排系数的增加，在一定重现期和相同的渗透条件下，南、北方城市所需的渗透面积呈下降趋势，因此所承担的渗透雨水量也就相应地减少了。在南、北方城市建设中，采取多大的外排系数来设计渗透设施，是这节需要重点讨论分析的内容。

在上述气象资料分析中，已经知道北方地区城市雨水资源量明显普遍少于南方城市。近年来，随着经济的快速发展，城市供水紧张的现象屡屡出现，又由于对地下水资源的过度开发，造成了一些地区的地面发生沉降，为了更好地促进城市水循环的健康、稳定、持续地发展，建议在北方地区可以取比较小的外排系数，一般可以在 0.2 以下，在必要的情况下甚至可以为零，让更多的雨水补充地下水。

对南方城市而言，虽然地下水水位较高，水资源也比较丰富，但在一些地区建造渗透设施补充地下水也是必要的，如上海市，这时外排系数可以取小一些，并且由于渗透面积率又比较小，不是很占土地，所以外排系数可以取 0.2 以下，以防洪、储蓄利用为目的也可以将外排系数适度取小一些。总体而言，本人以为在南方地区城市外排系数取值应该大于北方地区城市。

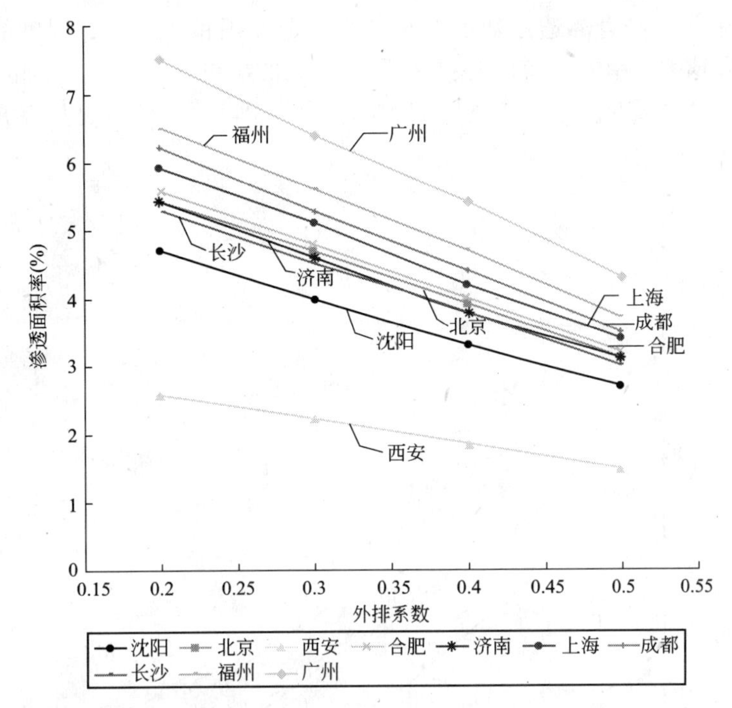

图 7-37　在不同的外排系数下，南、北方典型城市渗透面积率曲线

3. 渗透系数和外排系数的关系

取不同的渗透系数 $k=10^{-5}$、5×10^{-5}、10^{-6}、5×10^{-6}、10^{-7}、5×10^{-7}、10^{-8}、5×10^{-8}m/s 时，渗透系数和外排系数的关系

(1) 取汇水面积为 4hm²，绿地面积为 1.2hm²，其他的地方为建筑面积和混凝土路面，而渗透区域建设在绿地区域，则综合径流系数是 0.67

(2) 渗透面积为 2×10^3m²

(3) 降雨的重现期取 1 年，降雨历时取 120min

(4) 设渗透为垂直土壤渗透，$J=1$

(5) 渗透区域的最大水深为 $c=0.3$m，如超过此水深则外排

(6) 初期弃流系数 $a=0.1$，$b=0.2$

当渗透系数 $k=10^{-5}$、5×10^{-5}、10^{-6}、5×10^{-6}、10^{-7}、5×10^{-7}m/s 时，南、北方城市外排系数见表 7-28。

在不同的渗透系数下，南、北方典型城市外排系数　　**表 7-28**

渗透系数 \ 城市	沈阳	北京	西安	合肥	济南	上海	成都	长沙	广州	福州
$K=0.00005$	0.21	0.31	0	0.33	0.30	0.36	0.38	0.29	0.47	0.41
$K=0.00001$	0.51	0.57	0.21	0.58	0.56	0.60	0.61	0.56	0.66	0.62
$K=0.000005$	0.55	0.60	0.28	0.61	0.60	0.62	0.64	0.59	0.68	0.65
$K=0.000001$	0.58	0.63	0.33	0.63	0.62	0.65	0.66	0.62	0.70	0.67
$K=0.0000005$	0.58	0.63	0.34	0.64	0.63	0.65	0.66	0.62	0.70	0.67
$K=0.0000001$	0.59	0.63	0.35	0.64	0.63	0.65	0.66	0.62	0.71	0.68

如图 7-38 所示，随着渗透系数的变小，在一定面积和暂时贮存深度的条件下，雨水的外排系数越来越大。南方城市的外排系数一般比北方城市大。当然其也有一个极限值，那就是在降雨历时这段时间里，渗透区域的渗透量为 0，而这种情况只有在渗透系数很小时才会出现。

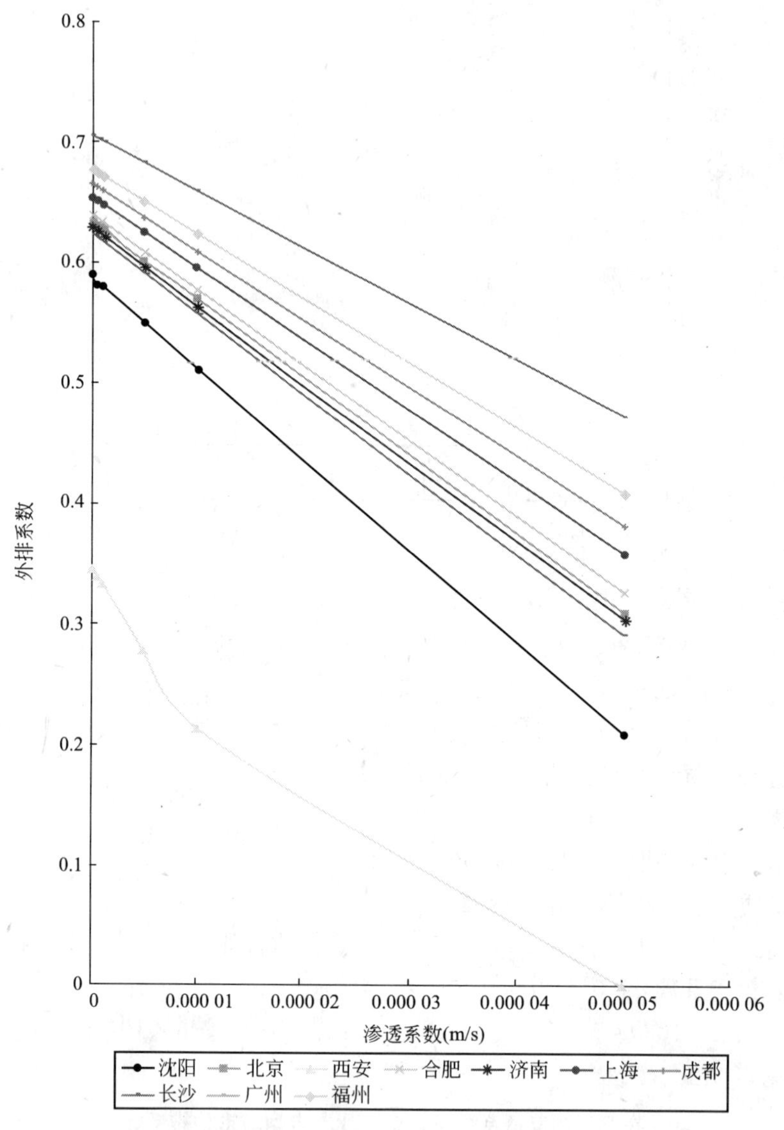

图 7-38 在一定的渗透系数下，南、北方典型城市外排系数

北方城市由于地下水资源的大量开采，地下水位一直以来都呈下降趋势，大规模的利用雨水补充地下水是一个缓解并解决这一问题的一个较好的途径。在上述条件下，如果渗透系数越大，在降雨历时内，渗入地下的雨水量就会越多，因此越能缓解地下水位急剧下降带来的严重问题。当然，随着渗透次数的增多，渗透区域的渗透系数将有一定程度的下降，渗透区域的渗透功能将会下降。所以，在径流雨水进入渗透区域之前，必须进行一系列的预处理措施，最大限度地维持渗透区域的渗透功能。建议北方城市能采取一些措施增

大渗透区域土壤的渗透系数，使外排系数尽可能地降低。北方城市渗透区域的渗透系数在0.0005～0.00001m/s之间，为了维持较高的渗透效率，应该做一些过滤带。

而南方城市则可以适度考虑渗透的方法，使雨水下渗，但不推荐大规模的采用雨水渗透措施。

7.7.5　小结

这一章主要通过建立一定的模型，讨论渗透面积率和降雨重现期、外排系数、渗透系数的关系。其中，随着降雨重现期的增大，渗透面积率也增大。外排系数、渗透系数和渗透面积率的变化相反，即外排系数、渗透系数增大，而渗透面积率却减小。

根据南、北方地区的实际情况以及计算模型，南方地区城市可以建造一定量的渗透设施，不宜多做，而北方地区则可以大规模地建造渗透设施。

7.8　多功能调蓄——水景观

上一章对雨水的间接利用设施渗透进行了分析和比较，在这一章将对多功能调蓄设施——水景观，建立模型并对此进行分析和研究，从而得出适合南、北方水景设计的参数范围。

7.8.1　多功能调蓄的概述

本节着重对多功能调蓄和水景观的一些基本知识进行简要的描述，为后述章节做铺垫。

1. 多功能调蓄的定义

多功能调蓄就是把雨水的排洪、减涝、利用与城市的生态环境和其他一些社会功能有机地结合在一起，高效率地利用城市宝贵土地资源的一类综合性的城市治水和雨洪利用设施(图7-39)。通过优化、合理的设计，多功能调蓄设施能大幅度地提高城市防洪标准，降低排洪设施的费用，更经济、更显著地调蓄利用城市雨水资源和改善城市的生态环境，充分体现了可持续发展的思想。

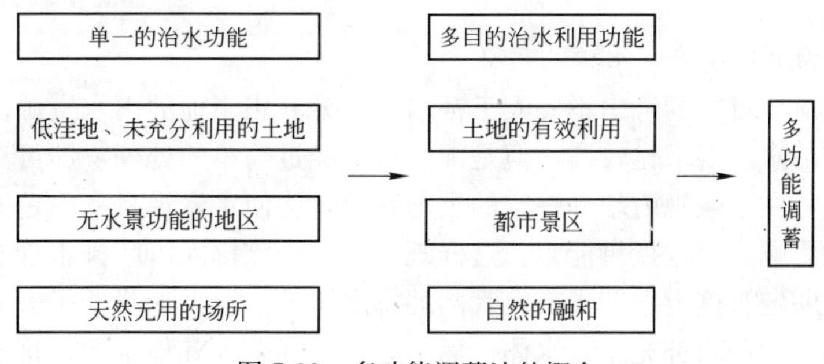

图7-39　多功能调蓄池的概念

2. 多功能调蓄设施的简单分类

(1) 按其主要功能分类

可分为防洪型的多功能调蓄设施、雨洪利用型的多功能调蓄设施

(2) 按其附属功能分类

可分为水景观、运动场、休闲娱乐场所、下凹式绿地、停车场、公园

(3) 按其结构分类

可分为防渗结构、渗透结构

(4) 按其干湿状态分类

可分为湿式多功能调蓄设施、干式多功能调蓄设施

(5) 按其所处的位置分类

可分为在线式多功能调蓄设施、离线式多功能调蓄设施

3. 城市多功能调蓄设施的作用和意义

(1) 城市雨水资源和土地资源的有效利用，减少雨洪危害，大幅降低城市防洪方面的设施费用。

(2) 为城市创造更多优美的景观。

(3) 创造与自然和谐交融的空间，极大地改善了城市的生态，体现了人本思想和可持续发展的思想。

由于城市雨水多功能调蓄是一个非常广泛的问题，因此在这一章里着重研究多功能调蓄设施——水景观。

4. 水景观的概述

(1) 水景观的定义

水景观是指依据低洼地形通过人工改造成能容纳一定水体的小湖或是全人工造的小湖，湖里有着一定的生态系统，能改善城市或住宅小区生态环境的有效措施。

(2) 雨水与水景观水系统的关系

景观水体的水源通常是自来水或地下水，但是近年来全国各大地区不同程度的出现了水供应紧张的情况，所以开始提倡用再生水。而在大多数情况下，雨水这种大自然赐给我们的宝贵资源却被通过排水管道系统直接排放，这样不仅造成了水资源的极大浪费，还增加了市政排水管网的压力，浪费了大量市政建设费用，也不利于设计良好的水景并维持其正常运行，所取得的效果也不是很好。在这种情况下，我们应该优先考虑利用雨水作为景观水源，再生水、自来水等作为补充水源。这样才能形成良性水循环，以维持水景观的正常运行。

(3) 雨水作为水景观第一水源的意义

水景的水体应尽可能的考虑不要人工补水，充分利用当地的雨水资源。虽然景观水体对进入其中的水的水质要求比较高，但是雨水只要经过简单的处理，即可充当景观水体的补充水源。同时，在水景观内培养一定的生态系统，将使水景观具有一定的自净能力，可以对外界环境的影响有一定抵御能力。这样既可将本来该排入市政排水管网的雨水进行了合理利用，又在一定程度上缓解了市政管网的排水压力，极大地降低了管网的造价。除此之外，由于采用的是雨水补充景观水体，而不是从外界调入其他水源，这样在一定程度降低了水景的运营成本，所以将雨水作为景观水体的补充水源是一项一举多得的好事。

7.8.2 水景观水量平衡模型的计算

本节将建立水景观模型，并对模型及参数进行简要说明。

水景观水量平衡模型

以水景为分析对象，根据水量守恒得如下等式

水量输入项$(V+V_b)$－水量输出项$(V_2+V_3+V_4)$＝ 水体水量变化(ΔV)

即 $(V+V_b)-(V_2+V_3+V_4)=\Delta V$

$(\Psi\times F\times H_m+V_b)-(B\times e+B\times c+g\times A_g+r\times A_r)=\Delta H\times B$ 两边都除以 B 得：

$$\left(\Psi\times\frac{F}{B}\times H_m+\frac{V_b}{B}\right)-\left(e+c+g\times\frac{A_g}{B}+r\times\frac{A_r}{B}\right)=\Delta H$$

式中 V_b——补充水量(m^3)；

ΔH——水位变化值(m)；

$\Delta H_{max}=a$m，当景观水体水位超过正常水位 am 时，进入水景观的雨水就会溢流；

$\Delta H_{min}=b$m，当景观水体水位低于正常水位 bm 时，水景观将得到人工补水，直到达到下限值为止。

有关的计算参数说明：

(1) 水量输入项——径流雨水量

径流雨水计算如下：

$$V=10\times\Psi\times F\times H_m$$

式中 Ψ——综合径流系数；

F——汇水面积(hm^2)；

H_m——月降雨量(mm)。

(2) 水量的输出项——蒸发、渗漏损失、绿地用水

蒸发量计算如下：

$$V_2=B\times e$$

式中 B——水景观的水面面积(m^2)；

e——水景地区的水面月蒸发量(mm)；

有防渗措施的也不能做到绝对防渗，可按(蒸发量＋用水量)的 10%～20%估计。

$$V_3=c\times(V_2+V_4)$$

式中 c——渗漏量系数，一般取 0.1～0.2。

用水量计算如下：

绿地浇灌、喷洒道路用水量系数应参考所在城市的实际情况，有的地区某些月份温度较低不考虑绿地浇灌和喷洒道路用水量。

$$V_4=g\times A_g+r\times A_r$$

式中 g——绿地浇灌系数；

r——喷洒道路用水系数 $1/(m^2\cdot d)$；

A_g、A_r 分别为绿地面积和道路面积(m^2)。

(3) 景观水体的水量变化

$$\Delta V=\Delta H\times B$$

式中 ΔV——景观水体的水量变化值(m^3)；

ΔH——水位变化值(m)。设 $H_{max}=a$m，若景观水体的水位超过 am 时，进入景观水体的雨水将会溢流；设 $H_{min}=b$m，若景观水体的水位低于 bm 时，水景观将得到补水，直到达到下限值；

B——景观水体水面面积(m^2)。

(4) 水景雨水外排率($P_w\%$)

$$P_w\%=\frac{\text{水景全年外排的雨水量}}{\text{汇流区域内雨水总量}}\times 100\%$$

(5) 水景面积率($S\%$)

$$S\%=\frac{\text{水景水面面积}}{\text{区域的汇水面积}}\times 100\%$$

(6) 水景人工补水率($B_w\%$)

$$B_w\%=\frac{\text{水景全年人工补水总量}}{\text{汇流区域内全年雨水总量}}\times 100\%$$

7.8.3 水景模型实例说明

1. 以北京为例进行计算说明

根据气象资料可以知道，北京市1、2、12月份的多年平均气温在0℃以下，应让水景在这三个月份停止运行，并且控制喷洒道路用水量。

假设说明：

(1) 汇水面积为5hm^2区域，其中绿地为2hm^2，其他为建筑面积、混凝土路面和一个景观湖。

(2) 建造一面积为0.5hm^2的景观湖，在湖底都做有防渗措施，考虑到不能做到绝对防渗，取当地蒸发量的0.1为渗透量。

$$\text{综合径流系数是 }\Psi=\frac{\sum F_i\times\Psi_i}{F}=\frac{2\times 0.15+2.5\times 0.9+0.5\times 1}{5}=0.61$$

(3) 在开始时，景观湖的水位达到正常水位。

(4) 在这里$a=+0.5$m，$b=-0.2$m。

北京市某水景水量平衡计算表　　表7-29

月份	径流雨水量(m^3/月)	蒸发量(m^3/月)	回用水量(m^3/月)	损失量(m^3/月)	水量差(m^3/月)	人工补水量(达到下限值即可)(m^3/月)	外排水量(达到上限值即可)(m^3/月)	原始水位值(以正常水位为标准)(m)	调蓄后水位(以正常水位为标准)(m)
3	253	774	800	151	−1478	478	0	−0.30	−0.2
4	647	1168	800	197	−2518	1518	0	−0.50	−0.2
5	1043	1388	800	219	−2363	1363	0	−0.47	−0.2
6	2383	1301	800	210	−929	0	0	−0.19	
7	5649	1050	800	185	2685	0	185	0.54	0.5
8	4871	864	800	166	5540	0	3040	1.11	0.5
9	1388	772	800	157	2159	0	0	0.43	
10	665	600	800	140	1284	0	0	0.26	
11	266	392	800	119	199	0	0	0.04	
总计	17123	8307	7200	1551		3359	3226		

2. 南、北方典型城市的水景水量平衡

南、北方典型城市的计算说明

假设条件同 1.

沈阳——由于沈阳市的多年平均气温中，1、2、12 月份的气温在 0℃以下，在这段时间里不考虑水景的运行。

西安——由于西安市的多年平均气温中，1 月份的气温在 0℃以下，在这段时间里不考虑水景的运行。

合肥——由于合肥市的多年平均气温中，全年气温在 0℃以上，水景全年运行。

济南——由于济南市的多年平均气温中，1 月份的气温在 0℃以下，在这段时间里不考虑水景的运行。

成都——由于成都市的多年平均气温中，全年气温在 0℃以上，水景全年运行。

上海——由于上海市的多年平均气温中，全年气温在 0℃以上，水景全年运行。

长沙——由于长沙市的多年平均气温中，全年气温在 0℃以上，水景全年运行。

福州——由于福州市的多年平均气温中，全年气温在 0℃以上，水景全年运行。

广州——由于广州市的多年平均气温中，全年气温在 0℃以上，水景全年运行。

北方典型城市某水景水量平衡见表 7-30。

北方典型城市某水景水量平衡 **表 7-30**

城市	径流雨水总量 (m^3/年)	蒸发总量 (m^3/年)	回用总水量 (m^3/年)	损失总量 (m^3/年)	人工补水总量（达到下限值即可）(m^3/年)	外排总水量（达到上限值即可）(m^3/年)
沈阳	20362	7360	7200	1456	1288	3947
北京	17123	8307	7200	1551	3226	3359
西安	16665	7499	8800	1630	1657	0
合肥	30348	12088	9600	2169	0	4542
济南	20347	11757	8800	2056	5322	3512

南方典型城市某水景水量平衡见表 7-31。

南方典型城市某水景水量平衡 **表 7-31**

城市	径流雨水总量 (m^3/年)	蒸发总量 (m^3/年)	回用总水量 (m^3/年)	损失总量 (m^3/年)	人工补水总量（达到下限值即可）(m^3/年)	外排总水量（达到上限值即可）(m^3/年)
上海	36124	7343	9600	1694	0	15226
成都	26541	5022	9600	1462	1347	10992
长沙	47171	6417	9600	1602	0	27053
福州	42499	7490	9600	1709	0	22209
广州	52951	7586	9600	1719	0	32463

从表 7-30、表 7-31 中可以看出，在北方地区有的城市（如华北地区的北京、东北地区的沈阳、山东半岛地区的济南）还有南方的西南地区的城市（如成都），由于全年降雨的不均匀性，造成城市的水景观在运行过程中，有的时间段雨水作为水景水源供应不足，需从

外界调集雨水以外的其他水源进行补充，这样不但使维持水景正常运行的成本大幅上升，而且使城市水资源供给更加紧张。而在下一时间段里，雨水水源供过于求，除水景观能调蓄的那部分外，其余都得外排，白白浪费了。如何合理地控制水景的设计参数，在不增加水景运行成本的前提下，最大限度地利用雨水资源，让水景这种改善城市生态环境的奢侈品能常年运行下去，在以下几节里将针对南、北方城市水景的运行作详细的分析讨论。

3. 南、北方典型城市水景调蓄下限值与雨水外排率的关系分析

从以上计算中我们可以知道在有些南方城市中，在相同的条件下，水景观能够全年正常运行，不需要从外界调水进行人工补水，因为水景观能改善水景周围区域生态环境，所以可以在那些地区多造一些和城市周围环境相协调的水景观，体现江南水乡那种让人如痴如醉的神韵，因此在这里不再进行讨论(如华南地区的广州、东南地区的上海、中南地区的长沙、长三角地区的上海等)。北方华中地区的合肥也属于上述之列，西北地区的西安市由于水资源本身就不足，虽然汇水面积上的雨水都被利用了，但是还需从外界大量调集其他水源，进行人工补水，因此在西北地区城市做水景应慎重考虑!

假设条件：

(1) 汇水面积为 $5hm^2$ 区域，其中绿地为 $2hm^2$，其他为建筑面积、混凝土路面、一个景观湖。

(2)建造一面积为 $0.5hm^2$ 的景观湖，在湖底都做有防渗措施，考虑到不能做到绝对防渗，取当地蒸发量的 0.1 为渗透量。

$$综合径流系数是\ \Psi=\frac{\sum F_i\times\Psi_i}{F}=\frac{2\times0.15+2.5\times0.9+0.5\times1}{5}=0.61$$

(3) 在开始时，景观湖的水位达到正常水位。

(4) 水景水位上限值取 $a=+0.5m$，下限值分别取 $-0.2m$、$-0.3m$、$-0.4m$、$-0.5m$ 时，水景面积率的变化关系(这里以正常水位为标准)。

计算说明：

沈阳——由于沈阳市的多年平均气温中，1、2、12 月份的气温在 0℃以下，在这段时间里不考虑水景的运行。

北京——由于北京市的多年平均气温中，1、2、12 月份的气温在 0℃以下，在这段时间里不考虑水景的运行。

济南——由于济南市的多年平均气温中，1 月份的气温在 0℃以下，在这段时间里不考虑水景的运行。

成都——由于成都市的多年平均气温中，全年气温在 0℃以上，水景全年运行。

南、北方地区某些典型城市水景下限值和雨水外排率见表 7-32(下限值以正常水位为准)。

南、北方地区某些典型城市水景下限值和雨水外排率　　表 7-32

城市 / 下限值(m)	沈阳	北京	济南	成都
−0.2	0.19	0.18	0.17	0.41
−0.3	0.17	0.16	0.15	0.40
−0.4	0.14	0.13	0.12	0.38
−0.5	0.13	0.10	0.10	0.36

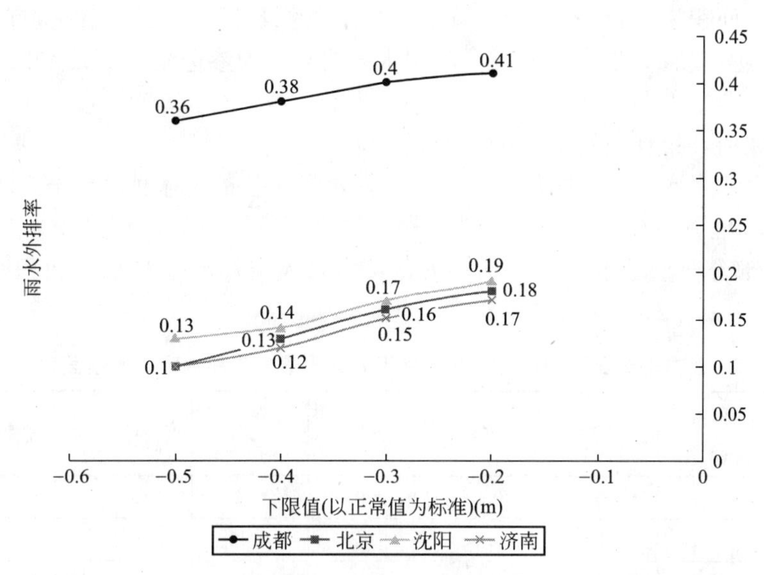

图 7-40　南、北方某些典型城市，水景下限值和雨水外排率

在以上城市进行水景观设计时，可以参看图 7-40、表 7-32 选择合理的下限值(以正常水位为标准)，以求达到对汇水面积内的雨水资源的最大利用。从这里可以知道：①南、北方城市雨水分布的不均匀性造成了在以雨水作为景观水体水源上，南方地区城市雨水外排率普遍很高。②随着下限值的降低，在以雨水作为景观水体水源上，南、北方地区城市在汇水面积上的雨水外排率都呈下降趋势。就地区的水资源供给趋势而言，北方地区一般城市的以雨水为水源的水景的下限深度可以低一些，在这里建议在－0.3～－0.4m 之间(在这里是以正常水位为准)，即既要尽可能地减少外排水量，又要综合考虑到水景观本身的水景效应。南方地区城市就没这个限制，可以全年维持在正常水位上下。

说明：

在上述条件下，西安的外排量为零，也就是雨水的利用率为 100%，而其他城市是因为随着水位下限值的变化，雨水的外排系数是一个不变的常数，所以，上述城市就没有在图 7-40 中显示。

4. 南、北方典型城市水景面积率和雨水外排率的关系分析

在小区或其他建筑区域规划时，建设一个多大的水景面积合适？以汇水面积内的雨水作为水景水源，建一个多大的水景观才能使汇水面积内的雨水得到充分利用，同时也能最大可能地降低水景的运行成本？在这一节，将针对这个问题进行详细的计算分析，提出南、北方城市水景的合理建设的规模。

通过上两节的分析，对城市以雨水作为水源的水景观，有了一点认识。由于有的北方城市的全年雨水资源量比较少，在水景的一些重要参数如水景的水位下限值变化后，在该汇水面积上的雨水几乎被全部利用了。如果在那个地方要建水景观，建设多大的水景观才能达到水景运行成本的最低等，这些都是在本节应解决的问题。

假设条件：

(1) 汇水面积为 $10hm^2$ 区域，其中绿地为 $4hm^2$，其他为建筑面积、混凝土和一个景观湖。

（2）建造一面积为 $1hm^2$、$2hm^2$、$3hm^2$、$4hm^2$ 的景观湖，在湖底都做有防渗措施，考虑到不能做到绝对防渗，取当地蒸发量和用水量的 0.1 为渗透量。那么水景面积率分别为 10％、20％、30％、40％。

（3）在开始时，景观湖的水位达到正常水位。

（4）在这里水景水位的下限值 $b=-0.2$m，水景水位的上限值 $a=+0.5$m，这些都是以正常水位为标准。

南、北方部分典型城市在一定条件下，某水景人工补水率与水景面积率的关系计算见表 7-33。

南、北方部分典型城市在一定条件下，某水景人工补水率与水景面积率　　表 7-33

水景面积率＼城市	上海	成都	沈阳	北京	西安	合肥	济南
0.1	0	0.05	0.06	0.2	0.1	0	0.26
0.2	0	0.06	0.2	0.42	0.41	0.2	0.62
0.3	0	0.1	0.39	0.83	0.81	0.51	1.11
0.4	0.03	0.14	0.67	1.21	1.21	0.88	1.65

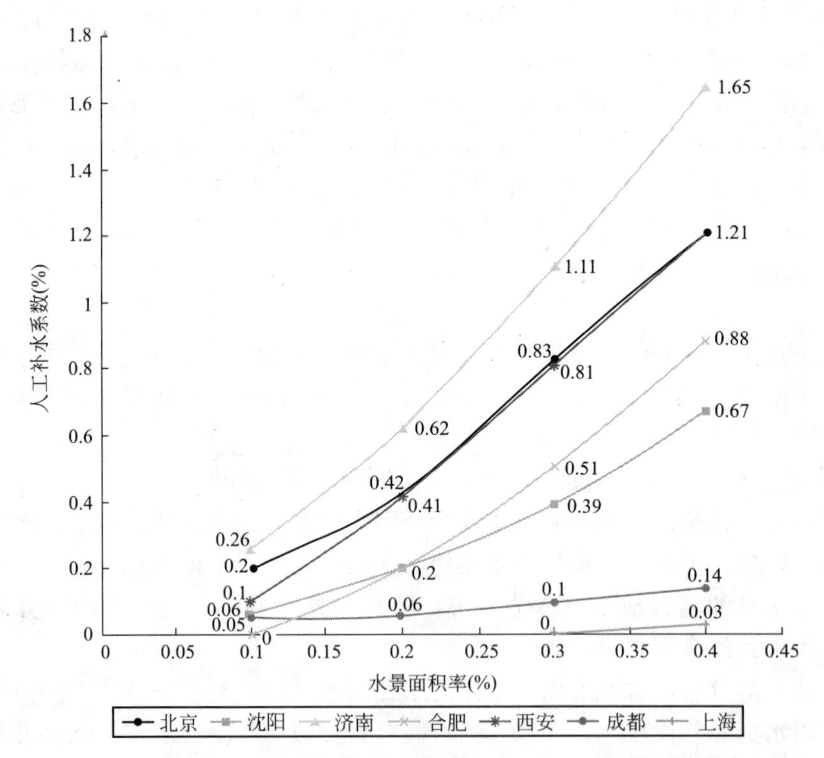

图 7-41　南、北方部分典型城市某水景人工补水率与水景面积率曲线

从表 7-33 和图 7-41 中，可以知道在南方地区城市中，存在两类不同的城市。它们分别是中南、东南、华南地区的城市为第一类，长三角、西南地区的城市为第二类。第一类城市由于全年降雨量比较多，雨水资源比较丰富，加之不同月份的降雨量相差不是很大，

使在上述条件下，以雨水作为景观水体的水源，随着水景面积率的增加，不需要从外界调集其他水源进行人工补水，在这些地区的城市规划中应该积极主动的考虑采用以雨水作为水源的水景观，这样做既减轻了城市防洪、防涝的压力，又使雨水资源得到了合理地利用，使城市的生态环境得到极大改善，取得很好的经济效益和社会效益，一般建议水景面积率可达到20%～30%之间。从图7-41中可以知道第二类地区城市随着水景面积率的上升，以雨水作为景观水体水源时，不能满足水景观全年运行的要求，需从外界调集一部分其他水源进行人工补水，让水景观持续地运行下去，如西南地区的成都市随着水景面积率从10%～40%变化时，人工补水率不多，在15%以下。而长江三角洲地区的上海市在水景面积率达到40%时，才开始少量补水不到5%。

同样，可以看出在北方地区城市中，由于全年降雨量比较少，相对于南方地区城市比较匮乏，再加上北方有的地区全年降雨很不均匀，水量月蒸发高峰期一般从3月份就开始了，直到8月份才开始有所下降，而北方地区的雨季一般出现在7～9月份。这样造成了当水景急需雨水水源补充时，没有雨水补充。而在景观水体的水量足以维持景观正常运行时，却有大量雨水降落，使景观水体水位达到最高水位限之后，白白溢流掉了，很可惜！北方地区之间也有不同，如山东半岛地区和华北地区，由于全年降雨极度不均匀，造成了随着水景面积率地上升，需要从外界调集大量的水资源补充景观水体。这样既使维持水景观的运营成本大幅上升，又使本来就缺少水供应的城市更加不堪重负，使一个能极大地改善城市生态环境的措施，成为了城市建设的奢侈品。所以，在这两个地区建水景，水景面积率应不超过10%。西北地区的城市虽然全年降雨较上述两个地区的城市均匀，但是，全年的降雨比较少，水景观只能走小型化道路，水景面积率应控制在10%以下，而东北地区、华中地区可以适度地考虑做一些大小合适的水景，以美化城市环境，最好不超过20%。

综合以上的分析，根据南、北方地区的全年降雨情况和全年的蒸发情况，以及城市水资源的一些情况，对于以雨水作为水源的水景，南、北方城市有不同的特点。①在一定条件下，考虑到以上各方面因素，北方地区的水景不宜过大，水景面积率最好控制在20%以下，有的地区甚至更低。而南方城市则可以适度做大一点。②在一定条件下，随着水景面积率的增大，南方城市的人工补水率增加比较平缓，而北方地区城市则比较迅速。

最后综合考虑，将南、北方城市水景面积率的参考值见表7-34。

南、北方城市水景面积率的参考值 **表7-34**

地区	东北	华北	西北	华中	山东半岛	长三角	西南
水景面积率	≤20%	≤10%	≤10%	≤20%	≤10%	≤40%	≤30%

在这里，这些数据仅作参考，南方地区的东南、华南、中南地区的城市，用雨水作为唯一的水景水源，原则上水景面积率可以在40%以上，在一定的下限深度下，大概是−0.2m左右不需任何的人工补水。但在实际工程中，从经济效益方面考虑，南方地区的水景面积率应控制在30%以下，20%以上。

水是生命之源，人是亲水性的动物，而水景观是改善城市生态环境的重要措施。所以，我们应该在一定建筑面积上尽可能地考虑建造一定面积的以雨水作水源的水景。

7.8.4 小结

本章主要根据水景模型，讨论水景调蓄下限值和雨水外排率的关系以及水景面积率和人工补水系数的关系。水景调蓄的下限值越低，雨水的外排率就低，相应地雨水的利用率就高。同时，如果在一定的汇水面积上建造水景观，水景面积率越大，人工补水系数就越大，补水量就越多。

根据南、北方城市实际情况和水景模型的分析计算，得出北方城市不宜做大规模的水景，可依据实际情况做一些小规模的水景，水景的调蓄下限值可以尽可能低一点，调蓄的上限值可适当大一点，这样可以在一定程度缓解降雨雨季和蒸发集中月份的错位造成的水景运行成本高的问题等。水景面积率一般控制在20%以下，水景下限值控制在－0.3～－0.4m之间。而南方城市可大规模地建造水景，水景面积率可控制在20%～30%之间。

7.9 小结及建议

7.9.1 南、北方城市雨水特点小结

结合第2～4章对南、北方雨水特点地分析，可以看出，在随后的雨水利用章节的研究或多或少地反映了前面对雨水特点的一些结果或结论。总而言之，在对南、北方雨水利用不同特点的研究中，对南、北方雨水特点的分析研究是必要的。

1. 南、北方地区城市雨水的特点

(1) 在雨水资源总量上，南方普遍多于北方城市，几乎是北方地区城市全年降雨量的2倍。

(2) 在全年降雨的均匀性上，北方城市华中地区和西北地区的全年降雨比较均匀，这可以通过不均匀系数反映出来，其他地区的全年降雨很不均匀。而南方地区典型城市中，长三角和中南地区的全年降雨比较均匀，其他地区的全年降雨没有上述两地区均匀，但从不均匀系数上，可以看出北方地区城市比南方地区城市的Ue值大，接近于6，因此，从总体而言南方地区城市的全年降雨还是比北方地区城市的均匀。而且，在南方城市的冬季和春季，这两个枯水季节的月平均降雨量也普遍大于同时期的北方城市。

(3) 在雨季的分布及其在全年的比重上，南方城市的雨季比北方城市要提前两个月，南方城市在3月份就开始雨季，北方城市从5月份才开始雨季。北方地区雨季降雨量占全年降雨的比重上普遍比南方城市高，这些都反映了北方城市的全年降雨没有南方城市均匀。

(4) 在雨水资源的可利用方面，选择不同的标准时，南方城市的雨水资源可利用量大于北方城市。如图7-8所示，南方地区在20～60mm的标准范围内，变化不到10%，而北方地区有的城市达到50%。这些都说明了南方地区的全年降雨比北方城市均匀。

2. 南、北方地区城市暴雨强度的特点

在这里都是根据南、北方城市暴雨强度公式在一定条件下，比较南、北方城市的暴雨强度在不同重现期下的趋势。从比较的结果来看，南方地区城市的暴雨强度普遍大于同一条件下北方城市的暴雨强度。随着重现期的增加，南、北方地区城市的24h最大降雨量也

增大，一般而言，南方地区城市的一定重现期下的24h最大降雨量比北方地区的城市多。

3. 南、北方地区城市蒸发量的特点

(1) 北方地区的蒸发量大于南方城市。

(2) 南方地区的蒸发量和降雨量的全年变化趋势大致是相同的，全年蒸发量峰期出现在5～9月份，与降雨峰期基本重合，对雨水利用某些设施的设计很有利；而北方地区的蒸发量和降雨量的全年变化趋势出现错位，全年蒸发量峰期出现在3～7月份，与全年降雨峰期错位，对雨水利用设施的设计比较不利。

7.9.2　南、北方城市雨水利用特点及建议

南、北方地区城市的雨水利用应该根据当地的实际情况，走一条符合本地经济发展、可持续发展政策的水资源利用之路。

根据对南、北方地区雨洪控制调节池、雨水间接利用渗透设施、雨水综合利用设施水景观的比较研究，现将比较研究结果总结如下：

(1) 在雨洪控制的调节池设计的规模上，南方地区城市普遍大于北方地区城市。以此，可以推知在雨水的直接利用设施的子部件收集系统—雨水调蓄池的规模也将大于北方城市。相同规模的调蓄池，南方城市的利用率和收集利用的雨水量也大于北方城市，相应投资回收期比北方城市短。

(2) 在对雨水间接利用的渗透设施的研究中，可以知道在渗透区域的最大暂时贮存容积确定的条件下，随着降雨重现期的增大，渗透区域所占的面积率增大，不过南方城市渗透面积率大于北方城市，在外排量增大的情况下，渗透面积率呈线性减小，同样，还是南方城市渗透面积率普遍大于北方城市。随着渗透系数的增大，雨水外排系数开始减小，但是南方城市的外排系数始终大于北方。

(3) 雨水综合利用的设施水景观的研究中，在水景观的水位上限设定的情况下，适当调整下限值，雨水外排率呈下降趋势，但是南方城市的外排率在北方地区城市之上。同样，设定上下限值，随着水景面积率的提高，维持水景正常运行所需的人工补水率大幅上升。当然，南方城市的人工补水率小于北方城市，有的甚至在水景面积率的变化范围内，不需任何人工补水。

1. 对北方地区城市雨水利用的建议

根据北方城市雨水资源量不多，城市水资源供给形势越来越显得紧张的趋势，并且随着对地下水资源的大肆开采，造成了地下水水位的降低，有的地区甚至出现地面下沉的严峻形势，建议北方城市尽可能建造分散式的雨水直接利用设施，这样做的成本低，且能从源头上降低雨水径流量，一定程度上减轻了城市防洪防涝的压力，增加了城市的防洪防涝的安全系数。

同时，考虑到对地下水的过度开采，所造成的严重后果，在北方地区也可大规模地采用绿地渗透系统，绿地渗透系统占地面积也不是很大，通过图7-36可以知道，在上述模型条件下，最大的渗透面积率不超过15%，雨水下渗补给日益减少的地下水资源，防止了地面沉降。

不提倡造水景观等一系列的耗水量大的雨水利用设施，北方城市本身就缺少水资源，同时雨水资源也不多，造水景观虽然能改善生态环境，但对北方城市而言有些力不从

心，但是可以做一些小型的以雨水为水源的雨水景观。水景面积率最好控制在20%以下，水景水位下限值可设在－0.3～－0.4m之间。

概括之，就是北方地区城市在直接、间接的雨水利用上多下功夫，在可承受的范围内，适当考虑造一些小规模以雨水为水源的水景观。

2. 对南方地区城市雨水利用的建议

南方城市水资源比北方城市丰富，雨水资源也比较多，同样建议在南方城市多造一些雨水直接利用设施，这样做的好处在上一段有说明，这里就不再阐述了。根据南方地区雨水资源丰富且蒸发量小于北方城市，建议在南方城市多建造一些水景面积大的完全以雨水为水源的雨水景观，水景面积率可以在20%～30%之间，这样，既减轻了城市防洪防涝的压力，又美化和改善了城市生态环境，促进了城市水循环的健康运行。简言之，就是以雨水的直接利用为主，辅以雨水为水源的水景观。

参考文献

[1] 车伍，李俊奇. 城市雨水利用技术与管理. 北京：中国建筑工业出版社，2002.

[2] 李俊奇，车武，池莲，刘松. 住区地势绿地的关键参数及其影响因素分析［A］. 绿色建筑专题. 2006.

[3] 程文静，车伍，李海燕. 利用雨水资源建设绿色建筑水景［A］. 绿色建筑专题. 2006.

[4] 张燕. 多功能调蓄［D］. 北京建筑工程学院学位论文，2005，12.

[5] 孙慧修，郝以琼，龙腾跃. 排水工程. 上册. 北京：中国建筑工业出版社，2004.

[6] 李丽娟，刘昌明，惠士博. 城市雨水利用的潜力与对策［A］. 北京：中国水利水电出版社，2002.

[7] 张玮. 成都万科双水岸项目水环境设计. 2005，12.

[8] 气象资料. 中国气象局国家气象信息中心. 2006，4.

[9] 张书函，丁跃元，陈建刚. 德国的雨水收集利用与调控技术［J］. 北京水利，2002，3.

[10] 晏中华. 国外雨水利用的方法［J］. 节能，2000，6.

[11] 车武. 我国缺水城市雨水利用技术的探讨［J］. 中国给水排水，1999，15(3)：22-23.

[12] 车武，李俊奇等. 对城市雨水地下回灌的分析［J］. 城市环境与城市生态，2001，14(4)：28-30.

[13] 车伍. 雨水利用的全过程把握-现代城市：多途径寻找方案［J］. 中国水利报，2005.

[14] 车伍，李俊奇，刘红，孟光辉. “现代城市雨水利用技术”. 节水新技术与示范工程实例，中国建筑工业出版社，2003，9：1-10.

[15] 车武，汪慧贞等. 城市雨水渗透方案选择与水质控制［M］. 陕西：陕西人民教育出版社，2001：108-113.

[16] 车伍，李俊奇. 生态住宅小区雨水利用与水景观系统-案例分析［J］. 城市环境与城市生态，2002：15(5)：34-36.

[17] 车伍，李俊奇，刘红，孟光辉. 现代城市雨水利用体系［J］. 北京水利，2003，3：16-18.

[18] 车伍，李俊奇. 北京城市雨水可持续管理与水生态系统—雨水利用与雨水径流污染控制［A］. 水与发展国际研讨会文集. 北京：地质出版社，2003：121-123.

[19] 车伍，张燕，李俊奇，刘红，何建平，孟光辉，汪宏玲. 城市雨水多功能调蓄技术［J］. 给水排水，2005，9：25-29.

[20] 车伍，李俊奇等. 中国的水资源危机及其对策［J］. 北京建筑工程学院学报，2002，17(3)：4-7.

[21] 汪慧贞，车武，胡家骏. 浅议城市雨水渗透［J］. 给水排水，2001，27(2)：4-7.

[22] 李俊奇，车武等. 城市雨水利用方案设计与技术经济分析 [J]. 给水排水，2001，27(12)：25-28.

[23] 李俊奇，车伍，汪宏玲. 雨水利用与生态小区 [J]. 给水排水，2003，29(5)：14-16.

[24] W. Che，Y. Liu，J. Q. Li. Flush Model of Runoff on Urban Non-Point Source Pollutants and Analysis. WATER AND ENVIRONMENTAL MANAGEMENT SERIES，Water in China. Edited by P. A. Wilderer，J. Zhu and N. Schwarzenbeck. IWA Publishing，2003：143-150.

[25] Che Wu，etc. The Quality and Major Influencing Factors of Runoff in Beijing's Urban Area. 10th international Conference on Rainwater Catchment Systems. Fakt and IRCSA/Europe. Mannheim(Germany)，2001：13-16.

[26] Li junqi，Che Wu，Wang hongling. Rainwater Utilization and Ecological Resident Area. Ecoscape Eco-industry Eco-culture，Proceedings of the Fifth International Ecocity Conference. Shenzhen，China，August 19-23，2002：74-76.

[27] Hydraulics and hydrology for stormwater management [J]. John E. Gribbin，P. E. 2002.

[28] XIth international conference on rainwater catchment systems [A]. 2002.

8　景观休闲水体湿地设计

张鑫(给水排水与环境工程，2006届)

指导老师：马文林

简　介

本设计针对圆明园遗址公园人工湿地系统建设。圆明园遗址公园是中国最著名的园林，但由于缺乏水源，园内大部分湖泊和河道已经干涸，这一现象已引起越来越多的人的关注。人工湿地系统是一项科学而环保的新型技术。在本工程中，以肖家河和清河污水厂的出水作为人工湿地系统的水源，借助于生长着大量植物的系统，使水得到净化。整个系统分为16个处理单元，每个单元各有特点。系统的出口是福海，在这里水质达到国家地表水Ⅲ类标准。本工程利用人工湿地的原理净化水质，以实现减轻北京缺水的目的。

8.1 项目概述

圆明园遗址公园是全国重点文物保护单位和爱国主义教育基地。圆明园地处北京市海淀区，最初兴建于1709年。历史上的圆明园，由圆明园、长春园、绮春园组成，其中圆明园为主园，长春园、绮春园为辅园，三园统称圆明园，共占地350hm^2，建筑景群百余处。圆明园是“以水为纲”、“以木为本”的水景园，是我国皇家园林的杰作，在中国及世界园林史上占有重要的地位，被誉为“一切造园艺术的典范”和“万园之园”。

1860年，圆明园遭到英法联军极其野蛮的劫掠焚毁，沦为一片废墟。1900年，八国联军入侵北京，圆明园再遭劫难。圆明园遗址历经百年沧桑，虽屡遭残毁破坏，但全园山形水系仍保持了基本的原貌，大部分建筑基址仍在。大水法石龛和远瀛观残柱成为圆明园遗址的形象代表。

中华人民共和国成立后，特别是改革开放以来，圆明园的保护和整治工作逐步得到重视。1976年圆明园管理处成立；1983年7月，经国务院批准的《北京市城市建设总体规划方案》将圆明园确定为遗址公园；1988年，圆明园遗址公园被国务院公布为国家级文物保护单位；2000年，北京市城市规划设计研究院完成了《圆明园遗址公园规划》，同年9月29日和2001年12月13日，国家文物局和北京市政府正式批复《圆明园遗址公园规划》。2002年3月28日，《北京奥运行动规划》发布，同年9月《北京历史文化名城保护规划》出台，对圆明园遗址公园均给予高度重视。

《圆明园遗址公园规划》进一步明确了圆明园遗址公园的性质和功能，主要体现在以下几点：

圆明园遗址是帝国主义侵略中国，使中国沦为殖民地、半殖民地的历史见证，是爱国主义教育基地，是重点文物保护单位，是以保护遗址为主体的公园。

圆明园遗址公园的性质决定了它具有以下功能：

(1) 具有参观凭吊、教育后人不忘国耻、热爱世界和平、国际友好交往的教育功能；

(2) 具有历史研究、造园艺术科学考察及借鉴功能；

(3) 具有东西方文化交流功能；

(4) 具有游览休憩功能。通过对遗址的整体保护、对山形水系、园林植被的整体恢复和建筑遗址的清整，使人们能够感受到过去皇家园林的环境风貌。

在上述规划及批复文件的基础上，圆明园制定了保护整治规划实施方案，并于2003年8月8日上报北京市海淀区政府，圆明园整治工程正式启动。

整治工程的一项重要内容是恢复圆明园的山形水系。水是保证圆明园生态系统不致退化和恶化、保障圆明园遗址公园规划各项功能不可或缺的重要因素。历史上的圆明园是一个以水造景的山水园林，水面面积占全园面积的40%左右，园内大小水面相结合，形成了一个完整的水系，构成全园的脉络和纽带，兼具水景功能、娱乐功能、生态功能、交通功能与消防功能。但是经过多年的人为破坏和自然演变，圆明园水系已经发生很大变化，目前已不能全部贯通。原来圆明园的两个供水源头早已关闭，目前东部开放区水源主要来自京密引水渠，由万泉河正觉寺东侧入水口和北京101中学西(小南园)入水口引入绮春园水系，由绮春园流入福海，然后从线法桥、五孔桥流入长春园水系。防渗工程施工前，福海水域面积约31.31万m^2，是园内水上活动中心；长春园水域面积31.60万m^2，是荷花等水生植物观赏中心；绮春园水域面积 18.09 万 m^2，也开设了部分水上游乐设施。

圆明园恢复山形水系的目标对北京市提出了更高的供水要求。但众所周知，北京市是水资源严重短缺的城市，近年来由于北京市连续多年干旱少雨，进一步加重了水资源短缺的程度，区域地下水位持续下降，水质恶化趋势也明显加剧。作为北京市的主要水源，同时也是圆明园供水水源的密云水库已接近应急预案的临界值，不得不压缩其他用水指标，保证生活和重点工业用水。从 2001 年起，京密引水渠停止向海淀区供应农业用水，使海淀区地下水失去了一个重要的补给源。在这种大背景下，圆明园的供水问题日见突出，主要表现在：

(1) 过分依赖政府供水指标，当指标供水不足时，缺乏备用水源。近几年，圆明园供水指标多次出现供给不足，造成园内水生生态系统退化和恶化。长春园荷花区由于缺水严重，生长周期缩短，甚至大面积枯萎至死。

(2) 园内水文系统处于封闭状态，缺乏必要的流动和交换，同时由于水土流失和水源污染的影响，造成绮春园和福海水体水质恶化，曾出现水生生物大面积死亡的现象。

(3) 圆明园位于清河古河道之上，地表土层透水性较强，园内水体地下渗漏较为严重，造成圆明园水资源耗费过大，难以为继。

基于此，2003 年 12 月，圆明园管理处和海淀区水利局、北京市水利科学研究所等完成了《圆明园水资源可持续利用规划》，2004 年又在此基础上提出了东部湖底防渗、雨洪利用、节水灌溉等工程的项目建议书和内湖补水(再生水回用)的可行性研究报告。2004 年 6 月圆明园管理处决定开始对圆明园东部开放区(范围主要包括长春园水域、绮春园水域及福海水域)水域进行湖底防渗工程建设。该工程平面布置见图 8-1。

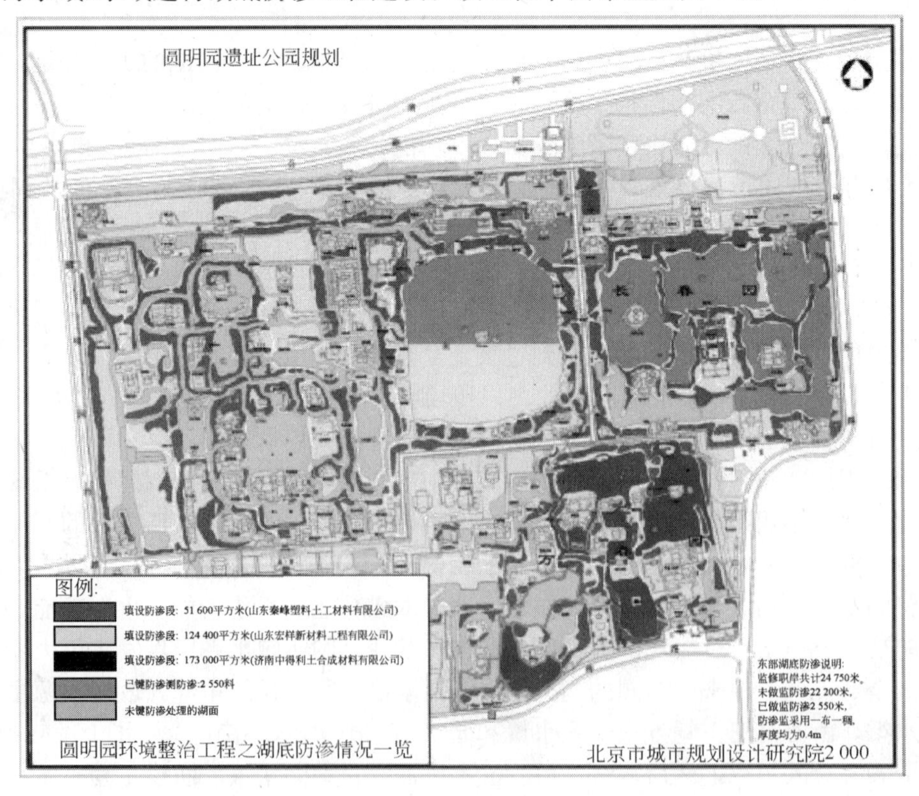

图 8-1　圆明园环境整治工程湖底防渗平面布置图

8.2 自然环境概况与圆明园水系变迁

8.2.1 自然环境概况

1. 地形地貌

圆明园遗址公园位于北京市海淀区境内，地理位置如图 8-2 所示。海淀区位于北京市区西部，北纬 39°53′～40°09′，东经 116°03′～116°23′，东与西城、朝阳区相邻，南与宣武、丰台区毗连，西与石景山、门头沟区交界，北与昌平区接壤。全区总面积 426km^2，南北长约 30km，东西最宽处 29km。地处华北平原的北部边缘地带，系古代永定河冲积扇的一部分。地势西高东低，西部为海拔 100m 以上的山地，面积约为 66km^2，占总面积的 15%左右；东部和南部为海拔 50m 左右的平原，面积约 360km^2，占总面积的 85%左右。区内最高峰为阳台山妙高峰，海拔 1278m；最低处为清河镇东的黑泉村，海拔 35m 左右。西部山区统称西山，属太行山余脉，有大小山峰 60 余座；整个山势呈南北走向，只有香山北面的打鹰洼主峰山峦向东延伸，至望儿山止，呈东西走向，把海淀分割为两个部分。

图 8-2 项目区地理位置图

根据对圆明园及周边地区的卫片解译和地层岩性勘察，圆明园位于清河古河道上，见图 8-3。古河道宽约 2.5～3.0km，地势西高东低。地面海拔高程一般在 35～48m 之间，地面坡降 1‰。

2. 地面水系

圆明园所在的海淀区境内有大小河流 10 条，总长度 119.8km，主要水系有高梁河、

图 8-3 圆明园所在区域古河道分布范围卫片解译图

清河、万泉河、南长河、小月河、南沙河、北沙河及人工开凿的永定河引水渠和京密引水渠，还有昆明湖、玉渊潭、紫竹院湖、上庄水库等水面，占北京市湖泊总数的 20%；水域面积 $4km^2$，占北京市水域面积的 41.28%，湖泊数量和水域面积均列北京市各区县之首，昆明湖是北京市最大的湖泊，水域面积 $1.94km^2$。尽管海淀区境内的河流数目不少，但规模都不大，许多河流仅有行洪功能。常年以来像南沙河、北沙河、南旱河、北旱河都是干涸的无水河，有水的河流也仅起一个引水的作用，基本无流量。

圆明园区水系分布在绮春园、长春园和圆明园，最大湖面面积分别为 23.6 万 m^2、30.2 万 m^2 和 49.0 万 m^2。

3. 气象气候

圆明园所处北京地区属于暖温带大陆性季风气候区，四季分明，春季干旱多风；夏季炎热多雨，盛行东南风；秋季天高气爽；冬季干燥寒冷，盛行西北风。风向有明显的季节变化，冬季以北和西北风为主，夏季多偏南风，春秋为南北风向转换季节。圆明园月均气象参数见表 8-1。

圆明园月均气象参数(1971～2000 年) **表 8-1**

月份	气温(℃)	风速(m/s)	降水量(mm)	蒸发量(mm)
1	−3.7	2.6	2.7	52.0
2	−0.7	2.8	4.9	75.7

续表

月份	气温(℃)	风速(m/s)	降水量(mm)	蒸发量(mm)
3	5.8	3.1	8.3	154.8
4	14.2	3.2	21.2	233.5
5	19.9	2.8	34.2	277.5
6	24.2	2.4	78.1	260.2
7	26.2	2.0	185.2	209.9
8	24.8	1.8	159.7	172.8
9	20.0	2.0	45.5	154.4
10	13.1	2.1	21.8	119.9
11	4.6	2.4	7.4	78.4
12	−1.5	2.5	2.8	53.2
年平均	12.2	2.5	47.7	153.5

4. 土壤

圆明园地区的土壤主要有褐潮土、湿潮土和沼泽土三种类型。

(1) 褐潮土

褐潮土是圆明园地区面积最大的土壤类型，分布于本地区地势较高的地段，较其他类型的潮土偏旱。

褐潮土中的碳酸钙含量通常介于1.5%～3.5%，呈微碱性反应，pH7.5～8.4。黏化过程微弱，无黏化层形成。在约50cm以下受地下水作用，有明显的潮化特征，锈斑及铁子较多，有时可见到砂礓。质地以中壤和轻壤为主，土层中的养分比较丰富，保肥力较强。

褐潮土适于生长各种中生植物。在圆明园地区，各种针叶林、阔叶林和灌草丛都分布在褐潮土上。

(2) 湿潮土

湿潮土主要分布于圆明园地区的洼地，面积仅次于褐潮土，是潮土向沼泽土过渡的类型。这种土壤通体碳酸钙含量较高，多为5%～8%；全剖面为微碱性反应，pH8.0～8.5。湿潮土有明显的发育层次，表土即可见到锈纹、锈斑，往下逐渐增多，心土多为有大量锈纹、锈斑及铁子的黏质土层，底土为锈黄色壤质土层，有砂礓分布，有蓝灰色斑纹的潜育层。在圆明园地区，湿潮土上主要生长各种湿地草丛。各种湿生植物和中生植物中的一些喜湿种类，在这种土壤上生长良好。

(3) 沼泽土

沼泽土分布于水塘、水沟的边缘及其附近地段，大部分时间为水层覆盖，面积明显较上述两种小。由于是在积水条件下形成的，土壤长期处于厌气环境，矿物质铁脱氧还原，形成游离态亚铁化合物，并在土体内迁移聚积。在亚铁土以下形成浅灰蓝色潜育层。在旱季中，脱水氧化形成锈斑，沉积于结构表面或孔隙中，或形成铁结核。底土或有砂礓。

沼泽土中的有机物分解缓慢，积累较多，因此，表土常出现黑色间夹蓝灰色土层。土体中的碳酸钙含量为4%～6%；呈微碱性，pH7.5～8.5。这种土壤适于生长各种挺水、浮水植物和湿生植物。在圆明园，水生草本群落中的挺水植物和浮叶植物，都生活在沼泽土上。

5. 生态概况

经过长期的维护和自然的演替，园区内的水域、绿地等景观保持着相对稳定的格局，并形成了水域、湿地、森林、草地等多种生态系统。同时随着气候、水文条件的变化，园区内的景观类型、景观分布格局和相关的生态系统发生了一系列演化。

近年来北京市干旱少雨的气候以及不断开采地下水造成的地下水位下降，使得圆明园各个湖区湖水蒸发和下渗不断加剧，从而导致湖泊干涸和河床沙化，水域面积不断减小，水生生态系统演替速度加快。为此，需要不断地从外界引水对圆明园湖区进行补给，以保证园区内水域面积和维持水生生态系统的稳定。

园区内大部分陆地被森林、草地等绿地景观所覆盖，陆生生态系统中最主要的是绿地生态系统，包括森林生态系统和草地生态系统。大面积的绿地具有净化空气、改善空气质量的功能，使园区内保持较好的自然环境状况，创造舒适的视觉景观和休闲场所，并且为陆生生物提供适宜的栖息地。在防渗工程施工之前，由于大部分绿地系统处于人工维护的状态下，园区内绿地没有因为气候、水文的变化而发生太大的改变，仅在局部地区出现植物缺水枯黄、生产力下降的情况。

8.2.2 圆明园水系变迁及其缺水原因分析

1. 圆明园水系的历史及变迁

圆明园是在山前冲积扇上建立的皇家园林。历史上的圆明园是山水园林，水域面积占全园面积的40%左右。圆明园中水体多样，有多种尺度的湖泊和诸多各具情趣的小型水景。园内大小水面相结合，形成了一个完整的水系，园中水域间以及地面水和地下水之间具有良性的水循环。圆明园水系是中国园林中最为成功的典范之一。历史上圆明园主要水源为：由万泉河引来的玉泉山、香山的泉水和山水；由小清河引来温泉、阳台山、凤凰岭一带的泉水和山水；地下水补给。

第二次鸦片战争期间，圆明园遭到英法联军的劫掠焚毁，沦为一片废墟。直至20世纪30年代末，圆明园所受到的破坏主要为："木劫"（园中树木及残存木结构被当做木料出售）和"石劫"（遗址上残存石料被搜罗瓜分）。园内用于农业种植和渔业的水面还很少，基本保持原水系面貌。20世纪40年代以来对圆明园的破坏被称为"土劫"。农户陆续入园内平山填湖，开田种稻，多处水系被填平，园内增加了住宅和农用建筑。圆明园内原有山形水系遭到破坏，这一情况一直持续到20世纪70年代末。由于社会经济的快速发展，用水量激增，对地下水超量开采导致水位下降，玉泉山等历史上圆明园的补水水源地从50年代起产水量逐渐降低，玉泉山水系水资源枯竭，圆明园西北入水口关闭，昆明湖的水不能进入圆明园，地下水位持续下降。

为了加强对圆明园遗址的管理，1976年底正式成立了圆明园管理处。管理处对圆明园水系的恢复始于1983年对福海、绮春园疏浚，至今已有60万m^2（约占原有水系的43%）的水系得到了不同程度的恢复。1999年以前，圆明园水系的用水能够基本得到保障，福海等景区部分恢复了原有的水系状态。

近几年来，由于北京市干旱少雨，供水严重不足，加之地下水位下降，造成圆明园不能得到充分的补水。同时，各湖区湖水蒸发和下渗不断加剧，从而导致湖泊干涸和演替速度加快，水域面积不断减小。园中部分水域干涸，长春园等湖面干枯时间最长达每年七个月。原有底泥暴露沙化，原有部分沙质湖底也因干枯而暴露，造成生态退化和恶化。圆明园干涸的水系及荒芜的现状可参见图 8-4。

图 8-4　圆明园现状

1994 年以来圆明园地区地下水监测结果显示，潜水层地下水位已经低于圆明园现有水体底部，园内湖水和潜水层不再形成良性互补，而是湖水向潜水层单向下渗。

目前，供水主要靠京密引水渠进入万泉河，最后引入圆明园。1999 年后引水数量有限，无法满足圆明园的用水需求。同时，万泉河河道两侧存在排污口，来水通过万泉河进入圆明园时经常达不到地表 III 类水体水质标准。

从圆明园周边水系演替过程来看，维持圆明园的湿地生态环境或恢复圆明园水系的条件是有充足的来水。历史上圆明园水源充足，可以维持良好的水交换，湖水下渗总量不大。要想恢复原有的水系，如果没有外来水源是解决不了问题的。

2. 当前圆明园水系缺水原因分析

当前圆明园的缺水有多方面的原因，包括外部和内部两个方面。圆明园缺水的首要外部原因是目前北京地区水资源缺乏，导致圆明园没有固定的补水指标。1999 年以后，北京连续干旱，海淀区水资源更为紧张。1999～2000 年海淀区降雨量比多年平均值减少 40％，水资源严重缺乏，水质也不断恶化。作为主要水源的密云水库已达枯水警戒状态，用水原则上进入应急供水预案，即保证生活和重点工业用水、压缩其他用水指标。在这种情况下，2000 年以后圆明园的环境用水很难列入北京市用水计划指标。每年的环境和生态用水需经多方努力争取而来，供水问题变得相当严重，见表 8-2。

河湖二所1999～2004年万泉河首闸放水量明细表　　表8-2

年度	出水量(万 m^3)	水价说明
1999	85	另有112万 m^3 弃水，共计197万 m^3。水价0.06元/m^3
2000	120	自2000年11月1日开始调整，由原0.06元/m^3 调为0.09元/m^3，库区移民扶助金0.01元/m^3 不变
2001	209.85	全年水价为0.09元/m^3
2002	281.54	自2002年2月1日开始调整，由原0.09元/m^3 调为0.15元/m^3，库区移民扶助金0.01元/m^3 不变
2003	237.62	自2003年1月20日开始调整，由原0.15元/m^3 调为0.30元/m^3，库区移民扶助金0.01元/m^3 不变
2004	266.72	自2004年8月1日开始调整，由原0.30元/m^3 调为1.30元/m^3，库区移民扶助金0.01元/m^3 不变。另有30万 m^3 引洪雨水，共计296.72万 m^3
合计	1200.73	

造成圆明园缺水的另一个外部原因是圆明园地区潜水水位下降导致湖水单向下渗和近年来干旱少雨气候导致湖水蒸发量加剧。圆明园周边地区城市化加快，已被城市生态系统所包围，周边地面硬化以及圆明园南北两侧的河流（万泉河和小清河）河道都经过硬化处理，潜水层得不到有效补充。

圆明园缺水的内部原因是圆明园位于清河古河道上，部分地区渗水性强，湖水下渗到潜水层后随着清河古河道流向下游。

圆明园水系的演化决定了圆明园生态演化的方向，圆明园水系缺水的主要原因是外部因素，即当前北京气候干旱少雨，水资源匮乏，没有充足的地表水供给，地下水水位下降。北京市水资源短缺的状况决定了圆明园缺水的现状。近年来圆明园生态环境的变化也与北京市整体环境变化一致，受北京市大环境变化影响。所以，圆明园水系的恢复仅靠圆明园本身的努力是不够的，应该从北京水系的大环境的高度来考察，协调水资源调配，从整体考虑对区域水资源合理配置。

圆明园水系历史演变说明，要恢复圆明园水系，首先需要保证一定的补水量，其次，所补水水质要达到一定标准。圆明园水系的恢复将是一项长期的工程，需要从实际出发，制定合理有效的综合性补水和节水方案。

3. 对圆明园水系恢复的认识

综合上述对圆明园水系历史变迁和目前缺水原因的分析，可得出如下基本认识：

(1) 作为山水园林的圆明园，水是其中最活跃的因素，没有水，圆明园的生态将会退化和恶化。历史上圆明园主要靠玉泉山和万泉河的水进行补水来维持圆明园水系，同时园内潜水水位较高，地表水和地下水可以互补。

(2) 圆明园遭到英法联军劫掠后，园中水面荒芜。由于圆明园补水水源地产水量逐渐降低，地下水位下降，以及圆明园渐变为生产和耕种用地，填湖为田，原有水系被人为改变，水域面积萎缩。

(3) 20世纪80年代开始逐步恢复圆明园水系，通过万泉河向圆明园输水，福海等景区水系得到部分恢复。近几年来，供水严重不足、园区地下水位下降及干旱等原因导致部分水体处于干涸状态。

(4) 北京水资源匮乏是导致圆明园缺水的主要原因。北京市近年持续干旱导致圆明园没有固定的地表来水指标，湖水蒸发量加剧，地下水水位持续下降导致圆明园湖水单向下渗，是造成圆明园缺水的外部原因。圆明园位于清河古河道上，部分地区渗水性强，湖水渗漏严重是圆明园缺水的内部原因。

(5) 现计划用再生水作为圆明园水系的主要水源，再生水来自于圆明园北部的肖家河和清河两座污水处理厂的出水。

8.3 圆明园人工湿地计划概述

8.3.1 补充水源及水量分析

利用距离较近的肖家河和清河两座污水处理厂的出水作为圆明园水源，从理论上来讲具有可行性。这两座水厂的出水标准执行《城镇污水处理厂污染物排放标准》GB 18918—2002 中的一级 A 类标准。

肖家河污水处理厂目前的处理水量为 2 万 m^3/d。由于肖家河污水处理厂是 BOT 项目，在桑德集团和北京市水务局(原北京市政管委会)签订的特许权经营协定中规定“水厂出水排放清河，不得向任何第三方提供”，所以取用肖家河污水处理厂出水作为圆明园补水水源需要和有关单位协调，而如果从圆明园北墙外清河取水则不受该协议限制，但需得到水务局的批准。

清河再生水厂于 2006 年建成供水。日产再生水 8 万 m^3，水量充足，可以按照北京市中水价格以 1 元/m^3 提供，而且供水管线的铺设工作已经接近尾声。

8.3.2 补水水源水质分析

圆明园内水系包括福海等近 30 块相互联系的人工湖水体，按 1998 年北京市水体功能规划，圆明园福海为《地表水环境质量标准》GB 3838—2002Ⅲ类水体。地表水Ⅲ类水体主要适用于集中式生活饮用水地表水源地二级保护区、鱼虾类越冬场、洄游通道、水产养殖区等渔业水域及游泳区。

根据圆明园地形，拟将福海以西的水域作为近自然人工湿地，同时从京密引水渠引入一部分水，用以调节水质。

8.3.3 防渗措施分析

由于圆明园区域整体坐落于清河古河道上，部分湖底部为渗透性强的砂土层。在没有防渗的条件下，地表水与地下水之间存在补给关系，从而在客观上形成人工回灌地下水的状况。根据《中华人民共和国水污染防治法》第四十五条规定：人工回灌补给地下水，不得恶化地下水质。而《中华人民共和国水污染防治法实施细则》第三十七条规定：人工回灌补给地下饮用水的水质，应当符合生活饮用水水源的水质标准，并经县级以上地方人民政府卫生行政主管部门批准。由于圆明园周边北大、清华等单位均有自备井抽取地下水作为生活饮用水水源，虽然大部分自备井的开采层位不在圆明园渗漏补给的潜水层，但考虑各含水层之间存在越流补给，渗漏水仍可能进入开采层位。因此必须采取适当的防渗措施，避免再生水渗入地下，造成污染。

1. 防渗材料组成

圆明园防渗工程使用的材料是土工合成材料，为非织造复合土工膜(以下简称复合土工膜)。人工湿地也计划采用这种防渗材料。复合土工膜一般是由聚乙烯薄膜与聚酯纤维织物构成的复合材料，前者为复合土工膜的基材，主要起防渗作用，一般称为土工膜；后者为基材的保护层，具有一定厚度，覆盖在聚乙烯薄膜上，防止被穿刺或破裂，一般称为土工布。

聚乙烯薄膜主要包括高密度聚乙烯(HDPE)、低密度聚乙烯(LDPE)、线性低密度聚乙烯(LLDPE)、交联聚乙烯等。用于防渗的薄膜主要有高密度聚乙烯、低密度聚乙烯和线性低密度聚乙烯，但以高密度聚乙烯的使用居多。涤纶(对苯二甲酸乙二醇酯 PET)是市场上常用的一种聚酯纤维，土工布常用的材料。

防渗材料性能应满足《土工合成材料 非织造复合土工膜》GB/T 17642—2008 的规定。作业施工遵照《聚乙烯(PE)土工膜防渗工程技术规范》SL/T 231—98。

2. 复合土工膜防渗材料的特性

复合土工膜应用于环境或水利工程时，其可能对环境释放的物质组成和数量主要取决于制造复合土工膜的原料，即聚乙烯和聚酯纤维的组成、结构以及溶解和降解特性。以下分别对聚乙烯、聚酯纤维和添加剂的特性进行描述。

(1) 聚乙烯(PE)的特性

聚乙烯(PE)属聚烯烃类，是典型的碳氢高聚物，在材料基质中不含有其他元素。纯晶态聚乙烯呈乳白色，手感似蜡，无味、无嗅、无毒。高密度聚乙烯(HDPE)是指在每1000个碳原子中含有不多于5个支链的线性分子所组成的聚合物，在所有各类聚乙烯中，HDPE 模量最高，渗透性最小，同时具有良好的拉伸强度、耐腐蚀性和稳定性；低密度聚乙烯(LDPE)则是在高压下自由基引发聚合制得的含有更多支链的聚合物，包括长支链和短支链，其中短支链在每 1000 个主链碳原子中约含有 15～35 个，其结晶度远低于 HDPE。LDPE 的熔点低、质地柔软、清晰度高、手感柔软，并有适度韧性。

聚乙烯对化学品通常具有较高的稳定性，甚至在高温下，也具有良好的耐水溶特性。通过国内外文献调研，聚乙烯在十分特定的条件下才会缓慢地被氧化剂侵蚀。例如，用烷烃、芳烃及氯代烃在室温下浸泡 6 个月以上会使其溶胀，此后在约 70℃开始熔融，继续升温时甚至会溶解。

高密度聚乙烯在无氧条件下抗紫外光和热的作用非常稳定。聚乙烯在热降解时遵循无规断链及分子内和分子间转移反应的机理，只有在 350℃以上的高温下，才会发生明显的分子链断裂分解，降解产物有乙烯、丙烯、丁烯和分子链更长的烯烃碎片。在空气中用紫外光大剂量照射聚乙烯膜会引起氧的吸收，羰基、羟基和烯基的生成，同时释放出丙酮、乙醛、水、一氧化碳和二氧化碳，同时引起脆性的增加、交联的形成以及聚合物样品力学性能恶化。

(2) 聚酯纤维(PET)的特性

PET 化学名称是聚对苯二甲酸乙二醇酯，是一种饱和的热塑性聚合物，由对苯二甲酸和乙二醇经酯化反应聚合而成。结晶型 PET 相对密度为 1.33～1.38，相对较高，在热塑性塑料中，聚酯的强度最高。聚酯纤维制造的织物具有较高的拉伸强度、延伸性和整体性，良好的水力特性，以及较好的隔离、过滤、排水、加筋、保护、封闭等作用。

PET 具有很高的稳定性，即使在较高温度下，在水及一般物质的水溶液中的溶解度通常可以忽略。

在环境温度下，PET 的热氧化稳定性很好，只有在高温下才可能出现聚酯的热断裂和热氧化断裂或者交联现象。纯 PET 在 250～300℃开始降解，但在 350℃以上才明显放出挥发性产物。降解的引发过程包括酯部位的异裂，生成羧酸和乙烯基酯端基，后者可与 PET 中的羟乙基酯端基发生酯交换反应放出乙醛，它是最主要的挥发性产物，在更高的温度下还会有 CO、CO_2、CH_4、C_2H_2 和苯等挥发性产物。

由于 PET 分子上的酯羰基生色团能吸收 290～400nm 之间的紫外光，因此在室外太阳光照射下也会发生降解。光降解过程中产生的羟基自由基能夺取苯环上的氢，也能取代苯环上的氢，PET 光氧化过程中，紫外光谱和红外光谱发生了变化，表明生成了许多不同的基团，如羟基、羧基及双键等。光降解的最终产物主要是 CO_2。

（3）添加剂的特性

基于对 PE 和 PET 材料加工稳定性以及长效稳定性的考虑（减少加工过程和使用过程中的不稳定性），可在高聚物中溶入以光稳定剂和抗氧剂为主的添加剂，以形成更加稳定的结构，减轻甚至消除破坏性紫外线以及氧化老化的影响。

由于 PE 及 PET 本身具有很高的稳定性，因此，所用添加剂的种类和用量一般很少。

3. 复合土工膜防渗材料的寿命和环境风险

（1）防渗材料的稳定寿命

试验数据显示，在 120℃下，加入 0.1%抗氧剂的聚乙烯材料经 9 个月后开始出现脆裂；相应材料在经受 1000kJ/cm^2 照射后拉伸率明显下降。而在自然条件下的暴露试验表明，PE 土工膜的各项机械性能指标在 9 个月的自然老化过程中，未显示出性能下降的迹象。一般使用条件下，估计此类防渗材料的寿命可达 30～50 年。考虑到圆明园防渗材料长期处于环境温度、缺氧和辐射被屏蔽的条件下，结合我国与其他国家对此类产品长期在类似工程中实际应用的结果，其寿命还可能达到 50 年以上甚至更长。

（2）防渗材料的环境风险

高密度聚乙烯和聚酯纤维本身对于温度、辐照和氧化均具有相当高的稳定性，使用了一定量添加剂后使得高聚物材料有着更加优良的长效稳定性，即在常温下长期的稳定性，由它们组合而成的复合防渗材料在温度低于 200℃、不经受长期阳光直接辐照以及不存在高温—氧协同作用的条件下不会发生明显的降解行为。

在防渗材料的使用环境下，几乎所有有利于其降解的条件都很微弱，水下是低氧环境，紫外线经过水层、土层的吸收也所剩无几，水底温度稳定，无强酸强碱的苛刻环境。因此，可以推断圆明园防渗材料在其稳定寿命内，由于降解而向环境释放物质的量是微乎其微的。自然暴露老化试验也表明，在其稳定寿命内，防渗材料的结构和机械特性几乎不发生变化。

即使高聚物材料在正常的使用过程中会发生微量的降解或者溶出，其结果也不会对环境造成不可接受的影响。其可能的主要降解产物除了 H_2O 和气态的 CO、CO_2 以外，还可能会有小分子的单体，如丙酮、乙醛、乙醇、羧酸等，这些物质多属无毒或低毒性物质。

即使产物中存在毒性较高的苯等物质，其量也极其微小。根据日本对这类物质浸出浓度的规定，其释放大致同我国生活饮用水水质卫生规范水平相当。因此可以认为防渗材料向环境释放物质的速度、数量以及毒性不会对人体健康和环境造成危害。

日本对于聚乙烯防渗材料的浸出物浓度规定的标准，与我国《生活饮用水水质卫生规范》（卫生部，2001 年 9 月 1 日）中的限值相当，当然也完全满足我国《生活饮用水水源水质标准》CJ 3020—93 中的一级标准。这实际上也是各国选用此类材料作为与水利—饮水有关工程的重要防渗材料的原因。

4. 几种防渗材料的比较

在防渗要求不是非常高的条件下，黏土防渗是工程上使用最为普遍的方法。在北京地区原始土壤压实后的渗透系数大致在 10^{-5}～10^{-6} cm/s。黏土防渗的特点是：在当地具有合适资源时，易于施工，建设费用较低；可以保持一定的渗透水量，从而有利于维持水质和原有的生态环境；此外，由于黏土具有一定的过滤能力和离子交换容量，在一定条件下对污染物具有截污和净化能力。黏土防渗的主要缺点是渗透系数较高，虽然使用某些种类的黏土能够得到更低的渗透系数，但这种性能的黏土并非随处可得，而长距离的运输会大大增加成本。

除上述提到的圆明园所采用的复合土工膜（属于高分子防渗材料）和天然黏土之外，常用于防渗的还有膨润土、无机人工改性黏土等，表 8-3 列出了这几种防渗材料的基本特点。

几种防渗材料的基本特点 **表 8-3**

防渗材料名称	渗透系数（cm/s）	优点	缺点	备注
天然黏土	10^{-4}～10^{-6}*	不引入人工物质和化学污染物，环境影响小，易于维持原有生态。现场具备适当资源时建设费用低	防渗能力相对较差，当地无资源时运输量大，取土可能破坏耕地或造成水土流失	*指国内一般情况
膨润土	10^{-9}～10^{-10}	防渗能力强，用量小，易于运输。不引入人工物质和化学污染物，环境影响小，易于维持原有生态	对施工条件要求比较苛刻，失水易干裂，不适于暴露条件	
无机人工改性黏土	10^{-7}～10^{-10}	可以根据防渗的要求来调整添加材料及其含量，以得到理想的防渗能力和其他环境保护效果	前期工作量大，施工条件要求较高，耗能多，建设费用高	
高分子防渗材料	10^{-11}～10^{-13}	防渗性能好，使用量小，易于运输	存在老化和降解问题，环境友好性相对较差；对铺设技术和条件要求较高	包括土工聚合黏土衬层（GCLs）

不同的防渗材料各有优缺点，应根据工程情况和实际条件，综合考虑多方面的因素选择防渗材料，这些因素包括防渗能力，在当地取得天然材料的难易程度，环境友好性，施

工技术、设备与自然条件，以及建设费用等。

根据以上分析，复合土工膜具有较多的优势和适合性，应为圆明园防渗的首选材料。

8.4 人工湿地系统设计

8.4.1 圆明园历史水源

历史上圆明园的水面共计 123.73 万 m^2，占全园面积的十分之四，约 2080 亩。园内大中小水面相结合，在园内形成了一个完整的水系，构成全园的脉络和纽带，用于舟行和水上运输物资。圆明园的水源主要来自玉泉山，清代时这一水源十分充足。根据国家图书馆、故宫博物院藏样式雷图及相关历史档案资料记载，圆明园的来水水源有两个，入水口有九个，出水口有三个，具体为：

圆明园入水口有二：一为万泉河引来的玉泉山、香山的泉水和山水，由圆明园宫门西边藻园入水口处入园，这是圆明园的主要入水口，圆明园大部分湖面用水来自此水口；二是黑龙潭边小清河引来温泉、阳台山、凤凰岭一带泉水和山水，从紫碧山房入水口处入园，保证圆明园北部鱼跃鸢飞、北远山村一带江南水乡风景区及西洋楼景区用水。

长春园入水口有四：一是西洋楼景区西南五孔闸入水口，这是长春园主要入水口，供应长春园全园大部分湖面用水；二是西洋楼景区西北迷宫处入水口，该入水口保证西洋楼景区用水；三是天宇空明东、迷宫西处入水口，同样保证西洋楼景区用水；四是茜园处入水口，该水源同样来自万泉河，由圆明园南、绮春园北部之河道引水入园。同时该水口有溢水之用，长春园水多时可从此水口溢出。

绮春园入水口有三：一是由万泉河引水，经暗沟由绮春园最西处、河神庙东入园；二是由万泉河引水，由正觉寺东入园；三是喜雨山房北，圆明园护园河引水入园。同时该水口有溢水之用，绮春园水多时可从此水口溢出。此外，园外还有一条护园河，用于控制水的大小，同时保证三园用水。

圆明三园的出水口有三：其一为长春园西洋楼景区东北角，西洋楼景区用水从此口排入小清河；其二为长春园狮子林东七孔闸，此出水口为全园主出水口，圆明园五孔闸出水流经长春园全园后，从此口排水到小清河；其三为绮春园心境轩东出水口，绮春园各景观用水从此出水口排入万泉河。

8.4.2 圆明园历史水深

圆明园管理处 1997 年福海清淤时发现，历史上福海最深处达 3.8m，一般水面深度也有 2.3m。这样的深度是为保证每年端午之日龙舟竞渡，平日走大船。

九州清晏之前、后湖，是皇帝日常活动的主要水面，经常行走船只。经北京市文研所 2003 年考古发现，后湖最深处也接近 3m，一般水深也在 2m 左右。万方安和前水面因观景的需要，水深一般在 2m 左右。

圆明园的水上交通专用的河道，其深度一般在 2m 左右。而所有水上交通专用的河道及寝宫区周围的湖底，因不需要水生植物生长，其湖底一般都铺垫沙石。

但有些以观荷、观稼为主题的园林景观，其水深一般在 0.8～1.5m 左右。这样的水深利于水生植物生长，而且并不有碍荡舟，如濂溪乐处、澹泊宁静、曲院风荷等处。

8.4.3 人工湿地水流设计

圆明园现水系流向为：

绮春园南部进水口——鉴碧亭——松风梦月——福海——长春园——七孔闸出水口

《圆明园遗址公园规划》中规划三条水系流向：

整体循环：紫碧山房——顺木天——北远山村——天宇空明——长春园——（凤麟洲北岸设置提升泵）——绮春园凤麟洲——松风梦月——福海——曲院风荷——九州景区——万方安和——藻园——（提升泵）——紫碧山房

局部循环1：紫碧山房——顺木天——北远山村——天宇空明——福海——曲院风荷——九州景区——万方安和——藻园——（提升泵）——紫碧山房

局部循环2：绮春园南部进水口——鉴碧亭——松风梦月——福海——长春园——（凤麟洲北岸设置提升泵）——绮春园凤麟洲——鉴碧亭

无论哪种方案都无法满足人工湿地的水流特性，因此需重新规划水系流向。

再生水从西北角紫碧山房原进水处引入，经人工湿地系统排入福海。人工湿地系统共划分为16个处理单元，各单元水流关系参见图8-5和表8-4，整个人工湿地系统设计以原有水系为纲，遵守《文物保护法》，尽量减少对原有水系的改造，杜绝大规模开河、填湖。

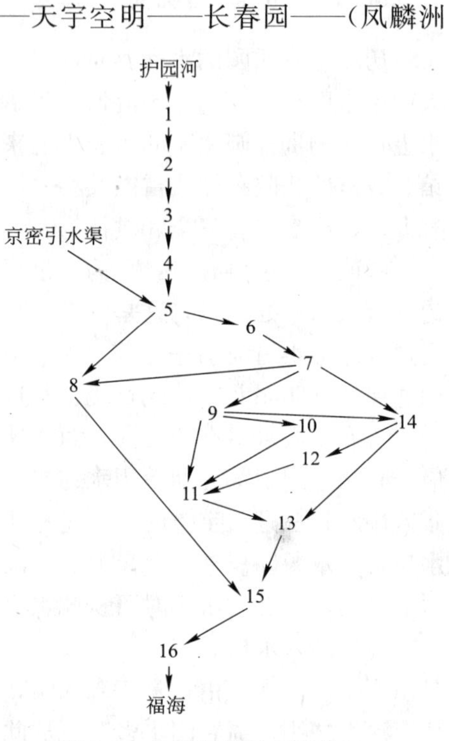

图8-5 各处理单元水流关系

各处理单元情况 表8-4

编号	实际面积A(m²)	平均水深H(m)	d(m)	排放对象	排放系数	来源
1	1113.22	1.5	—	2	1.0	护园河
2	4820.94	0.8	0.8	3	1.0	1
3	14600.20	0.8	0.8	4	1.0	2
4	28425.26	2.0	2.0	5	1.0	3
5	25046.40	2.0	2.0	6	0.7	4
				8	0.3	
6	12671.72	2.0	2.0	7	1.0	5，引水渠
7	33469.39	2.3	2.3	8	0.3	6
				9	0.4	
				14	0.3	
8	17543.16	1.8	1.8	16	1.0	5.7

续表

编号	实际面积 $A(m^2)$	平均水深 $H(m)$	$d(m)$	排放对象	排放系数	来源
9	4329.21	2.0	2.0	10	0.2	7
				11	0.3	
				14	0.5	
10	14256.44	2.0	2.0	11	1.0	9
11	10501.82	2.0	2.0	13	1.0	9，10，12
12	41490.04	2.5	2.5	11	1.0	14
13	7949.90	2.2	2.2	15	1.0	11，14
14	24234.62	2.0	2.0	12	0.7	7，9
				13	1.0	
15	22528.43	1.6	1.6	16	1.0	8，13
16	18896.63	2.0	2.0	福海	1.0	15
Σ	281877.38	—	—	—	—	—

8.4.4　人工湿地具体设计

1号处理单元为沉淀塘，沉淀塘从护园河经进水暗渠引水，进水暗渠需要在原有的基础上加以改建，高0.3m，宽0.5m，四壁以200mm厚的混凝土板防渗，进水暗渠的计算参见设计计算书。从水厂引来的水难免会在途中被污染，因此需要在人工湿地前建立预处理单元。沉淀塘具有沉降污染物的功能，在出口处设置挡流板，拦截漂浮物(如“白色污染”垃圾等)。沉淀和拦截的垃圾存于塘边的垃圾放置处，园内产生的垃圾也暂存于此，每天由运输车辆外运。垃圾放置处设置在第一处理单元的目的是防止对人工湿地处理过的水产生污染。在垃圾运输和放置过程中，要采取必要措施，严格防止垃圾对环境的污染。但一旦放置处出现污染，那么污染的水位于第一单元，经过人工湿地系统的后续处理，污染会得到减轻。另外，此处距离圆明园西北门不到200m，减少了垃圾运输车辆在外运垃圾的过程中产生污染的可能性。

2号处理单元为表流湿地。种植水生植物，并在两侧开辟稻田，恢复多稼如云景观。水稻可用处理后的水进行灌溉。

3号处理单元为潜流湿地。为使水流均匀，潜流湿地采取两级配水，配水墙以直径60～100mm的块石筑成，并在其中设土质导流墙。潜流湿地以砾石作为填料，厚度为600mm。砾石分为三层，每层厚度为200mm，自下至上粒径逐级减小，分别为40～60mm，20～40mm，10～30mm。砾石层以上覆盖400mm厚的土壤，种植挺水植物。出水墙也以直径60～100mm的块石筑成，水经出水墙进入混凝土筑成的出水渠。出水渠的引入和引出管采用5根直径200mm的钢管，管道计算参见设计计算书。

4号处理单元至16号处理单元均为表流湿地，种植不同的水生植物。比较大的湖面可以建造人工浮岛。人工浮岛采用人造漂浮材料和漂浮石做骨架，它们密度小，可以浮于水面，而且对水体无污染。漂浮材料内部充满空隙，可以填土种植水生植物。水生植物的根系也可以穿过空隙浸入水面，吸收养分。人工浮岛既可以成为水面的一道人造景观，也可以吸引水禽前来筑巢繁殖，培养生态系统。总的来说，人工浮岛具有净化水质、人工造景和人工创造水禽栖息地三大作用。

京密引水渠来水从藻园附近的进水闸引入，直接流入6号处理单元，与湿地处理的水混合。人工湿地系统正常运行时，此进水量为圆明园总进水量的20%。

整个人工湿地系统用水闸分割。水闸分为A型闸和B型闸。A型闸为常开闸，闸板上端开三角槽，用于控制流量。闸板和挡流板均设有导轨，可升降，一可调节流量，二便于船的通过。B型闸为常闭闸，人工湿地系统正常运行时，闸门关闭，防止短流现象发生；在遇到特殊情况，比如下暴雨时，为避免水位上涨对人工湿地系统和文物造成破坏，可打开B型闸泄洪。整个系统共设闸86座，其中A型闸78座，B型闸8座。

由于北京的气候条件，冬季大部分水生植物失去处理效果，微生物活性显著降低，人工湿地处理效率大打折扣，出水水质必然不达标。因此冬季(1月、11月和12月)作为枯水期，应停止向人工湿地系统进水，可以利用这一时段对人工湿地进行检修保养。

人工湿地的处理计算参见设计计算书。人工湿地的出水水质指标要满足《地表水环境质量标准》GB 3838—2002中Ⅲ类水体的水质标准和《城市污水再生利用　景观环境用水水质》GB/T 18921—2002的水质标准。由于夏季(6月、7月和8月)的蒸发量和降水量明显大于春季(3月、4月和5月)和秋季(9月、10月和11月)，因此计算分为春秋季和夏季两个时段。春秋季的平均气温为12.9℃，蒸发量为169.8mm，降水量为23.1mm；夏季的平均气温为25.1℃，蒸发量为214.3mm，降水量为141.0mm。

8.4.5 人工湿地特殊措施

一部分水域由于原有水系的设计结构和B型闸的设置，仅有一个双向溢流口与其他水域相通，容易形成死水，导致水质恶化。可在这些水域适当提高水生植物的种植密度，并加强水质监测，用以防止上述现象的发生。

2号处理单元为表流湿地，由于其水质各项指标均较高，易在夏季滋生蚊蝇。可在其周围放置盆栽的捕虫植物，如猪笼草、茅膏菜等，亦可放养蜻蜓、青蛙、燕子等食虫动物，采取生物防治的办法处理。

在9号、14号处理单元和藻园的船坞遗址上建造新的船坞，用以停靠游船和工作艇。

当某一水域水质异常或出现特殊情况需要排水维修时，可关闭该水域周围的A型闸，使其独立于运行着的其他湿地，在短期内的这种维修可以保证整个系统的出水水质。

8.5 人工湿地系统辅助设计

8.5.1 生态系统设计

圆明园水生和湿生植物种类都较为丰富。根据1988～1989年的调查结果，圆明园有水生植物19科33种，湿生植物13科41种，共计29科74种(两类植物的科有三个重复)，占全部自生种数的26%。种类丰富的科主要有禾本科(12种)、莎草科(12种)、菊科(5种)、蓼科(6种)，四科共拥有35种，接近两类植物总数的一半。

水生、湿生植物中，习见种共有23种，能为鸟类提供栖息环境的有12种，如挺水植物芦苇、香蒲、黑三棱、扁秆藨草等；这些植物植株高大，在有的池塘中长成一片，能为水鸟营巢和隐蔽提供场所。浮水浮叶植物有荇菜、浮萍、紫萍、眼子菜；沉水植物有苦草、菹草；湿生植物有水芹、稗草、长芒稗、沼生蔊菜等种类，也都可为一些鸟类直接或间接地提供食物。

圆明园水生植物群落主要有湿地草丛群落和水生草本群落两种。湿地草丛群落都分布在土壤潮湿的低洼地段，雨季时常浸水，主要种类包括小藜、看麦娘、灰绿藜、锦毛酸模叶蓼、水芹、石龙芮、芦苇等，其中小藜和看麦娘是优势种；水生草本群落分布较广，各大小池塘中均有分布，主要为芦苇—紫萍水生群落，共有植物 20 科 36 种，重要种类包括芦苇、香蒲、黑三棱、稗、紫萍、浮萍、苦草、菹草等。由于水层很浅，群落中沉水植物生长较差，种类(5 种)和植株数目少；挺水植物比较发达，种类多(24 种)，密度大，植株也高大(常达 2～3m)。优势种包括挺水植物层的芦苇，浮水浮叶植物层的紫萍，沉水植物层的菹草。

由于地下水位下降，水洼地减少，干燥区增多，原生植被开始发生演变。近年来，由于严重缺水、水质污染等原因，圆明园大多数湖内水生植物种类已经随着湖水的干涸和富营养化程度的加剧而急剧减少。例如泽泻、花蔺、金鱼藻、狐尾藻、狸藻等种类，在 20 世纪 80 年代初期为常见种，但现在已经成为少见种了。

20 世纪 60 年代调查数据显示，圆明园共有维管植物 62 科 320 种，1988～1989 年的调查显示，维管植物有 73 科 299 种。在本地区的植物中，当时绝大多数为野生种，但人工栽培植物在逐渐增多。另外，除了因空气污染没有地衣植物以外，其他植物类群如藻类、菌类、苔藓等也都有分布。20 世纪 90 年代以前，物种种类变化不大，60 年代以后人工种植植物有所增加，但增加比例仍处于正常范围。

圆明园地区的陆生植物是整个北京地区植物区系的重要组成部分，种类复杂，既有很多第三纪植物区系的残留种类(如构树、臭椿、栾树等)，也有从古热带植物区的东南亚植物亚区等植物区系迁移来的种类(如香椿、荆条、牛耳草等)，这些都是该地区的常见种。北京植物区系中的一些特有植物，如二月兰、猫眼草、元宝槭、班种草、泥胡菜等在圆明园地区也都有分布。

本地区主要植被类型包括人工林、天然次生林和灌草丛群落等。人工林主要有油松林、加杨林、毛白杨林、银白杨林、洋槐林和核桃林，其中面积最大的是油松林和加杨林；天然次生林共有植物 16 科 23 种，有发育较好的垂直群落结构。乔木层有元宝槭、构树、榆树、黑枣、臭椿等；灌木层的优势种是荆条；草本层的优势种为狗尾草。圆明园地区没有典型的灌丛，灌木种类经常和草本种类共同组成灌草丛，分布于圆明园区土壤干燥的地段，是本地区陆地群落中分布丛面积较大的植被类型。本地区的灌草丛主要为蒙蒿—早开堇菜灌草丛，该群落的植物种类多，共 30 科 70 种；群落分为上下两个亚层，上层的优势种为蒙蒿，下层优势种是早开堇菜，其他重要种类有葎草、荆条、达乌里胡枝子、乌头叶蛇葡萄等。

近年来，圆明园管理处每年都对圆明园的陆生乔木、灌木和草本植物进行较大量的人工种植，使得评价区域内陆生植物的种类更为丰富。

圆明园内水系众多，两栖爬行类的种类和数量较为丰富，共有 6 科 12 种，其中金线蛙为北京市二级保护动物。鱼类多为一些民间组织和圆明园管理处定期放养的常见种，如草鱼、鲤鱼等。然而，近年来随着水生、湿生植被的破坏和水域面积的减小，动物的生存环境也受到了严重破坏，种类数量不断减少，鱼类更是随着水域的消失而大量死亡。

圆明园地处华北区黄淮平原亚区的区系交错地带，从陆生脊椎动物分布来看，鸟类共15目37科87属159种，占北京地区鸟类种类的46.4%。圆明园的鸟类数量在北京市平原地区是很丰富的，水禽种类较多，但均为旅鸟(73种)，占园内鸟类种数的45.9%，接近园内留鸟和夏候鸟的总数。圆明园鸟类分布不均匀，圆明园东部、中部是修整后开放的游览区，鸟类相对较少；多数鸟类集中在未修整的后湖和万方安和等一带非开放游览区。圆明园内兽类共有12种，约占北京地区兽类种类的26.6%，兽类的种类和平原地区差异不大，只是黑线姬鼠占优势。

据此，人工湿地水生植物以及园林绿化植物的挑选应遵循“本地化”的原则，尽量选用当地生长的物种或经过较长时间检验，未见能形成生物侵害的外来物种，慎选目前尚不能判定是否可能造成生物侵害的外来物种，禁选已经判定可造成生物侵害的外来物种。在此原则下，要满足生物多样性和园林布局的需要，创造良好的植物群落，吸引动物的到来和繁衍，从而达到创建区域生态系统的目的。

8.5.2 辅助设施设计

圆明园人工湿地系统的设计要遵循和环境相和谐的原则，减少刻意人为的因素。一些辅助设施，如厕所、垃圾箱等应加以美化，做到与环境相协调。

8.5.3 环保设计

圆明园工作人员的工作和生活区应布置在园区周边，产生的生活污水通过管道排入市政管线，不得向湿地排放，避免造成污染。全园的厕所全部改建为生态厕所。

园内不提供游客的饮食场所，不向游客出售饮料和食品，必要的商品应使用环保材料，尽量减少对人工湿地污染的可能性。

人工湿地系统建成后，圆明园遗址公园应分时段控制游客数量，避免人为对环境的破坏。在系统运行正常时，可分时段、限量地组织游客乘坐游船参观，但游船必须由专业人员驾驶，按规定时间和路线航行，严禁游客私自驾船。

园内应有专人负责告知游客应当遵守的规定，监督游客，发现问题及时解决。

8.5.4 宣教设计

在不影响人工湿地系统处理效果和不违背与周围环境相和谐的原则的前提下，以各种适当的形式对游客宣传人工湿地系统的作用，提高游客的环保意识，推进环保工作的顺利开展。

8.6 总水量计算

圆明园东部防渗后渗漏量为133.7万m^3/a，预计全园总渗漏量为150万m^3/a。全园蒸发水量为250万m^3/a，绿地灌溉水量为200万m^3/a，降水量为100万m^3/a。由于绿地灌溉用水从输水管线输送，所以不计算在水系进水之内。故全园需水量为渗漏量与蒸发量之和，再减去降水量，即300万m^3/a。

考察圆明三园的水系布局及进出水口分布，可知绮春园水系较为独立，从单独的三个进水口进水，与本设计的人工湿地处理无关；而长春园有一个进水口从福海进水，是人工湿地的下游。综合考虑，圆明园两个进水口大约承担全园 2/3 的水量，即 200 万 m^3/a。

圆明园一年当中 3 月至 11 月蓄水，枯水期 1 月、2 月和 12 月的天数分别为 31 天、28 天和 31 天，故一年当中蓄水天数为 275 天。

由此得圆明园两入水口日需水量

$$Q_d=\frac{2000000}{275}=7273m^3/d$$

考虑各种变异情况，需水量系数 1.5，则日最大需水量为

$$Q_{max}=1.5Q_d=1.5\times7273=10910m^3/d$$

将水量取整数 $11000m^3/d$，作为计算湿地处理效果的数据。假设从紫碧山房处进入污水厂排水的流量占此流量的 80%，则人工湿地系统的进水流量为 $8800m^3/d$。藻园进水口仍引京密引水渠的水。

8.7 水质标准计算

8.7.1 人工湿地系统计算模型

(1) 有机物降解计算模型

化学需氧量(COD_{Cr})、五日生化需氧量(BOD_5)和氨氮(NH_4^+-N)的计算采用美国学者克雷格·S·坎贝尔和迈克尔·H·奥格登所著的《湿地与景观》一书中的公式。

化学需氧量(COD_{Cr})和五日生化需氧量(BOD_5)的计算公式为

$$A=\frac{Q(\ln C_0-\ln C_e)}{K_t dn}$$

式中 A——湿地面积(m^2)；

Q——进水流量(m^3/d)；

C_0——进水浓度(mg/L)；

C_e——出水浓度(mg/L)；

K_t——反应速率常数(d^{-1})。

对于表流湿地

$$K_t=0.278\times1.06^{T-20}$$

对于潜流湿地

$$K_t=1.014\times1.06^{T-20}$$

T——水温(℃)；

d——介质床深度(m)，对于潜流湿地，d 是填充物质的厚度；对于表流湿地，d 是有效水深；

n——介质孔隙度，即植物茎秆的密度，正常运行时取 0.65～0.75。

此处应用其变形求出水浓度

$$C_e=\exp\left(\ln C_0-\frac{AK_t dn}{Q}\right)$$

(2) 氮磷去除计算模型

氨氮(NH_4^+-N)的计算公式为

$$\ln\frac{T_{KN}}{NH_{4eff}^{+}}=K_t\cdot HRT$$

式中 T_{KN}——进水凯氏氮浓度(mg/L)，由于经过污水处理，水中有机氮含量极少，凯氏氮浓度值近似用氨态氮浓度值代替；

NH_{4eff}^{+}——出水氨态氮浓度(mg/L)；

K_t——反应速率常数(d^{-1})，根据下式计算

$$K_t=K_{NH}\times1.048^{T-20}$$

$$K_{NH}=0.01854+0.3922(rz)^{2.6077}$$

rz——植物根系占砂砾床深度的比例，取值范围是0.6～1；

HRT——水力停留时间(d)。

此处应用其变形求出水氨态氮浓度

$$NH_{4eff}^{+}=\frac{T_{KN}}{\exp(K_t\cdot HRT)}$$

总氮(TN)和总磷(TP)的计算采用常用的面积速率常数计算法。计算公式为

$$A=\frac{0.0365Q}{k}\ln\frac{C_0-C^*}{C_e-C^*}$$

式中 A——湿地面积(m^2)；

Q——进水流量(m^3/d)；

k——面积速率常数(m/a)，TN对于表流湿地，取经验值22m/a，对于潜流湿地，取经验值27m/a；TP无论对于表流湿地还是潜流湿地，都取经验值12m/a；

C_0——进水浓度(mg/L)；

C_e——出水浓度(mg/L)；

C^*——湿地浓度背景值(mg/L)，TN取经验值0.05mg/L，TP取经验值0.02mg/L。

此处应用其变形求出水浓度。

$$C_e=\exp\left(-\frac{kA}{0.0365Q}\right)(C_0-C^*)+C^*$$

(3) 致病菌去除计算模型

粪大肠菌群的计算采用美国环保局(EPA)的《市政污水的人工湿地处理手册》(*Manual Constructed Wetlands Treatment ofmunicipal Wastewaters*)一书中的公式，即

$$\frac{C_e}{C_0}=\frac{1}{(1+tK_p)^N}$$

式中 C_0——进水浓度(mg/L)；

C_e——出水浓度(mg/L)；

t——表流湿地水力停留时间之和(d)；

K_p——粪大肠菌去除率常数(d^{-1})；

$$K_p=2.6\times1.19^{T-20}$$

N——表流湿地开放水域个数。

此处应用其变形求出水浓度

$$C_e=\frac{C_0}{(1+tK_p)^N}$$

(4) 水力停留时间的计算公式

$$HRT=\frac{AH}{Q}$$

式中 HRT——水力停留时间(d)；

A——处理单元面积(m^2)；

H——处理单元水深(m)；

Q——进水流量(m^3/d)。

(5) 水力负荷的计算公式

$$HLR=\frac{10000Q}{A}$$

式中 HLR——水力负荷 [$m^3/(hm^2 \cdot d)$]；

Q——进水流量(m^3/d)；

A——处理单元面积(m^2)。

(6) 去除率计算公式

化学需氧量(COD_{Cr})、五日生化需氧量(BOD_5)、总氮(TN)、总磷(TP)和粪大肠菌群的处理效率的计算公式为

$$E=\frac{C_0-C_e}{C_0}$$

式中 E——处理效率(%)；

C_0——进水浓度(mg/L 或个/L)；

C_e——出水浓度(mg/L 或个/L)。

氨氮($NH_{3-}N$)的处理效率的计算公式为

$$E=\frac{T_{KN}-NH_{4eff}^{+}}{T_{KN}}$$

式中 E——处理效率(%)；

T_{KN}——进水凯氏氮浓度(mg/L)；

NH_{4eff}^{+}——出水氨态氮浓度(mg/L)。

(7) 水量平衡计算

水流经处理单元时，由于蒸发、渗漏和降水的自然现象，会导致出水流量和进水流量有一定的差别，因此需要计算水量平衡。

水量平衡关系是根据物质不灭定律得出的，它遵循的原则是：

总进水水量＝总出水水量

即

进水水量＋降水量＝出水水量＋蒸发量＋渗漏量

由于采取了防渗措施，人工湿地系统的渗漏量可忽略不计，于是得到以下公式

$$Q'=Q+\frac{h_{pre}A}{1000\times30}-\frac{h_{eva}A}{1000\times30}$$

式中 Q'——出水流量(m^3/d)；

Q——进水流量(m^3/d)；

h_{pre}——降水量(mm/月)；

h_{eva}——蒸发量(mm/月)；

A——处理单元面积(m^2)。

对于某一个处理单元来说，如果是由上一处理单元的全部出水作为水量来源，那么此处理单元的进水流量等于上一处理单元的出水流量，此处理单元的进水浓度等于上一处理单元的出水浓度；如果是由几个处理单元同时向此处理单元排水，那么此处理单元的进水流量等于向此处理单元排水的各处理单元的排放水量之和，此处理单元的进水浓度等于向此处理单元排水的各处理单元的出水浓度的加权平均值。

假设第 m 个处理单元由 n 个处理单元作为水量来源，这 n 个处理单元分别为第 j 个处理单元、第 k 个处理单元、第 l 个处理单元……则第 m 个处理单元的进水流量为

$$Q_m = \sum_{i=1}^{n} \mu_{im} Q'_i = \mu_{jm} Q'_j + \mu_{km} Q'_k + \mu_{lm} Q'_l + \cdots$$

式中 Q_m——第 m 个处理单元的进水流量(m^3/d)；

μ_{im}——某个处理单元对第 m 个处理单元的排放系数；

Q'_i——某个处理单元的出水流量(m^3/d)。

第 m 个处理单元的进水浓度为

$$C_{0m} = \frac{\sum_{i=1}^{n} C_{ei} \mu_{im} Q'_i}{Q_m} = \frac{C_{ej} \mu_{jm} Q'_j}{Q_m} + \frac{C_{ek} \mu_{km} Q'_k}{Q_m} + \frac{C_{el} \mu_{lm} Q'_l}{Q_m} + \cdots$$

式中 C_{0m}——第 m 个处理单元的进水浓度(mg/L)；

C_{ei}——某个处理单元的出水浓度(mg/L)。

8.7.2 气候条件参数的选取和计算

根据北京的气候条件，冬季 12、1、2 月人工湿地处理效率显著降低，此段时间内圆明园枯水；夏季 6、7、8 月气温较高，蒸发量和降水量都较大，湿地处理效率与春秋两季明显不同。因此，湿地处理效果的计算分为夏季(6～8 月)和春秋季(3～5 月、9～11 月)两种情况进行。

查阅北京市气象局气象资料，可知在夏季，平均温度为 25.1℃，平均风速为 2.1m/s，平均月降水量为 141.0mm，平均月蒸发量为 214.3mm；在春秋季，平均温度为 12.9℃，平均风速为 2.6m/s，平均月降水量为 23.1mm，平均月蒸发量为 169.8mm。

藻园进水口所引京密引水渠的水根据《地表水环境质量标准》GB 3838—2002 中的规定，属于地表Ⅱ类水体，其水质指标见表 8-5。

京密引水渠水质指标　　表 8-5

序号	项目	标准值	序号	项目	标准值
1	化学需氧量(COD_{Cr})	15mg/L	4	氨氮(NH_4^+-N)	0.5mg/L
2	五日生化需氧量(BOD_5)	3mg/L	5	总磷(以 P 计)	0.1mg/L
3	总氮(以 N 计)	0.5mg/L	6	粪大肠菌群	2000 个/L

注：摘自《地表水环境质量标准》GB 3838—2002 表 1 地表水环境质量标准基本项目标准限值。

8.7.3 水量平衡的计算

1. 春秋季

(1) 第 1 处理单元(沉淀池)

进水流量

$$Q_1 = 8800.00\text{m}^3/\text{d}$$

出水流量

$$Q_1' = Q_1 + \frac{h_{pre}A_1}{1000\times30} - \frac{h_{eva}A_1}{1000\times30}$$
$$= 8800.00 + \frac{23.1\times1113.22}{1000\times30} - \frac{169.8\times1113.22}{1000\times30}$$
$$= 8794.56\text{m}^3/\text{d}$$

(2) 第 2 处理单元(表流湿地)

由于第 2 处理单元的水全部来自第 1 处理单元，排放系数为 1.0，故进水流量为

$$Q_2 = \mu_{12}Q_1' = 1.0\times8794.56 = 8794.56\text{m}^3/\text{d}$$

出水流量

$$Q_2' = Q_2 + \frac{h_{pre}A_2}{1000\times30} - \frac{h_{eva}A_2}{1000\times30}$$
$$= 8794.56 + \frac{23.1\times4820.94}{1000\times30} - \frac{169.8\times4820.94}{1000\times30}$$
$$= 8770.99\text{m}^3/\text{d}$$

(3) 第 3 处理单元(潜流湿地)

由于第 3 处理单元的水全部来自第 2 处理单元，排放系数为 1.0，故进水流量为

$$Q_3 = \mu_{23}Q_2' = 1.0\times8770.99 = 8770.99\text{m}^3/\text{d}$$

出水流量

$$Q_3' = Q_3 + \frac{h_{pre}A_3}{1000\times30} - \frac{h_{eva}A_3}{1000\times30}$$
$$= 8770.99 + \frac{23.1\times14600.20}{1000\times30} - \frac{169.8\times14600.20}{1000\times30}$$
$$= 8699.60\text{m}^3/\text{d}$$

(4) 第 4 处理单元(表流湿地)

由于第 4 处理单元的水全部来自第 3 处理单元，排放系数为 1.0，故进水流量为

$$Q_4 = \mu_{34}Q_3' = 1.0\times8699.60 = 8699.60\text{m}^3/\text{d}$$

出水流量

$$Q_4' = Q_4 + \frac{h_{pre}A_4}{1000\times30} - \frac{h_{eva}A_4}{1000\times30}$$
$$= 8699.60 + \frac{23.1\times28425.26}{1000\times30} - \frac{169.8\times28425.26}{1000\times30}$$
$$= 8560.60\text{m}^3/\text{d}$$

(5) 第 5 处理单元(表流湿地)

由于第 5 处理单元的水全部来自第 4 处理单元，排放系数为 1.0，故进水流量为

$$Q_5 = \mu_{45}Q_4' = 1.0\times8560.60 = 8560.60\text{m}^3/\text{d}$$

出水流量

$$Q_5' = Q_5 + \frac{h_{pre}A_5}{1000\times30} - \frac{h_{eva}A_5}{1000\times30}$$
$$= 8560.60 + \frac{23.1\times25046.40}{1000\times30} - \frac{169.8\times25046.40}{1000\times30}$$

$=8438.12m^3/d$

(6) 第 6 处理单元(表流湿地)

由于第 6 处理单元的水包括来自第 5 处理单元的水，排放系数为 0.7，同时还有藻园进水口引入的流量为 $2200m^3/d$(占圆明园两进水口进水总量的 20%)的京密引水渠的水，故进水流量为

$$Q_6=\frac{\mu_{56}Q_5'}{80\%}=\frac{0.7\times8438.12}{80\%}=7383.36m^3/d$$

出水流量

$$Q_6'=Q_6+\frac{h_{pre}A_6}{1000\times30}-\frac{h_{eva}A_6}{1000\times30}$$

$$=7383.36+\frac{23.1\times12671.72}{1000\times30}-\frac{169.8\times12671.72}{1000\times30}$$

$$=7321.40m^3/d$$

(7) 第 7 处理单元(表流湿地)

由于第 7 处理单元的水全部来自第 6 处理单元，排放系数为 1.0，故进水流量为

$$Q_7=\mu_{67}Q_6'=1.0\times7321.40=7321.40m^3/d$$

出水流量

$$Q_7'=Q_7+\frac{h_{pre}A_7}{1000\times30}-\frac{h_{eva}A_7}{1000\times30}$$

$$=7321.40+\frac{23.1\times33469.39}{1000\times30}-\frac{169.8\times33469.39}{1000\times30}$$

$$=7157.73m^3/d$$

(8) 第 8 处理单元(表流湿地)

由于第 8 处理单元的水分别来自第 5 处理单元和第 7 处理单元，这两个处理单元对第 8 处理单元的排放系数均为 0.3，故进水流量为

$$Q_8=\mu_{58}Q_5'+\mu_{78}Q_7'=0.3\times8438.12+0.3\times7157.73=4678.76m^3/d$$

出水流量

$$Q_8'=Q_8+\frac{h_{pre}A_8}{1000\times30}-\frac{h_{eva}A_8}{1000\times30}$$

$$=4678.76+\frac{23.1\times17543.16}{1000\times30}-\frac{169.8\times17543.16}{1000\times30}$$

$$=4592.97m^3/d$$

(9) 第 9 处理单元(表流湿地)

由于第 9 处理单元的水全部来自第 7 处理单元，排放系数为 0.4，故进水流量为

$$Q_9=\mu_{79}Q_7'=0.4\times7157.73=2863.09m^3/d$$

出水流量

$$Q_9'=Q_9+\frac{h_{pre}A_9}{1000\times30}-\frac{h_{eva}A_9}{1000\times30}$$

$$=2863.09+\frac{23.1\times4329.21}{1000\times30}-\frac{169.8\times4329.21}{1000\times30}$$

$$=2841.92m^3/d$$

(10) 第10处理单元(表流湿地)

由于第10处理单元的水全部来自第9处理单元，排放系数为0.2，故进水流量为

$$Q_{10}=\mu_{910}Q'_{9}=0.2\times2841.92=568.38\text{m}^3/\text{d}$$

出水流量

$$\begin{aligned}Q'_{10}&=Q_{10}+\frac{h_{\text{pre}}A_{10}}{1000\times30}-\frac{h_{\text{eva}}A_{10}}{1000\times30}\\&=568.38+\frac{23.1\times14256.44}{1000\times30}-\frac{169.8\times14256.44}{1000\times30}\\&=498.67\text{m}^3/\text{d}\end{aligned}$$

(11) 第14处理单元(表流湿地)

由于第14处理单元的水分别来自第7处理单元和第9处理单元，这两个处理单元对第14处理单元的排放系数分别为0.3和0.5，故进水流量为

$$Q_{14}=\mu_{714}Q'_{7}+\mu_{914}Q'_{9}=0.3\times7157.73+0.5\times2841.92=3568.28\text{m}^3/\text{d}$$

出水流量

$$\begin{aligned}Q'_{14}&=Q_{14}+\frac{h_{\text{pre}}A_{14}}{1000\times30}-\frac{h_{\text{eva}}A_{14}}{1000\times30}\\&=3568.28+\frac{23.1\times24234.62}{1000\times30}-\frac{169.8\times24234.62}{1000\times30}\\&=3449.77\text{m}^3/\text{d}\end{aligned}$$

(12) 第12处理单元(表流湿地)

由于第12处理单元的水全部来自第14处理单元，排放系数为0.7，故进水流量为

$$Q_{12}=\mu_{1412}Q'_{14}=0.7\times3449.77=2414.84\text{m}^3/\text{d}$$

出水流量

$$\begin{aligned}Q'_{12}&=Q_{12}+\frac{h_{\text{pre}}A_{12}}{1000\times30}-\frac{h_{\text{eva}}A_{12}}{1000\times30}\\&=2414.84+\frac{23.1\times41490.04}{1000\times30}-\frac{169.8\times41490.04}{1000\times30}\\&=2211.95\text{m}^3/\text{d}\end{aligned}$$

(13) 第11处理单元(表流湿地)

由于第11处理单元的水分别来自第9处理单元、第10处理单元和第12处理单元，这三个处理单元对第11处理单元的排放系数分别为0.3、1.0和1.0，故进水流量为

$$\begin{aligned}Q_{11}&=\mu_{911}Q'_{9}+\mu_{1011}Q'_{10}+\mu_{1211}Q'_{12}\\&=0.3\times2841.92+1.0\times498.67+1.0\times2211.95\\&=3563.20\text{m}^3/\text{d}\end{aligned}$$

出水流量

$$\begin{aligned}Q'_{11}&=Q_{11}+\frac{h_{\text{pre}}A_{11}}{1000\times30}-\frac{h_{\text{eva}}A_{11}}{1000\times30}\\&=3563.20+\frac{23.1\times10501.82}{1000\times30}-\frac{169.8\times10501.82}{1000\times30}\\&=3511.85\text{m}^3/\text{d}\end{aligned}$$

(14) 第13处理单元(表流湿地)

由于第13处理单元的水全部来自第11处理单元，排放系数为1.0，故进水流量为

$$Q_{13}=\mu_{1113}Q'_{11}=1.0\times3511.85=3511.85m^3/d$$

出水流量

$$\begin{aligned}Q'_{13}&=Q_{13}+\frac{h_{pre}A_{13}}{1000\times30}-\frac{h_{eva}A_{13}}{1000\times30}\\&=3511.85+\frac{23.1\times7949.90}{1000\times30}-\frac{169.8\times7949.90}{1000\times30}\\&=3472.97m^3/d\end{aligned}$$

(15) 第15处理单元(表流湿地)

由于第15处理单元的水分别来自第13处理单元和第14处理单元，这两个处理单元对第15处理单元的排放系数分别为1.0和0.2，故进水流量为

$$Q_{15}=\mu_{1315}Q'_{13}+\mu_{1415}Q'_{14}=1.0\times3472.97+0.2\times3449.77=4162.92m^3/d$$

出水流量

$$\begin{aligned}Q'_{15}&=Q_{15}+\frac{h_{pre}A_{15}}{1000\times30}-\frac{h_{eva}A_{15}}{1000\times30}\\&=4162.92+\frac{23.1\times22528.43}{1000\times30}-\frac{169.8\times22528.43}{1000\times30}\\&=4052.76m^3/d\end{aligned}$$

(16) 第16处理单元(表流湿地)

由于第16处理单元的水分别来自第8处理单元、第14处理单元和第15处理单元，这三个处理单元对第16处理单元的排放系数分别为1.0、0.1和1.0，故进水流量为

$$\begin{aligned}Q_{16}&=\mu_{816}Q'_{8}+\mu_{1416}Q'_{14}+\mu_{1516}Q'_{15}\\&=1.0\times4592.97+0.1\times3449.77+1.0\times4052.76\\&=8990.71m^3/d\end{aligned}$$

出水流量

$$\begin{aligned}Q'_{16}&=Q_{16}+\frac{h_{pre}A_{16}}{1000\times30}-\frac{h_{eva}A_{16}}{1000\times30}\\&=8990.71+\frac{23.1\times18896.63}{1000\times30}-\frac{169.8\times18896.63}{1000\times30}\\&=8898.31m^3/d\end{aligned}$$

2. 夏季

(1) 第1处理单元(沉淀池)

进水流量

$$Q_1=8800.00m^3/d$$

出水流量

$$\begin{aligned}Q'_{1}&=Q_{1}+\frac{h_{pre}A_{1}}{1000\times30}-\frac{h_{eva}A_{1}}{1000\times30}\\&=8800.00+\frac{141.0\times1113.22}{1000\times30}-\frac{214.3\times1113.22}{1000\times30}\\&=8797.28m^3/d\end{aligned}$$

(2) 第2处理单元(表流湿地)

由于第 2 处理单元的水全部来自第 1 处理单元，排放系数为 1.0，故进水流量为

$$Q_2=\mu_{12}Q_1'=1.0\times8797.28=8797.28\text{m}^3/\text{d}$$

出水流量

$$Q_2'=Q_2+\frac{h_{\text{pre}}A_2}{1000\times30}-\frac{h_{\text{eva}}A_2}{1000\times30}$$

$$=8797.28+\frac{141.0\times4820.94}{1000\times30}-\frac{214.3\times4820.94}{1000\times30}$$

$$=8785.50\text{m}^3/\text{d}$$

(3) 第 3 处理单元(潜流湿地)

由于第 3 处理单元的水全部来自第 2 处理单元，排放系数为 1.0，故进水流量为

$$Q_3=\mu_{23}Q_2'=1.0\times8785.50=8785.50\text{m}^3/\text{d}$$

出水流量

$$Q_3'=Q_3+\frac{h_{\text{pre}}A_3}{1000\times30}-\frac{h_{\text{eva}}A_3}{1000\times30}$$

$$=8785.50+\frac{141.0\times14600.20}{1000\times30}-\frac{214.3\times14600.20}{1000\times30}$$

$$=8749.83\text{m}^3/\text{d}$$

(4) 第 4 处理单元(表流湿地)

由于第 4 处理单元的水全部来自第 3 处理单元，排放系数为 1.0，故进水流量为

$$Q_4=\mu_{34}Q_3'=1.0\times8749.83=8749.83\text{m}^3/\text{d}$$

出水流量

$$Q_4'=Q_4+\frac{h_{\text{pre}}A_4}{1000\times30}-\frac{h_{\text{eva}}A_4}{1000\times30}$$

$$=8749.83+\frac{141.0\times28425.26}{1000\times30}-\frac{214.3\times28425.26}{1000\times30}$$

$$=8680.38\text{m}^3/\text{d}$$

(5) 第 5 处理单元(表流湿地)

由于第 5 处理单元的水全部来自第 4 处理单元，排放系数为 1.0，故进水流量为

$$Q_5=\mu_{45}Q_4'=1.0\times8680.38=8680.38\text{m}^3/\text{d}$$

出水流量

$$Q_5'=Q_5+\frac{h_{\text{pre}}A_5}{1000\times30}-\frac{h_{\text{eva}}A_5}{1000\times30}$$

$$=8680.38+\frac{141.0\times25046.40}{1000\times30}-\frac{214.3\times25046.40}{1000\times30}$$

$$=8619.18\text{m}^3/\text{d}$$

(6) 第 6 处理单元(表流湿地)

由于第 6 处理单元的水包括来自第 5 处理单元的水，排放系数为 0.7，同时还有藻园进水口引入的流量为 2200m³/d(占圆明园两进水口进水总量的 20%)的京密引水渠的水，故进水流量为

$$Q_6=\frac{\mu_{56}Q_5'}{80\%}=\frac{0.7\times8619.18}{80\%}=7541.78\text{m}^3/\text{d}$$

出水流量

$$Q_6' = Q_6 + \frac{h_{pre}A_6}{1000 \times 30} - \frac{h_{eva}A_6}{1000 \times 30}$$
$$= 7541.78 + \frac{141.0 \times 12671.72}{1000 \times 30} - \frac{214.3 \times 12671.72}{1000 \times 30}$$
$$= 7510.82 m^3/d$$

(7) 第 7 处理单元(表流湿地)

由于第 7 处理单元的水全部来自第 6 处理单元，排放系数为 1.0，故进水流量为

$$Q_7 = \mu_{67} Q_6' = 1.0 \times 7510.82 = 7510.82 m^3/d$$

出水流量

$$Q_7' = Q_7 + \frac{h_{pre}A_7}{1000 \times 30} - \frac{h_{eva}A_7}{1000 \times 30}$$
$$= 7510.82 + \frac{141.0 \times 33469.39}{1000 \times 30} - \frac{214.3 \times 33469.39}{1000 \times 30}$$
$$= 7429.04 m^3/d$$

(8) 第 8 处理单元(表流湿地)

由于第 8 处理单元的水分别来自第 5 处理单元和第 7 处理单元，这两个处理单元对第 8 处理单元的排放系数均为 0.3，故进水流量为

$$Q_8 = \mu_{58} Q_5' + \mu_{78} Q_7' = 0.3 \times 8619.18 + 0.3 \times 7429.04 = 4814.47 m^3/d$$

出水流量

$$Q_8' = Q_8 + \frac{h_{pre}A_8}{1000 \times 30} - \frac{h_{eva}A_8}{1000 \times 30}$$
$$= 4814.47 + \frac{141.0 \times 17543.16}{1000 \times 30} - \frac{214.3 \times 17543.16}{1000 \times 30}$$
$$= 4771.61 m^3/d$$

(9) 第 9 处理单元(表流湿地)

由于第 9 处理单元的水全部来自第 7 处理单元，排放系数为 0.4，故进水流量为

$$Q_9 = \mu_{79} Q_7' = 0.4 \times 7429.04 = 2971.62 m^3/d$$

出水流量

$$Q_9' = Q_9 + \frac{h_{pre}A_9}{1000 \times 30} - \frac{h_{eva}A_9}{1000 \times 30}$$
$$= 2971.62 + \frac{141.0 \times 4329.21}{1000 \times 30} - \frac{214.3 \times 4329.21}{1000 \times 30}$$
$$= 2961.04 m^3/d$$

(10) 第 10 处理单元(表流湿地)

由于第 10 处理单元的水全部来自第 9 处理单元，排放系数为 0.2，故进水流量为

$$Q_{10} = \mu_{910} Q_9' = 0.2 \times 2961.04 = 592.21 m^3/d$$

出水流量

$$Q_{10}' = Q_{10} + \frac{h_{pre}A_{10}}{1000 \times 30} - \frac{h_{eva}A_{10}}{1000 \times 30}$$
$$= 592.21 + \frac{141.0 \times 14256.44}{1000 \times 30} - \frac{214.3 \times 14256.44}{1000 \times 30}$$

$$=557.38m^3/d$$

(11) 第14处理单元(表流湿地)

由于第14处理单元的水分别来自第7处理单元和第9处理单元，这两个处理单元对第14处理单元的排放系数分别为0.3和0.5，故进水流量为

$$Q_{14}=\mu_{714}Q'_7+\mu_{914}Q'_9=0.3\times7429.04+0.5\times2961.04=3709.23m^3/d$$

出水流量

$$Q'_{14}=Q_{14}+\frac{h_{pre}A_{14}}{1000\times30}-\frac{h_{eva}A_{14}}{1000\times30}$$

$$=3709.23+\frac{141.0\times24234.62}{1000\times30}-\frac{214.3\times24234.62}{1000\times30}$$

$$=3650.02m^3/d$$

(12) 第12处理单元(表流湿地)

由于第12处理单元的水全部来自第14处理单元，排放系数为0.7，故进水流量为

$$Q_{12}=\mu_{1412}Q'_{14}=0.7\times3650.02=2555.01m^3/d$$

出水流量

$$Q'_{12}=Q_{12}+\frac{h_{pre}A_{12}}{1000\times30}-\frac{h_{eva}A_{12}}{1000\times30}$$

$$=2555.01+\frac{141.0\times41490.04}{1000\times30}-\frac{214.3\times41490.04}{1000\times30}$$

$$=2453.64m^3/d$$

(13) 第11处理单元(表流湿地)

由于第11处理单元的水分别来自第9处理单元、第10处理单元和第12处理单元，这三个处理单元对第11处理单元的排放系数分别为0.3、1.0和1.0，故进水流量为

$$Q_{11}=\mu_{911}Q'_9+\mu_{1011}Q'_{10}+\mu_{1211}Q'_{12}$$

$$=0.3\times2961.04+1.0\times557.38+1.0\times2453.64$$

$$=3899.33m^3/d$$

出水流量

$$Q'_{11}=Q_{11}+\frac{h_{pre}A_{11}}{1000\times30}-\frac{h_{eva}A_{11}}{1000\times30}$$

$$=3899.33+\frac{141.0\times10501.82}{1000\times30}-\frac{214.3\times10501.82}{1000\times30}$$

$$=3873.67m^3/d$$

(14) 第13处理单元(表流湿地)

由于第13处理单元的水全部来自第11处理单元，排放系数为1.0，故进水流量为

$$Q_{13}=\mu_{1113}Q'_{11}=1.0\times3873.67=3873.67m^3/d$$

出水流量

$$Q'_{13}=Q_{13}+\frac{h_{pre}A_{13}}{1000\times30}-\frac{h_{eva}A_{13}}{1000\times30}$$

$$=3873.67+\frac{141.0\times7949.90}{1000\times30}-\frac{214.3\times7949.90}{1000\times30}$$

$$=3854.25m^3/d$$

(15) 第 15 处理单元(表流湿地)

由于第 15 处理单元的水分别来自第 13 处理单元和第 14 处理单元，这两个处理单元对第 15 处理单元的排放系数分别为 1.0 和 0.2，故进水流量为

$$Q_{15}=\mu_{1315}Q'_{13}+\mu_{1415}Q'_{14}=1.0\times3854.25+0.2\times3650.02=4584.25\mathrm{m^3/d}$$

出水流量

$$\begin{aligned}Q'_{15}&=Q_{15}+\frac{h_{\mathrm{pre}}A_{15}}{1000\times30}-\frac{h_{\mathrm{eva}}A_{15}}{1000\times30}\\&=4584.25+\frac{141.0\times22528.43}{1000\times30}-\frac{214.3\times22528.43}{1000\times30}\\&=4529.21\mathrm{m^3/d}\end{aligned}$$

(16) 第 16 处理单元(表流湿地)

由于第 16 处理单元的水分别来自第 8 处理单元、第 14 处理单元和第 15 处理单元，这三个处理单元对第 16 处理单元的排放系数分别为 1.0、0.1 和 1.0，故进水流量为

$$\begin{aligned}Q_{16}&=\mu_{816}Q'_{8}+\mu_{1416}Q'_{14}+\mu_{1516}Q'_{15}\\&=1.0\times4771.61+0.1\times3650.02+1.0\times4529.21\\&=9665.82\mathrm{m^3/d}\end{aligned}$$

出水流量

$$\begin{aligned}Q'_{16}&=Q_{16}+\frac{h_{\mathrm{pre}}A_{16}}{1000\times30}-\frac{h_{\mathrm{eva}}A_{16}}{1000\times30}\\&=9665.82+\frac{141.0\times18896.63}{1000\times30}-\frac{214.3\times18896.63}{1000\times30}\\&=9619.65\mathrm{m^3/d}\end{aligned}$$

8.7.4 水力停留时间的计算

每一处理单元的水力停留时间计算如下：

1. 春秋季

(1) 第 1 处理单元(沉淀池)

水力停留时间

$$HRT_1=\frac{A_1H_1}{Q_1}=\frac{1113.22\times1.5}{8800.00}=0.19\mathrm{d}=4.56\mathrm{h}$$

(2) 第 2 处理单元(表流湿地)

水力停留时间

$$HRT_2=\frac{A_2H_2}{Q_2}=\frac{4820.94\times0.8}{8794.56}=0.44\mathrm{d}=10.56\mathrm{h}$$

(3) 第 3 处理单元(潜流湿地)

水力停留时间

$$HRT_3=\frac{A_3H_3}{Q_3}=\frac{14600.20\times0.8}{8770.99}=1.33\mathrm{d}$$

(4) 第 4 处理单元(表流湿地)

水力停留时间

$$HRT_4=\frac{A_4H_4}{Q_4}=\frac{28425.26\times2.0}{8699.60}=6.53\text{d}$$

(5) 第 5 处理单元(表流湿地)

水力停留时间

$$HRT_5=\frac{A_5H_5}{Q_5}=\frac{25046.40\times2.0}{8560.60}=5.85\text{d}$$

(6) 第 6 处理单元(表流湿地)

水力停留时间

$$HRT_6=\frac{A_6H_6}{Q_6}=\frac{12671.72\times2.0}{7321.40}=3.46\text{d}$$

(7) 第 7 处理单元(表流湿地)

水力停留时间

$$HRT_7=\frac{A_7H_7}{Q_7}=\frac{33469.39\times2.3}{7321.40}=10.51\text{d}$$

(8) 第 8 处理单元(表流湿地)

水力停留时间

$$HRT_8=\frac{A_8H_8}{Q_8}=\frac{17543.16\times1.8}{4678.76}=6.75\text{d}$$

(9) 第 9 处理单元(表流湿地)

水力停留时间

$$HRT_9=\frac{A_9H_9}{Q_9}=\frac{4329.21\times2.0}{2863.09}=3.02\text{d}$$

(10) 第 10 处理单元(表流湿地)

水力停留时间

$$HRT_{10}=\frac{A_{10}H_{10}}{Q_{10}}=\frac{14256.44\times2.0}{568.38}=50.17\text{d}$$

(11) 第 11 处理单元(表流湿地)

水力停留时间

$$HRT_{11}=\frac{A_{11}H_{11}}{Q_{11}}=\frac{10501.82\times2.0}{3563.20}=5.89\text{d}$$

(12) 第 12 处理单元(表流湿地)

水力停留时间

$$HRT_{12}=\frac{A_{12}H_{12}}{Q_{12}}=\frac{41490.04\times2.5}{2414.84}=42.95\text{d}$$

(13) 第 13 处理单元(表流湿地)

水力停留时间

$$HRT_{13}=\frac{A_{13}H_{13}}{Q_{13}}=\frac{7949.90\times2.2}{3511.85}=4.98\text{d}$$

(14) 第 14 处理单元(表流湿地)

水力停留时间

$$HRT_{14}=\frac{A_{14}H_{14}}{Q_{14}}=\frac{24234.62\times2.0}{3568.28}=13.58\text{d}$$

(15) 第 15 处理单元(表流湿地)

水力停留时间

$$HRT_{15}=\frac{A_{15}H_{15}}{Q_{15}}=\frac{22528.43\times1.6}{4162.92}=8.66\text{d}$$

(16) 第 16 处理单元(表流湿地)

水力停留时间

$$HRT_{16}=\frac{A_{16}H_{16}}{Q_{16}}=\frac{18896.63\times2.0}{8990.71}=4.20\text{d}$$

2. 夏季

(1) 第 1 处理单元(沉淀池)

水力停留时间

$$HRT_{1}=\frac{A_{1}H_{1}}{Q_{1}}=\frac{1113.22\times1.5}{8800.00}=0.19\text{d}=4.56\text{h}$$

(2) 第 2 处理单元(表流湿地)

水力停留时间

$$HRT_{2}=\frac{A_{2}H_{2}}{Q_{2}}=\frac{4820.94\times0.8}{8797.28}=0.44\text{d}=10.56\text{h}$$

(3) 第 3 处理单元(表流湿地)

水力停留时间

$$HRT_{3}=\frac{A_{3}H_{3}}{Q_{3}}=\frac{14600.20\times0.8}{8785.50}=1.33\text{d}$$

(4) 第 4 处理单元(表流湿地)

水力停留时间

$$HRT_{4}=\frac{A_{4}H_{4}}{Q_{4}}=\frac{28425.26\times2.0}{8749.83}=6.50\text{d}$$

(5) 第 5 处理单元(表流湿地)

水力停留时间

$$HRT_{5}=\frac{A_{5}H_{5}}{Q_{5}}=\frac{25046.40\times2.0}{8680.38}=5.77\text{d}$$

(6) 第 6 处理单元(表流湿地)

水力停留时间

$$HRT_{6}=\frac{A_{6}H_{6}}{Q_{6}}=\frac{12671.72\times2.0}{7541.78}=3.36\text{d}$$

(7) 第 7 处理单元(表流湿地)

水力停留时间

$$HRT_{7}=\frac{A_{7}H_{7}}{Q_{7}}=\frac{33469.39\times2.3}{7510.82}=10.25\text{d}$$

(8) 第 8 处理单元(表流湿地)

水力停留时间

$$HRT_{8}=\frac{A_{8}H_{8}}{Q_{8}}=\frac{17543.16\times1.8}{4814.47}=6.56\text{d}$$

(9) 第9处理单元(表流湿地)

水力停留时间

$$HRT_9=\frac{A_9H_9}{Q_9}=\frac{4329.21\times2.0}{2971.62}=2.91\text{d}$$

(10) 第10处理单元(表流湿地)

水力停留时间

$$HRT_{10}=\frac{A_{10}H_{10}}{Q_{10}}=\frac{14256.44\times2.0}{592.21}=48.15\text{d}$$

(11) 第11处理单元(表流湿地)

水力停留时间

$$HRT_{11}=\frac{A_{11}H_{11}}{Q_{11}}=\frac{10501.82\times2.0}{3899.33}=5.39\text{d}$$

(12) 第12处理单元(表流湿地)

水力停留时间

$$HRT_{12}=\frac{A_{12}H_{12}}{Q_{12}}=\frac{41490.04\times2.5}{2555.01}=40.60\text{d}$$

(13) 第13处理单元(表流湿地)

水力停留时间

$$HRT_{13}=\frac{A_{13}H_{13}}{Q_{13}}=\frac{7949.90\times2.2}{3873.67}=4.52\text{d}$$

(14) 第14处理单元(表流湿地)

水力停留时间

$$HRT_{14}=\frac{A_{14}H_{14}}{Q_{14}}=\frac{24234.62\times2.0}{3709.23}=13.07\text{d}$$

(15) 第15处理单元(表流湿地)

水力停留时间

$$HRT_{15}=\frac{A_{15}H_{15}}{Q_{15}}=\frac{22528.43\times1.6}{4584.25}=7.86\text{d}$$

(16) 第16处理单元(表流湿地)

水力停留时间

$$HRT_{16}=\frac{A_{16}H_{16}}{Q_{16}}=\frac{18896.63\times2.0}{9665.82}=3.91\text{d}$$

在整个湿地系统中，共有10条水流路径，每一条水流路径的总水力停留时间的计算如下：

1. 春秋季

(1) 第一路径

总水力停留时间

$$\begin{aligned}HRT^{(1)}&=HRT_1+HRT_2+HRT_3+HRT_4+HRT_5+HRT_8+HRT_{16}\\&=0.19+0.44+1.33+6.53+5.85+6.75+4.20\\&=25.29\text{d}\end{aligned}$$

(2) 第二路径

总水力停留时间

$$HRT^{(2)}=HRT_1+HRT_2+HRT_3+HRT_4+HRT_5+HRT_6+HRT_7+HRT_8+HRT_{16}$$
$$=0.19+0.44+1.33+6.53+5.85+3.43+10.51+6.75+4.20$$
$$=39.23\text{d}$$

(3) 第三路径

总水力停留时间

$$HRT^{(3)}=HRT_1+HRT_2+HRT_3+HRT_4+HRT_5+HRT_6+HRT_7+HRT_{14}+HRT_{16}$$
$$=0.19+0.44+1.33+6.53+5.85+3.43+10.52+13.58+4.20$$
$$=46.07\text{d}$$

(4) 第四路径

总水力停留时间

$$HRT^{(4)}=HRT_1+HRT_2+HRT_3+HRT_4+HRT_5+HRT_6+HRT_7+HRT_9+HRT_{14}+HRT_{16}$$
$$=0.19+0.44+1.33+6.53+5.85+3.43+10.52+3.02+13.58+4.20$$
$$=49.09\text{d}$$

(5) 第五路径

总水力停留时间

$$HRT^{(5)}=HRT_1+HRT_2+HRT_3+HRT_4+HRT_5+HRT_6+HRT_7+HRT_{14}+HRT_{15}+HRT_{16}$$
$$=0.19+0.44+1.33+6.53+5.85+3.43+10.52+13.58+8.66+4.20$$
$$=54.73\text{d}$$

(6) 第六路径

总水力停留时间

$$HRT^{(6)}=HRT_1+HRT_2+HRT_3+HRT_4+HRT_5+HRT_6+HRT_7+HRT_9+HRT_{14}+HRT_{15}+HRT_{16}$$
$$=0.19+0.44+1.33+6.53+5.85+3.43+10.52+3.02+13.58+8.66+4.20$$
$$=57.75\text{d}$$

(7) 第七路径

总水力停留时间

$$HRT^{(7)}=HRT_1+HRT_2+HRT_3+HRT_4+HRT_5+HRT_6+HRT_7+HRT_9+HRT_{11}+HRT_{13}+HRT_{15}+HRT_{16}$$
$$=0.19+0.44+1.33+6.53+5.85+3.43+10.52+3.02+5.89+4.98+8.66+4.20$$
$$=55.04\text{d}$$

(8) 第八路径

总水力停留时间

$$HRT^{(8)}=HRT_1+HRT_2+HRT_3+HRT_4+HRT_5+HRT_6+HRT_7+HRT_9+HRT_{10}+HRT_{11}+HRT_{13}+HRT_{15}+HRT_{16}$$
$$=0.19+0.44+1.33+6.53+5.85+3.43+10.52+3.02+50.17+5.89+4.98+8.66+4.20$$
$$=105.21\text{d}$$

(9) 第九路径

总水力停留时间

$$HRT^{(9)}=HRT_1+HRT_2+HRT_3+HRT_4+HRT_5+HRT_6+HRT_7+HRT_{14}+HRT_{12}+HRT_{11}+HRT_{13}+HRT_{15}+HRT_{16}$$
$$=0.19+0.44+1.33+6.53+5.85+3.43+10.52+13.58+42.95+5.89+4.98+8.66+4.20$$
$$=108.55d$$

(10) 第十路径

总水力停留时间

$$HRT^{(10)}=HRT_1+HRT_2+HRT_3+HRT_4+HRT_5+HRT_6+HRT_7+HRT_9+HRT_{14}+HRT_{12}+HRT_{11}+HRT_{13}+HRT_{15}+HRT_{16}$$
$$=0.19+0.44+1.33+6.53+5.85+3.43+10.52+3.02+13.58+42.95+5.89+4.98+8.66+4.20$$
$$=111.57d$$

2. 夏季

(1) 第一路径

总水力停留时间

$$HRT^{(1)}=HRT_1+HRT_2+HRT_3+HRT_4+HRT_5+HRT_8+HRT_{16}$$
$$=0.19+0.44+1.33+6.50+5.77+6.56+3.91$$
$$=24.7d$$

(2) 第二路径

总水力停留时间

$$HRT^{(2)}=HRT_1+HRT_2+HRT_3+HRT_4+HRT_5+HRT_6+HRT_7+HRT_8+HRT_{16}$$
$$=0.19+0.44+1.33+6.50+5.77+3.36+10.25+6.56+3.91$$
$$=38.31d$$

(3) 第三路径

总水力停留时间

$$HRT^{(3)}=HRT_1+HRT_2+HRT_3+HRT_4+HRT_5+HRT_6+HRT_7+HRT_{14}+HRT_{16}$$
$$=0.19+0.44+1.33+6.50+5.77+3.36+10.25+13.07+3.91$$
$$=44.82d$$

(4) 第四路径

总水力停留时间

$$HRT^{(4)}=HRT_1+HRT_2+HRT_3+HRT_4+HRT_5+HRT_6+HRT_7+HRT_9+HRT_{14}+HRT_{16}$$
$$=0.19+0.44+1.33+6.50+5.77+3.36+10.25+2.91+13.07+3.91$$
$$=47.73d$$

(5) 第五路径

总水力停留时间

$$HRT^{(5)}=HRT_1+HRT_2+HRT_3+HRT_4+HRT_5+HRT_6+HRT_7+HRT_{14}+HRT_{15}+HRT_{16}$$
$$=0.19+0.44+1.33+6.50+5.77+3.36+10.25+13.07+7.86+3.91$$
$$=52.68d$$

(6) 第六路径

总水力停留时间

$$HRT^{(6)}=HRT_1+HRT_2+HRT_3+HRT_4+HRT_5+HRT_6+HRT_7+HRT_9+HRT_{14}+HRT_{15}+HRT_{16}$$
$$=0.19+0.44+1.33+6.50+5.77+3.36+10.25+2.91+13.07+7.86+3.91$$
$$=55.59\text{d}$$

（7）第七路径

总水力停留时间

$$HRT^{(7)}=HRT_1+HRT_2+HRT_3+HRT_4+HRT_5+HRT_6+HRT_7+HRT_9+HRT_{11}+HRT_{13}+HRT_{15}+HRT_{16}$$
$$=0.19+0.44+1.33+6.50+5.77+3.36+10.25+2.91+5.39+4.52+7.86+3.91$$
$$=52.43\text{d}$$

（8）第八路径

总水力停留时间

$$HRT^{(8)}=HRT_1+HRT_2+HRT_3+HRT_4+HRT_5+HRT_6+HRT_7+HRT_9+HRT_{10}+HRT_{11}+HRT_{13}+HRT_{15}+HRT_{16}$$
$$=0.19+0.44+1.33+6.50+5.77+3.36+10.25+2.91+48.15+5.39+4.52+7.86+3.91$$
$$=100.58\text{d}$$

（9）第九路径

总水力停留时间

$$HRT^{(9)}=HRT_1+HRT_2+HRT_3+HRT_4+HRT_5+HRT_6+HRT_7+HRT_{14}+HRT_{12}+HRT_{11}+HRT_{13}+HRT_{15}+HRT_{16}$$
$$=0.19+0.44+1.33+6.50+5.77+3.36+10.25+13.07+40.60+5.39+4.52+7.86+3.91$$
$$=103.19\text{d}$$

（10）第十路径

总水力停留时间

$$HRT^{(10)}=HRT_1+HRT_2+HRT_3+HRT_4+HRT_5+HRT_6+HRT_7+HRT_9+HRT_{14}+HRT_{12}+HRT_{11}+HRT_{13}+HRT_{15}+HRT_{16}$$
$$=0.19+0.44+1.33+6.50+5.77+3.36+10.25+2.91+13.07+40.60+5.39+4.52+7.86+3.91$$
$$=106.1\text{d}$$

8.7.5　化学需氧量的计算

1. 春秋季

取介质孔隙度

$$n=0.65$$

（1）第1处理单元(沉淀池)

进水浓度

$$C_{01}=50\text{mg/L}$$

由于沉淀池对化学需氧量(COD_{Cr})基本没有去除，故出水浓度与进水浓度相同，即

$$C_{e1}=C_{01}=50\text{mg/L}$$

(2) 第2处理单元(表流湿地)

反应速率常数

$$K_t=0.278\times1.06^{T-20}=0.278\times1.06^{12.9-20}=0.1838$$

$$K_t=1.014\times1.06^{T-20}=1.014\times1.06^{12.9-20}=0.6704$$

由于第2处理单元的水全部来自第1处理单元，排放系数为1.0，故进水浓度

$$C_{02}=C_{e1}=50\text{mg/L}$$

出水浓度

$$\begin{aligned}C_{e2}&=\exp\left(\ln C_{02}-\frac{A_2K_td_2n}{Q_2}\right)\\&=\exp\left(\ln50-\frac{4820.94\times0.6704\times0.8\times0.65}{8794.56}\right)\\&=41.3\text{mg/L}\end{aligned}$$

(3) 第3～第16处理单元

方法同上，此处略。

2. 夏季

取介质孔隙度

$$n=0.75$$

其他计算过程与春秋季相似，略去。

8.7.6 五日生化需氧量、总氮、氨氮和总磷的计算

五日生化需氧量、总氮、氨氮和总磷的计算与化学需氧量的计算步骤相同，这里不再赘述。

8.7.7 粪大肠菌群的计算

1. 春秋季

粪大肠菌去除率常数

$$K_p=2.6\times1.19^{T-20}=2.6\times1.19^{12.9-20}=0.7561\text{d}^{-1}$$

进水浓度

$$C_0=1000\ \text{个/L}$$

第一路径表流湿地水力停留时间之和

$$\begin{aligned}t^{(1)}&=HRT_2+HRT_4+HRT_5+HRT_8+HRT_{16}\\&=0.44+6.53+5.85+6.75+4.20\\&=23.77\text{d}\end{aligned}$$

出水浓度

$$C_e^{(1)}=\frac{C_0}{(1+t^{(1)}K_p)^{N^{(1)}}}=\frac{1000}{(1+23.77\times0.7561)^5}=0\ \text{个/L}$$

其他路径也照此计算，结果均为零。

2. 夏季

粪大肠菌去除率常数

$$K_p = 2.6 \times 1.19^{T-20} = 2.6 \times 1.19^{25.1-20} = 6.3134 \text{d}^{-1}$$

进水浓度

$$C_0 = 1000 \text{ 个/L}$$

后续计算与春秋季类似，结果均为零，过程略去。

8.7.8 水力负荷的计算

1. 春秋季

第1处理单元(沉淀池)

$$HLR_1 = \frac{10000Q_1}{A_1} = \frac{10000 \times 8800.00}{1113.22} = 79049.96 \text{m}^3/(\text{hm}^2 \cdot \text{d})$$

各单元计算与此类似，略去。

2. 夏季

计算过程与春秋季相同，略去。

8.7.9 去除效率的计算

根据各项水质指标的计算结果与国家标准的对比，可知经过人工湿地系统的处理，各项水质指标均已达标。具体计算此处略去。

8.8 管渠计算

8.8.1 进水暗渠计算

1号处理单元进水暗渠流速为

$$v_c = \frac{Q}{24 \times 3600BH} = \frac{8800}{24 \times 3600 \times 0.5 \times 0.3} = 0.68 \text{m/s}$$

8.8.2 管道计算

潜流湿地出水管道流速为

$$v_p = \frac{4Q}{24 \times 3600\pi D^2} = \frac{4 \times 8800}{24 \times 3600 \times 3.14 \times 0.2^2} = 3.24 \text{m/s}$$

参考文献

[1] 孔杨勇，夏宜平，陈煜初．沉水植物的研究现状及其园林应用 [J]．中国园林，2005，06.
[2] 杨猛，刘振鸿．城市景观水的处理方法 [J]．净水技术，2004，06.
[3] 汪霞，曾坚，魏泽崧．城市人工湿地的生态营建 [J]．建筑学报，2005，08.
[4] 钱七虎．从全局观点谈圆明园湖底的防渗工程 [J]．岩土工程界，2006，01.
[5] 王勇，赵志怀，王美秋．废水的人工湿地处理 [J]．科技情报开发与经济，2005，19.

[6]　丁玲，沈耀良，黄勇．公园水体的修复技术及发展现状 [J]．苏州科技学院学报(工程技术版)，2005，02.
[7]　严立，刘志明，陈建刚，何圣兵，吴德意，孔海南．潜流式人工湿地净化富营养化景观水体 [J]．中国给水排水，2005，02.
[8]　崔心红，钱又宇．浅论湿地公园产生、特征及功能 [J]．上海建设科技，2003，03.
[9]　邹锦，符宗荣，颜文涛．人工湿地生态景观设计 [J]．装饰，2005，03.
[10]　王平，周少奇．人工湿地研究进展及应用 [J]．生态科学，2005，03.
[11]　陈长太，阮晓红，王雪．人工湿地植物的选择原则 [J]．中国给水排水，2003，03.
[12]　赵家荣．水生花卉．北京：中国林业出版社，2002，4.
[13]　占家智，王君英．观赏水草与水草造景．北京：金盾出版社，2004，12.
[14]　(美)克雷格·S·坎贝尔，迈克尔·H·奥格登，湿地与景观．吴晓芙译．北京：中国林业出版社，2004，10.
[15]　清华大学环境影响评价室．圆明园东部湖底防渗工程环境影响报告书 [R]．2005，6.
[16]　GB 18918—2002．城镇污水处理厂污染物排放标准 [S].
[17]　GB 3838—2002．地表水环境质量标准 [S].
[18]　GB/T 18921—2002．城市污水再生利用 娱乐景观环境用水水质 [S].

9　基于马尾藻的生物吸附剂的固定及其对重金属铜的吸附效能研究

刘佳楠（给水排水与环境工程，2008 届）

指导老师：李海燕

简　介

马尾藻是一种产量大、易获得的低成本生物吸附剂材料。本文对利用交联壳聚糖固定马尾藻粉的方法进行了研究，详细探讨了制取方案、脱附方法、药品用量比例和步骤。制取采用印迹离子法，并且考察了印迹情况，对印迹与非印迹法的吸附效果进行了比对。从马尾藻—壳聚糖吸附剂对铜离子的吸附容量、吸附平衡时间、吸附动力学、pH 影响、等温线拟合、TOC 泄漏等方面考察了该吸附剂的吸附效能。

9.1 绪论

9.1.1 重金属污染危害及常用重金属废水处理方法

1. 重金属污染现状及危害

由于人类对重金属的开采、冶炼、加工及商业制造活动日益增多，难降解的重金属随工业废水的超量排放进入到环境中，在进入环境或生态系统后就会存留、积累和迁移，造成危害。比如随废水排出的重金属，即使浓度小，也可在藻类和底泥中积累，被鱼和贝类的体表吸附，产生食物链浓缩，在生物体内富集，从而造成公害，威胁着自然环境和人类健康[1]。Cu、Zn、Ni都是人体必需的微量元素，但如果过量摄入，会对人体产生重大危害。Cu过量会刺激消化系统，长期过量会促使肝硬化；Zn过量会引起发育不良，新陈代谢失调、腹泻等；Ni长期过量会发高烧、呼吸困难等，甚至引起中枢神经障碍。Cr^{3+}在人体中属于微量元素，参与葡萄糖和脂类代谢。但过量的Cr^{3+}易积存在肺泡中，引起肺癌，进入血液中引起肝和肾的障碍。Cr^{6+}有很大的刺激和腐蚀性，引起溃疡、喉炎和肠炎。

重金属酸洗废水影响鱼类和水生物生长，妨碍渔业生产。据资料报道，江苏某厂每年向附近水库排放酸洗电镀废水47000余吨，造成鱼产量从15万斤降至2万斤左右。昆明市每天排放铬酐40多吨，滇池水体常死鱼，珍贵鱼种金线鱼、桂花鱼及海菜花已趋绝迹。

重金属废水排入土壤，植物体内重金属逐步积累，造成植物根部受抑制，叶片退绿发黄。植物生长发育受阻甚至死亡，造成农业、林业减产。1974年北京某厂排放的电镀废水污染农田，造成3000亩小麦死亡。

伴随着工业的飞速发展，重金属废水对环境的污染越来越严重，如何有效去除废水中痕量重金属已经成为当前十分迫切的任务。同时，重金属废水未经处理排放到环境中与重金属的广泛使用，造成重金属资源相对缺乏，如何有效回收贵重金属也是当今环境保护领域中一个突出的问题。

2. 重金属铜的危害

铜是重金属之一，相对其他的重金属铜的毒性相对较小，但人类过量摄入铜后，铜离子会抑制酵素系统，降低人体免疫力，很容易造成弧菌感染。另外，铜过剩会引起中毒。铜盐的毒性以$CuAc_2$和$CuSO_4$较大，经口服即使微量也会引起急性中毒，发生流涎、恶心、呕吐、阵发性腹痛，严重者可有头痛、心跳迟缓、呼吸困难甚至虚脱，也可引起中枢神经系统的损害，甚至有过导致死亡的案例。据报道，当铜超过人体需要量的100～150倍时，可引起坏死性肝炎和溶血性贫血。重金属铜的污染多来自工业废水排放和熔炼、焊接等出现的金属烟尘。它们会经由饮用水、皮肤接触、食物链等途径直接或间接影响人类健康。

3. 常用重金属废水处理方法

处理重金属废水的方法大体可归纳为物理法、化学法、物理化学法、生物法和高效集成法等。化学法又包括中和沉淀法、硫化物沉淀法、铁氧体沉淀法、钡盐沉淀法、氧化还原法、气浮法、电解法、生化法等；物理化学法主要包括离子交换法、吸附法、溶剂萃取法、反渗透、电渗析等。

重金属废水浓度低，成分复杂。处理达标要求又非常严格，传统的废水处理技术各有优缺点。其缺点表现为处理剂使用量大、价格昂贵、反应不易控制、反应较慢、效果不理想、水质差、残渣不稳定、回收贵金属难。而且，传统方法的共同缺点就是当用于处理 $1\times10^{-6}\sim100\times10^{-6}$ 的重金属废水时，往往操作费用和原材料成本相对过高，不经济。

9.1.2 生物吸附方法处理重金属废水

生物吸附技术作为新兴的重金属去除技术，愈来愈受到人们的关注。生物吸附法就是利用某些生物体本身的化学结构与成分特性来吸附溶于水中的金属离子，再通过固液分离去除水溶液中金属离子的一种方法。很早人们就发现藻类和一些水生动物对重金属有很强的富集能力，进一步研究发现一些生物材料可作为积累水中重金属离子的吸附剂。

Ruchhoft 最早提出用生物吸附法(活性污泥)去除废水中的 Pu^{239}，此后国内外研究者围绕生物吸附剂进行了广泛而深入的研究。

生物吸附法与传统方法相比，具有如下优点：①在低浓度(1～100mg/L)下，金属可以被选择性去除；②pH 和温度条件范围宽；③处理效率高，运行费用低；④对钙、镁离子吸附量少；⑤可有效回收一些贵重金属。此外，生物吸附法的吸附材料来源广泛，如发酵工业生产的大量废菌体、蕴藏丰富的海藻等。

早期的生物吸附剂主要指微生物，如原核微生物中的细菌、放线菌，真核微生物中的酵母菌、霉菌等，以及藻类，以至有人定义生物吸附(biosorption)为“利用微生物(活的、死的或它们的衍生物)分离水体系中金属离子的过程”。但目前生物吸附剂的研究范围已不仅限于微生物，例如吸附剂可以是有机物、动植物碎片等死的生物物质，也可以是活的植物系统。详细的分类如表 9-1 所示。

生物吸附剂分类　　表 9-1

序号	种类	生物吸附剂
1	有机物	纤维素、淀粉、壳聚糖等
2	细菌	枯草杆菌、地衣型芽孢杆菌、氰基菌、生枝动胶菌
3	酵母	啤酒酵母、假丝酵母、产朊酵母
4	霉菌	黄曲霉、米曲霉、产黄青霉、白腐真菌、芽枝霉、微黑根霉、毛霉
5	藻类	绿藻、红藻、褐藻、鱼腥藻、墨角藻、小球藻、岩衣藻、马尾藻、海带
6	动植物碎片	螃蟹壳、金钟树、红树叶碎屑、稻壳、花生壳粉、番木瓜树木屑
7	植物系统	红树、加拿大杨、大麦、香蒲、风眼莲、芦苇和池杉

9.2 马尾藻—壳聚糖吸附剂概述

9.2.1 马尾藻吸附剂

马尾藻吸附剂以它们的高吸附量和遍布世界的产量为优势，成为了当今最有发展前景的吸附剂。每年全球用于食用和制成产品的藻类产品(例如，琼脂、海藻酸钠、卡拉胶等)超过了 3 百万 t，每年有红藻产量 260 万 t 和褐藻 1600 万 t。这样大的产量使得海藻吸附剂相比其他吸附剂有着成本较低并且易取得的优势，降低了吸附剂的制取成本。海藻吸附剂的特点是：受细胞壁结构、细胞代谢及环境中的物理或化学因素的影响，对 pH、温度、竞争离子等因素的影响比较敏感。

9.2.2 壳聚糖吸附剂

壳聚糖是一种从贝壳中提取的天然高分子化合物，它具有独特的物化性质和生物功能，如生物降解性能、生物相容性能以及生物活性，此外还具有突出的机械物理性能。壳聚糖的分子中含有大量氨基和羟基，在酸性溶液中显示出良好的络合性能和絮凝性能，并且无毒无害、资源丰富容易获取，因此被认为是低成本的吸附剂，具有广泛的应用前景。但作为吸附剂，不仅要求具有较高的吸附能力，还需要有良好的稳定性。壳聚糖水溶性较差，而且在酸性条件下易软化流失，为克服这一困难，常对其进行交联改性，希望通过交联可以提高和改善壳聚糖吸附剂的稳定性和吸附性能。但很多情况下，壳聚糖交联改性后，由于受交联剂和吸附对象的特性等因素的影响，其吸附能力会有所下降或无明显提高。这是因为壳聚糖上的有效吸附基团是氨基，随着交联度的增加，壳聚糖链上的氨基被不断消耗。但不同交联剂改性的吸附剂对不同离子的吸附能力差别很大，有时也会高于壳聚糖改性前，这是得益于交联引进的基团及其吸附剂的表面形态。

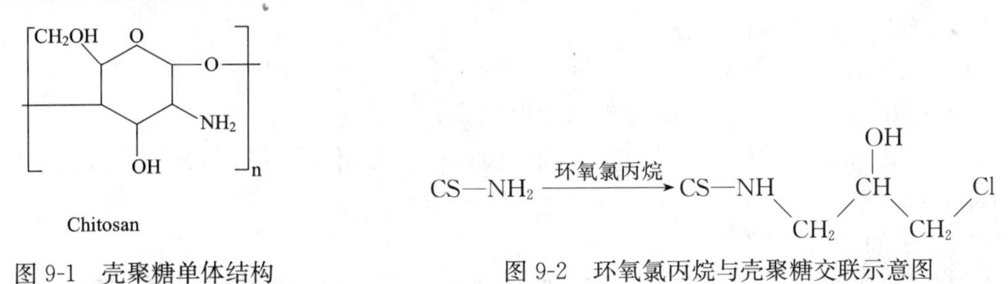

图 9-1 壳聚糖单体结构　　图 9-2 环氧氯丙烷与壳聚糖交联示意图

9.2.3 马尾藻—壳聚糖

马尾藻—壳聚糖吸附剂是本文的研究对象。该吸附剂呈黑色颗粒状，是由研磨的马尾藻粉(100 目)和交联改性后的壳聚糖混合在一起滴制而成的。在吸附过程中，壳聚糖和海藻粉都可以发挥吸附作用。这种吸附剂既克服了海藻粉分散无法回收的缺陷，将海藻粉进行了固化成形，便于使用、回收和多次重复利用，又克服了壳聚糖稳定性差的缺点，是很有发展前景的一种吸附剂。

9.2.4 马尾藻—壳聚糖吸附机理及影响因素

1. 吸附机理

马尾藻吸附剂属于生物吸附剂。这类吸附剂从溶液中分离金属离子的过程如下：藻类细胞壁是主要由多糖、蛋白质和脂类等组成的网状结构，带一定的负电荷[2]。首先重金属离子在海藻的细胞表面富集(络合或离子交换)，然后在细胞内富集或扩散。其中细胞表面的吸附和络合对于死、活生物体都存在；而对于第二步，有人认为是只存在于活体生物中依赖于新陈代谢的过程中，另有人认为也可能是不依赖于能量代谢的扩散。但这两种机制都有可能存在，根据生物体及元素种类的不同而不同。如果某种元素对生物体的生长产生影响，那就有可能是依赖于新陈代谢的主动运输过程，反之，可能只是被动的扩散过程。在一个吸附体系中，往往是以上多种机制的协同作用，可能会同时存在着上述一种或几种机制。生物物质吸附金属的机理十分复杂，按是否消耗能量又可分为活细胞吸附及死细胞吸附两种。活细胞吸附分为两个阶段，第一阶段与代谢无关，为生物吸着过程，在此过程中，金属离子可能通过配位、螯合、离子交换、物理吸附及微沉淀等作用中的一种或几种复合至细胞表面。在此阶段中金属与生物物质的作用较快。第二阶段为生物积累过程，该过程进行得较慢。在此阶段中金属将被送至细胞内，已提出的金属运送机制有脂类过度氧化、复合物渗透、载体协助及离子泵等。死细胞吸附过程只存在着生物吸着作用。重金属对活细胞具有毒害作用，故能抑制细胞对金属离子的生物积累过程，在实际过程中，活细胞的吸附量并不因为有能量代谢系统的参与而比死细胞的高。藻类的细胞壁是由多糖和蛋白质等物质组成的，使其表面形成较高的离子浓度。Tsezos 和 Volesky(1981)认为细胞壁上的反应基团(例如—NH—、—OH、—CO—、—SH)和羧基能和水化金属离子形成螯合物，使其表面形成较高的浓度，并发现死藻和活藻吸附能力相当[9]。

迄今，人们对金属和藻类之间相互作用机理的认识仍处在初级阶段，但已有越来越多的科学工作者开始关注生物吸附的机理，从而对这一复杂的生物物理化学过程的本质有更进一步的认识。

2. 海藻吸附的影响因素分析

(1) 吸附时间

吸附时间是影响重金属吸附效率的重要因素，足够长的吸附时间才能够使吸附达到平衡，发挥最大的吸附能力。一般研究表明，海藻生物吸附剂需要 2～4h 或更长的时间才能达到理想的效果。

(2) pH 的影响

已有研究结果表明，pH 是影响生物吸附重金属离子的一个重要因素。因为溶液的 pH 同时影响了细胞表面金属吸附点和金属离子的化学状态。当 pH 低时，细胞壁的联结基团会被水合氢离子 H_3O^+ 所占据，在斥力作用下而阻碍金属离子向细胞壁的靠近，pH 越低阻力越大。当溶液中 H^+ 浓度降低时也就是 pH 升高时，会暴露出更多的吸附基团，有利于金属离子的接近并吸附在细胞表面上。也有人认为当 pH 降低时，会降低金属离子的溶解度，从而减少了金属离子和吸附剂接触的机会，金属离子吸附量自然会减少。然而 pH 过高对金属吸附也存在着不利的影响，当溶液 pH 超过金属离子微沉淀的上限时，在溶液中的大量金属离子会以氢氧化物微粒的形式存在，从而使吸附过程无法进行。

(3) 温度的影响

温度主要通过影响吸附剂细胞表面的化学结构、溶液的物理化学状态对吸附容量产生影响。在一定的平衡浓度下，随着温度的升高，吸附量将减小。将某一温度下吸附质的平衡压力于相同温度下的饱和蒸汽压在双对数坐标上作图，可以发现相同吸附量的各点均落在同一直线上，成为等量吸附线。

(4) 离子强度的影响

溶液中离子之间存在着相互作用，所以离子的行动并不完全自由，表观上发挥作用的离子数少于电解质全部电离时应有的离子数目。阳离子周围存在着由阴离子所形成的“离子氛”，阴离子周围存在着由阳离子所形成的“离子氛”，离子强度的概念正是衡量离子与它的离子氛之间作用的强弱。

海藻对金属离子的吸附效率与溶液的组成有着密切的关系。而离子强度是描述溶液状态的重要的化学参数，因此探讨离子强度与吸附效率的关系是十分必要的，离子强度的增大造成吸附效率的下降，分析其原因如下：海水中 Na^{+}、Mg^{2+}、K^{+} 等阳离子的含量相对较高，它们是重金属离子的主要竞争离子，竞争有限的吸附点位。随着离子强度的增高，这些阳离子的浓度也随着增高，造成生物吸附效率的下降；另外，随着离子强度的增高，溶液中阴离子的浓度也在增高，使得重金属离子周围阴离子形成的“离子氛”增强，从而阻碍了重金属离子向吸附点位的靠近。

(5) 吸附剂粒径的影响

吸附剂的粒径也对吸附量有一定的影响。当平衡浓度较高时，大粒径(0.84～1.00mm)吸附剂对各种金属离子的单位吸附量均超过了小粒径(0.105～0.295mm)吸附剂。虽然大粒径吸附剂表现出良好的吸附性能，但小颗粒的耐压能力却优于大颗粒，故在制备过程中这两方面都要考虑。

(6) 共存离子的影响

溶液中存在的阳离子会与需要除去的重金属离子竞争吸附剂上的吸附点位，从而对吸附过程产生干扰。根据文献中对共存轻金属离子对海藻吸附 Pb 和 Cu 的影响的研究，发现 Na^{+}、K^{+} 在 10mmol/dm^{3} 浓度下对 Cu^{2+} 的吸附没有什么影响，而 Ca^{2+} 在此浓度下使海藻对 Cu^{2+} 和 Mg^{2+} 的吸附效率分别降低了约 10%～18%和 5%～10%。上述结果表明，相比轻金属离子，吸附剂对重金属离子具有更大的亲和性。一般来说，共存离子会引起生物吸附剂对金属离子吸附的容量下降，Zhou 等(1998)发现海黍(Sargassum kjellmanianum)在 Cu^{2+} 的浓度为 20mmol/dm^{3} 时，对 Ca^{2+} 的吸附容量只有原来的 1/5。可见相似性质的金属离子之间的激烈竞争，正说明了它们的吸附机理的不同。阴离子对金属离子吸附的影响源于阴离子和生物细胞壁对金属离子的竞争，结果引起金属离子吸附量的下降，其下降程度由阴离子和金属离子之间的结合力来决定，与金属离子结合力越强，其阻止吸附剂吸附金属离子的能力就越大。

9.3 吸附剂的制取、固定和脱附研究

9.3.1 吸附剂的制取及固定研究

1. 制取材料及仪器

(1) 药品

壳聚糖［脱乙酰度 90% ，黏度≤100MPa·s(1% CTS 1% HAC 25℃)］；无水乙酸(优级纯)；

交联剂：环氧氯丙烷(分析纯)；马尾藻 Sargassum sp.(50℃烘干，100 目)；

固化剂：焦磷酸钠；草酸钾(分析纯)；$CuSO_4 \cdot 5H_2O$(分析纯)；

铜标液(1000mg/L)；硝酸(优级纯)。

(2) 仪器

电子天平、超声振动溶解器、恒温磁力搅拌器、电热恒温鼓风干燥箱、烧杯、漏斗、

滴管、表面皿。

2. 吸附剂制取材料及用量

因为单独的海藻粉成粉末状，无法直接使用到净化处理中，而且海藻吸附剂机械强度低易碎，所以在实际运用中并不方便，因此需要对海藻吸附剂进行固定。本实验采用壳聚糖来固定海藻，制成壳聚糖海藻吸附剂。因为它无毒无害，在水质净化时可以安全生产，而且壳聚糖本身也是一种吸附剂，这样在用其固定海藻粉的同时也不影响海藻固定后的吸附容量。但是单独的壳聚糖在酸性条件下易软化流失，因此要对壳聚糖进行交联改性。本实验选择的交联剂是环氧氯丙烷。壳聚糖与环氧氯丙烷交联可以提高其机械性能，同时也是一种接入活性官能团的方法。交联时环氧氯丙烷与壳聚糖 C6 位上的羟基发生反应，从而保留大量对重金属离子具有螯合作用的氨基，由此提高了其吸附能力。

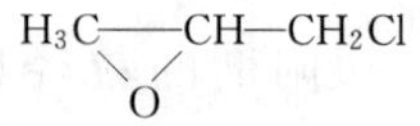

H_3C—CH—CH_2Cl (O bridging H_3C and CH)

图 9-3　环氧氯丙烷结构式

3. 吸附剂制取方法的确定

本研究采用印迹离子法制取吸附剂。所谓印迹离子法即：当体系中存在着模板分子时，功能单体可以通过聚合使这些模板分子以互补的形式固定下来。聚合后，模板分子可以被除去，从而使获得的分子组装体能专一性地键合模板分子及其类似物。印迹法实验所需的主要试剂为模板分子、功能单体、交联剂、自由基引发剂、溶剂等。在本实验中分别为铜离子、壳聚糖、环氧氯丙烷、海藻粉、乙酸。壳聚糖吸附铜离子的过程是靠其上的氨基。印迹离子的方法就是事先让铜离子经过交联在壳聚糖上占据氨基空位，然后制成的吸附剂再经过酸和碱的洗脱使上面的铜离子脱落。这样制成的吸附剂上可以吸附铜离子的空位会更多，吸附容量会比一般非印迹的制法要大。

为了获得更大的吸附容量，试验初期计划同时印迹藻粉和壳聚糖，但制出的吸附剂机械强度明显下降，易碎而无法成形。因此后续的试验中只对壳聚糖进行了印迹铜离子，并同时制取无印迹海藻吸附剂以及壳聚糖吸附剂进行比较。

4. 马尾藻吸附剂的固定方法

为了增强吸附剂的稳定性、多孔性、亲水性及提高吸附效率和便于吸附后的固液分离，需对吸附剂进行固定化处理。固定方法有多种，主要有载体结合固定化、交联固定化和包埋固定化。在应用固定化技术之前，需选择合适的固定载体，常用的固定载体有：聚乙烯醇、聚丙烯酰胺、聚乙烯乙二醇、琼脂、海藻酸钙、角叉莱胶和聚丙烯酸等。

固定化细胞体系的优势主要表现在以下几方面：①在细胞固定化过程中可以控制生物量颗粒的大小；②提高生物量的机械强度和对周围不良环境的抵抗力；③为金属离子的解吸提供方便，且解吸过程中生物量的损失非常小；④生物材料易于再生并可重复使用，其吸附能力受外界条件影响较小；⑤通过控制溶液入口浓度、流速和停留时间等参数，可以实现最优化连续操作。

5. 吸附剂制取及固化过程

将壳聚糖和 $CuSO_4 \cdot 5H_2O$ 溶解于乙酸中，混合均匀后经环氧氯丙烷交联，用滴制法滴入固化溶液中成形。

(1) 取 $CuSO_4 \cdot 5H_2O$ 0.01g 溶解于 30mL 0.5mol/L 乙酸溶液中，加入壳聚糖 0.5g，用玻璃棒搅拌溶解或超声振动溶解；

(2) 用移液枪移取环氧氯丙烷 0.05mL(交联剂用量与壳聚糖用量比：0.1 mg/L)加入

到烧杯中，常温磁力搅拌反应24h(在烧杯中反应，烧杯用封口膜密封，通风橱内进行)；

(3) 反应24h后加入藻粉1.50g，搅拌均匀；用滴管吸入已经搅拌均匀的混合液，滴加液滴到轻轻搅拌的固化溶液中成球；

(4) 停止固化液的搅拌，让吸附剂在固化液中固化1h，用漏斗过滤取出成形的吸附剂；

(5) 用去离子水冲洗吸附剂至中性；倒入培养皿中；放入50℃烘箱内烘干，称量，保存备用。

6. 吸附剂制取用量分析

在制备研究过程中先后共制取了两批吸附剂，每批吸附剂包括三组不同的用量。第一批按预先拟定的药品用量进行初步制取尝试，三组编号分别为1、2、3(药品用量见表9-2)。第二批则是以第一批吸附剂中吸附效果最好的一组用量为依据重新拟定三组用量，记为L1、L2、L3。

第一批预先拟定制取药品用量表 表9-2

编号	交联剂(mL/g壳聚糖)	印迹离子加入量(mg/g)	乙酸(mL)	藻粉(g)	交联剂(mL)	$CuSO_4 \cdot 5H_2O$(g)
1	0.1	6	30	1.5	0.05	0.05
2	0.1	24	30	1.5	0.05	0.19
3	0.1	64	30	1.5	0.05	0.5

但在制取第一批吸附剂的过程中，预先拟定的第二、三组用量制取失败，其壳聚糖和$CuSO_4 \cdot 5H_2O$溶解后溶液的黏稠度不够，并且滴制到固化液后无法成形，经讨论认为可能是由于Cu^{2+}过多和交联剂用量不够造成，因此调整了药品用量比例，减小$CuSO_4 \cdot 5H_2O$和乙酸的用量并提高了环氧氯丙烷的加入量，之后重新制取，效果良好(用量见表9-3)。

第一批实际制取药品用量表 表9-3

编号	交联剂(mL/g壳聚糖)	印迹离子加入量(mg/g)	乙酸(mL)	藻粉(g)	交联剂(mL)	$CuSO_4 \cdot 5H_2O$(g)
L1	0.1	6.4	30	1.5	0.05	0.05
L2	0.4	12.8	25	1.5	0.2	0.1
L3	0.8	25.63	25	1.5	0.4	0.2

对上述三组吸附剂进行吸附动力学的试验，最后试验得出吸附容量最大的是第一组吸附剂。根据这个试验对吸附剂的制取试验进行细化，以第一组的$CuSO_4 \cdot 5H_2O$投量0.05g为依据，分别尝试稍微减小和稍微增大$CuSO_4 \cdot 5H_2O$的量，重新拟定了新的制取用量，进行第二批制取(见表9-4)。

第二批制取药品用量表 表9-4

编号	交联剂(mL/g壳聚糖)	印迹离子加入量(mg/g)	乙酸(mL)	藻粉(g)	交联剂(mL)	$CuSO_4 \cdot 5H_2O$(g)
1	0.02	6.4	25	1.5	0.05	0.01
2	0.05	12.8	25	1.5	0.05	0.025
3	0.15	25.63	25	1.5	0.1	0.075

第二批制取的三组吸附剂成型良好，大小均匀，机械强度较高不易碎。在对这三组进行了吸附等温线试验和印迹离子百分比试验后，结果表明印迹离子量最大的为第一组吸附剂，印迹百分比按组号依次递减。同时，等温线试验结果也表明吸附剂的吸附能力按组号递减，第一组吸附剂的吸附能力明显大于第二、三组。因此，第一组吸附剂的用量被确定为试验的最佳用量。后续的试验将对这一用量的吸附剂的吸附效能进行研究。

9.3.2 吸附剂的脱附方法分析

吸附剂处理重金属污水后需要脱附再生才能再次投入使用，同时脱附也是回收贵重金属的途径。常用的脱附剂主要有三类：强酸、金属盐、络合物。强酸、金属盐作为脱附剂分别利用脱附液中大量的氢离子、金属离子与吸附的重金属离子竞争吸附点位，从而把被吸附的重金属离子从吸附剂上洗脱下来；络合物则是通过与重金属离子的络合作用进行脱附。

因为本文研究的制取方法为印迹离子法，所以制取的吸附剂要将上面的铜先脱附掉才能进行吸附使用。试验的洗脱液采用的是 2g/L EDTA 溶液。将制好的吸附剂浸泡在 EDTA 溶液中，使铜离子与 EDTA 螯合，从而从吸附剂上脱落。充分洗脱后，加入 1.25g/L NaOH 溶液，使螯合的铜离子与 NaOH 反应，生成 $Cu(OH)_2$ 沉淀，这样铜就完全被洗脱去除了。为了测定铜离子的印迹情况，在 EDTA 洗脱后取一部分溶液用 22.33g/L HNO_3 溶液进行酸洗，使螯合的铜离子被氢离子置换下来。然后即可用 ICP 测定出洗脱下的铜离子的量，从而计算出印迹上的 Cu^{2+} 离子的量。

1. 脱附试验药品

(1) 2g/L EDTANa 溶液的配制：称量 0.6g 乙二胺四乙酸二钠，加去离子水 300mL 溶解备用；

(2) 1.25g/L NaOH 溶液配制：称取 0.25gNaOH，加去离子水 200mL 溶解备用；

(3) 22.33g/L HNO_3 溶液(100mL)配制：称量 10g 硝酸(优级纯密度为 67g/100g)至烧杯中，加去离子水 300mL 备用。

2. 药品用量及试验方法

铜与 EDTA 的反应是以 1∶1 进行螯合的。EDTA 螯合铜后生成的螯合物与 NaOH、HNO_3 反应均以 1∶4 进行。根据以上反应比例计算 EDTA、HNO_3 和 NaOH 溶液用量。在洗脱时均以过量加入，以保证能够使 Cu 离子可以被全部洗脱。

(1) 按 Cu 的投量计算 EDTA、HNO_3 和 NaOH 的用量。

(2) 将一定量吸附剂放入烧杯中，加入 EDTA 溶液，浸泡 12h。

(3) HNO_3 洗脱：移取 1/4 体积 EDTA 洗脱液放入比色管中，加 HNO_3(22.33g/L)定容到 25mL 刻度线。加入硝酸为过量，足以洗脱所有 Cu 离子。

(4) 12h 后，将 HNO_3 洗脱后的溶液用滤膜过滤后稀释到所作标线的浓度范围内，加入 5%HNO_3 两滴，去离子水定容到 25mL 刻度线，振荡后备用，用于测定 Cu 离子的印迹情况。

(5) 在烧杯剩余溶液中加入 NaOH 溶液 40mL 进行洗脱，使 EDTA 螯合的 Cu 转化为沉淀。加转子搅拌 2h 后静置至次日，加转子搅拌是为了防止生成的沉淀影响洗脱过程。

(6) 将烧杯中用 NaOH 洗脱过的吸附剂用去离子水洗至中性，平铺在表面皿中放入烘箱 50℃烘干，称量回收。

9.3.3 制取及洗脱结果

1. 第一批吸附剂制取结果分析（表 9-5）

第一批制取的 3 组吸附剂效果均不是很好。壳聚糖、$CuSO_4 \cdot 5H_2O$ 溶解在乙酸中后溶液浓度均不够黏稠，因此在滴入固化液后随转子搅动吸附剂颗粒较易碎。其机械强度依次递减，第 3 号破碎最严重，最后制得的重量按组号依次递减。分析得出，造成颗粒易碎的原因是 $CuSO_4 \cdot 5H_2O$ 与壳聚糖的用量比例不好，$CuSO_4 \cdot 5H_2O$ 相对过多，应减少用量尝试。

第一批吸附剂制取及洗脱重量表 **表 9-5**

编号	制取总重(g)	洗脱前(g)	洗脱后(g)
1	1.86	0.8	0.45
2	1.61	0.6	0.36
3	1.01	0.5	0.23

2. 第二批制取结果分析（表 9-6）

1 号吸附剂颜色发白，颗粒形状均匀密实，但黏稠不易滴制；2 号比 1 号易滴制，成球形状均匀密实，粒径比 1 号大；3 号成球最大，但较 1 号、2 号易碎，机械强度低。交联改性后的吸附剂经 EDTA 浸泡洗脱后稍微有点涨大，机械强度无明显下降。

吸附剂制取、洗脱重量 **表 9-6**

编号	总重(g)	洗脱前(g)	洗脱后(g)
L1	1.77	0.7	0.49
L2	1.9	0.9	0.76
L3	1.9	0.9	0.61

通过以上对不同药品使用量比例的尝试和根据吸附效能分析进行的深入细化研究，最终确定吸附剂的制取最佳用量如表 9-7。

吸附剂制取药品最佳用量表 **表 9-7**

编号	乙酸(mL)	藻粉(g)	交联剂(mL)	$CuSO_4 \cdot 5H_2O$(g)
L1	25	1.5	0.05	0.01

在此用量下，配成的液体黏稠合适，易于滴制并且成球良好。制成的吸附剂机械强度比较高，有一定的弹性，不易碎，因此是比较理想的用量。之后的吸附效能研究均以 L1 组吸附剂为研究对象。

9.3.4 印迹效果分析

通过测定吸附剂的洗脱液中的 Cu^{2+} 浓度即可得到印迹上的铜离子的量。将它与制取时 Cu^{2+} 的投量相比，即可得到印迹的百分比。本试验对第二批制取的三组吸附剂 1 号、2 号、3 号进行了测定，取 HNO_3 洗脱液，过滤并稀释后用 ICP 对其印迹效果进行了分析。

印迹情况　　表 9-8

编号	实测浓度(mg/L)	实际浓度(mg/L)	洗脱液中 Cu^{2+} 实际质量(mg)	$CuSO_4$ 投量(g)	Cu 投量(g)	印迹百分比
1 HNO_3	0.941156152	4.70578076	0.470578076	0.01	0.002545258	18.5%
2 HNO_3	2.229859814	11.14929907	1.114929907	0.025	0.006363145	17.5%
3 HNO_3	4.755491129	23.77745565	2.377745565	0.075	0.019089434	12.4%

由表 9-8 可见，三组吸附的印迹百分比都不高，并且随着铜投量的增加，印迹百分比在减小。这说明目前的投量可能过于偏多，如果尝试再减小 $CuSO_4$ 的投量，按表中趋势，印迹上的铜离子的量可能会增多，从而提高印迹百分比。

9.4 试验水样分析方法的选择

本试验采用电感耦合等离子体发射光谱法测定样品。使用仪器为电感耦合等离子发射光谱(ICP)。ICP 作为一种常量、微量及痕量元素分析的有效手段，具有灵敏度高，并且检出限低、稳定性好的优点。而且干扰少，准确度和精度都较高，相对标准偏差小于等于 10%。另外，由于 ICP 的线性范围宽，因而可以用一条标准曲线分析某一元素从痕量到较高浓度的环境样品，而成为环境试样中金属元素测定的最有效方法之一。并且针对本试验来说，能测定液体试样也是选择 ICP 的一个原因，并且测定精密度和准确度都有很好的表现。

9.4.1 电感耦合等离子体发射光谱(ICP)方法原理

等离子体发射光谱法可以同时测定样品中的多元素含量。当氩气通过等离子体火炬时，经射频发生器所产生的交变电磁场使其电离、加速并与其他氩原子碰撞。这种连锁反应使更多的氩原子电离，形成原子、离子、电子的粒子混合气体，即等离子体。等离子火炬可达到 6000～8000K 的高温。过滤或消解处理过的样品经进样器中的雾化器被雾化并由氩载气带入等离子火炬中，气化的样品分子在等离子火炬的高温下被原子化，电离激发。不同元素的原子在激发或电离时可发射出特征光谱，所以等离子体发射光谱可用来定性测定样品中存在的元素。特征光谱的强弱与样品中的原子浓度有关，与标准溶液进行比较，即可定量测定样品中的各元素含量。

9.4.2 电感耦合等离子体发射光谱(ICP)性能特点

1. 原子化、进一步离子化和激发能力强

由于在轴向通道气体温度可高达 7000～8000K，具有较高的电子密度和激发态氩原子密度，同时在等离子体中，样品的停留时间比较长，这两者结合的结果使得即使难熔难挥发的样品粒子，亦可以进行充分地挥发、原子化和离子化，并能得到有效的激发。

2. 元素检出限低

在光谱分析中，检出限表征了能以适当的置信水平检出某元素所必需的最小浓度。ICP 有较好的检出限，大多数元素的检出限为 0.1～100μg/L，碱土元素均小于 10^{-9} 数量级。

3. 分析准确度和精密度高

准确度是对各种干扰效应所引起的系统误差的度量，ICP 是各种分析方法中干扰比较小的一种，准确度较高，相对误差一般在10%以下。精密度主要反映随机误差影响的大小，通常用相对误差表示。在一般情况下，相对标准偏差小于等于10%，当分析物浓度大于等于100倍检出限时，相对标准偏差小于等于1%。

4. 线性范围宽

ICP的线性分析范围一般可达5～6个数量级，因而可以用一条标准曲线分析某一元素从痕量到较高浓度的环境样品，从而使分析操作十分方便。

5. 干扰效应小

在Ar-ICP光源中，分析物在高温和氩气氛中进行原子化、离子化、激发，基体干扰小，在一定条件下，可以减少参比样品严格匹配的麻烦，一般可不使用内标法。甚至配制一套标准，可以分析不同基体合金的元素。Ar-ICP光源电离干扰小，即使分析样品中存在容易电离的元素，参比样品也不用匹配含有该元素的成分。

6. 可以测定液体试样

在传统的方法中，由于电弧发生的原因，只能测定固体样品，而对于液体样品的测定误差很大；而ICP方法对于液态样品的测定精密度和准确度都有很好的表现。

7. 同时或顺序测定多元素能力强

同时分析多元素能力是发射光谱法的共同特点，非ICP法所特有。但是由于经典光谱法因样品组成影响较严重，欲对样品中多种成分进行同时测量，参比样品的匹配和参比元素的选择都会遇到困难；同时由于分馏效应和预燃效应，造成谱线强度一时间分布曲线的变化，无法进行顺序多元素分析。而ICP法由于具有低干扰和时间分布的高稳定性以及宽的线性分析范围，因而可以方便地进行同时顺序多元素测定。

9.4.3 铜标线的配制方法

(1) 1000mg/L铜标液→100mg/L铜标液：取2.5mL 1000mg/L标液加入到25mL容量瓶中，加5%硝酸溶液定容至25mL刻度线；

(2) 100mg/L铜标液→10mg/L铜标液：取5mL 100mg/L标液加入到50mL容量瓶中，加5%硝酸溶液定容至50mL刻度线；

(3) 取3个25mL容量瓶，配制20mg/L、30mg/L、40mg/L的铜标液，计算见表9-9。

铜标液配制表 **表9-9**

<table>
<tr><th>标液浓度(mg/L)</th><th>取10mg/L铜标液的体积数</th><th>备注</th></tr>
<tr><td>2</td><td>5mL</td><td rowspan="9">加5%HNO_3溶液，定容至25mL</td></tr>
<tr><td>4</td><td>10mL</td></tr>
<tr><td>6</td><td>15mL</td></tr>
<tr><td>8</td><td>20mL</td></tr>
<tr><td>10</td><td>25mL</td></tr>
<tr><td>标液浓度(mg/L)</td><td>取100mg/L铜标液的体积数</td></tr>
<tr><td>20</td><td>5mL</td></tr>
<tr><td>30</td><td>7.5mL</td></tr>
<tr><td>40</td><td>10mL</td></tr>
</table>

9.5 吸附动力学研究

研究吸附动力学的目的是为了评价马尾藻—壳聚糖吸附剂的吸附容量，通过试验可得到吸附剂的吸附量与吸附时间的关系，找出达到吸附平衡的时间以及吸附速率达最大值的时间。

9.5.1 试验药品和仪器

(1) 0.26mmol/L $CuSO_4$ 溶液(其中 $NaNO_3$ 离子强度 0.01mol/L)；

(2) 5%HNO_3 溶液；

(3) 海藻—壳聚糖吸附剂 4g(投量 5g/L)；

(4) 1000mL 锥形瓶；

(5) pH 计；

(6) 搅拌器和转子；

(7) 秒表；

(8) 滤膜、过滤头和针管；

(9) 电感耦合等离子体发射光谱(ICP)。

9.5.2 试验条件的确定

(1) 温度：本试验选择常温 25℃下进行；

(2) 试验时间：根据文献，海藻吸附剂一般在 6h 内可达吸附平衡，为确保吸附完全达到平衡，试验时间选择 24h 内间隔取样；

(3) 离子强度：为了更贴近实际，在吸附过程中添加 0.01mol/L $NaNO_3$ 离子强度，作为干扰吸附的竞争离子；

(4) pH：pH 选择 5.0，是马尾藻—壳聚糖吸附剂吸附铜的最佳 pH。

9.5.3 试验操作步骤

(1) 量取 800mL，0.26mmol/L $CuSO_4$ 溶液到 1000mL 锥形瓶中，并测定初始 pH，记录，然后将 pH 调至 5.0；

(2) 称量吸附剂 4g，放入溶液中，加入转子搅拌，秒表计时；

(3) 分别在 5min、10min、20min、30min、40min、60min、120min、4h、6h、8h、10h、12h、22h、24h 过滤取样 5mL 至比色管中待测。将煮好的滤膜放入滤头中，用针头去水样润洗后抽取 5mL 溶液，换上滤头，润洗后将管中液态压至比色管中。加入两滴 5%HNO_3溶液，酸化保存；

(4) 在吸附过程中定时测定并调整 pH，使其保持在 5±0.3 下吸附；

(5) 用 ICP 测定各水样浓度，记录并计算、作图分析。

9.5.4 时间与吸附容量的关系

根据 ICP 测定出的实测浓度，计算出实际的浓度 Ce。然后根据吸附容量计算公式：$q=$

$(C_0-Ce)\times V/m$ 计算出吸附容量 q，其中 V 是溶液体积(L)，m 是投加吸附剂的重量(g)。根据公式，吸附百分比$=(C_0-Ce)/C_0\times100$，求得吸附百分比。

动力学实验实测数据及计算 **表 9-10**

编号	实测浓度(mg/L)	实际浓度 Ce(mmol/L)	时间(min)	初始浓度 Co(mmol/L)	q(mmol/g)	吸附百分比
DL01	12.48666267	0.196485644	5	0.312911602	0.0232852	0.372073
DL02	10.88183065	0.171232583	10	0.312911602	0.0283358	0.4527765
DL03	9.112609651	0.143392756	20	0.312911602	0.0339038	0.5417468
DL04	8.16647906	0.128504785	30	0.312911602	0.0368814	0.5893256
DL05	7.921952332	0.124657	40	0.312911602	0.0376509	0.6016223
DL06	6.97743839	0.109794467	60	0.312911602	0.0406234	0.6491199
DL07	6.48137354	0.101988569	90	0.312911602	0.0421846	0.6740659
DL08	6.08261827	0.095713899	120	0.312911602	0.0434395	0.6941184
DL09	5.136431961	0.080825051	240	0.312911602	0.0464173	0.7417001
DL10	4.567177823	0.071867472	360	0.312911602	0.0482088	0.7703266
DL11	4.411902781	0.069424119	480	0.312911602	0.0486975	0.778135
DL12	3.803676319	0.059853286	600	0.312911602	0.0506117	0.8087214
DL13	3.511337249	0.055253143	720	0.312911602	0.0515317	0.8234225
DL14	2.538214183	0.039940428	1200	0.312911602	0.0545942	0.8723588
DL15	2.604512528	0.040983675	1440	0.312911602	0.0543856	0.8690248
DLC0	19.8855323	0.312911602		0.312911602		

根据表 9-10 中计算出的吸附容量 q 和时间作曲线，可以得出吸附容量与时间变化的关系图 9-4。

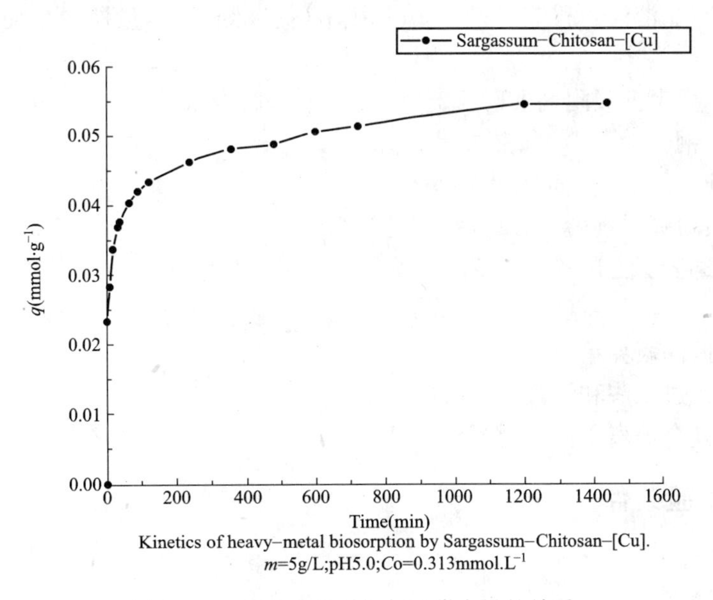

图 9-4 吸附动力学时间与吸附容量的关系

由图9-4可见，吸附剂的吸附容量前100min内快速上升，吸附速率约在40min左右达到最大。之后吸附速率开始缓慢下降，吸附容量q仍随时间增长，在1200min时达到最大值。在1440min(24h)时基本不再变动。根据实测数据计算，在40min时约有60%的Cu^{2+}被吸附，在1440min(24h)时，约有87%的Cu^{2+}被吸附，为最高值。

9.6 吸附等温线分析

为了考察马尾藻—壳聚糖吸附剂的吸附过程接近哪种吸附模型，本研究设计对马尾藻—壳聚糖吸附剂、壳聚糖吸附剂、无印迹铜马尾藻吸附剂和马尾藻粉这四种吸附剂进行同样条件下的等温线试验。通过比较试验结果可以考察四种吸附剂吸附效能的优劣，并拟合出吸附模型，以便能更好地了解到马尾藻—壳聚糖吸附剂在吸附效能上的优势和不足。

数据处理采用的分析方法为用计算数据分别做$1/Ce$与$1/q$、$\lg Ce$与$\lg q$的线性关系，求得其线性方程后对应Langmuir方程和Freunlich方程分别求得其方程系数q_{max}、K_L、K_F、$1/n$。再按两种吸附模型的方程重新计算吸附容量q，根据q和Ce用两种模型分别拟合吸附曲线，通过与实测情况的比对，分析该吸附过程更符合哪种模型。

① Langmuir方程：$q=q_{max}CeK_L/(1+K_LCe)q_{max}$，$K_L$—朗格缪耳系数；

② Freunlich方程：$q=K_FCe^{1/n}K_F$，n—弗兰德里希系数。

9.6.1 试验药品及仪器

(1) 10mmol/L $CuSO_4$溶液：称量1.25g $CuSO_4\cdot 5H_2O$至500mL容量瓶中，加去离子水定容至500mL刻度线备用。

(2) 1mol/L $NaNO_3$溶液：称量42.5g $NaNO_3$至500mL容量瓶中，加去离子水定容至500mL刻度线备用。

(3) 5%HNO_3溶液：移液管量取5mL硝酸(优级纯)至容量瓶中，加去离子水定容至100mL备用。

(4) 海藻—壳聚糖吸附剂L1、L2、L3各1g(每瓶投量2g/L)。

(5) 无印迹铜吸附剂1g(每瓶投量2g/L)。

(6) 壳聚糖吸附剂1g(每瓶投量2g/L)。

(7) 马尾藻粉吸附剂(粉末)1g(每瓶投量2g/L)。

(8) 150mL锥形瓶10个，比色管10个。

(9) pH计。

(10) 冷冻振荡培养箱。

(11) 滤膜、过滤头和针管。

(12) 电感耦合等离子体发射光谱(ICP)。

9.6.2 试验条件

(1) 试验温度

常温25℃。

（2）试验时间

试验时间的确定取决于海藻吸附金属离子的量。吸附过程分为两个阶段：在最初接触的几分钟内会发生快速的吸附，然后在很长一段时间内吸附速度会逐渐减慢，这个特征对于马尾藻尤为明显。根据文献，对于不同的藻类，平衡时间都有所不同。一般来说，大约 60min 可以达到吸附百分之九十的金属离子。因此在试验中，6h 被认为是足够达到平衡的时间。但为了确保达到吸附平衡，试验进行 24h 的吸附。试验中，通过定时测定 pH 来检查是否达到吸附平衡。当 pH 不再随时间变动即达到吸附平衡。

（3）振荡速度

为了使吸附反应能均匀，吸附过程中采用培养箱振荡试样。按文献记录，搅动速率在 100～400rpm 之间对吸附速率没有影响。因此本试验选择转速 130r/min。

（4）pH

根据文献，铜在 pH＝5.0 时吸附效果最佳。因此试验在 pH＝5.0 下进行。

（5）离子强度

为了更贴近实际，在吸附过程中添加 0.01mol/L $NaNO_3$ 离子强度，作为干扰吸附的竞争离子。

9.6.3　马尾藻—壳聚糖吸附剂等温线研究

在相同的试验条件下，对第二批制取的三组吸附剂 1、2、3 分别做等温线试验。每组吸附剂均设计 10 个初始浓度。吸附剂的投量均为 2g/L。

（1）取 10 个 150mL 容量瓶，按表 9-11 用移液管移取配制溶液。

溶液移取体积表　　**表 9-11**

预设 Co(mmol/L)	移取 10mmol/L Cu^{2+}溶液的体积	移取 1mmol/L $NaNO_3$ 溶液的体积	加入去离子水体积(mL)	加入去离子水体积(mL)	加入去离子水体积(mL)
0.12	0.6	0.5	48.9	25	23.9
0.50	2.5	0.5	47	25	22
0.76	3.8	0.5	45.7	25	20.7
1.00	5	0.5	44.5	25	19.5
1.5	7.5	0.5	42	25	17
2.00	10	0.5	39.5	25	14.5
2.50	12.5	0.5	37	25	12
3.00	15	0.5	34.5	25	9.5
3.50	17.5	0.5	32	25	7
4.00	20	0.5	29.5	25	4.5

（2）测定每瓶的初始 pH，记录并用 NaOH 和 HCl 将 pH 调至 5.0±0.3 范围内。

（3）依次称量洗脱后的 L1 吸附剂 0.1g(投量 2g/L)投加到每瓶中，放入培养箱，调节温度为 25℃、转速为 130rad/min 后开始振荡并记录时间。

（4）从放入开始计时，在 30min、1h、1.5h、2h、3h、4h、5h、6h 后取出测定 pH 并将其调整到 5.0±0.3 范围内。间隔时间测定 pH 至 pH 稳定不再变动。

(5) 摇至次日取出(约24h)，测定最终pH，记录。

(6) 过滤取样：用针管在每瓶中分别取样10mL，加滤膜过滤后压入每个刻度试管中。

(7) 稀释10倍：从每个刻度试管中依次移取2.5g溶液到25mL比色管中，加入3滴5%硝酸，加去离子水至刻度线，振荡后备用。稀释的目的是使铜离子浓度在标线范围内，使测定结果更准确。稀释倍数见表9-12。

马尾藻—壳聚糖吸附剂等温线试验稀释倍数　　表9-12

编号	1	2	3	4	5	6	7	8	9	10
稀释倍数	无	无	2	5	10	10	10	10	10	10

(8) ICP测定水样中Cu^{2+}的浓度。

(9) 重复按上述步骤进行L2、L3组吸附剂的试验。

实测水样浓度见表9-13。由实测浓度计算出水样稀释前的实际浓度，然后按吸附容量式(9-3)计算出吸附容量q。

马尾藻—壳聚糖实测数据及计算表　　表9-13

编号	实测储备液 Co(mg/L)	预测浓度 Co(mmol/L)	实测浓度 Ce(mg/L)	实际浓度 Ce(mmol/L)	实际浓度 Co(mmol/L)	q(mmol/L)
1	628.7595634	0.26	0.461571155	0.007263118	0.257242308	0.12499
2	628.7595634	0.5	1.070260335	0.016841233	0.494696745	0.238928
3	628.7595634	1	7.112962989	0.223854067	0.989393491	0.38277
4	628.7595634	1.5	7.091357014	0.557935249	1.484090236	0.463077
5	628.7595634	2	6.614946945	1.040904319	1.978786982	0.468941
6	628.7595634	2.5	8.43981527	1.328059051	2.473483727	0.572712
7	628.7595634	3	11.0008145	1.731048702	2.968180472	0.618566
8	628.7595634	3.5	12.99740552	2.045225101	3.462877218	0.708826
9	628.7595634	4	14.3255927	2.254223871	3.957573963	0.851675

$$\text{实际浓度 } Ce(\text{mmol/L}) = \text{实测浓度} \times \text{稀释倍数}/63.55 \quad (9\text{-}1)$$

$$\text{实际浓度 } Co(\text{mmol/L}) = \text{预测 } Co \times \text{实测储备液 } Co/(10 \times 63.55) \quad (9\text{-}2)$$

$$q(\text{mmol/g}) = (\text{实际 } C_0 - \text{实际 } Ce) \times V/m \quad (9\text{-}3)$$

V—溶液体积(L)；m—投加吸附剂的重量(g)。

求得1/Ce与$1/q$、lgCe与lg$q$的线性关系(图9-5～图9-10)，按其线性方程对应Langmuir方程和Freunlich方程分别求得其方程系数q_{max}、K_L、K_F、$1/n$。再按两种吸附模型的方程重新计算吸附容量q，根据q和Ce用两种模型分别拟合吸附曲线(图9-11～图9-13)。

三组吸附剂L(Langmuir)型1/Ce与$1/q$线性关系：

根据方程$y=0.511x+1.0528$和$q=q_{max}\times Ce\times K_L/(1+K_L\times Ce)$

求出$q_{max}=0.9498$　$K_L=2.060$

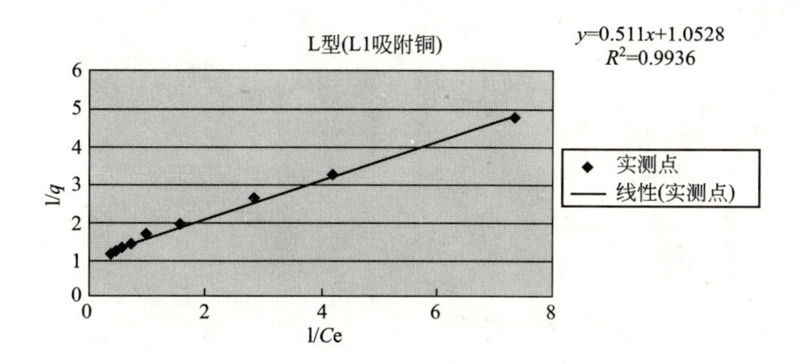

图 9-5　1 号吸附剂 $1/Ce$ 与 $1/q$ 线性关系

根据 q_{max}、K_L 和方程 $q=q_{max}\times Ce\times K_L/(1+K_L\times Ce)$ 求出 q。

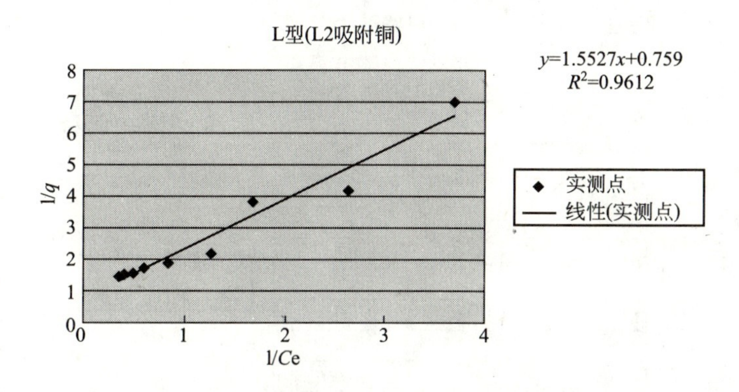

图 9-6　2 号吸附剂 $1/Ce$ 与 $1/q$ 线性关系

根据方程 $y=1.5527x+0.759$ 和 $q=q_{max}\times Ce\times K_L/(1+K_L\times Ce)$

求出 $q_{max}=1.318$　$K_L=0.489$

根据 q_{max}、K_L 和方程 $q=q_{max}\times Ce\times K_L/(1+K_L\times Ce)$ 求出 q。

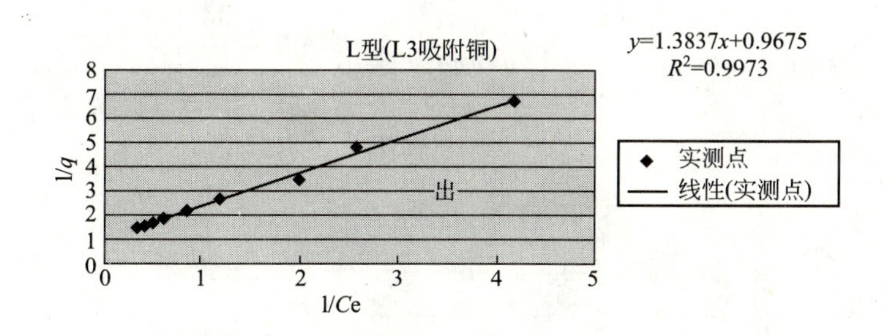

图 9-7　3 号吸附剂 $1/Ce$ 与 $1/q$ 线性关系

根据方程 $y=1.3837x+0.9675$ 和 $q=q_{max}\times Ce\times K_L/(1+K_L\times Ce)$

求出 $q_{max}=1.034$　$K_L=0.699$

根据 q_{max}、K_L 和方程 $q=q_{max}\times Ce\times K_L/(1+K_L\times Ce)$ 求出 q

三组数据 F 型(Freunlich 模型)lgCe 与 lg$q$ 线性关系：

根据方程 $y=0.4689x-0.228$ 和 $\log q=\log K_F+(1/n)\log Ce$

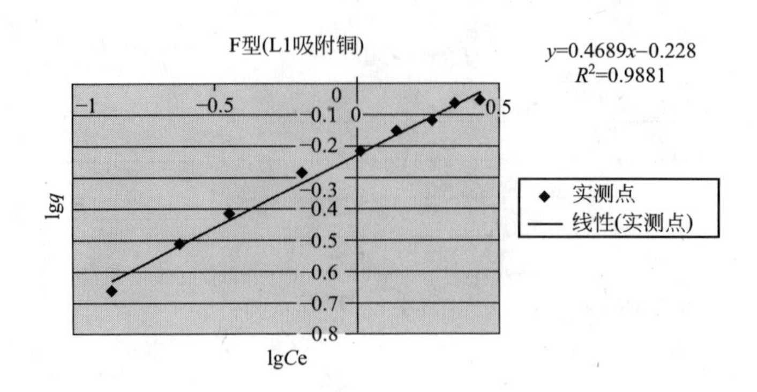

图 9-8　1 号吸附剂 lgCe 与 lgq 线性关系

求出 $K_F=0.5916$　$1/n=0.4689$

根据 K_F、$1/n$ 和 $\log q=\log K_F+(1/n)\log Ce$ 求出 q

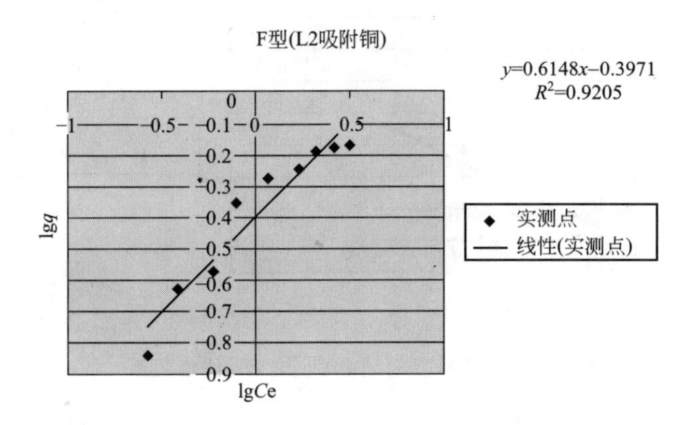

图 9-9　2 号吸附剂 lgCe 与 lgq 线性关系

根据方程 $y=0.6148x-0.3971$ 和 $\log q=\log K_F+(1/n)\log Ce$

求出 $K_F=0.401$　$1/n=0.6148$

根据 K_F、$1/n$ 和 $\log q=\log K_F+(1/n)\log Ce$ 求出 q

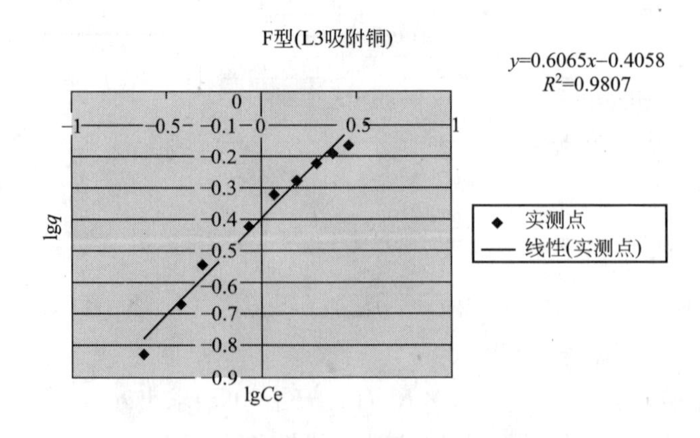

图 9-10　3 号吸附剂 lgCe 与 lgq 线性关系

根据方程 $y=0.6065x-0.4058$ 和 $\log q=\log K_F+(1/n)\log Ce$

求出 $K_F=0.3928$　$1/n=0.6065$

根据 K_F、$1/n$ 和 $\log q=\log K_F+(1/n)\log Ce$ 求出 q

根据 q 和 Ce 拟合曲线：

1 号吸附剂：

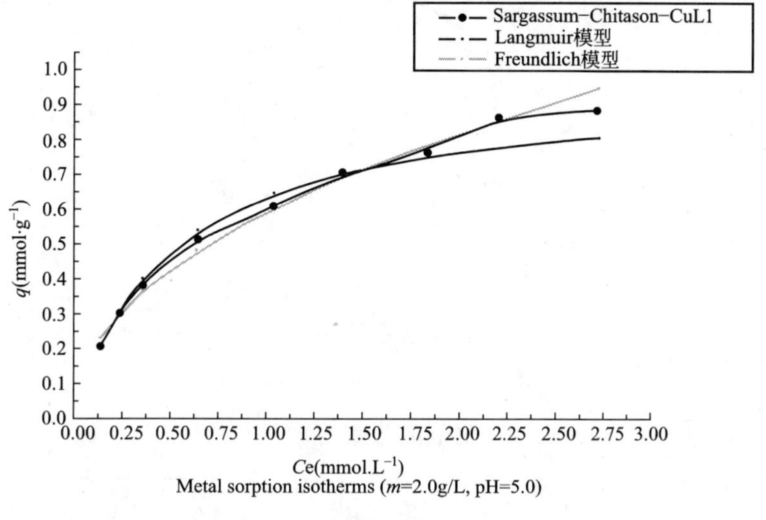

图 9-11　1 号组吸附剂拟合曲线

2 号吸附剂：

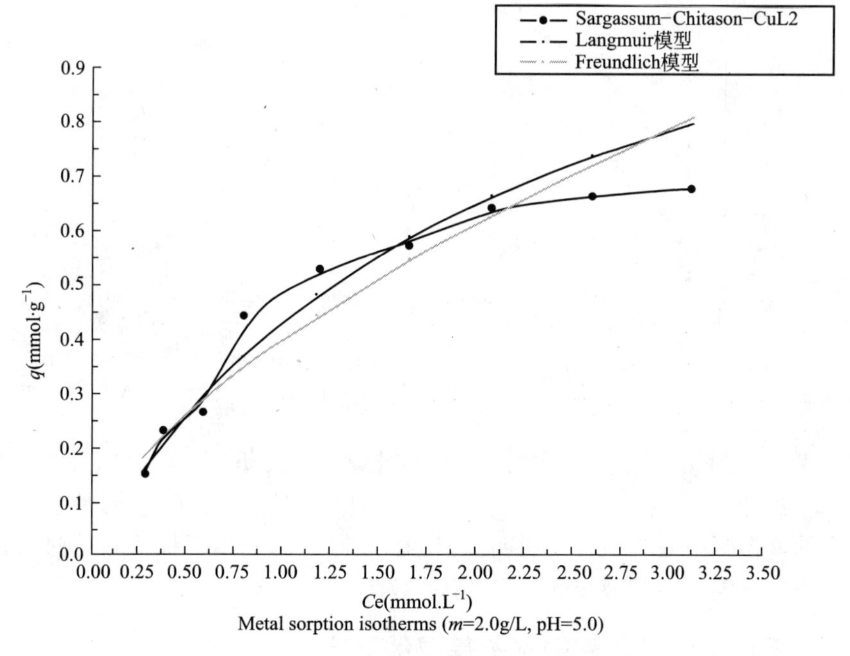

图 9-12　2 号组吸附剂拟合曲线

3 号吸附剂：

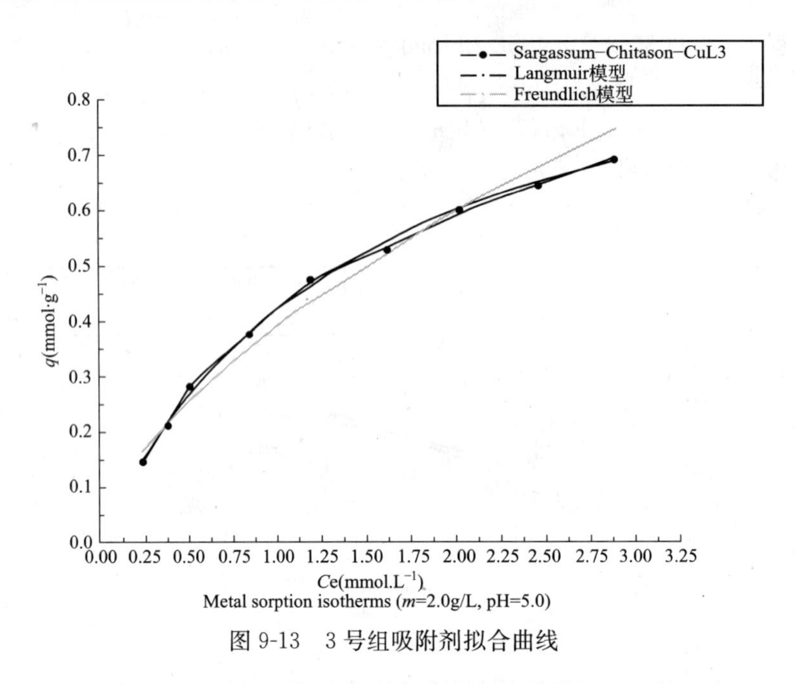

图 9-13　3 号组吸附剂拟合曲线

根据 Ce 和 q 做曲线，将三种吸附剂的吸附容量进行比较(图 9-14)。

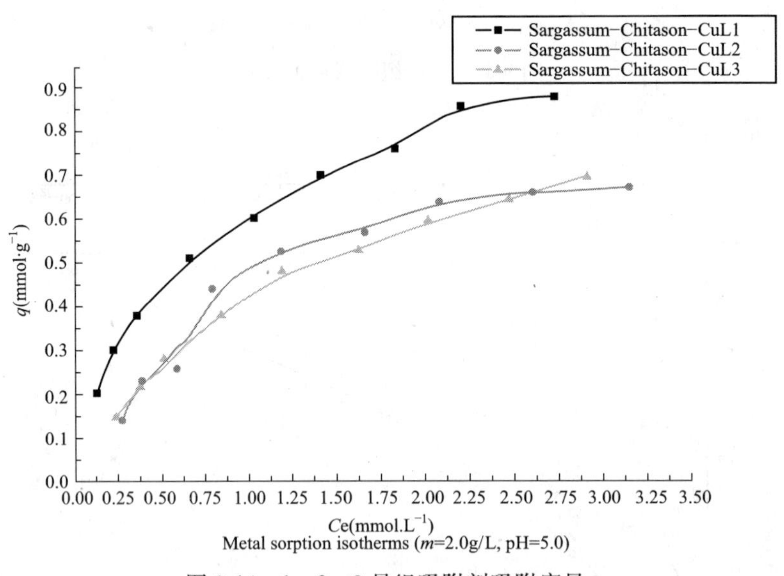

图 9-14　1、2、3 号组吸附剂吸附容量

由图 9-14 可见，1 号组的吸附容量明显比 2 号组、3 号组要高，2 号组在 0.75～2.25mmol/L 之间的吸附容量比 3 号组高。1 号组吸附剂在三组吸附剂中无水硫酸铜的加入量是最小的，但吸附效果最好，说明 2 号组、3 号组印迹离子加入量是过多的，在以后的制备研究中应该尝试继续减小无水硫酸铜用量。

9.6.4　无印迹铜马尾藻吸附剂等温线研究

取 10 个 150mL 容量瓶，按表 9-14 用移液管移取配制溶液。其余操作步骤同马尾藻—

壳聚糖吸附剂的试验。取水样时稀释倍数见表 9-14。

无印迹铜马尾藻吸附剂等温线试验稀释倍数　　　　表 9-14

编号	1	2	3	4	5	6	7	8	9	10
稀释倍数	无	无	2	5	10	10	10	10	10	10

用 ICP 进行水样分析，得到实测浓度见表 9-15，乘以稀释倍数后即可得到水样的实际浓度，计算见式(9-1)式(9-2)。按吸附容量的式(9-3)计算即可得到 q 值见表 9-15。

无印迹铜实测数据及计算表　　　　表 9-15

编号	预测 Co (mmol/L)	实测储备液 Co(mg/L)	实测浓度 Ce(mg/L)	实际浓度 Co(mmol/L)	实际浓度 Ce(mmol/L)	q(mmol/g)
DWX1	0.12	628.7595634	3.338256744	0.1187272	0.05252961	0.0330988
DWX2	0.5	628.7595634	15.00181005	0.4946967	0.236063101	0.1293168
DWX3	0.76	628.7595634	13.16158587	0.7519391	0.414211986	0.1688635
DWX4	1	628.7595634	7.293066539	0.9893935	0.573805393	0.207794
DWX5	1.5	628.7595634	5.977871589	1.4840902	0.940656426	0.2717169
DWX6	2	628.7595634	6.372635721	1.978787	1.002775094	0.4880059
DWX7	2.5	628.7595634	8.648399993	2.4734837	1.360881195	0.5563013
DWX8	3	628.7595634	10.33084936	2.9681805	1.625625391	0.6712775
DWX9	3.5	628.7595634	12.99037725	3.4628772	2.044119158	0.709379
DWX10	4	628.7595634	14.7203705	3.957574	2.316344689	0.8206146

根据 $1/q$ 和 $1/Ce$ 作图，得出 Langmuir 方程：$y=1.5367x+1.1519$　$R^2=0.9935$

根据 $\lg q$ 和 $\lg Ce$ 作图，得出 Freunlich 方程：$y=0.8525x-0.4054$　$R^2=0.9757$

求得 $1/Ce$ 与 $1/q$、$\lg Ce$ 与 $\lg q$ 的线性关系方程(关系曲线见附录 1)，按其线性方程对应 Langmuir 方程和 Freunlich 方程分别求得其方程系数 $q_{\max}$、K_L、K_F、$1/n$。再按两种吸附模型的方程重新计算吸附容量 q，根据 q 和 Ce 用两种模型分别拟合吸附曲线(见图 9-15)。

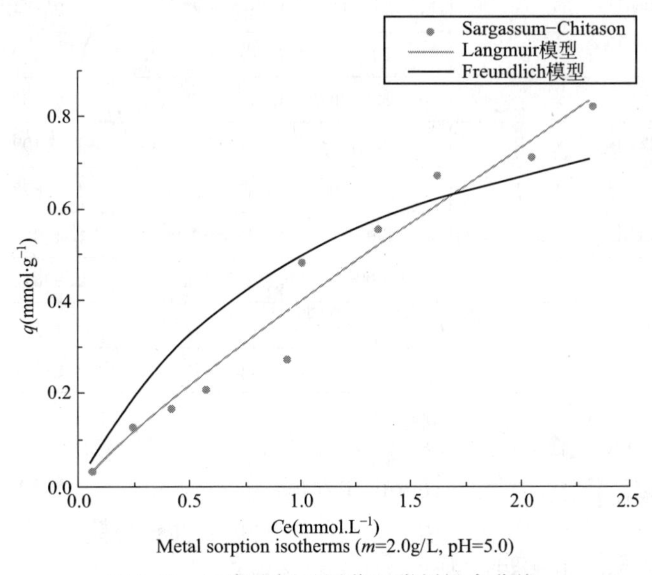

图 9-15　无印迹铜马尾藻吸附剂拟合曲线

由图9-15可见，无铜吸附剂的实测吸附容量呈不断上升的趋势，用Freunlich模型拟合出的曲线更符合这一趋势(绿色曲线)。

9.6.5 壳聚糖吸附剂等温线研究

取10个150mL容量瓶，按表9-16用移液管移取配制溶液。

溶液移取体积表 表9-16

预设Co(mmol/l)	移取10mmol/LCu^{2+}溶液的体积	移取1mmol/L$NaNO_3$溶液的体积	加入去离子水体积(mL)	加入去离子水体积(mL)	加入去离子水体积(mL)
0.26	0.6	0.5	48.9	25	23.9
0.50	2.5	0.5	47	25	22
1.00	5	0.5	44.5	25	19.5
1.5	7.5	0.5	42	25	17
2.00	10	0.5	39.5	25	14.5
2.50	12.5	0.5	37	25	12
3.00	15	0.5	34.5	25	9.5
3.50	17.5	0.5	32	25	7
4.00	20	0.5	29.5	25	4.5

其余操作步骤同马尾藻—壳聚糖吸附剂。取水样时稀释倍数见表9-14。

实测水样浓度见表9-17，由实测浓度计算出水样稀释前的实际浓度，计算见式(9-1)、式(9-2)。然后按吸附容量式(9-3)计算出吸附容量q。

壳聚糖吸附剂实测数据及计算表 表9-17

编号	实测储备液mg/L	预测Co(mmol/L)	实测浓度Ce(mg/L)	实际浓度Ce(mmol/L)	实际浓度Co(mmol/L)	q(mmol/g)
DWXC1	628.7595634	0.26	0.461571155	0.007263118	0.257242308	0.12499
DWXC2	628.7595634	0.5	1.070260335	0.016841233	0.494696745	0.238928
DWXC3	628.7595634	1	7.112962989	0.223854067	0.989393491	0.38277
DWXC4	628.7595634	1.5	7.091357014	0.557935249	1.484090236	0.463077
DWXC5	628.7595634	2	6.614946945	1.040904319	1.978786982	0.468941
DWXC6	628.7595634	2.5	8.43981527	1.328059051	2.473483727	0.572712
DWXC7	628.7595634	3	11.0008145	1.731048702	2.968180472	0.618566
DWXC8	628.7595634	3.5	12.99740552	2.045225101	3.462877218	0.708826
DWXC9	628.7595634	4	14.3255927	2.254223871	3.957573963	0.851675

根据$1/q$和$1/Ce$作图，得出Langmuir方程：$y=0.0448x+1.7532$ $R^2=0.9667$

根据$\lg q$和$\lg Ce$作图，得出Freunlich方程：$y=0.269x-0.2511$ $R^2=0.9379$

求得$1/Ce$与$1/q$、$\lg Ce$与$\lg q$的线性关系方程(关系曲线见附录1)，按其线性方程对应Langmuir方程和Freunlich方程分别求得其方程系数q_{max}、K_L、K_F、$1/n$。再按两种吸附模

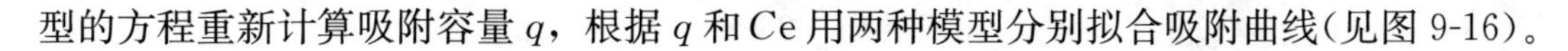

型的方程重新计算吸附容量 q，根据 q 和 Ce 用两种模型分别拟合吸附曲线(见图 9-16)。

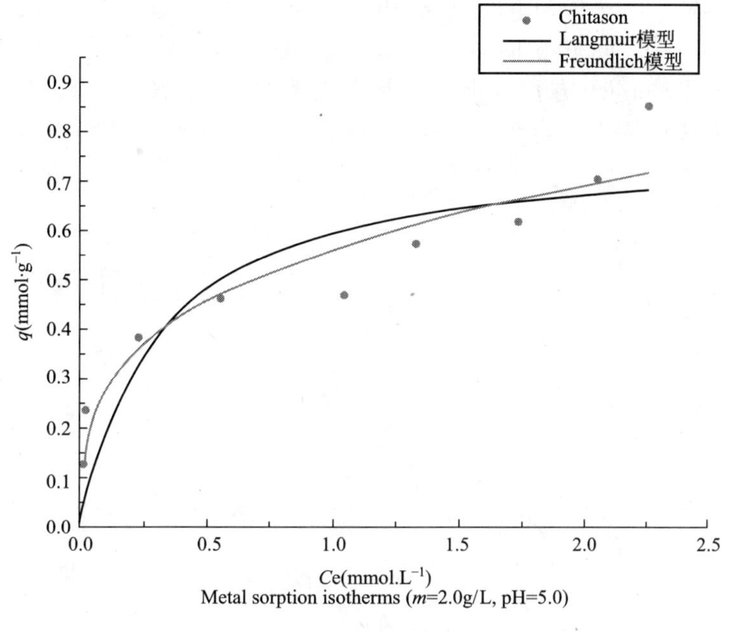

图 9-16 壳聚糖吸附剂拟合曲线

由图 9-16 可见，用 Freunlich 方程拟合的曲线更接近于壳聚糖吸附剂的吸附曲线。从实测数据可看出，吸附容量 q 是随 Ce 的增大而增大的，即随初始 Co 的增大而增大。

9.6.6 马尾藻粉吸附剂等温线研究

取 10 个 150mL 容量瓶，按表 9-11 用移液管移取配制溶液，其余步骤同马尾藻—壳聚糖吸附剂。取水样的稀释倍数见表 9-12。

实测水样浓度见表 9-18，由实测浓度计算出水样稀释前的实际浓度，计算见公式(9-1)、式(9-2)。然后按吸附容量式(9-3)计算出吸附容量 q。

马尾藻粉吸附剂实测数据及计算表 **表 9-18**

编号	实测储备液 Co(mg/L)	预测 Co(mmol/L)	实测浓度 Ce(mg/L)	实际浓度 Ce(mmol/L)	实际浓度 Co(mmol/L)	q(mmol/g)
s1cu	638.2919528	0.12	2.40152484	0.037789533	0.1205272	0.041368832
s2cu	638.2919528	0.5	5.95548558	0.093713384	0.5021967	0.204241637
s3cu	638.2919528	0.76	3.82089142	0.120248353	0.7633389	0.321545284
s4cu	638.2919528	1	2.18073505	0.171576322	1.0043933	0.416408497
s5cu	638.2919528	1.5	2.35629315	0.370777837	1.50659	0.567906069
s6cu	638.2919528	2	3.58631395	0.564329497	2.0087866	0.722228568
s7cu	638.2919528	2.5	5.60660598	0.882235402	2.5109833	0.814373945
s8cu	638.2919528	3	7.77789022	1.223900901	3.01318	0.894639524
s9cu	638.2919528	3.5	10.0310062	1.57844315	3.5153766	0.968466729
s10cu	638.2919528	4	12.3198329	1.938604711	4.0175733	1.039484278

Langmuir 模型：q_{max}=1.21352　K_L=2.52876　R^2=0.98924

Freunlich 模型：K_F=0.81382　$1/n$=0.44554　R^2=0.95624

求得 1/Ce 与 1/q、lgCe 与 lg$q$ 的线性关系(关系曲线见附录 1)，按其线性方程对应 Langmuir 方程和 Freunlich 方程分别求得其方程系数 q_{max}、K_L、K_F、$1/n$。再按两种吸附模型的方程重新计算吸附容量 q，根据 q 和 Ce 用两种模型分别拟合吸附曲线(见图 9-17)

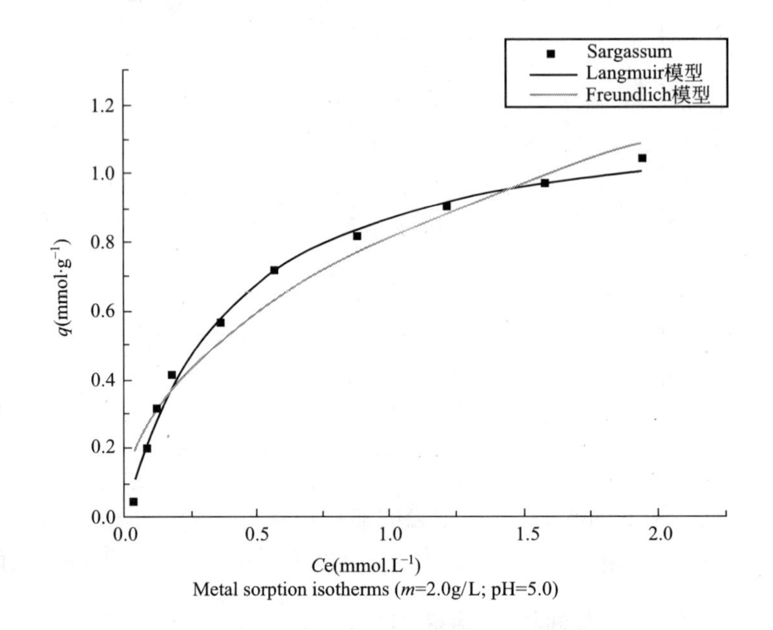

图 9-17　马尾藻粉吸附剂拟合曲线

由图 9-17 可见，用 Langmuir 方程拟合的曲线更接近于海藻粉吸附剂的实测结果，即海藻粉吸附剂的吸附过程可以用 Langmuir 模型来描述。

9.6.7　四种吸附剂最大吸附容量比较

经分析，用 Freunlich 模型描述四种吸附剂最合适，因此按照这种模型的吸附参数(表 9-19)来比较各吸附剂的吸附能力。

Freunlich 模型四种吸附剂的吸附参数　　**表 9-19**

	马尾藻—壳聚糖吸附剂			无印迹铜马尾藻—壳聚糖吸附剂	壳聚糖改性吸附剂	马尾藻粉吸附剂
	1	2	3			
K_F	0.5916	0.401	0.3928	0.399	0.565	0.81382
$1/n$	0.4689	0.6148	0.6065	0.880	0.299	0.44554
R^2	0.9936	0.9612	0.9973	0.96055	0.90814	0.95624

根据 Freunlich 方程，R^2 越大其最大吸附容量就越高。由表 9-19 可见，马尾藻—壳聚糖吸附剂的 R^2 明显高于另外三种吸附剂。

9.7　pH 对吸附容量的影响研究

9.7.1　试验药品及仪器

(1) 海藻—壳聚糖吸附剂 0.25g(投量 5g/L)；
(2) 0.26mmol/L $CuSO_4$ 溶液(其中 Na_2CO_3 离子强度 0.01mol/L)；
(3) 5%HNO_3 溶液；
(4) pH 计；
(5) 冷冻振荡培养箱；
(6) 滤膜、过滤头和针管；
(7) 150mL 锥形瓶 10 个，比色管 10 个；
(8) 电感耦合等离子体发射光谱(ICP)。

9.7.2　试验方案

pH 影响试验目的是为评价吸附过程中 pH 对吸附速率的影响。根据文献，马尾藻吸附剂在 pH 等于 5.0 下对铜离子的吸附效果最佳。试验设计测定从 2～5.5 共 10 个 pH 下的吸附剂吸附情况。因为铜离子在碱性条件下易生成沉淀，影响吸附效果，所以 10 个点的 pH 均设计在酸性和中性条件下。

(1) 取 150mL 锥形瓶 10 个，在每瓶中分别加入 26mL 10mmol/L 的 $CuSO_4$ 溶液和 10mL 1mol/L 的 $NaNO_3$ 溶液，标上标签 1～10；
(2) 测定初始 pH 并记录，然后将 pH 按表 9-20 调整；

各瓶 pH 一览表　　　　**表 9-20**

瓶号	1	2	3	4	5	6	7	8	9	10
pH	2	2.5	3	3.5	4	4.4	4.6	5	5.2	5.5

(3) 称量吸附剂，在每瓶中加入马尾藻—壳聚糖吸附剂 0.25g(投量为 5g/L)；
(4) 将 10 个锥形瓶放入冷冻培养箱，调节温度 25℃、转速 130rad/min 后开始振荡并记录开始时间；
(5) 从放入开始计时，在 30min、1h、1.5h、2h、3h、4h、5h、6h 后取出测定 pH 并将其调整回表 9-20 上的 pH±0.3 范围内。间隔时间测定 pH 至 pH 稳定不再变动；
(6) 摇至次日取出(约 24h)。测定最终 pH，记录；
(7) 过滤取样 5mL 至比色管中待测：将煮好的滤膜放入滤头中，用针头去水样润洗后抽取 5mL 溶液，换上滤头，润洗后将管中液态压至比色管中。加入两滴 5%HNO_3 溶液酸化，振荡均匀后保存；
(8) 用 ICP 测定水样浓度，计算作图及分析。

9.7.3　pH 对吸附过程的影响

实测水样浓度见表 9-21，由实测浓度计算出水样稀释前的实际浓度，计算见式(9-1)、式(9-2)。然后按吸附容量式(9-3)计算出吸附容量 q。

pH 影响实测数据及计算表 **表 9-21**

编号	pH	实测浓度 Ce(mg/L)	实测初始浓度 Co(mg/L)	实际浓度 Co(mmol/L)	实际浓度 Ce(mmol/L)	q(mmol/g)
pH1	2	12.15935444	16.62137654	0.261548018	0.191335239	0.01404256
pH2	2.5	10.95740956	16.62137654	0.261548018	0.172421866	0.01782523
pH3	3	8.466318426	16.62137654	0.261548018	0.133222949	0.02566501
pH4	3.5	7.058530074	16.62137654	0.261548018	0.111070497	0.0300955
pH5	4	3.628762906	16.62137654	0.261548018	0.057100911	0.04088942
pH6	4.4	2.825659419	16.62137654	0.261548018	0.044463563	0.04341689
pH7	4.7	2.228621236	16.62137654	0.261548018	0.035068784	0.04529585
pH8	5	2.151405943	16.62137654	0.261548018	0.033853752	0.04553885
pH9	5.2	2.012370126	16.62137654	0.261548018	0.031665934	0.04597642
pH10	5.5	2.153658403	16.62137654	0.261548018	0.033889196	0.04553176

pH 与吸附容量的关系曲线如图 9-18 所示。

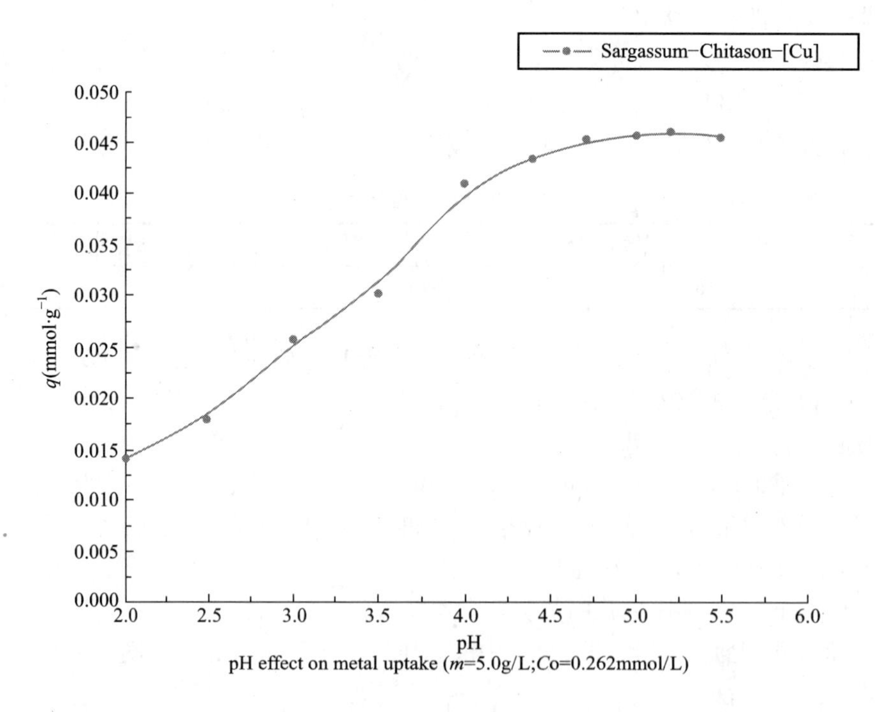

图 9-18 pH 与吸附容量的关系曲线

由图 9-18 可见，吸附容量 q 随 pH 的增大而增大，在 pH 快接近 5 时 q 增大的速率开始减慢，在 pH 等于 5.25 时达到最大吸附容量 q_{max}，与文献的结论一致。

9.8 吸附剂溶出情况

海藻和壳聚糖都是有机物，在吸附水中离子时，不同程度上会有 TOC 的渗出，因此水质存在受到二次污染的可能。为此，有必要设计测定 TOC，将吸附结束后的水样进行 TOC 的测定，检测其 TOC 渗出的情况。试验仪器采用 TN/TC multi Analyzer (TOC)(3000)。

9.8.1 pH 影响试验水样的溶出情况

pH 影响试验 TOC 实测数据 **表 9-22**

编号	pH	实测 TOC(mg/L)	编号	pH	实测 TOC(mg/L)
1	2	32.90	6	4.4	15.40
2	2.5	22.15	7	4.7	17.67
3	3	14.93	8	5	18.43
4	3.5	14.57	9	5.2	19.28
5	4	14.51	10	5.5	20.30

分析：由表 9-22 可见，pH 等于 4 时 TOC 渗出最小，在 pH 等于 2 时最大。

9.8.2 无印迹铜吸附剂等温线试验水样溶出情况

无印迹铜等温线试验 TOC 实测数据 **表 9-23**

编号	初始浓度(mmol/L)	实测 TOC(mg/L)	编号	初始浓度(mmol/L)	实测 TOC(mg/L)
3	0.7519391	39.9	7	2.4734837	36.6
4	0.9893935	33	8	2.9681805	41.3
5	1.4840902	45.2	9	3.4628772	43
6	1.978787	34.7	10	3.957574	43.4

9.8.3 壳聚糖吸附剂等温线试验水样溶出情况

壳聚糖等温线试验 TOC 实测数据 **表 9-24**

编号	初始浓度(mmol/L)	实测 TOC(mg/L)
3	0.989393491	10.76
6	2.473483727	34.7

按照《污水排放标准》进行比较，海藻吸附剂、无印迹铜海藻吸附剂、壳聚糖吸附剂的 TOC 泄漏情况均在允许范围内。

9.9 结论及建议

9.9.1 结论

1. 吸附剂的制取

本研究尝试了多种不同药品比例下的海藻—壳聚糖吸附剂的制取。通过试验摸索得知：硫酸铜的投量过大会导致吸附剂成形前的溶液黏稠度不够，滴入固化液后难以成形或机械强度差、易碎，而过少会使溶液过于黏稠，容易堵塞滴管，影响滴制；交联剂加入量过少会导致成球状况不好，形成的球状弹性差、易碎；乙酸加入量过多会导致吸附剂成形前溶液黏稠度不够，直接影响了滴制效果和吸附剂的机械强度。在试验中通过多次不断地调整交联剂与无水硫酸铜的用量比例，以及对制取出的吸附剂进行了大小、颜色及机械强度的多方面比较，最终确定了这两批吸附剂中最佳的制取用量。

2. 效能研究

通过一系列的研究结论可看出，海藻—壳聚糖吸附剂的吸附容量在 pH 值为 5 左右的时候能够达到最大值。吸附剂在 24h 后可以达到吸附量的最大值，可以大约去除水样中 86％的铜离子，吸附效果比较好。经一次吸附后的吸附剂颗粒体积略微变大而机械强度没有明显的下降，易于脱附后重复使用。从等温线试验可看出，海藻—壳聚糖吸附剂的吸附过程比较符合 Freunlich 模型，并且印迹法制取的吸附剂吸附容量大于无印迹铜的吸附剂。而单纯壳聚糖改性吸附剂和海藻粉的吸附效果从试验来看吸附效果和马尾藻—壳聚糖吸附剂基本一样，但因为单纯海藻粉末状吸附剂不易使用和回收，因此从可行性上来说是不可行的。

从 TOC 渗出分析结果中可以看到，马尾藻—壳聚糖吸附剂的有机物泄漏情况还是存在的且比较严重，不能忽视。这种泄漏对水质的净化是不利的，因此还需进一步地探讨解决。

9.9.2 不足及建议

本研究虽然取得了一定成果，但由于时间的限制，有些方面还有待进一步深入研究，试验内容与方向也有待进一步细化。

(1) 从印迹百分比数据来看，目前的几组吸附剂的印迹百分比都比较低，而且随着投量的增加是呈现印迹量下降的趋势。在制取的固化成形阶段，硫酸铜投量较高的几组吸附剂都出现了明显的铜流失，在滴入固化液后，固化液呈现明亮的绿色。因此，在后续的研究中认为可以继续减小硫酸铜投量，尝试提高印迹离子量。

(2) 在动力学、吸附等温线、pH 影响试验的吸附过程中，都涉及定时测定和调整水样 pH 的问题，通过测定和调整，使 pH 可以保持在试验需要的值上，同时也能指示吸附过程是否达到平衡。在试验中，调节 pH 使用的是滴管来添加酸碱。每组试验一般会调整 pH 6～8 次，有时一瓶水样在吸附过程中会加入十几滴酸或碱液，这样溶液的浓度必然会被稀释，造成结果偏差。

(3) 对于含 Cu^{2+} 的水样在调节 pH 时加入的 NaOH 的用量很不好掌握，一旦过多很容易产生 $Cu(OH)_2$ 沉淀，影响了吸附效果，但不加 NaOH 就不能调节 pH，这一点仍然有待改进。

附录 1　计算表格和试验数据表

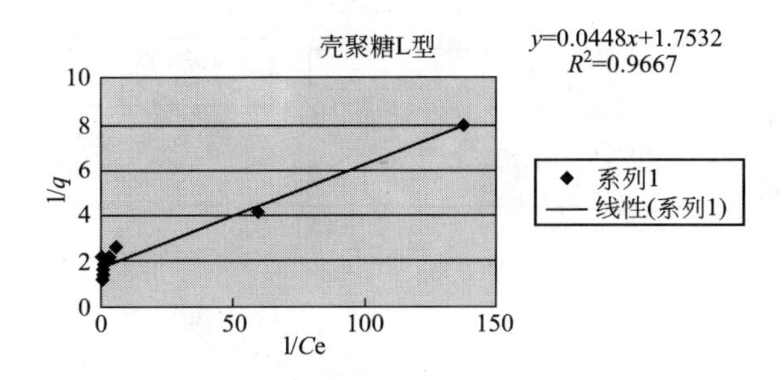

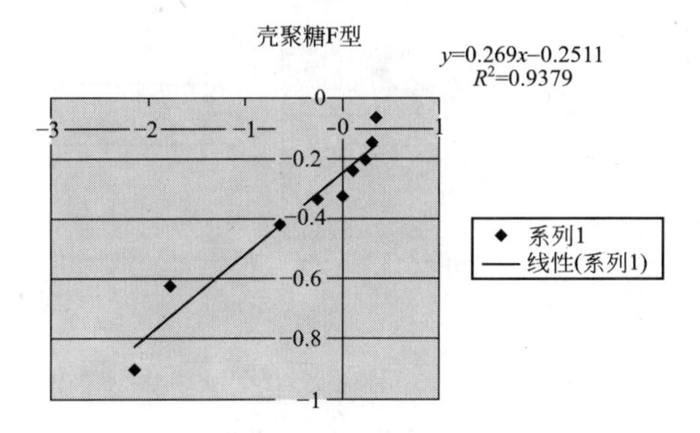

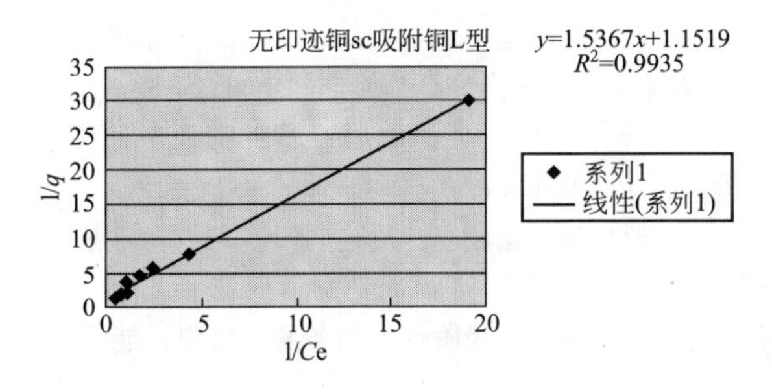

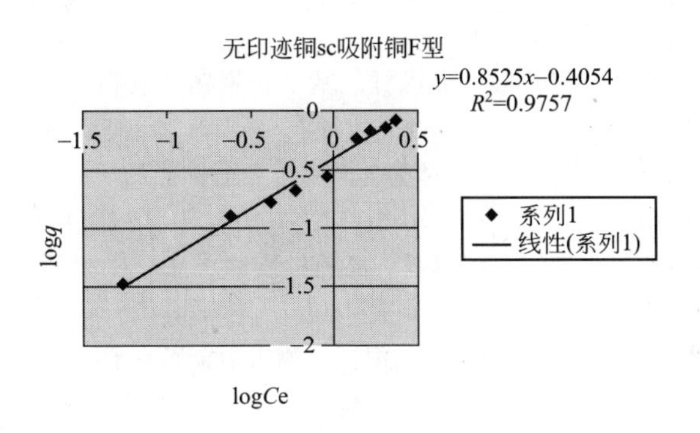

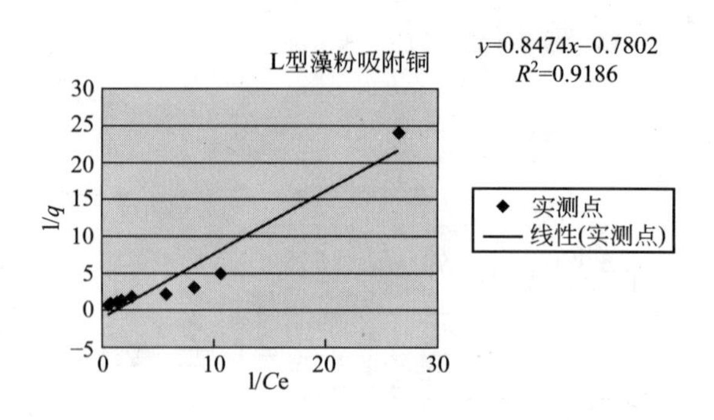

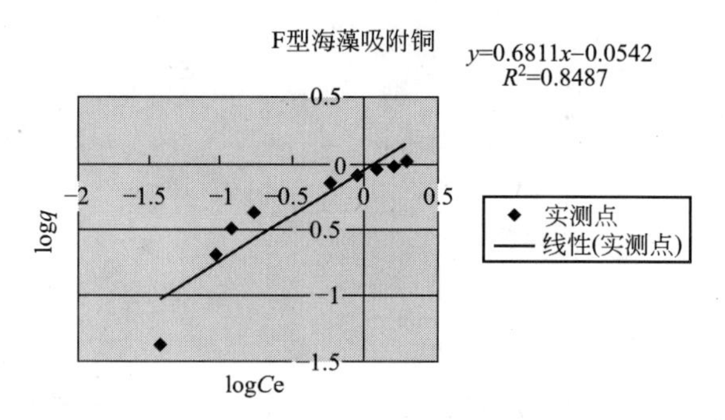

参考文献

[1] Ping Xin Sheng，Yen-Peng Ting，J. Paul Chen，and Liang Hong. Sorption of lead，copper，cadmium，zinc，and nickel by marine algal biomass：characterization of biosorptive capacity and investigation of mechanisms. Singapore. Journal of Colloid and Interface Science [J]. 275(2004)131-141.

[2] Su Haijia，Zhao Ying，Li Jia，Tan Tianwei. Biosorption of Ni2＋by the surface molecular imprinting adsorbent. Beijing. Process Biochemistry [J]. 41(2006)1422-1426.

[3] 胡慧玲，苏敏刚，徐江萍. 改性壳聚糖的制备及对 Cu^{2+}、Pb^{2+} 的吸附研究，离子交换与吸附 [J]. 2003，23(3)：274-281.

[4] 唐星华，周爱玲，张小敏. 壳聚糖改性吸附剂的制备及其吸附性能研究 [J]. 南昌航空大学学报. 2007，21(2).

[5] 宋江选，梁兴泉，李克文，郑安雄，卢发燕. 改性壳聚糖在重金属离子吸附方面的研究进展 [J]. 化工时刊，2007，21(2).

[6] 孙昌梅，曲荣君，王春华，纪春暖，成国祥. 基于壳聚糖及其衍生物的金属离子吸附剂的研究 [J]. 离子交换与吸附，2004，20(2)：184-192.

[7] 唐星华，张小敏，周爱玲. 交联壳聚糖对重金属离子吸附性能的研究进展 [J]. 离子交换与吸附. 2007，23(4)：378-384.

[8] 钱爱红，王宪，陈丽丹，郑盛华，邱海源. 藻粉的交联方法于吸附效率的研究 [J]. 台湾海峡，2005，24(1).

[9] 王宪，陈丽丹，徐鲁荣，钱爱红，李文权. 海藻生物吸附金属离子的机理和影响因素 [J]. 台湾海峡，2003，22(2).

[10] 周洪英，王学松，李娜，单爱琴. 关于海藻吸附水溶液中的重金属离子的研究进展［J］. 科技导报，2006，24(222).
[11] 王岚，王龙耀. 生物吸附剂及其应用研究进展［J］. 天津化工，2006，20(5).
[12] 原田佳，王智慧，刘嘉琦. 微生物法处理废水中重金属的特点比较［J］. 大连民族学院学报，2007，5.
[13] 严素定. 废水重金属的生物吸附研究进展［J］. 上海化工，2007，32(6).
[14] 付志高，苏海佳，谭天伟. 菌丝体表面分子印迹壳聚糖树脂的制备及其吸附性能［J］. 化工学报. 2004，55(6).
[15] 孙宝盛，单金林. 环境分析监测理论与技术［M］. 化学工业出版社，2004.
[16] 魏复盛. 水和废水监测分析方法［M］. 中国环境科学出版社，2002.
[17] 傅玉普，郝策，蒋山. 物理化学简明教程［M］. 大连理工大学出版社，2003.
[18] 胡洪营，张旭，黄霞，王伟. 环境工程原理［M］. 高等教育出版社，2005.